国家优秀青年科学基金（51622904）
天津市杰出青年科学基金（17JCJQJC44000） 资助

复杂地质数据深度挖掘与智能分析

Deep Mining and Intelligent Analysis of Complex Geological Data

李明超 韩 帅 王 刚 张 野 著

科学出版社
北 京

内 容 简 介

随着数字化时代的发展和智能化时代的到来，地质领域中各类勘探、测绘、遥感、试验以及分析成果等数据呈现出不断激增的趋势。如何更充分地获取数据的有效特征，并实现对复杂、海量地质数据的解译是目前地质研究中不可回避的问题。本书从这一角度出发，系统阐述了当前地质数据分析中面临的关键科学技术难题，给出了数据挖掘模式下复杂地质大数据分析的解决方案。考虑地质数据的时空特性，将地质数据划分为全球尺度、区域尺度、工程尺度、统计尺度及标本尺度，从理论层面及实际应用角度提出算法模型的构建方法和具体的实现流程。此外，还将上述研究基础与三维建模进行融合，从不确定性角度对现有的地质可视化理论进行了补充。最后，结合计算机软件开发等技术，研发了地质大数据智能挖掘与分析平台。

本书可供广大地质研究人员、工程师以及工程设计人员参考。

图书在版编目(CIP)数据

复杂地质数据深度挖掘与智能分析／李明超等著．—北京：科学出版社，2022.4
ISBN 978-7-03-071523-4

Ⅰ.①复… Ⅱ.①李… Ⅲ.①地质数据处理 Ⅳ.①P628

中国版本图书馆 CIP 数据核字（2022）第 030892 号

责任编辑：焦　健　韩　鹏　张梦雪／责任校对：何艳萍
责任印制：赵　博／封面设计：北京图阅盛世

科学出版社 出版
北京东黄城根北街 16 号
邮政编码：100717
http://www.sciencep.com
三河市骏杰印刷有限公司印刷
科学出版社发行　各地新华书店经销
*

2022 年 4 月第　一　版　　开本：787×1092　1/16
2025 年 9 月第四次印刷　印张：21 3/4
字数：516 000
定价：198.00 元
（如有印装质量问题，我社负责调换）

前　言

随着数字化时代的发展和智能化时代的到来，各个行业都积累了海量的数据。同样，在地质领域，随着全球范围内地质勘查工作的不断开展与数据采集手段的不断丰富，各式各样体量庞大的数据，诸如地形地貌、传感监测、遥感影像、钻孔、平硐及物探化探等，都呈现出了持续激增的趋势。地质工作进入了数据密集型模式，海量地质大数据分析研究面临着两个重大的挑战：如何从这些复杂且海量激增的地质数据中挖掘并解译出有用的信息；如何在遵循相关地质规律的前提下，以数据驱动方式获得比传统分析方法更多的有效特征。

传统的地质研究过程以因果分析为主，在很大程度上依赖于专家的主观经验，数据所呈现的规律性不直观，常常需要配合大量的专业知识进行综合解译，导致统计建模的难度很大。大数据时代的到来让传统研究方式的局限性越发明显，所以地质研究模式需要做出重大变革。深入探索适用于地质领域的数据挖掘与机器学习方法，系统地构建考虑多源、多尺度特征的地质大数据智能挖掘方法，有助于深化人们对地球科学、工程地质、环境地质等学科的理解，全方位地促进地质领域快速发展。因此，近年来以作者为代表的研究团队，紧密依托相关地质研究项目与实际工程，融合地质学及其各分支、统计学、机器学习与深度学习、三维建模、系统开发等多个交叉学科的先进理论技术，提出了复杂地质数据深度挖掘与智能分析方法，该研究成果在多项地质研究课题及地质工程中得到了应用与推广，对改变传统地质研究模式、提高地质解译的精度和效率、提升地质建模与空间分析的准确性和合理性有着积极地促进作用，同时有助于相关专业学科间的沟通与交流，推动地质学向数字化和智能化的方向发展。

本书深入系统地介绍了复杂地质数据深度挖掘与智能分析方法及其应用实践，共分为10章内容：第1章分析了国内外地质领域数据分析方法的研究现状，提出了新的研究思路；第2章着重论述了地质分析中的研究对象、复杂地质数据深度挖掘分析的难点以及关键问题；第3章阐述了地质数据深度挖掘方法的基本原理、验证方法以及常用的数据挖掘工具；第4章针对全球及区域尺度下典型的地质学问题，提出了相应的智能判别与分析方法；第5章针对工程尺度下的地质研究对象，提出了可辅助野外地质勘查的数据智能判别与分析方法；第6章针对工程地质勘探数据，综合利用深、浅层模型相结合的方法，研发了基于钻孔和平硐的岩体质量评价方法；第7章针对裂隙等统计尺度下的地质对象以及矿物成分等标本尺度下的地质对象，提出了数据挖掘模式下的智能表征与判别方法；第8章考虑当前三维地质建模方法的局限性，着重强调地质不确定性对建模过程的影响，以及参数化方法对地质建模的促进作用，提出了多尺度下的地质不确定性与参数化三维精细建模方法；第9章在上述研究方法与模型的基础上，结合GIS、数据库、二次开发等技术，研发了复杂地质大数据智能挖掘与分析平台，并应用于实际工程；第10章对本书内容进行了全面总结。

本书主要由李明超、韩帅、王刚和张野撰写,此外韩彦青、周四宝、王孜越、孔锐、任秋兵、刘承照、史博文、符家科、白硕、赵文超等也为本书付出了辛勤的劳动。本书的完成得到了国家优秀青年科学基金(51622904)、天津市杰出青年科学基金(17JCJQJC44000)、国家自然科学面上基金(51379006)、国土资源部地质信息技术重点实验室开放课题(2017-321)等项目的资助。正是在这些项目的资助下,作者才能潜心研究,完成本书创新性的成果,再次对上述项目的资助表示感谢。同时,本书的撰写得到了张旗研究员、朱月琴教授等专家的鼓励和指导,得到了中国电建集团成都勘测设计研究院有限公司、中水北方勘测设计研究有限责任公司、中国电建集团中南勘测设计研究院有限公司、中国科学院地质与地球物理研究所、中国地质调查局等单位的帮助和支持,特此致谢!此外,在本书的撰写过程中,引用了部分文献资料,并已将主要参考文献附在书末,在此谨向有关作者表示感谢。

本书不仅在理论方法上有较为系统的介绍,而且紧密结合实际科研问题与工程项目,详细地阐述了理论方法的应用,相信本书能给广大地质研究人员、工程师以及工程设计人员提供一些有益的借鉴与参考。同时,由于理论技术发展的阶段性和局限性,以及作者学识与水平有限,书中难免存在不妥之处,恳请读者批评指正。

作 者

2021年12月于天津大学

目 录

前言
第1章 绪论 ·· 1
  1.1 概述 ·· 1
  1.2 国内外研究现状与发展趋势 ·· 2
  1.3 基本概念 ·· 6
  1.4 本书主要内容 ·· 8
第2章 关键科学技术问题分析 ·· 11
  2.1 复杂多源多尺度地质数据对象与数据结构分析 ···························· 11
  2.2 复杂地质数据深度挖掘难点分析 ·· 14
  2.3 智能分析方案与总体结构 ·· 16
  2.4 本章小结 ·· 18
第3章 基本方法原理与分析工具 ·· 20
  3.1 数学统计分析方法 ·· 20
  3.2 机器学习算法 ·· 27
  3.3 深度学习方法 ·· 36
  3.4 常用验证与评价方法 ·· 55
  3.5 开源工具平台 ·· 58
  3.6 本章小结 ·· 61
第4章 全球及区域尺度地质数据智能判别分析 ·································· 62
  4.1 玄武岩大地构造环境智能挖掘判别与分析 ································ 62
  4.2 基于贝叶斯与多元高斯 Copula 理论的辉长岩大地构造环境判别分析 ········ 73
  4.3 金矿规格单元数据的智能成矿预测分析 ·································· 91
  4.4 耦合 PCA-SVM 算法的金矿矿床规模预测分析 ···························· 98
  4.5 本章小结 ··· 108
第5章 工程尺度野外地质数据智能识别与分析 ································· 109
  5.1 岩石种类智能识别方法 ··· 109
  5.2 地勘地质结构图像的深度分类分析模型与方法 ··························· 118
  5.3 深度神经网络模式下的岩石强度的无损检测 ····························· 130
  5.4 本章小结 ··· 138
第6章 工程尺度地质勘探数据深度挖掘 ······································· 139
  6.1 钻孔摄影图像深度特征的地质界线智能识别方法 ························· 139

6.2	钻孔摄影图像的结构面识别与分析	156
6.3	硐室内基础地质现象图像多深度模型智能分类方法	170
6.4	基于对穿声波波速的岩体完整性多尺度智能评价	179
6.5	本章小结	187

第 7 章　统计及标本尺度地质数据智能表征与判别 ……188

7.1	岩体结构裂隙多维参数不确定性表征与分析	188
7.2	岩土体高维参数智能模拟与不确定性分析	194
7.3	耦合颜色和纹理特征的矿物图像识别	209
7.4	本章小结	216

第 8 章　多尺度地质不确定性与参数化三维建模 ……217

8.1	随机扁椭球离散裂隙网络模型	217
8.2	岩体多边形随机离散裂隙网络建模方法	225
8.3	岩体随机离散裂隙网络模型的图形检验算法	239
8.4	工程尺度地质结构三维参数化建模方法	254
8.5	复杂断层不确定性智能建模与分析方法	266
8.6	本章小结	285

第 9 章　应用技术研发与工程实践 ……286

9.1	地质大数据智能挖掘与分析平台	286
9.2	水利水电工程地质三维实景野外编录填图系统研发	287
9.3	"石事求石"	306
9.4	岩体表面强度无损检测与智能地质锤	312
9.5	岩体裂隙多维参数联合模拟程序	317
9.6	岩石构造背景智能判别程序	320
9.7	本章小结	321

第 10 章　结束语 ……322

参考文献 ……325

第1章 绪 论

1.1 概 述

随着数字化时代的发展和智能化时代的到来,各个行业都积累了海量的数据。同样,在地质领域,随着全球范围内地质勘查工作的不断开展与数据采集手段的不断丰富,各式各样体量庞大的数据,诸如地形地貌、传感监测、遥感影像、钻孔、平硐及物探化探等信息,都呈现出了持续激增的趋势。例如,世界气候研究计划"耦合模拟工作组"组织的第五次气候耦合模型对比项目(Coupled Model Intercomparison Project Phase 5,CMIP5)的数据总量超过 3PB(1PB = 1000TB = 1000000GB),而下一代 CMIP6 数据总量超过 30PB(Sang et al.,2021);谷歌地球(Google Earth)的容量超过了 5PB(来自官方统计:GEE 包含的数据集超过 200 个公共的数据集,超过 500×10^4 张影像,每天的数据量增加大约 4000 张影像,容量超过 5PB),自然资源部中国地质调查局已建成十大类 48 个国家地质数据库,数据量超过 700TB(马凯,2018);我国全国地质资料馆馆藏的地质资料超过 17×10^4 档,总数据量达 220TB。地质大数据研究工作得到了国内外空前的重视,美国、英国等国家的地质调查机构都认识到了地质大数据研究和应用的重要性,并制定了相应的地质大数据研究行动计划。目前,世界各国正在大力开展的城市、矿山、油田、工程的三维地质建模和"玻璃地球"建设,这也正是实现地质科学大数据集成化存储、管理的基本方式(吴冲龙等,2020)。

地质数据主要产生于基础地质、矿产地质、水文地质、工程地质、环境地质、灾害地质的调查、勘查和相应的地质科学研究过程中,以及能源、矿产的开发利用和环境、地灾的监测、防止过程中,以及各类天基、空基对地遥感观测的活动中。这些来源不同、尺度不同的地质数据在精度、分辨率、数量、质量等方面都存在较大的差异,其统计特性里包含了大量的不确定性。同时,海量的地质数据也具备大数据四大特征:体积、速度、多样性和准确性(volume、velocity、variety、veracity,简称"4V")(吴冲龙等,2020)。地质工作进入了数据密集型模式,巨大的数据体量使目前地质研究面临着两个重大的挑战:①如何从这些复杂的海量激增的地质数据中提取并解译出有用的信息;②如何在遵循相关物理定律的前提下,以数据驱动的方式,获得比传统分析方法更多的有效特征。

由于数据的采集速度远大于人们所能消化的速度,数据量的增加并不能等价提升人们对系统的理解,科学家需要对数据进行更深入的研究。在这种背景下,机器学习和数据挖掘成了一种极佳的选择(周志华,2016)。地质大数据属于时空大数据的一种,采用大数据技术直接在海量地质数据中挖掘知识,能突破"采样随机性和样本空间狭小"的传统地质数据分析方法的限制,可以推进数据驱动的地质智能服务,改变传统地质数据应用和协同服务能力不足的现状,促进地质科学的发展。利用机器学习原理进行地质分析在本质上是基于地质数据的算法建模过程,但又不等同于算法在地质领域的简单应用。目前的地质分析过程在很大程度上依赖于专家的主观经验,数据所呈现的规律性一般不直观,常常需要配合大量的专业知识进行综合解译,这就导致算法建模的难度很大。大多情况下,智能算法在地质分析中很难达到像自然语言翻译中的"可托管"的程度,而是以解决某一个关键环节为目的,扮演着一个辅助的角色。如何进一步发挥智能算法在地质分析中的作用,以及如何建立起一个跨学科整合的地质数据智能挖掘体系,是目前亟待解决的问题(周永章等,2018a)。

地质数据具有鲜明的时空特征,因此研究人员通常将地质问题划分成不同的尺度,即时间尺度和空间尺度(张发明等,2007;Wang and Chen,2018;Hill et al.,2021)。时间尺度涉及的问题包括地球演化和灾害预测等;空间尺度所关注的则是研究对象的空间范围或规模,通常又可划分为全球尺度、区域尺度、工程尺度、统计尺度和标本尺度,涉及的问题主要源自地质特征在空间上分布的差异性。在自然界和工程实践中,许多现象和过程都具有多尺度特征或多尺度效应,同时,人们对现象或过程的观察及测量往往也是在不同尺度上进行的。用多尺度系统理论来描述、分析这些现象和过程能够很好地表现问题的本质特征,因此近年来这已成为许多学科领域研究的热点。

地质数据的另一个重要特征就是多源性(王刚等,2015;Zhang and Zhu,2018;Pan et al.,2020)。由于分支领域众多,勘查采集方法复杂,地质数据中包含了各种各样多源异质异构且来源分散的数据。数据的离散性通常也比较大,同时受限于野外数据采集的条件,数据的可靠度往往难以得到保障,必须结合特殊的地质条件和采样方法对数据进行严格的筛选与预处理。此外,地质研究中非结构化数据(如遥感影像、钻孔摄影、地质雷达剖面、声波或地震波数据)的丰富程度要远远高于结构化数据,如何使数据能够匹配智能算法,以及如何改造算法或研发针对性的算法,是实现地质大数据挖掘所面临的重点和难点。

随着大数据时代的到来,传统研究方式的局限性越发明显,地质研究需要做出重大的变革。深入探索适用于地质领域的数据挖掘与机器学习算法,系统地考虑多源、多尺度特征的地质大数据智能挖掘方法,有助于深化人们对地球科学、工程地质、环境地质等地质学科的理解,全方位地促进地质领域的快速发展。

1.2 国内外研究现状与发展趋势

地质数据分析的目的是通过采集的数据样本尽可能准确地描述地质现象或规律,数据分析方法通常取决于数据的形式以及所研究的具体问题。目前,主要的地质数据分析方法包含以下几类。

1.2.1 地质统计分析

地质统计分析的一个典型代表就是地质统计学(肖斌等,2000;王恺其和肖凡,2019)。20世纪70年代,随着统计学应用在地质分析中的深入,地质统计学逐渐兴起,并发展成了地质学的一个重要分支。该理论以区域化变量理论为基础，以变异函数作为主要工具，对既具有随机性又具有结构性的变量进行统计学研究（侯景儒，1998）。最初其应用范围主要集中在异常评价（和成忠等，2020）、找矿勘探（王瑞等，2019）、矿体圈定（Hao et al.，2015）、储量计算（刘馨蕊等，2011）、矿山生产（庞汉松等，2020）及地学科研等。后来在国内外学者的共同努力之下，这一理论目前已扩展到了地球化学（王健，2018）、环境地质（黄小刚等，2019）、水利（刘晓民等，2014）、地球物理（陈鼎新等，2016）等各个分支。

除此之外，一些基于概率密度函数或相关性系数的单变量、双变量和多变量（黄润秋，2004；李典庆等，2015）的地质分析过程亦属于地质统计分析的范畴。单变量分析是假定地质数据样本中的各个变量是相互独立的，忽略变量之间的相关关系，对各个变量分别进行研究。常用的分析过程包括极值、均值、离散程度的计算及概率分布类型等（吴继敏等，2009），一个典型的应用就是研究不同构造背景下玄武岩各个主量成分的分布特征。双变量分析是指同时考虑地质样本中两个变量之间的相关关系，以建立二者联合概率密度函数或等式，或以投点的方式揭示其中的规律（张旗，1990），如岩石成分的哈克图、节理的玫瑰花图（杨春和等，2007）等。多变量分析是同时考虑多个地质要素之间的相关性的研究过程。在地质研究中存在着大量多个变量同时具有相关性的例子，如岩土体抗剪强度参数黏聚力和内摩擦角具有负相关性，而土体重度又分别与黏聚力和内摩擦角具有正相关性（唐小松，2014）。多变量的研究常常需要建立多维概率密度函数或相应的方程组；而在可视化方面，多变量较难采用图表进行分析，因此通常会对数据进行降维处理。

统计分析是地质研究中的重要基石之一，而在大数据时代，随着数据量和数据类型的不断扩充、数据概念的不断扩展以及量化方式的不断变化，传统统计分析方法的局限性愈发明显（朱建平和张悦涵，2016）。统计学的优势在于"以小见大"，但容易产生误差等问题；对于大数据来说，可以利用更多，甚至是总体数据，数据的限制因素已经成为历史。在这一背景下，如何提升地质分析中的统计效率、模型拟合度以及推断准确性，从而探索更深层次的统计规律，是当前地质学发展的重要趋势。

1.2.2 序列分析

序列分析包括地质事件序列分析、时序数据分析及信号处理。

地质事件是地史演化过程中不同于正常地质历史发展的突发性、灾变性或具有特殊意义的地质记录（陆松年等，2001；刘翠等，2011），如地质构造中不同时期的断层网络，其相互间的切削、截断过程即反映了地质活动的先后顺序。在正确识别地质事件的性质和特征的基础上，需建立地质事件的序列，通常包括两个步骤：首先要在野外翔实的工作基础上建立地质事件的相对序列（王学滨等，2016）；其次在此基础上运用多元同位素测年（刘松峰等，2021）等方法标定主要或特征地质事件的时代，建立地质事件的年代格架。野外地质调查是研究地质事件最重要和最基本的途径，在野外地质工作中特别要注意识别暴露地质现象本质、有丰富地质内涵或能够反映地质事件序列的露头，这一过程需要做大量和细致的研究工作（刘忠明和谭秋明，1994；赵晓辰等，2018）。

时序数据通常用来描述较有规律性的地质现象，其本质是关于时间的函数，通常可分解为长期趋势分量、周期分量（季节波动、循环变量）以及随机分量（Davis，1988；周翠英等，2008）。地质事件序列是由本身蕴含着的各种因素对其综合作用的结果，如水位浮动、气温变化、滑坡监测等。地质时序数据的分析过程以建立随机模型为主，常用的方法包括回归模型、马尔可夫链、频谱分析、数值模拟等。例如，黄友波等（2002）利用频谱分析法进行了水文序列代表性分析；Zhou 和 Tung（2013）采用多元回归分析推导了未来几十年全球变暖的趋势模型；Victorov（2015）利用马尔可夫链建立了滑坡过程概率模型；Zhang 等（2020）通过有限单元法研究了河道周期性水位变化对三峡边坡稳定性的影响。

信号本质上也是一种时序数据，不过其处理方法更侧重于对信号的降噪、过滤和时频分析。地质中常见的信号数据包括地震波、声波、地质雷达信号、电场或磁场信号等，通常采用傅里叶变换、小波变换以及功率谱等方法进行处理。例如，利用希尔伯特-黄变换对隧洞的地质雷达信号进行分析，并进行了隧洞超前地质预报检测；何慧优和方剑（2021）利用频谱分析方法对物性差异较大的地层和矿体进行了计算；程铁栋等（2021）基于小波变换提取矿山微振和爆破信号特征，实现了矿山微震与爆破震动信号的自动辨识。

序列分析通常是多因素综合作用的结果，规律性复杂，分析过程对数学的依赖程度也较高，在实际研究中（尤其是在工程地质中）往往难以被充分挖掘。其实，序列是一种在各个领域都普遍存在的数据形式，研究人员针对这类问题提出了多种智能算法，而这些方法也让地质专家深受启发，利用智能算法进行地质序列数据分析也成了近年来的一个研究热点。例如，Agar 等（2019）基于贝叶斯信念网络对油气勘查工程中地下断裂的部位进行了高精度的预测；张航（2020）利用深度神经网络对隧洞微震信号进行处理并实现了岩爆的智能预警；Liu 等（2021）基于 K 近邻（K-nearest neighbor，KNN）算法对边坡次声波信号进行了分析及特征识别，为滑坡监测提供了有效的分析手段。

1.2.3　空间分析与建模

针对具有空间坐标或相对位置坐标属性的数据（如地形数据、气象监测的气温、降水、矿点分布、岩层出露等），需要进行空间分析与建模（钟登华和李明超，2006；Chorley，2019）。常用的方法包括利用地理信息系统（GIS）或三维软件研究地理数据的空间分布模式、利用空间回归分析研究数据的趋势，以及在二维或三维层面建立整个区域内变量的连续分布模型。随着计算机技术的发展，空间建模与可视化在地质数据分析中占据了越来越重要的地位，几乎已经成了地质研究中必不可少的关键环节（李明超等，2010）。

近几十年来，针对不同尺度地质对象的建模技术层出不穷，地质学家和工程师基于地质模型开展了大量富有开拓性的工作。例如，武强和徐华（2004）设计了超元实体模型、断层数学模型和褶皱几何模型，以表达复杂地质构造的空间几何形态；钟登华和李明超（2006）提出了水利水电工程地质三维建模与分析理论方法，并研发了 VisualGeo 建模系统；张发明等（2007）提出了多尺度三维地质结构和模拟方法，并在工程中得到了深入的应用。考虑到地质稀疏性与不确定性，一部分学者从随机和集合的角度发展了不确定性地质建模方法，如科瓦列夫斯基（2014）基于统计学原理提出了模糊地质建模方法；邹艳红等（2020）提出了基于隐函数曲面的断层不确定性建模方法；杨建民等（2020）利用蒙特卡罗模拟法计算模型地质储量和可采储量的概率分布，并对模型不确定性进行了定量的分析；侯卫生等（2021）以地质属性概率值为参量，通过对模型进行不同程度的扰动，研究了断裂带在空间上的分布规律。

空间分析与建模是地质分析的基础性工作之一，而要想建立一个能够真实反映地下空间关系与地质对象分布规律的模型却存在着诸多难点，如原始数据获取困难、地质体本身结构复杂、地质属性不确定因素多等（Billi and Fagereng, 2019）。地质学家或工程师需要结合大量的专业知识以及充分的实地勘查，尽可能地减少拓扑分析与建模过程的不确定性，并提高解译的精度。具有空间属性的数据既可以是结构化的，也可以是非结构化的，其中非结构化所占的比重越高，传统分析手段效率低、过程烦琐、主观性强的弊端就越发明显。因此，考虑如何利用智能算法辅助甚至替代传统的空间分析过程便显得尤为重要。近年来，国内外一部分学者已对这一角度进行了尝试，如 Gonçalves 等（2017）利用基于 Softmax 的多分类算法对地质结构进行了隐式表达；毕林等（2018）基于支持向量机（support vector machine, SVM）算法对矿体进行了三维自动构建；郭甲腾等（2019）基于机器学习算法实现了钻孔数据的隐式三维地质建模；Bai and Tahmasebi（2020）将深度卷积神经网络与多点地质统计结合，提出了一种地质建模中用于点数据调节的混合算法。

1.2.4　图像处理与分析

地质研究中存在着大量的图像数据，如遥感影像、卫星正射影像、钻孔摄像、地质雷达剖面、岩石微观计算机断层扫描（computer tomography, CT）等（孙卫等，2006；郭强等，2011；Zhang et al., 2019b；Chen et al., 2019）。常见的图像处理技术有图像数字化、图像编码、图像增强、图像复原、图像分割和图像分析等（阮秋琦，2007；杨树文，2013；岳亚伟，2020）。由于图像信息直观且内容丰富，一直备受地质研究人员的重视，Buckley 等（2010）利用激光扫描图像对地质露头进行高精度的识别和记录；张艳博等（2021）通过对岩石样本进行 CT，对裂隙进行了定量化的表征，进而研究了裂隙的演化机理；温世儒等（2020）利用对地质雷达探测图像进行分解与重构，实现了地质条件的自动判读。

作为最典型的非结构化数据之一，图像同时也一直是地质分析过程的重难点。正如数据科学家 Franks 所说："几乎没有哪种分析过程能够直接对非结构化数据进行分析，也无法直接从非结构化的数据中得出结论"。地质图像往往包含大量的噪声，图像内容复杂多变且干扰项较多，分析过程困难较大。地质图像分析处理极大程度上依赖于计算机技术的发展。在人工智能（尤其是计算机视觉）快速发展的当下，如何实现地质图像数据的智能分析是当前的一个研究热点。徐述腾和周永章（2018）基于深度学习算法对镜下微观矿石矿物图像进行了智能化的鉴定与评价；Farahbakhsh 等（2020）通过对遥感影像进行降噪和智能分析,对地质构造线进行了自动判别;张紫杉等(2021)基于U-net深度神经网络及高斯混合聚类方法实现了对边坡岩体图像中的裂隙网络的自动识别。

随着探测手段的丰富、传感器精度的提高,发展地质图像智能分析理论有着重要的研究意义,并成为实现人工智能与地质学交叉融合的一个重要突破口。多年来,虽然国内外的专家学者从不同角度对这一理论进行完善,但其整体上仍然尚处于起步阶段,方法体系还不够成熟,有待于学者进一步深入探索。

1.2.5 方向数据分析

地球科学中常常需要处理方向数据或球面数据。研究方向数据通常需要利用特殊的周期函数、周期分布函数或相关的地质分析图,如赤平投影、极点密度图等。方向数据一般也是结构化的,并常常作为空间数据的属性出现,因此其分析过程通常是统计学、数学及空间建模的综合过程,如地势坡向的统计分析(刘学军等,2004)、研究古地磁的方位(董平川,2004)、表征断层面的产状(段福州等,2011)、优势节理的划分(刘健等,2015;宋腾蛟等,2015),以及研究微观结构中的晶粒形状和石英 c 轴组构(王勇生等,2016)等。

整体上,近年来针对方向数据的分析过程仍以传统理论推导为主,而与大数据方法融合度比较高的研究方向主要在于对岩体结构面或地层产状的分析。例如,宋盛渊等(2015)基于量子粒子群算法对结构面进行聚类,实现了结构面的多参数优势分组;Gomes 等(2016)提出基于激光雷达扫描数据的出露面产状自动识别方法;Drews 等(2018)针对点云数据提出了出露面识别、裂隙密度统计以及裂隙产状分析算法;王述红等(2020)提出了一种基于模拟退火算法和 K 均值(K-means)算法的结构面产状分组方法。

综上所述,从这一领域目前所开展的一系列研究和应用来看,地质数据分析方法尚处于几乎完全依赖于分析推理的因果关系模式。因果关系一直是人类探索世界的一种思维方式,用于探究事物的根本原因,弄明白为什么会发生。这种思维方式的目标是要找到解决问题的根本方法,而其难度往往是巨大的。在当下这个信息爆炸式增长的时代,数据挖掘则提供了另一种思维方法:与其去寻找为什么,不如去寻找是什么,即从相关关系的角度去解决问题。从这一角度出发,本书针对目前地质数据分析方法中的局限性,深入展开了机器学习理论与数据挖掘算法的复杂地质数据分析中的应用研究,并取得了一定的成果。

1.3 基 本 概 念

由于复杂地质数据智能挖掘分析的研究和应用非常广泛,出现了各种各样的术语,为了便于理解和阅读,综合国内外相关文献资料,这里对一些与本书研究主题密切关联的基本概念或术语加以归类总结,给出较为明确的阐释。

1. 多尺度地质

本书根据地质数据在空间中的分布范围或规模，划分为全球尺度、区域尺度、工程尺度、统计尺度和标本尺度。全球尺度的数据覆盖范围可以遍布整个地球，主要涉及地球的构造、演化等研究课题；区域尺度地质对象的延伸范围一般在数百平方千米以上，如区域断裂等；工程尺度是指与工程建设规模相适应、与工程建设场地稳定性有关的区域范围，如水利水电工程中的坝址区域、城市建设中的开发区场地等，规模通常在数平方千米以上；统计尺度的范围局限于数平方米以上，该尺度内的地质对象（如节理）较为细小且数量大，往往需要利用统计学手段进行分析；标本尺度是指与实验室取样标本相当的尺度，由于野外观察只能提供比较直观的地质信息，常常需要借助采样和实验室的物理化学方法对地质信息进行补充说明。不同尺度下所关注的科学技术问题各不相同，数据类型和研究方法也存在明显的差异。

2. 地质大数据

地质数据是地球在长期演变过程中经历的各种地质作用的记录，是地质意义的一种表达形式。对于地质大数据，具体来讲是指是通过露头地质观测、勘查工程、地球物理探测、地球化学探测、遥感和物理测试、化学分析等手段采集到的一种科学大数据，不仅涉及地球从内到外的各个圈层，而且还涉及地球形成与演化的历史，地球的物质组成及其变化，矿产资源的形成、勘查与开发利用，以及人类环境的破坏与修复等。地质大数据是一种时空大数据（吴冲龙等，2016），其具有传统大数据的"4V"特性，同时还具有科学大数据的"三高"特点，即高维度（high dimension）、高计算复杂性（high computational complexity）和高不确定性（high uncertainty），且由于地质对象的发展演化时空范围庞大、地质作用影响因素众多，这种高维度、高计算复杂性和高不确定性特点则更加显著。地质大数据的特点主要表现在以下四个方面，包括多源（元）异构性、时空相关性、复杂性与模糊性、地质体的全球性与国界性。

3. 人工智能、机器学习与深度学习

人工智能（artificial intelligence，AI）是一个总体概念，涵盖从最早的逻辑结构的有效老式人工智能（good old-fashioned artificial intelligence，GOFAI），到最新的联结结构的深度学习。机器学习（machine learning，ML）是人工智能的子集，涵盖一切有关数据训练的学习算法研究，包括多年来发展的一整套成熟技术，如逻辑回归（logistic regression，LR）、K均值、决策树（decision trees，DT）、随机森林（random forest，RF）、主成分分析（principal component analysis，PCA）、支持向量机（SVM）、人工神经网络（artificial neural networks，ANN）等。深度学习（deep learning，DL）则起源于人工神经网络。ANN是19世纪60年代早期发明的技术，深度学习是多层结构的ANN。深度学习的成功主要受益于大数据及计算能力的发展，如更强大的计算引擎——GPU（graphic processing units）的出现。但并不能简单地说深度学习是一个比支持向量机或决策树更好的算法，这需要依赖于所要解决的实际数据或目标问题来确定。

4. 地质数据深度挖掘

数据挖掘是从大数据中发现知识的主要方法（Fayyad，1996；Han et al.，2012）。地质数据深度挖掘是指利用当前先进的统计学、优化算法、机器学习以及深度学习等方法开展对地质科学大数据的统合和利用。采用大数据技术直接在海量地质时空数据中挖掘知识，能突破采样随机性和样本空间狭小、仅凭少量观测数据和固有模式进行判断，以及传统数据分析方法的限制，便有可能取得地质科学的新发现。地质大数据是时空大数据，李德仁等（2013）曾把时空数据挖掘的理论方法总结为确定集合论、扩展集合论、仿生学、可视化和决策树。考虑到地质对象多尺度、高维度、多时态、多参数、多模态和高不确定性等特征，吴冲龙等（2016）对地质大数据挖掘中常用的方法做了相应补充，包括基于概率论的数据挖掘方法、基于扩展集合论的数据挖掘方法、基于仿生学的数据挖掘方法、其他定量数据挖掘方法、文本数据的挖掘方法和可视化法。

5. 地质信息智能分析

信息技术应用不断深入的过程是地质工作现代化水平不断提高的过程。地质信息化包括数据预处理、地质数据库、数字制图及三维可视化技术、GIS 技术、3S 技术、网络技术以及各种决策支撑系统、综合分析系统、信息管理系统及办公自动化系统等（姜作勤，2004）。在地质大数据与人工智能的背景之下，地质信息智能分析的关键在于充分利用地质、矿产、地球物理、地球化学、遥感、水文、环境、灾害、地形、地貌等地质调查数据，以大数据技术支持下的地质数据应用与服务为目标，通过数据采集、资源整合、数据传输、数据挖掘、信息提取、知识发现等手段，实现从数据到信息、信息到知识，知识的智慧数据开发与信息转换，以满足于科学研究、企业生产、政府决策等多层次、多角度、多目标的需求。

1.4 本书主要内容

综合以上研究背景和研究现状分析，本书的总体目标如下所示。

为突破传统地质分析过程所遇到的瓶颈，提升地质大数据的解译质量与效率，建立数据挖掘与人工智能模式下复杂地质数据分析的解决方案，从数据驱动的角度为地质学提供先进的理论方法和技术手段，充分挖掘地质大数据中所蕴含的信息和规律，实现地质大数据全方位的分析和利用。

为实现上述目标，提出了如图 1.1 所示的总体思路，将总目标分解为三个具体明确的分目标，采用理论与实践结合的研究方法，通过理论研究、技术开发和案例研究与应用三大环节，最终实现研究的总体目标。

本书将围绕上述三个环节展开，主要内容如下。

（1）理论研究是基础。统计学方法是大多数地质分析过程的基础，同时也是机器学习乃至整个人工智能领域的重要理论基础之一，因此，首先，针对目前复杂地质数据统计分析方法现状，系统地总结了可用于地质大数据深度挖掘的关键统计学方法；其次，从生成

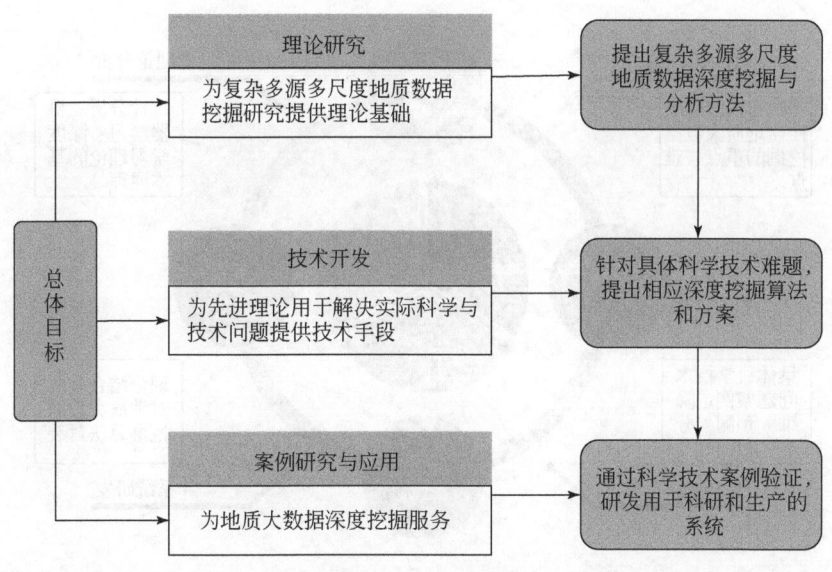

图1.1 总体思路

式模型和判别式模型两方面重点介绍了目前常用的机器学习算法；再次，在上述基础上，将理论方法延伸至深度学习模型，深入讨论了深度神经网络原理及迁移学习原理；最后，总结了当前最为常用的数据挖掘工具和平台。

（2）技术开发是将所建立的先进理论体系用于解决具体科学技术问题的桥梁和纽带。结合理论方法和实际科学技术问题的具体需求，以地质数据的多尺度特征为主线，从数据预处理、数据筛选、算法建模、算法优化等多个角度针对性地设计了多种地质大数据深度挖掘的解决方案。

（3）案例研究与应用是最终目标。应用多源多尺度地质数据深度分析理论方法和技术手段，对具体科学技术问题案例进行研究和讨论，并研发了相应的地质数据分析系统和硬件设备。

为了具体实施上述总体思路，本书提出了如图1.2所示的总体技术方案。在所提出的复杂多源多尺度地质数据深度挖掘理论方法的基础上，经过具体案例验证理论方法及技术的可行性。

复杂多源多尺度地质数据挖掘的重点在于智能方法与地质数据的深度融合，算法模型是分析工具，而如何利用算法模型为地质科学及其各个分支学科找到更多的科学发现、为工程提供更先进的技术支撑才是所要达到的目标。传统的数学、统计学分析方法是地质大数据智能挖掘的基础；浅层机器学习算法的灵活程度大、效率高、适用范围广；深度学习模型在大数据量模式下有着明显的优势，具有更强的非线性拟合能力和泛化能力。因此，充分融合三大类方法是实现地质大数据深度挖掘关键。

地质数据的多尺度特性是贯穿本技术方案的主线。从全球尺度、区域尺度、工程尺度、统计尺度到标本尺度，研究问题的焦点逐渐细化，研究方法也存在着差异。通过对不同尺度下较为有代表性的科学技术问题进行深入分析，有助于对方法体系的构建与完善。

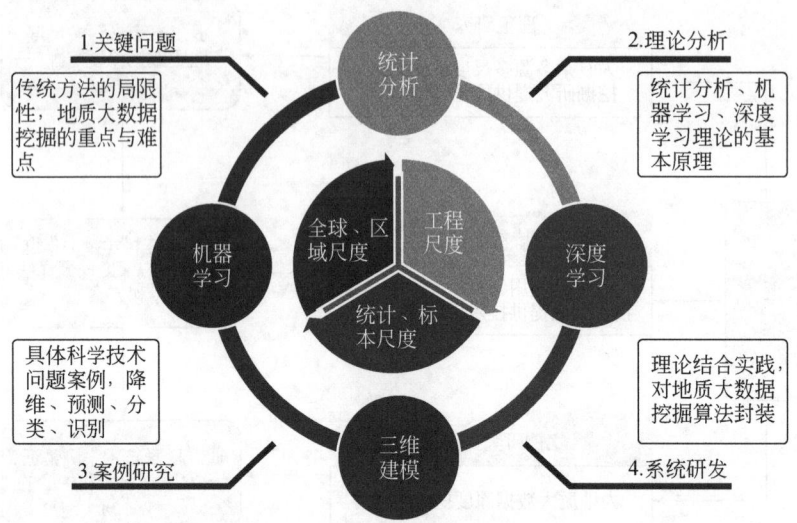

图 1.2 总体技术方案

建立数据挖掘和人工智能模式下地质大数据分析体系,完善多模式地质数据的综合分析方法,重点针对典型地质结构化与非结构化数据进行降维、分类、预测、识别,是实现地质数据智能化分析的重点研究内容,对地质学及其各分支学科的进一步发展具有理论指导意义和实用价值。

第 2 章 关键科学技术问题分析

2.1 复杂多源多尺度地质数据对象与数据结构分析

人类活动和不同行业的发展在一定程度上都受到地球上各种地质现象及其地质问题的制约，基础地质工作的服务对象几乎已经涵盖社会生活的各个方面，如大地构造研究、矿产资源勘查、水文地质工作、工程地质工作、环境地质工作以及地质灾害调查等。下面分别从地质学的研究对象和数据结构两个角度对多源多尺度地质数据进行分类阐述。

地质学的主要研究对象包括地球、大气、矿物、岩石、地层、古生物化石、地质构造以及地质作用。地质学包罗万象，可分为矿物学、岩石学、矿床地质学、地球化学、动力地质学、地貌学、地球物理学、地质力学、古生物学、地层学、历史地质学、古地理学、地质年代学、水文地质学、工程地质学、环境地质学、灾害地质学、生态地质学等众多分支学科，涉及的研究对象繁多且相互之间联系密切，难以对其做出全面且细致的统一划分，下面结合尺度因素对地质学中的研究对象进行大致的分类和举例。

1. 全球尺度下地质学的研究对象

在该尺度下，地质学的研究范畴主要是地球的组成、构造、发展史和演化规律，研究地球大尺度或整体性的变化过程及成因，涉及悠久的时间、广阔的空间及多种因素之间相互牵制，包括大陆和大洋的演化、造山运动、岩浆活动、地幔柱作用、地球重力场和磁场、全球性的气候变化等。全球尺度下地质学的研究方法包括野外调查、数值模拟、历史比较法（现实类比）、模拟试验、数字研究（借助 3S 技术）等。

2. 区域尺度下地质学的研究对象

在该尺度下，地质学的研究对象主要包括地形地貌、地层的序列格架、沉积相、岩浆活动、变质作用、成矿作用等。区域尺度下的地质学研究旨在阐明地壳构造在空间上的相互关系和时间上的发育顺序，探讨地壳构造演化和地壳运动规律，研究地质资源的分布，与国民经济建设息息相关。区域尺度下地质学的分析方法包括地质测量（填图、数理统计）、航拍图和卫星图解译、力学分析、模拟实验（泥巴模拟、光弹性实验、数值模拟、高温高压实验）和历史分析等。

3. 工程尺度下地质学的研究对象

工程尺度下地质学的研究对象主要是与工程活动有关的地质体和各种地质现象，主要包括：①岩石及其工程形状，包括三大类岩石的形成及其各自的特点、矿物的形态和特性、岩石的基本物理力学性质以及岩石的工程特性等；②地形地貌与地质构造，包括地质作用、地质年代、各种地貌单元的类型和特征、地壳构造运动的类型、岩层产状、水平岩层与倾斜岩层在地形地质上的表现、褶皱构造、断层等；③岩体的工程分类，包括结构体与结果面、岩体结构的类型、软弱夹层、岩体力学性质、风化岩体性状、岩体中天然应力及测量；④土体及工程性质，包括土的工程分类、第四纪土的地质成因及特征、土的三相关系、土的三相比例指标、无黏性土的性质、黏性土的性质、土的力学性质以及特殊土的工程地质特征等；⑤地下水及其对工程的影响，包括地下水的分类、地下水的物理化学性质、土的渗透性与渗流及地下水对工程的影响等；⑥不良地质作用，包括地震、地裂缝、崩塌滑坡、泥石流、岩溶土洞、采空区等。常用的分析方法包括自然地质历史分析法、工程地质建模与计算、工程地质实验与现场试验、工程类比法等。

4. 统计尺度下地质学的研究对象

在统计尺度下，通常认为局部的地质条件是均质的，所研究的地质对象需要通过连续变量描述，或因数量极大而难以逐个进行分析，需要采用统计学手段进行表征。这一尺度下典型的地质对象为岩土体的物理化学指标（如黏聚力、摩擦系数、液性指数、预固结应力），由于这类指标为连续特征，只能通过采样和统计分析的方式对岩土体的物理化学特性进行表征，如开挖工程中影响局部稳定性的节理裂隙，其延伸范围大概为数米以内，宽度为数厘米，且通常数量庞大，只能用统计的方法研究其对工程的影响。

5. 标本尺度下地质学的研究对象

许多地质现象在野外难以进行详细的描述，需要用实物进行说明，因此在野外观察露头时常常需要采集标本和样品，以便在室内进行进一步分析、补充说明、研究剖面或进行地层对比。标本尺度下的地质对象主要包括矿物、岩石、构造等，采集种类有岩石矿物陈列标本、工程地质中岩块试件、岩石矿物鉴定标本、有用矿产标本、同位素年龄样品等。这些对象的研究方法主要包括显微镜与电子探针分析、光谱分析、核磁共振、力学试验等。

6. 数据结构

从数据结构角度可知，所有的地质数据可被大致划分成结构化数据、非结构化数据和半结构化数据。结构化数据也作行数据，是由二维表结构来逻辑表达和实现的数据，严格地遵循数据格式与长度规范，且所有的结构化数据都有各自固定的存储格式；非结构化数据是数据结构不规则或不完整，没有预定义的数据模型，不方便用数据库二维逻辑表来表现的数据，包括所有格式的办公文档、文本、图片、各类报表、图像和音频/视频信息等；半结构化数据就是介于结构化数据和非结构化数据之间的数据，它是结构化数据的一种形式，但并不符合关系型数据库或其他数据表的形式关联起来的数据模型结构，它包含相关标记，用来分隔语义元素以及对记录和字段进行分层，常见的半结构化数据包括JSON、HTML等。地质数据同时涵盖了结构化数据、非结构化数据和半结构化数据三大类型，且以非结构化数据为主，具体又可细分成如下几种形式。

（1）结构化表数据。在地质研究中存在着大量的结构化表数据，以属性数据居多，如岩石样本的组分表、矿物样本的组分表、钻孔钻进过程的记录表、节理裂隙统计表等。结构化表数据易于利用计算机整理，地质研究人员通过制作散点图、折线图、直方图、饼状图等方式实现数据的可视化，利用函数拟合、概率统计、相关分析等方式实现定性推理与定量计算。此外，大多数封装完善的数据挖掘算法库所针对的都是结构化表数据，因此研究人员可在不对既有代码进行较大修改的情况下实现对结构化表数据的挖掘与分析。在很多地质问题研究中，为使问题简化，一些非结构化数据通常会被转化成结构化表数据，使其形式适配智能算法，从而更好地实现数据挖掘。

（2）半结构化表数据。地质数据中大量的表都是半结构化的，其格式和内容的方式较为不固定，如岩体的风化卸荷描述表、岩体完整性描述表、岩体质量分级表、土壤情况调查表以及一些中间分析成果表等。由于不同单位或机构记录数据的形式不统一，计算机难以直接对这类数据进行挖掘分析，通常需要事先进行大量的人工鉴别与筛选整理。

（3）栅格图像。栅格图像是数字图像的一种，是将空间分割成有规律的网格，每一个网格称为一个单元，并在各单元上赋予相应的属性值来表示实体的一种数据形式，每一个单元（像素）的位置由它的行列号定义。地质中的栅格图像包括卫星图、遥感影像图、扫描的地质图件等。随着计算机视觉技术的发展，栅格图像成了目前将人工智能技术应用于地质领域的主要切入点之一，相关的技术包括像素聚类、语义分割、地质填图、属性预测等。

（4）矢量图形。矢量图形是在直角坐标中，用 x、y 坐标表示地图图形或地理实体位置和形状的数据，一般通过记录坐标的方式来尽可能地将地理实体的空间位置表现得准确无误。地质中常用的矢量数据包括 .dwg、.dxf、.kml、.shp 等格式的文件。矢量图形包含着坐标信息，因此是地质建模和 GIS 分析的主要依据。矢量数据的分析过程的难点在于空间结构（尤其是拓扑关系）的判断与推理，即通过地理计算和空间表达挖掘潜在的空间信息，其本质包括探测空间数据中的模式；研究数据间的关系并建立空间数据模型；使得空间数据能够更为直观地表达出其潜在含义。常用的矢量图形的数据挖掘方法包括网格化计算、空间聚类、模糊推理等。

（5）三维数据。随着建筑信息模型（building information model，BIM）在地质领域的深入发展，三维数据成了地质研究（尤其是地质建模）中的重要组成部分。三维数据可以是矢量化的，也可以是非矢量化的。矢量化的三维数据通常是中间分析成果，如三维地质模型；而原始获得的三维地质数据通常是非矢量的，包括倾斜摄影数据、激光扫描数据、数字高程模型（digital elevation model，DEM）数据等。

（6）信号数据。地质数据中的信号数据主要是指物探过程中探测仪器法发射或接收到的信号数据，如地质雷达信号、高密度电阻率信号等。信号数据通常以文本、图形、图像等方式呈现给地质研究人员，不过其本质通常是结构化的数据。常用的分析方法包括傅里叶变换、小波变换、神经网络等。

（7）文本资料。文本资料也是目前地质数据最重要的非结构化数据形式之一，包括地质勘查报告、分析报告等。相比于其他类型的地质数据，文本资料的信息混乱程度较大，较难实现信息的有效挖掘和利用。文本数据挖掘是计算机自然语言处理任务的一部分，也是数据挖掘过程中的一大难点。在地质领域，有研究人员开始尝试用命名实体识别技术、命名实体关系抽取、主题分析等技术对地质文本资料进行挖掘和分析。

2.2 复杂地质数据深度挖掘难点分析

地质数据种类繁多、形式多样，在精度、分辨率、数量、质量等方面存在较大差异，具有多源、多尺度、异构、隐蔽性、时空性、相关性、随机性、模糊性和非线性等特征，给地质数据的深度挖掘与地质问题的分析解决带来了很大的挑战，具体体现在以下几个方面。

2.2.1 地质结构化数据规律性复杂，挖掘难度大

针对结构化数据的智能算法发展相对成熟，然而由于地质数据本身规律性非常复杂，传统方法往往难以达到理想的挖掘效果。地质结构化数据的复杂性是多种因素共同作用的结果，其中以如下三点较为突出。

（1）地质属性的多维性。地质对象的属性（或特征）通常是多维的，且多维属性之间存在着或多或少的联系，如何全面考虑这些联系，充分利用这些属性，建立起其中的规律是地质分析过程中的难点（Sang et al., 2020）。如在研究节理裂隙的过程中，其属性通常包括迹长、开度、产状、粗糙度等十项，常用的分析方法是将每个属性分割开来单独考虑，然而已有统计结果表明迹长、开度和产状之间存在着一定的相关性，因此传统的分析手段会导致信息的遗漏。另外，多维属性使得建立相关性的数学推导变得更为复杂，使得拟合、回归、插值等过程变得极其困难。

（2）地质样本的不均衡性。所谓的不均衡指的是不同类别的样本量差异非常大（Li et al., 2019a），从数据规模上分为大数据分布不均衡和小数据分布不均衡两种。大数据分布不均衡是指数据规模大，其中小样本的占比较少，但从每个特征的分布来看，小样本也覆盖了大部分或全部特征；小数据分布不均衡是指数据规模小，其中小样本的占比也较少，这会导致特征分布的严重不平衡。数据不均衡性是数据挖掘分析中的难题，而这一点在地质数据中尤为明显。例如，在预测矿产储量的过程中，大部分的样本的标签无矿或矿化规模较小，只有少量样本对应的是中型以上的矿床，在数据挖掘过程中，大量的无矿样本"淹没"了占比较少的有矿样本，导致难以真正挖掘出样本分布的规律。此外，地质样本不均衡性在不良地质体判定、岩爆现象统计等研究中都有体现。

（3）地质数据的稀疏性。地质数据的稀疏性体现在两个方面（Godefroy et al., 2018; Zhao et al., 2018）。一方面是样本数量的稀疏，由于采样成本和工作量的限制，相对于复杂且连续的地质体，样本量通常是离散且稀疏的；另一方面，稀疏性表现在数据集中绝大多数数值缺失或者为零的数据，而这些稀疏数据又不一定是无用数据，而可能是信息不完全，如在判别岩石样本的大地构造背景时，其主量元素或微量元素值常有缺失。如何利用数据挖掘算法对稀疏的地质数据进行合理插值、智能填补是地质数据挖掘中的一大难题。

2.2.2 地质非结构化数据丰富，算法建模难度高

在地质资料中以图像、文字、音频为主的非结构化数据所占的比重较大，其中图像有野外勘查中拍摄的岩石图像和特殊地质现象照片、卫星遥感图像，地质勘探过程产生的钻孔录像、平硐照片、地质雷达扫描图、高密度电法测量的扫描图等；文字数据有勘查报告、分析报告等；音频数据有声波、语音记录等。

相比于结构化数据，非结构化数据表现形式多样、信息量丰富、算法的成熟度不高，因此数据挖掘的难度较大。除此之外，由于地质现象本身的复杂性，已有的智能算法的适配程度较低，建模过程需要结合大量的专业知识。以当前较为成熟的非结构化数据挖掘算法——图像识别为例，其主要任务在于解决分类和语义分割等问题，而对于地质钻孔录像而言，其包含的地层岩性较为复杂，且有时不同的岩性的区分度不高，导致识别效果不好；此外，一张地质图像一般包含多个地质问题，如在钻孔录像中需要关注的问题就包括地质界线、岩性、地下水等多个地质问题。地质非结构化数据算法建模是实现地质大数据挖掘关键，同时也是促进地质大数据理论进一步发展与推广所必须要攻克的难点。

2.2.3 地质空间结构不确定性强，三维解译困难

地质空间结构的不确定性主要源于以下两个方面。

（1）空间结构的复杂性。地质空间中包含断层、岩脉等复杂的地质结构，岩性、土质等地质属性变化剧烈，地下的自然环境异常复杂（Chen et al., 2017b）。对地质空间结构的解译过程是对多源地质勘查数据的整合、推理与建模的过程，其对专家经验的依赖度较高且工作量巨大。因此，如何实现将地质空间解译过程与智能算法融合，解决地质体复杂、地质数据量大、分析过程主观性强等问题，是目前所面临的重点和难点。

（2）地质对象的未知性与不确定性。这一问题的本质是由于采样数据的稀疏性和地质体本身的复杂性共同决定的（Yang et al., 2019；Liang et al., 2021）。采样数据是离散的，但空间却是连续的，加之影响地质对象不确定性的因素很多，诸如矛盾的信息源、地质条件的变化、分析方法的不完善等，使得未知性和不确定性在地质研究中一直备受关注。如何将地质学家的经验知识与先进的智能预测推断技术有机地结合起来，尽可能地消除地质体属性的未知性与不确定性，准确地实现对地质对象的解译，对我们来说具有很大的挑战性。

当前流行的智能算法大多是基于分类、拟合、识别等任务构建的，算法的输出结果简单明确且可解释性不强。然而，由于地质勘查技术和当前分析解译能力的限制，地质体在人们的认知中必然存在着一定的不确定性，这种不确定性往往不能通过简单的值或标签进行表征。因此，在考虑地质空间大数据不确定性的前提下实现深度三维解译存在着较大的难度。

2.2.4 地质大数据挖掘工具稀缺，理论方法不易普及

数据挖掘是一个与计算机技术紧密结合的领域，与地质学传统的分析方法相比，要求对计算机原理、编程和数学（尤其是概率论和线性代数）的掌握程度更高。然而，地质分析是一个综合过程，涉及的内容非常广泛，研究人员难以做到既能够全面掌握专业知识，又能充分运用数据挖掘方法，因此，有效的地质科学分析论证过程往往需要多方研究人员分工协作。在专业工具稀缺的情况下，地质学解释的合理性与充分性同数据挖掘原理的严谨性与科学性难以兼顾。

此外，目前地质大数据挖掘的成果大多尚停留在研究人员各自的理论论证与实验阶段，其他学者由于资料短缺、专业手段有限等，研究成果得不到广泛的复现、检验与推广。同时，算法的训练过程烦琐，对于已有被成功解决地质数据挖掘问题，由于数据挖掘工具不完善以及研究成果的普及程度不够，其他研究人员不得不重新进行模型搭建、资料收集与处理、模型训练与验证等复杂的步骤，浪费了大量时间与资源。

因此，有针对性地研发适用于地质学各分支领域的大数据挖掘工具，将研究成果进行封装处理和推广，有利于理论方法的普及，以及更好地促进数据挖掘与地质专业的交叉融合。

2.3 智能分析方案与总体结构

为解决目前地质数据挖掘过程中的上述难点，综合利用统计分析方法、机器学习方法以及深度学习方法等，提出了如图2.1所示的解决方案和结构体系。

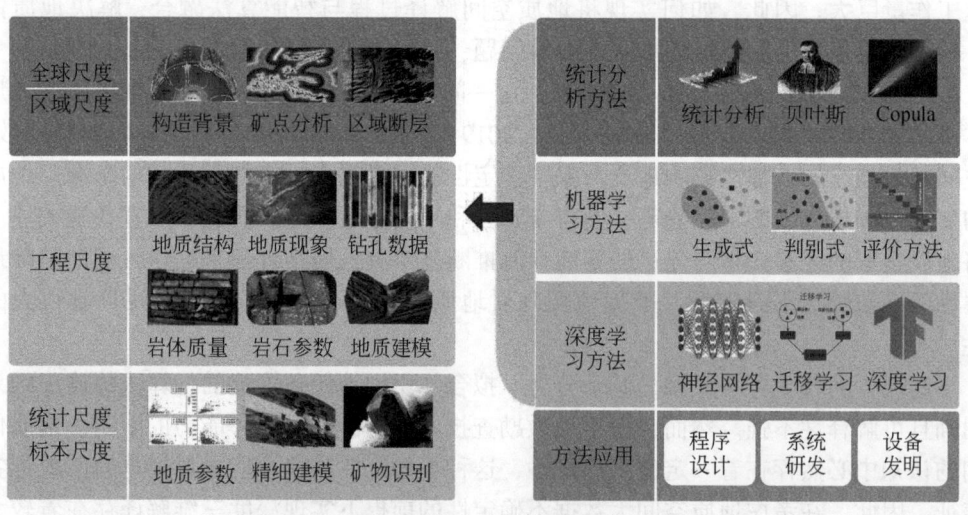

图2.1 复杂多源多尺度地质数据深度挖掘解决方案和结构体系

1. 统计分析

统计分析是目前地质数据分析的主要方法之一。统计分析以数学原理为基础，对数据有较高的可解译性，地质学家根据经验知识和统计分析结果对地质现象和规律进行解译。统计分析的内容主要针对表数据，如裂隙产状统计、土体力学参数的相关性计算、化探数据分析等。常规的统计分析包括统计指标分析、相关性计算等，不过当数据的维度较高、规律性较为复杂时，常规的统计分析往往难以满足需求。Copula 理论是目前多维分析中最为常用的理论，在多维相关性计算、样本精确模拟方面有着明显的优势。贝叶斯定理是统计学的重要分支，注重于描述观察者知识状态在新的观测事件发生后如何更新，其基本原理深刻地影响了机器学习的发展。因此，充分利用统计分析是实现地质大数据挖掘的第一步。

2. 机器学习

机器学习本身是深度学习的超集，这里特指经典机器学习算法。在如今的人工智能领域，深度学习几乎已经成为各项智能任务的首选。然而，经典的机器学习算法仍然有其优势，在很多方面的表现都更优于深度学习。例如，在某些具体问题的研究过程中，虽然地质数据的总量非常庞大，但仍然可能会出现数据量不足的现象（如前面所述的"地质数据的稀疏性"）。在这种情况下，经典的机器学习算法往往能发挥出更好的性能。表 2.1 分别列出了机器学习与深度学习的适用情况。

表 2.1 经典机器学习与深度学习的适用情况

机器学习	深度学习
√可解释性优先于精度	√更注重高精度而非可解释性
√数据量相对较少	√数据量非常大，且标签准确
√特征不复杂	√特征非常复杂
√计算能力较为有限	√计算能力允许
√时间有限，需要得到快速的应用	
√需要考虑多种算法	

3. 深度学习

深度学习是大数据时代最受关注的研究重点，尤其是在处理超高维度的数据时，深度学习方法能表现出非常高的非线性拟合能力、泛化能力和鲁棒性。在地质大数据中，遥感影像、钻孔图像、岩石图像、地质雷达信号灯复杂且高维的数据难以通过传统的机器学习算法去挖掘，而深度学习则在这类问题上有更大的优势，有利于从大量数据中挖掘出未知信息、减少地质解译过程的不确定性。

4. 多尺度分析

地质数据的分布范围覆盖从统计尺度到全球尺度，不同范围下数据挖掘的方式存在着一定的差异。全球尺度和区域尺度的地质数据以结构化或半结构化的表数据及空间位置数据居多，对应问题的研究方式通常以统计分析、判别推理、三维可视化为主；工程尺度的数据形式最为复杂，涵盖图像、信号、表单、文本等多种复杂形式，对算法建模的要求最高；统计尺度的数据以结构化或半结构化的表数据为主，研究过程也主要采用统计分析和浅层的机器学习算法。将地质数据统一划分成不同尺度，并针对不同尺度的典型地质问题进行剖析和论述，有助于对地质大数据理论的梳理和构建。

5. 方法应用

地质数据深度挖掘方法的应用范围包括数据预处理、算法模型构建、算法的训练与验证、基于模型的数据解释和算法的集成开发。原始获得地质数据通常含有大量的干扰成分（噪声或异常数据），数据挖掘的思想是"数据驱动"，这些干扰项的存在会在很大程度上影响分析结果，因此需要结合专业知识对原始的地质数据进行过滤、筛选等预处理操作。此外，在使用经典的机器学习算法时，通常还需要进行"特征工程"，通过人为地构造有效特征，提升算法的性能。算法模型构建部分包括经典机器学习算法和深度学习算法，必要时还需要结合相应的策略（如集成学习）和参数优化方法（如遗传算法）对算法进行改进。算法的训练和验证是"数据挖掘"的主要过程，算法可通过反向调节等方式自动构建训练数据的内在规律。训练好的算法除了可以给出地质问题的定性或定量的计算结果，通常还可以对数据本身的规律提供一定程度的解释（如地质要素的重要性排序），从而辅助地质分析。以训练好的算法为核心，封装成界面友好的可执行程序，有助于地质大数据挖掘理论的推广与发展。

2.4 本章小结

综合上述，复杂多源多尺度地质数据深度挖掘与分析研究的关键问题在于以下四点。

（1）针对结构化地质大数据的深度挖掘问题。虽然目前针对结构化数据的算法相对成熟，但由于地质数据多源、异构、异质、随机的特性，目前的智能算法不能直接应用于数据分析，因此通常需要针对特殊地质数据形式构建算法模型。设计算法的过程中要综合考虑算法的有穷性、确定性、可行性、鲁棒性、高效率和低存储量。

（2）针对复杂非结构化地质数据的算法建模问题。地质资料中的非结构化数据庞杂，尤其以图像、声波为主的数据体量庞大、信息量丰富且干扰信息多。建立地质非结构化数据的预处理方法，构建针对不同地质问题的机器学习模型、深度学习模型是实现地质学与数据挖掘理论所要必须攻克的关键点与重难点。

（3）地质不确定性分析与建模问题。研究地质数据不确定性是充分认识地质条件的基础前提，而由于解译过程不充分、解译方法不先进而引起的不确定性是当前研究中面临的关键问题。完善地质不确定性分析方法，利用大数据方法提高地质解译过程的精准性是地质大数据挖掘理论的关键切入点和目标。

（4）地质大数据智能挖掘算法的应用问题。地质数据深度挖掘与分析理论的最终目的是转化为实践，通过建立理论方法解决实际的科学技术难题，推动大数据方法在地质学领域的深入发展。

本书后续章节将针对这四个关键问题,依据不同尺度下地质大数据的特点,展开多源多尺度地质数据深度挖掘方法研究,以期为实现地质大数据的充分利用以及复杂地质规律的深入分析,推动大数据方法在地质领域的发展提供新的思路。

第 3 章　基本方法原理与分析工具

3.1　数学统计分析方法

在传统的地质研究中，统计学一直是地质数据分析的基石。统计学主要利用概率论建立数学模型，针对特定问题采集数据并分析数据，从而解决问题。统计学的研究对象是随机变量，即表示随机试验各种结果的函数。假设 E 为随机试验，其样本空间为 $S=\{e\}$，如果对于每一个 $e\in S$，总会有一个实数 $X(e)$ 与之对应，则称 $X(e)$ 为定义在空间 S 上的随机变量，可以简记为 X。一般情况下，使用 X、Y、$Z\cdots$ 表示随机变量，用 x、y、z 表示某次试验中的取值。随机变量与普通函数的区别主要有两点：①随机变量的定义域为样本空间，不一定为实数区域，而普通函数的定义域为实数区域；②普通函数的取值是一定的，而随机变量的取值是随机的且遵循着一定的规律性。

3.1.1　常用统计指标

1. 平均指标

平均指标是地质数据统计分析中最常用的指标之一，其所描述的是总体现象的集中趋势。常用的平均指标包括算数平均值、加权平均值、调和平均值和几何平均值。

（1）算数平均值。算数平均值在统计分析中使用的频率最高，其计算表达式为

$$\bar{x} = \frac{x_1 + x_2 + \cdots + x_n}{n} = \frac{1}{n}\sum_{i=1}^{n} x_i \tag{3.1}$$

式中，$\bar{x}$ 为算数平均值；x_i 为样本；n 为样本个数。

（2）加权平均值。当变量数列各组次数不等时，需要对算数平均值进行加权：

$$\bar{x}_w = \frac{\sum_{i=1}^{n} x_i f_i}{\sum_{i=1}^{n} f_i} = \sum_{i=1}^{n}\left(x_i \frac{f_i}{\sum f_i}\right) \tag{3.2}$$

式中，$\bar{x}_w$ 为加权平均值；f_i 为权值；$f_i/\sum f_i$ 为各组次数占总次数的比重。

（3）调和平均值。调和平均值（$\bar{x}_h$）是各变量值倒数的平均值的倒数，又称倒数平均值，其计算公式为

$$\bar{x}_h = \frac{1}{\frac{1}{n}\left(\frac{1}{x_1} + \frac{1}{x_2} + \cdots + \frac{1}{x_n}\right)} = \frac{n}{\sum_{i=1}^{n}\frac{1}{x_i}} \tag{3.3}$$

调和平均值的意义是当一个过程中有多条平行的路径，经过这些平行的路径后，其等效的结果就是调和平均。比如在地质工程施工中，已知施工队在不同岩性中的施工速度，求解该施工队在某一包含多类岩性的地区中的平均施工速度。需要强调的是，在使用调和平均值时，要特别注意变量中是否有零值存在。

（4）几何平均值。几何平均值（$\bar{x}_g$）是 n 个变量值连乘的 n 次方，是计算平均比率和平均速度常用的方法，计算公式为

$$\bar{x}_g = \sqrt[n]{x_1 x_2 \cdots x_n} = \sqrt[n]{\prod_{i=1}^{n} x_i} \tag{3.4}$$

2. 变异指标

变异指标是反映总体各单位标志值的差异程度或离散程度的指标。它是与变量分布集中趋势的代表值（平均指标）相辅相成、共同反映变量分布规律、一对对立统一的数量代表值。最常用的变异指标包括极差、平均差和标准差。

（1）极差。极差是在一个变量数列中，两个极端数值之差：

$$x_R = x_{max} - x_{min} \tag{3.5}$$

式中，x_R 为极差；x_{max} 为样本中的最大值；x_{min} 为样本中的最小值。

（2）平均差。平均差（AD）的全程为平均绝对差，是各个变量值同平均数的离差绝对值的算术平均数，计算公式为

$$AD = \frac{\sum_{i=1}^{n}(x_i - \bar{x})}{n} \tag{3.6}$$

平均差的计算公式在资料已经分组形成分布数列时，应采用加权平均式：

$$AD = \frac{\sum_{i=1}^{n}|x_i - \bar{x}|f_i}{n} \tag{3.7}$$

（3）标准差。标准差（σ）是离均差平方的算术平均数（即方差）的算术平方根，计算公式为

$$\sigma = \sqrt{\frac{\sum_{i=1}^{n}(x_i - \bar{x})}{n}} \tag{3.8}$$

3.1.2 常用概率分布

概率模型（或概率分布）是描述随机变量取值分布规律的数学表示。随着统计学的发展，人们总结并推导出了自然界中较为常见的若干个概率分布模型。在实际研究中，学者或工程师常常会借助概率分布模型对地质数据进行解译。

（1）均匀分布。均匀分布是地质数据分析中应用最多的分布类型之一，其中 a 和 b 分别表示分布的边界，其概率密度函数为

$$f(x)=\begin{cases}\dfrac{1}{b-a}, & a\leqslant x\leqslant b\\ 0, & 其他\end{cases} \quad (3.9)$$

数学期望：

$$E(X)=\dfrac{a+b}{2} \quad (3.10)$$

方差：

$$D(X)=\dfrac{1}{12}(b-a)^2 \quad (3.11)$$

（2）正态分布。正态分布又称高斯分布，是一个在数学、物理、工程等各个领域都非常重要的概率分布。其形状是一条向正、反方向无限延伸的对称曲线，其概率密度函数为

$$f(x)=\dfrac{1}{\sigma\sqrt{2\pi}}e^{-\frac{(x-\mu)^2}{2\sigma^2}} \quad (3.12)$$

数学期望：

$$E(X)=\mu \quad (3.13)$$

方差：

$$D(X)=\sigma^2 \quad (3.14)$$

（3）对数正态分布。对数正态分布是一种"右偏态"的分布函数。在地球科学领域，其常用于描述地球化学元素的分布规律；在工程地质中，常用于描述小尺度的地质对象，如迹长和开度等。其概率密度函数为

$$f(x)=\begin{cases}\dfrac{1}{\sigma x\sqrt{2\pi}}\exp\left[-\dfrac{1}{2}\left(\dfrac{\ln x-\mu}{\sigma}\right)^2\right]\\ 0\end{cases} \quad (3.15)$$

数学期望：

$$E(X)=e^{\mu+\frac{\sigma^2}{2}} \quad (3.16)$$

方差：

$$D(X)=(e^{\sigma^2}-1)e^{2\mu+\sigma^2} \quad (3.17)$$

（4）泊松分布。泊松分布是一种常见的离散概率分布，适用于描述单位时间（空间）内的随机数，如单位体积内裂隙的个数，其中 k 表示在一个区间内事件发生的次数。其概率密度函数为

$$P(X=k)=\dfrac{\lambda^k}{k!}e^{-\lambda},\ k=0,1,\cdots \quad (3.18)$$

泊松分布的数学期望和方差均为 λ。

（5）指数分布。指数分布（又称负指数分布）是在描述裂隙几何参数中应用较多的一种分布，其概率密度函数为

$$f(x;\lambda)=\begin{cases}\lambda e^{-\lambda x}, & x\geqslant 0\\ 0, & x<0\end{cases} \quad (3.19)$$

数学期望：

$$E(X) = \frac{1}{\lambda} \tag{3.20}$$

方差：

$$D(X) = \frac{1}{\lambda^2} \tag{3.21}$$

（6）Γ 分布。Γ 分布和指数分布有着密切的联系，从意义上来看，指数分布解决的问题是"要等一个随机事件，需要经历多久的时间"；Γ 分布解决的问题是"要等到 n 个随机事件都发生，需要经历多久的时间"。Γ 分布的概率密度函数为

$$f(x,\beta,\alpha) = \frac{\beta^{\alpha}}{\Gamma(\alpha)} x^{\alpha-1} e^{-\beta x}, \quad x>0 \tag{3.22}$$

数学期望：

$$E(X) = \frac{\alpha}{\beta} \tag{3.23}$$

方差：

$$D(X) = \frac{\alpha}{\beta^2} \tag{3.24}$$

式中，α 为形状参数；β 为尺度参数。

（7）Fisher 分布。在 Fisher 分布最常用于描述方向变量时，如结构面的产状，其概率密度函数为

$$f(\phi,\theta) = \frac{\gamma \sin\theta}{2\pi(e^{\gamma}-1)} e^{\gamma \cos\theta}, \quad 0 \leq \phi \leq 2\pi, \quad 0 \leq \theta \leq \pi/2 \tag{3.25}$$

式中，ϕ 和 θ 分别为 Fisher 分布坐标系变换后的方位角和倾角。

3.1.3 贝叶斯定理

贝叶斯定理是 18 世纪由数学家托马斯·贝叶斯提出的重要概率理论，以贝叶斯定理为基础的统计学派在统计学领域里占据着重要地位。不过，虽然贝叶斯定理的思想早在两百年前就已出现，但其真正得以广泛应用却是在计算机出现以后。这是因为相比于概率学派从事件的随机性出发的思考方式，贝叶斯统计学更多的是从观察者的角度出发，认为事件的随机性是观察者掌握信息不完备所造成的，观察者所掌握的信息多少将影响观察者对于事件的认知。因此，一般情况下，贝叶斯定理需要大规模的数据计算推理才能突显效果。随着大数据时代的到来，贝叶斯定理成了数据挖掘、机器学习的核心方法之一。

贝叶斯定理可表述为假定 A 和 B 为两个随机事件，$P(A|B)$ 是 B 发生的情况下 A 发生的可能性，那么：

$$P(A|B) = \frac{P(B|A)P(A)}{P(B)} \tag{3.26}$$

其中，$P(A)$ 是事件 A 的先验概率（或边缘概率），之所以称为"先验"是因为它不考虑任何 B 相关的因素；同理 $P(B)$ 是 B 的先验概率；$P(A|B)$ 由于是在已知 B 事件发生后得到的概率，因此成为 A 的后验概率（或条件概率）；同理 $P(B|A)$ 也可以成为 B 的后

验概率，不过，在贝叶斯定理中，我们通常所描述的是 A 依赖于其参数 B 的情况，而 $P(B|A)$ 则是已知结果 A 时 B 的概率，我们称为 B 的似然性。

对于连续概率分布，贝叶斯定理可使用概率密度函数描述：

$$f(x|y) = \frac{f(x,y)}{f(y)} = \frac{f(y|x)f(x)}{f(y)} \tag{3.27}$$

利用全概率公式可进一步得出：

$$f(x|y) = \frac{f(x,y)}{f(y)} = \frac{f(y|x)f(x)}{\int_{-\infty}^{\infty} f(y|x)f(x)\mathrm{d}x} \tag{3.28}$$

式中，$f(x)$ 为 X 的先验分布；$f(y)$ 为 Y 的概率分布函数；$f(x|y)$ 为给定 $Y=y$ 后 X 的后验分布；$f(x,y)$ 为 X 和 Y 的联合分布；$f(y|x)$ 为 $Y=y$ 后 X 的相似度函数（x 的函数）。

3.1.4 Copula 理论

1. 基本原理

Copula 理论起源于 Sklar 定理（Sklar，1959）。2006 年，Nelsen（2007）对 Copula 理论的基本含义、构建方法以及 Archimedean Copula 函数族进行了系统的阐述。根据 Sklar 定理，假设 $H(x_1, x_2, \cdots, x_d)$ 是多维随机向量 $X=(X_1, X_2, \cdots, X_d)$ 的累计分布函数（CDF），且边缘函数为 $F_i(x_i) = \Pr[X_i \leq x_i]$，则可以将 Copula 函数 $C: [0,1]^d \to [0,1]$ 作如下定义。

$$H(x_1, \cdots, x_d) = C(u_1, \cdots, u_d) \tag{3.29}$$

式中，u_i 为第 i 个边缘函数，$u_i = F_i(x_i)$；$C(u_1, u_2, \cdots, u_d) = \Pr[U_1 \leq u_1, U_2 \leq u_2, \cdots, U_d \leq u_d]$，且 u_i 服从 $[0,1]$ 区间的均匀分布，$U(0,1)$。H 的概率密度函数可描述为

$$H(x_1, \cdots, x_d; \theta) = c(u_1, \cdots, u_d; \theta_c) \prod_{i=1}^{d} f_i(x_i; \theta_i) \tag{3.30}$$

式中，θ 包括 θ_i 和 θ_c，θ_i 是第 i 个边缘分布的参数，θ_c 是 $c(\cdot)$ 的参数，$c(\cdot)$ 是 Copula 函数的概率密度函数，定义如下：

$$c(u_1, \cdots, u_d) = \frac{\partial C(u_1, \cdots, u_d)}{\partial u_1 \cdots \partial u_d} \tag{3.31}$$

根据 Copula 理论，我们可以通过如下步骤求得多维随机变量的联合分布函数：①确定多维随机变量的各个边际分布函数；②选择合适的 Copula 函数来表示各个分量间的相依结构。对于第②步，统计学家针对不同的应用场景提出了多种 Copula 函数。本节选取四个具代表性且最为常用的 Copula 函数进行详细介绍，包括 Gaussian Copula 函数、Gumbel Copula 函数、Frank Copula 函数和 Clayton Copula 函数。

2. Archimedean Copula 函数族

Gumbel Copula 函数、Frank Copula 函数和 Clayton Copula 函数都属于 Archimedean

Copula 函数族。Gumbel Copula 函数可以捕获弱下尾依赖和强上尾依赖的数据；Frank Copula 函数适用于弱尾相关数据的建模；此外，Clayton Copula 函数是适当捕捉较低的尾部依赖。表 3.1 给出了这三个 Copula 函数的二元形态。

表 3.1 二元 Gumbel Copula 函数、Frank Copula 函数和 Clayton Copula 函数

名称	公式	θ 和 τ 的转换关系
Gumbel Copula 函数	$C(u,v;\theta)=\exp\{-[(-\ln u)^{\theta}+(-\ln v)^{\theta}]^{1/\theta}\},\theta\in[1,\infty)$	$\tau=1-\theta^{-1}$
Frank Copula 函数	$C(u,v;\theta)=-\dfrac{1}{\theta}\ln\left[1+\dfrac{(e^{-\theta u}-1)(e^{-\theta v}-1)}{e^{-\theta}-1}\right],\theta\in(-\infty,0)\cup(0,\infty)$	$\tau=1+4[D_1(\theta)-1]/\theta$
Clayton Copula 函数	$C(u,v;\theta)=\max[(u^{-\theta}+v^{-\theta}-1)^{-1/\theta},0],\theta\in[-1,0)\cup(0,\infty)$	$\tau=\theta/(\theta+2)$

在表 3.1 中，D_1 是 $k=1$ 的德拜函数（Debye），可以定义为

$$D_1(x)=\frac{1}{x}\int_0^x\frac{t}{e^t-1}\mathrm{d}t \qquad (3.32)$$

3. Gaussian Copula 函数

$$C(u,v;\theta)=\int_{-\infty}^{\Phi^{-1}(u)}\int_{-\infty}^{\Phi^{-1}(v)}\frac{1}{2\pi\sqrt{1-\theta^2}}\exp\left[-\frac{u^2-2\theta uv+v^2}{2(1-\theta^2)}\right]\mathrm{d}u\mathrm{d}v \qquad (3.33)$$

式中，$C(u,1)=C(1,u)=u$；$C(v,1)=C(1,v)=v$；θ 为 u 和 v 的相关系数，可以通过肯德尔（Kendall）秩相关系数 τ 来计算：

$$\tau=\frac{2\arcsin\theta}{\pi} \qquad (3.34)$$

多元高斯 Copula 函数的表达式为

$$\begin{aligned}C[F_1(x_1),F_2(x_2),\cdots,F_n(x_n)]&=\Phi_{\Sigma}[\Phi^{-1}F_1(x_1),\Phi^{-1}F_2(x_2),\cdots,\Phi^{-1}F_n(x_n)]\\&=\int_{-\infty}^{\Phi^{-1}F_1(x_1)}\int_{-\infty}^{\Phi^{-1}F_2(x_2)}\cdots\int_{-\infty}^{\Phi^{-1}F_n(x_n)}\frac{1}{(2\pi)^{n/2}|\Sigma|^{1/2}}\\&\quad\exp\left\{-\frac{1}{2}(x_1,x_2,\cdots,x_n)\Sigma^{-1}\begin{pmatrix}x_1\\x_2\\\vdots\\x_n\end{pmatrix}\right\}\mathrm{d}x_1\mathrm{d}x_2\cdots\mathrm{d}x_n\end{aligned} \qquad (3.35)$$

式中，$x=(x_1,x_2,\cdots,x_n)\sim N_n(0,\Sigma)$，$N_n$ 为 n 维正态分布；Σ 为对称协方差矩阵，可用式（3.36）描述：

$$\Sigma=\begin{bmatrix}\sigma_{x_1x_1}^2 & \rho_{12}\sigma_{x_1x_2}^2 & \cdots & \rho_{1n}\sigma_{x_1x_n}^2\\\rho_{21}\sigma_{x_2x_1}^2 & \rho_{22}\delta_{x_1x_2}^2 & \cdots & \rho_{2n}\sigma_{x_2x_n}^2\\\vdots & & & \vdots\\\rho_{n1}\sigma_{x_nx_1}^2 & \rho_{n2}\delta_{x_nx_2}^2 & \cdots & \sigma_{x_nx_n}^2\end{bmatrix} \qquad (3.36)$$

Copula 密度函数为

$$c[F_1(x_1),F_2(x_2),\cdots,F_n(x_n)] = \frac{\partial^n C[F_1(x_1),F_2(x_2),\cdots,F_n(x_n)]}{\partial F_1(x_1)\partial F_2(x_2)\cdots\partial F_n(x_n)}$$

$$= \frac{1}{|\boldsymbol{\Sigma}|^{1/2}}\exp\left\{-\frac{1}{2}[\Phi^{-1}F_1(x_1),\cdots,\Phi^{-1}F_n(x_n)]\boldsymbol{\Sigma}^{-1}\begin{pmatrix}\Phi^{-1}F_1(x_1)\\ \Phi^{-1}F_2(x_2)\\ \vdots\\ \Phi^{-1}F_n(x_n)\end{pmatrix} + \frac{1}{2}\sum_{i=1}^{n}[\Phi^{-1}F_i(x_i)]^2\right\}$$

(3.37)

Copula 密度函数的参数估计通常采用极大似然估计（MLE）或矩估计（ME）。此处采用最大似然估计，其原理可表述为给定一个偏微分方程族，通过使偏微分方程的似然函数最大化来确定偏微分方程的参数（Choroś et al., 2010）。

4. Copula 函数的参数估计

同传统的一维概率密度函数分析一样，使用 Copula 函数的关键是对其参数进行准确的估计。Copula 函数的参数包括 θ_i 和 θ_c，目前应用比较广泛的 Copula 参数估计方法是分步估计法（inference of function for margins, IFM）（Embrechts and Hofert, 2013）。分步估计法又称两阶段估计法，第一步是计算出各个边缘分布函数的参数：

$$\hat{\theta}_i = \arg\max_{\theta_i} \sum_{t=1}^{T} \ln f_i(x_{i,t};\theta_i)$$

(3.38)

式中，T 为样本数；$x_{i,t}$ 为第 t 个样本的第 i 维；f_i 为第 i 维变量的边缘分布函数；θ_i 为该边缘分布函数的参数。

在第二步中，利用极大似然法求出参数的极大似然估计值：

$$\hat{\theta}_c = \arg\max_{\theta_c} \sum_{t=1}^{T} \ln c[F_1(x_{1,t};\hat{\theta}_1),F_2(x_{2,t};\hat{\theta}_2),\cdots,F_d(x_{d,t};\hat{\theta}_d);\theta_c]$$

(3.39)

5. Copula 函数的选择

除了参数估计，Copula 方法在应用的过程遇到的另一个主要问题是 Copula 函数形式的选择，不同的 Copula 函数会导致截然不同的结果。目前用于最优 Copula 函数识别的方法有很多，如解析法、赤池信息准则（akakai information criteria, AIC）和贝叶斯信息准则（bayesian information criteria, BIC）等。其中，AIC 和 BIC 准则计算过程简便，且选择出的 Copula 函数稳定性相对较好，因此在本研究中采用 AIC 准则作为最优 Copula 函数的识别方法。AIC 准则的计算公式为

$$\text{AIC} = -2\sum_{t=1}^{T} \ln c[F_1(x_{1,t};\hat{\theta}_1),F_2(x_{2,t};\hat{\theta}_2),\cdots,F_d(x_{d,t};\hat{\theta}_d);\theta_c] + 2k$$

(3.40)

式中，k 为 Copula 函数中参数的个数。对于二元 Archimedean Copula 函数和二元 Gaussian Copula 函数，$k=1$。

6. Copula 函数的随机变量模拟方法

Copula 函数在实际中除了可以用于描述多维随机变量之间的关系外，另外一个重要的

作用就是进行蒙特卡罗随机模拟。随机模拟（或随机采样）是研究岩体裂隙不确定性问题的常用方法（如 DFN 建模）。对于二维的情况，Copula 函数的随机抽样方法如下。

假设 $H(x,y)$ 是二维随机变量 (x,y) 的联合分布函数，$C(u,v)$ 是 $H(x,y)$ 的 Copula 函数。理论上，u 和 v 都均匀分布在 0 到 1 的区间上。换句话说，$C(u,v)$ 的边缘分布都是 $[0,1]$ 区间内的均匀分布。随机采样时，先在 $[0,1]$ 区间内生成一个 u 的样本，再通过 Copula 函数生成的 v 的样本，最终完成采样。

具体步骤如下：
(1) 对 $U(0,1)$ 进行随机采样，生成一个 u 的样本；
(2) 假定 s 是一个服从 $U(0,1)$ 的变量，然后随机生成一个 s 的样本；
(3) 计算 $C_u(u,v) = \dfrac{\partial C(u,v)}{\partial u}$，由于 u 已经在步骤 (1) 中确定，因此，C_u 是 v 的函数；
(4) 计算 $v = C_u^{-1}(s)$，其中 C_u^{-1} 是 C_u 的伪逆函数，于是 (u,v) 便是 Copula 函数 $C(u,v)$ 的一对随机样本；
(5) 计算 $x_0 = F^{-1}(u)$ 和 $y_0 = G^{-1}(v)$，其中 $F^{-1}(u)$ 是 x 的分布函数的伪逆，$G^{-1}(v)$ 是 y 的分布函数的伪逆，(x_0, y_0) 即 $H(x,y)$ 的一对随机样本。

7. 多维变量的尾部相关系数

Copula 理论提供了一个衡量相关性的标准：尾部相关性系数（TDC）。尾部相关性系数可分为下尾相关系数 λ_L 和上尾相关系数 λ_U，定义如下：

$$\lambda_L = \lim_{t \to 0^+} \frac{C(t,t)}{t}, \quad \lambda_U = \lim_{t \to 1^-} \frac{1-2t+C(t,t)}{1-t} \tag{3.41}$$

如果 $\lambda_L(\lambda_U)$ 存在且在 $(0,1)$ 范围内，则两个随机变量之间存在下/上尾相关性。如果 $\lambda_L(\lambda_U)$ 为 0，则随机变量相互独立。

3.2 机器学习算法

3.2.1 概念与分类

机器学习指的是计算机的一个学习过程，在该过程中，计算机可以形成模式认知或基于数据持续学习并做出预测，无须特别编程即可做出相应调整。机器学习是人工智能的一种形式，它能高效地自动处理分析建模过程，使计算机能够独立适应新场景。本质上，机器学习是建立在统计学原理之上的，而随着理论技术的不断发展，机器学习将越来越多的数学、统计学、计算机科学等领域的相关内容融入其中，形成了一门多领域交叉的学科。

按所针对的任务与训练模式，机器学习算法可被分为三大类：监督式学习、无监督式学习和强化学习。监督式学习是指原始数据中既有特征值也有标签值的机器学习，利用输入层的数据计算输出层的值，然后对比标签值计算误差，再通过迭代找到最佳模型参数，其本质是对已知数据不断迭代从而找到最佳参数的过程；无监督式学习是指在没有给定事先标记过的训练示例的情况下，自动对输入的数据进行分类或分群的学习方式，其主要内容包括聚类分析、关系规则、降维等；强化学习是序列决策的过程，强调如何基于环境而行动，以取得最大化的预期利益。在这种模式下，输入数据直接反馈到模型，模型必须对此立刻做出调整。

常见的监督式学习算法包括朴素贝叶斯算法（naive bayesian，NB）(Mao et al.，2015)、K 近邻算法（伏坤等，2019）、决策树算法（Møller et al.，2019）、支持向量机算法（刘承照等，2019）、随机森林算法（Breiman，2001）、人工神经网络算法（Zheng et al.，2019）、极限梯度提升（eXtreme gradient boosting，XGBoost）算法（Chen and Guestrin 2016）、逻辑回归算法（许冲和徐锡伟，2012）、条件随机场（conditional random field，CRF）算法（Chen et al.，2019）等。常见的无监督式学习算法包括 K 均值算法（Shirazy，2019）、层次聚类（hierarchical clustering，HC）算法（郭松等，2020）、主成分分析算法（Vo and Durlofsky，2014）、自编码机（Autoencoder，AE）算法（Luo et al.，2020）、Apriori 算法（王允等，2021）等。强化学习的应用场景包括动态系统以及机器控制等，常见强化学习算法包括 Q-Learning 算法以及 SARSA 算法等。

另外，根据数据建模方式的不同，机器学习算法又可以分成判别式模型和生成式模型两类。判别式模型的特点是直接从训练数据中学习建模之间的决策边界，从而完成分类或回归任务；而生成式模型的思路是先假设训练数据是服从一定的概率分布的，然后对概率分布进行估计，并生成与训练数据非常相似的分布，最后根据所生成的分布计算目标变量在给定输入变量上的概率。以手写数字图像识别为例，判别式模型仅仅需要找到 0~9 这几个数字之间的明显区别即可，但生成式模型则需要充分学习每个数字的所有的特征，以至于可以直接生成数字图像。简单来讲，判别式模型仅仅是在刻画数据间的间隔，而生成式模型则是在学习数据中所包含的所有的规律，如图 3.1 所示。

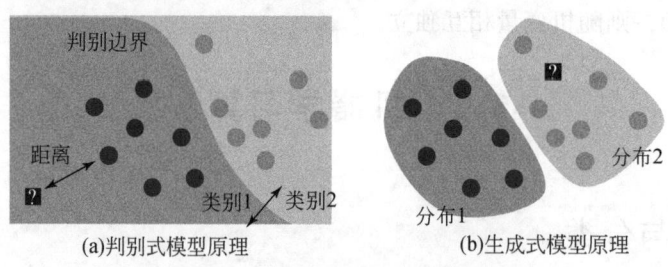

(a)判别式模型原理　　　　　　(b)生成式模型原理

图 3.1　判别式模型与生成式模型

常用的判别式模型包括有支持向量机、有监督人工神经网络、K 近邻、决策树、随机森林、逻辑回归等。典型的生成式模型包括贝叶斯模型（如朴素贝叶斯模型）、混合模型[如高斯混合模型（Gaussian mixture model，GMM）(Mao et al.，2015)、混合密度网络（mixture density network，MDN）(Bishop，2006)]、隐马尔可夫模型（hidden Markov model，HMM）(Rabiner and Juang，1986)、隐含狄利克雷分布模型（latent Dirichlet allocation，LDA）(Blei et al.，2003)、玻尔兹曼机模型[如受限玻尔兹曼机（restricted Boltzmann machine，RBM）(Fischer and Igel，2012)、深度信念网络模型（deep belief network, DBN)（Hinton, 2009）]、变分自编码机模型（variational autoencoder, VAE）（Luo et al., 2020）和生成对抗神经网络模型（generates adversarial network, GAN）（Goodfellow et al., 2014）等。

机器学习算法的基础是数据，为方便描述，在本节中我们规定，数据样本的表示方法为

$$(x_1^1, x_2^1, \cdots, x_n^1, y_1), (x_1^2, x_2^2, \cdots, x_n^2, y_2), \cdots, (x_1^m, x_2^m, \cdots, x_n^m, y_m) \quad (3.42)$$

或

$$(x_1, y_1), (x_2, y_2), \cdots, (x_m, y_m) \quad (3.43)$$

式中，n 为样本数；m 为特征数；y 为标签。

3.2.2 经典算法模型

1. K 近邻

K 近邻算法是一个理论上比较成熟的方法，也是最简单的机器学习算法之一，有监督算法。该方法的思路是：如果一个样本在特征空间中的 k 个最相似的样本中的大多数属于某一个类别，则该样本也属于这个类别。

如果将每一训练样本作为 n 维空间中一点，那么所有训练样本均可存放于 n 维空间中。当给定一未知类别的样本时，通过搜索该 n 维特征空间并找出最接近该未知样本的 k 个样本。若该样本在特征空间中的 k 个最相似（即特征空间中最邻近）的样本中的大多数属于某一个类别，则该样本也属于这个类别，如图 3.2 所示。两样本 $X = \{x_1, x_2, \cdots, x_n\}$ 和 $Y = \{y_1, y_2, \cdots, y_n\}$ 间的邻近性常用欧式距离来描述：

$$D(X, Y) = \sqrt{\sum_{i=1}^{n} (x_i - y_i)^2} \quad (3.44)$$

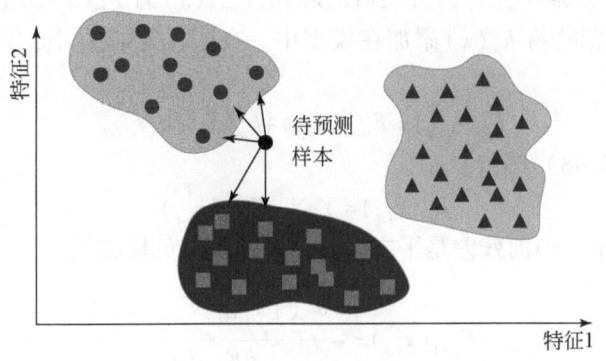

图 3.2　K 近邻算法原理示意图

2. 逻辑回归

逻辑回归算法是一种广义线性模型，在分类问题中应用广泛，多用于解决二分类问

题。以线性回归理论为基础,通过非线性的 Sigmoid 映射函数,将函数值从正负无穷映射到 (0,1),因此,逻辑回归可以有效处理二分类问题。逻辑回归的假设函数如式 (3.45) 所示,其曲线形式如图 3.3 所示。

$$h(x)=\frac{1}{1+\mathrm{e}^{-Tx}} \tag{3.45}$$

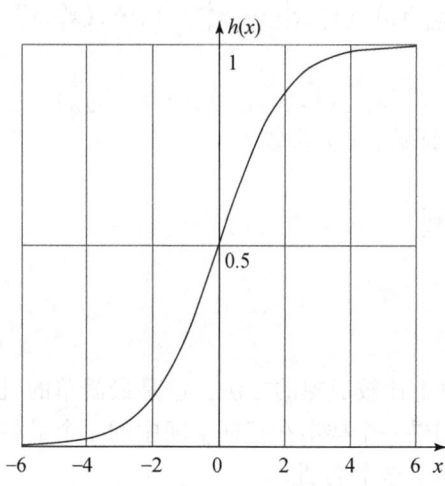

图 3.3 逻辑回归函数

3. 决策树

决策树算法通过合并弱分类器形成最终的强分类器,在分类方法中极其有效,其过程为

$$F_m(x)=F_{m-1}(x)+h_m(x) \tag{3.46}$$

式中,$h_m(x)$ 为弱分类器;$F_m(x)$ 为分类器的总和;$F_{m-1}(x)$ 为 $F_m(x)$ 的上一次迭代。对于每个迭代过程,新的回归树将 $h_m(x)$ 添加在模型中。在式 (3.47) 中,$Y_{i,i+k}$ 是未知数据的预测值。

$$F_m(x_{i,k})=F_{m-1}(x_{i,t})+h_m(x_{i,j})=Y_{i,i+k} \tag{3.47}$$

式 (3.47) 与式 (3.48) 等价。

$$h_m(x_{i,t})=Y_{i,i+k}-F_{m-1}(x_{i,t}) \tag{3.48}$$

在式 (3.49) 中,当前残差是平方误差损失函数的负梯度值。

$$Y_{i,i+k}-F_{m-1}(x_{i,t})=-\frac{\partial \frac{1}{2}[Y_{i,i+k}-F_{m-1}(x_{i,t})]^2}{\partial F_{m-1}(x_{i,t})} \tag{3.49}$$

通过添加回归树减小训练误差,参数 v 用于避免过拟合,即学习率,如式 (3.50) 所示;迭代次数和学习率应该相互吻合,一般来说较大的迭代次数需要较小的学习率。

$$F_m(x)=F_{m-1}(x)+vh_m(x) \quad v\in[0,1] \tag{3.50}$$

4. 朴素贝叶斯

朴素贝叶斯算法是基于贝叶斯定理的概率统计学分类方法。假定在分类任务中所有样本可被分为 k 个类别 $C=(c_1, c_2, \cdots, c_k)$，那么在使用 NB 算法对样本 x 进行分类时，本质上是在计算一组条件概率并求取其中的最大值：

$$\arg\max_c [P(c_1|x), P(c_2|x), \cdots, P(c_k|x)] \tag{3.51}$$

根据式（3.51）可判断出 x 所属的类别。在这一过程中，关键的一步就是如何计算这一组条件概率。根据贝叶斯定理：

$$P(c_i|x) = \frac{P(x|c_i)P(c_i)}{P(x)} \tag{3.52}$$

因为分母对于所有的类别都相同，所以只要实现分子的最大化即可，式（3.51）可转化为

$$\arg\max_c [P(x|c_1)P(c_1), P(x|c_2)P(c_2), \cdots, P(x|c_k)P(c_k)] \tag{3.53}$$

由于计算 $P(x|c_i)$ 的难度较大，朴素贝叶斯算法假定：变量的各个特征属性是条件独立的，所以有

$$P(x|c_i)P(c_i) = P(x_1|c_i)\cdots P(x_n|c_i)P(c_i) = P(c_i)\prod_{j=1}^{n} P(x_j|c_i) \tag{3.54}$$

结合式（3.53）和式（3.54）可实现朴素贝叶斯算法的最终判别。

5. 支持向量机

支持向量机算法的理论基础是统计学万普尼克-译范兰杰斯理论（Vapnik-Chewonenkis theory, VC）和最小结构风险原理，最初应用于处理二分类问题。SVM 算法的基本思想是通过训练样本找出一个最优分离超平面，使得两类样本能够正确分离，并且误差概率最小和分隔间距最大。

对于一个二分类问题，假设样本的标签 $y_i \in \{+1, -1\}$，当为 +1 时表示正样本，为 -1 时表示负样本。此时，样本看空间的分类超平面可表示为 $w \cdot x + b = 0$，其中 w 为法向量，决定了超平面的方向，b 为位移项，决定了超平面与原点之间的距离。由于超平面是有 w 和 b 唯一确定的，故可以将超平面函数写为 (w, b)。样本空间中任意一点到超平面的距离为

$$r = \frac{|w \cdot x + b|}{\|w\|} \tag{3.55}$$

对于所有样本，如果为正样本，则 $w \cdot x + b > 0$；若为负样本，则 $w \cdot x + b < 0$。假设：

$$\begin{cases} w \cdot x_i + b \geq +1, & y_i = +1 \\ w \cdot x_i + b \leq -1, & y_i = -1 \end{cases} \tag{3.56}$$

式（3.56）的几何意义可如图 3.4 所示。

图 3.4 中，距离超平面最近的几个样本点可使得式（3.56）中等号成立，被称为"支持向量"，而正负两类的支持向量到超平面的距离之和被称为"间隔"，其大小为

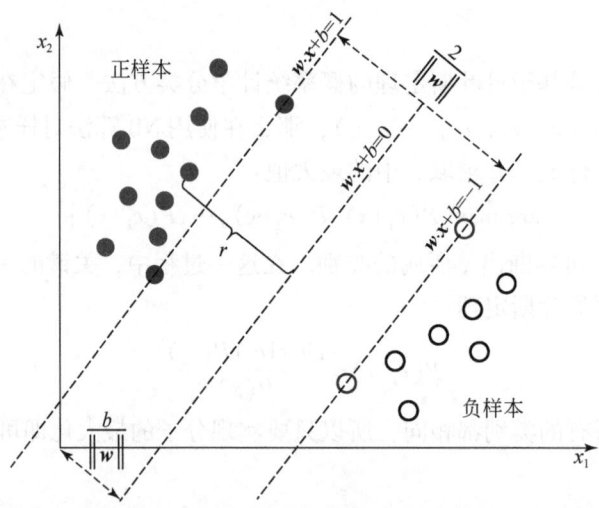

图 3.4 支持向量与间隔

$$r = \frac{2}{\|w\|} \tag{3.57}$$

SVM 算法的目标就是找到"最大化间隔"的分类超平面（等价于最小化 $\frac{1}{2}\|w\|$），即

$$\begin{cases} \min_{w,b} \dfrac{1}{2}\|w\| \\ \text{s. t. } y_i(w \cdot x_i + b) \geq 1 \end{cases} \tag{3.58}$$

对式 (3.58) 引入拉格朗日乘子 $a_i \geq 0$，$i = 1, 2, \cdots, m$，可得其对偶问题，构造的拉格朗日函数为

$$L(w, b, \alpha) = \frac{1}{2}\|w\| + \sum_{i=1}^{m} \alpha_i [1 - y_i(w \cdot x_i + b)] \tag{3.59}$$

对偶问题为

$$\max_{\alpha} \min_{w,b} L(w, b, \alpha) \tag{3.60}$$

令 $L(w, b, \alpha)$ 对 w 和 b 的偏导为零可得

$$\begin{cases} w = \sum_{i=1}^{m} \alpha_i y_i x_i \\ \sum_{i=1}^{m} \alpha_i y_i = 0 \end{cases} \tag{3.61}$$

根据式 (3.61)，该对偶问题可转化为

$$\begin{cases} \max_{\alpha} \sum_{i=1}^{m} \alpha_i - \dfrac{1}{2} \sum_{i=1}^{m} \sum_{j=1}^{m} \alpha_i \alpha_j y_i y_j x_i^{\mathrm{T}} x_j \\ \text{s. t. } \sum_{i=1}^{m} \alpha_i y_i = 0, \quad \alpha_i \geq 0, \quad i = 1, 2, \cdots, m \end{cases} \tag{3.62}$$

上述过程为 SVM 算法的最基本的流程，即硬间隔下的 SVM，使用于线性可分的数据

样本。然而，在大多数情况下数据样本中包含着不同程度的噪声和异常点，不是完全线性可分的。对于这种情况，通常需要对每个样本引入松弛变量 $\xi \geq 0$ 和惩罚函数 C，得到软间隔下的 SVM。此时得到的对偶问题为

$$\begin{cases} \max\limits_{\alpha} \sum\limits_{i=1}^{m} \alpha_i - \dfrac{1}{2} \sum\limits_{i=1}^{m} \sum\limits_{j=1}^{m} \alpha_i \alpha_j y_i y_j \boldsymbol{x}_i^{\mathrm{T}} \boldsymbol{x}_j \\ \text{s. t.} \sum\limits_{i=1}^{m} \alpha_i y_i = 0, \quad 0 \leq \alpha_i \leq C, \quad i = 1, 2, \cdots, m \end{cases} \tag{3.63}$$

与硬间隔下的对偶问题相比，二者唯一的区别在于对 α_i 的约束。

此外，针对非线性的问题，通常要采用核函数的方法将样本映射到更高维度的空间，如图 3.5 所示，最终实现高维空间的线性可分。

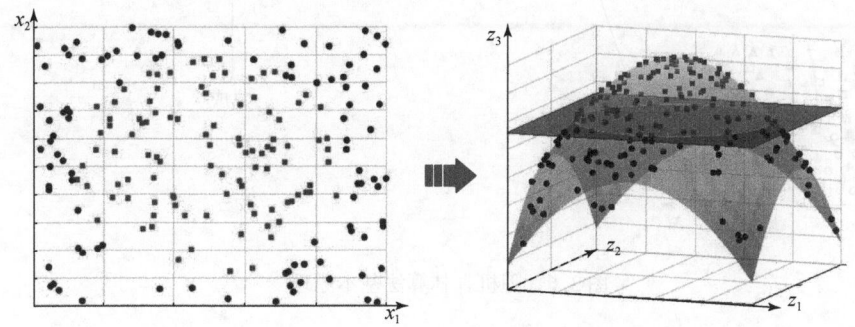

图 3.5　利用核函数对数据样本升维

核函数通常用 $\kappa(\boldsymbol{x}_i, \boldsymbol{x}_j)$ 表示，结合了核函数的 SVM 的目标函数为

$$\begin{cases} \max\limits_{\alpha} \sum\limits_{i=1}^{m} \alpha_i - \dfrac{1}{2} \sum\limits_{i=1}^{m} \sum\limits_{j=1}^{m} \alpha_i \alpha_j y_i y_j \kappa(\boldsymbol{x}_i, \boldsymbol{x}_j) \\ \text{s. t.} \sum\limits_{i=1}^{m} \alpha_i y_i = 0, \quad \alpha_i \geq 0, \quad i = 1, 2, \cdots, m \end{cases} \tag{3.64}$$

6. 随机森林

随机森林算法是一种由多个决策树模型 $\{h(X, L_k) | k = 1, 2, \cdots\}$ 组成的集成学习方法，算法原理见图 3.6。已知 $\{L_k\}$ 是独立同分布的随机向量，用来控制树的生长。RF 通过自助法重采样技术，从训练样本集中有放回地重复随机抽取 k 个样本生成新的训练样本集，然后根据自助样本集生成 k 个分类树组成随机森林，得到新的序列 $\{h_1(X, L_1), h_2(X, L_2), \cdots, h_k(X, L_k)\}$。在给定的自变量 X 下，每个决策树会给出一结果，最终分类结果取决于各个决策树结果的简单多数投票，其公式如下：

$$H(X) = \arg\max_Y \sum_{i=1}^{k} I[h_i(X, L_i) = C] \tag{3.65}$$

式中，$H(X)$ 为随机森林模型；C 为样本标签；I 为示性函数。

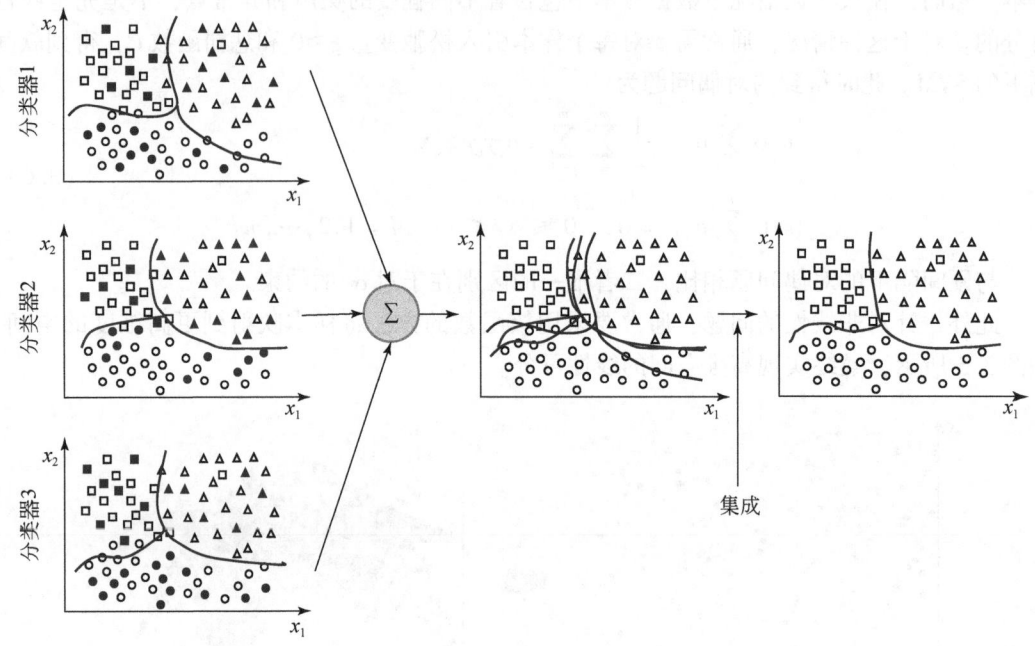

图 3.6 随机森林算法基本原理

7. 人工神经网络

人工神经网络算法是模仿生物神经网络而建立的数据分析模型。人工神经网络一般由输入层、隐藏层和输出层组成,如图 3.7 所示,其中蓝色部分为输入层,黄色部分为隐藏层,绿色部分为输出层。输入层、隐藏层和输出层的神经元数量、网络结构、传递函数、学习算法、动力因子和学习率都是建立人工神经网络模型的参数。在建立 ANN 模型过程中,利用已知数据作为训练集,对权重向量不断调整以拟合理想的模型,以数据迭代的方式不断改变权重和偏差来减小预测值和实际值的误差,直到误差小于预期值或者达到最大迭代次数后,停止训练过程。

8. 极限梯度提升

极限梯度提升算法是一种改进的梯度提升算法(gradient boosting decision tree,GBDT)方法,XGBoost 通过合并弱分类器,最终建立强分类器,同时改进了 GBDT 的损失函数并对目标函数进行正则化,如式(3.66)所示。

$$\begin{cases} L = \sum_{k=1}^{n} l(\hat{y}_i, y_i) + \sum_{k=1}^{t} \Omega(f_i) \\ \Omega(f) = \gamma T + \dfrac{1}{2}\lambda \parallel \omega \parallel^2 \end{cases} \tag{3.66}$$

式中,ω 为叶子节点数;T 为正则项。

式(3.66)是正则化后的目标函数,l 是损失函数,用来衡量预测值 $\hat{y}_i$ 和实际值 y_i 之

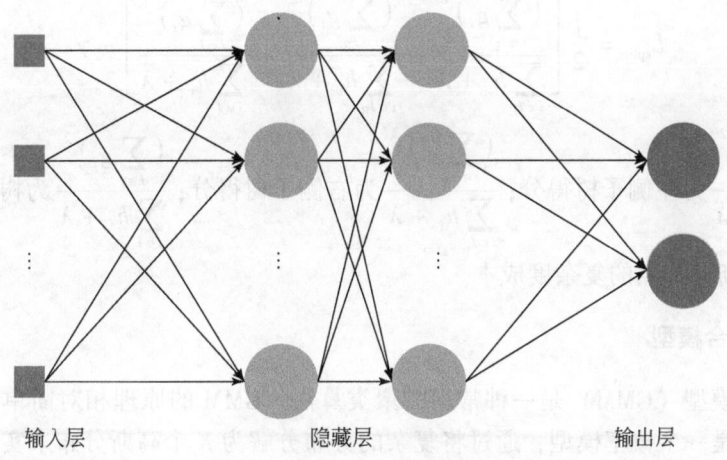

图 3.7 人工神经网络结构图

间的偏差，Ω 用于调整模型的复杂程度。经过处理后，新的目标函数如式（3.67）所示。

$$L^t = \sum_{i=1}^{n} \left[l(y_i, \hat{y}_i^{(t-1)}) + f_t(x_i) \right] + \Omega(f_t) \tag{3.67}$$

将泰勒展开式应用于式（3.68）中，可以得到式（3.68）：

$$L^t = \sum_{i=1}^{n} \left[l(y_i, \hat{y}_i^{t-1}) + g_i f_t(x_i) + \frac{1}{2} h_i f_t^2(x_i) \right] + \Omega(f_t) \tag{3.68}$$

这里 $g_i = \partial_{\hat{y}^{(t-1)}} l(y_i, \hat{y}_i^{t-1})$，且 $h_i = \partial_{\hat{y}^{(t-1)}}^2 l(y_i, \hat{y}_i^{t-1})$，通过移除常数项，目标函数为

$$L^t = \sum_{i=1}^{n} \left[g_i f_t(x_i) + \frac{1}{2} h_i f_t^2(x_i) \right] + \Omega(f_t) \tag{3.69}$$

定义 $I_j = \{i | q(x_i) = j\}$ 为叶子 j 的对象集合。通过改写 Ω，式（3.69）可以转换为

$$\begin{aligned} L^{(t)} &= \sum_{i=1}^{n} \left[g_i f_t(x_i) + \frac{1}{2} h_i f_t^2(x_i) \right] + \gamma T + \frac{1}{2} \lambda \sum_{j=1}^{T} \omega_j^2 \\ &= \sum_{i=1}^{n} \left[\left(\sum_{i \in I_j} g_i \right) \omega_i + \frac{1}{2} \left(\sum_{i \in I_j} h_i + \lambda \right) \omega_j^2 \right] + \gamma T \end{aligned} \tag{3.70}$$

对于固定的结构 $q(x)$，在式（3.71）和式（3.72）可对叶子 j 的最优权重和相应的最优值进行计算。

$$\omega_j^* = -\frac{\sum_{i \in I_j} g_i}{\sum_{i \in I_j} h_i + \lambda} \tag{3.71}$$

$$L = -\frac{1}{2} \sum_{j=1}^{T} \frac{\left(\sum_{i \in I_j} g_i \right)^2}{\sum_{i \in I_j} h_i + \lambda} + \gamma T \tag{3.72}$$

假设 I_L 和 I_R 是左右节点分裂之后的集合，使 $I = I_L \cup I_R$，分裂之后损失函数的下降值为

$$L_{\text{split}} = \frac{1}{2}\left[\frac{(\sum_{i\in I_L} g_i)^2}{\sum_{i\in I_L} h_i + \lambda} + \frac{(\sum_{i\in I_R} g_i)^2}{\sum_{i\in I_R} h_i + \lambda} + \frac{(\sum_{i\in I} g_i)^2}{\sum_{i\in I} h_i + \lambda}\right] - \gamma \tag{3.73}$$

式中，$\dfrac{(\sum_{i\in I_L} g_i)^2}{\sum_{i\in I_L} h_i + \lambda}$ 为左侧子树得分；$\dfrac{(\sum_{i\in I_R} g_i)^2}{\sum_{i\in I_R} h_i + \lambda}$ 为右侧子树得分；$\dfrac{(\sum_{i\in I} g_i)^2}{\sum_{i\in I} h_i + \lambda}$ 为树未分裂时的得分；γ 为增加新叶节点的复杂度成本。

9. 高斯混合模型

高斯混合模型（GMM）是一种常用的聚类算法。GMM 的原理相对简单，数学原理明确，其本质上是一个概率模型，通过将复杂的分布分解为 K 个高斯分布来实现对复杂分布的准确描述。理论上，GMM 可以拟合出任意类型的分布，且也可以用来描述多维变量。对于一个多维变量 X，它的概率可以用式（3.74）来计算：

$$p(X) = \sum_{i=1}^{K} \pi_i N(x_i \mid \mu_i, \Sigma_i) \tag{3.74}$$

式中，μ_i 和 Σ_i 分别为第 i 个高斯分布的均值和方差；π_i 为第 i 个混合分量的权重。GMM 模型没有解析节，其训练过程通常由最大期望（EM）算法来完成。EM 算法的大致过程可表述为通过观察采样的概率值和模型概率值的接近程度，来判断一个模型是否拟合良好；然后通过调整模型以让新模型更适配采样的概率值；反复迭代这个过程，直到两个概率值非常接近时，停止更新并完成模型训练。

图 3.8 为一维 GMM 模型的示例，在该模型中，$K=3$，且三个模型的权重均为 1/3。对于高维的情况，GMM 中的每一个均为一个多元的高斯分布。

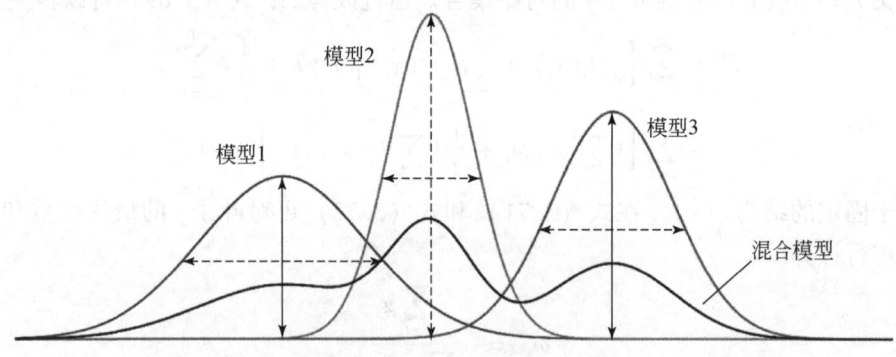

图 3.8　一维 GMM 模型示意图

3.3　深度学习方法

深度学习是机器学习的分支，是一种以人工神经网络为架构，对资料进行表征学习的算法。与浅层神经网络类似，深度神经网络也能够为复杂非线性系统提供建模，但隐藏层要更多，多出的层次为模型提供了更高的抽象层次，因而提高了模型的能力。深度神经网络通常都是前馈神经网络，但也有语言建模等方面的研究将其拓展到循环神经网络。目前在深度学习领域，尤其是计算机视觉任务中，发展最为成功的技术是卷积神经网络。

3.3.1 常见深度神经网络结构

1. 卷积神经网络

卷积神经网络（CNN）由一个或多个卷积层和全连接层组成，同时也可利用池化层、串联层和 Dropout 层对网络进行优化。深度学习模型就是利用不同卷积神经网络结构在某一数据集上训练得出的。卷积神经网络中包含三个重要概念，即局部感受野、共享权重和池化。局部感受野可以使卷积层只连接图像中的部分区域，从而大大减少权重矩阵中的参数数量；共享权重则意味着同一卷积层中的所有神经元权重相同，进一步减少权重参数数量；池化包括最大池化和平均池化，可对特征进行筛选，减少特征图的维度和复杂程度，提高模型的抗过拟合能力。池化后的图像特征可以保持平移不变性，意味着图像平移操作不影响图像特征的提取。神经元的运算如式（3.75）所示。

$$f(x) = \mathrm{act}(\sum_{m=0}\sum_{n=0}\theta_{m,n}x_{m+i,n+j} + b) \tag{3.75}$$

式中，$f(x)$ 为输出；act 为激活函数；$\theta_{m,n}$ 为权重值；$x_{m+i,n+j}$ 为输入；b 为偏差。

考虑一个大小为 5×5 的图像和一个 3×3 的卷积核，卷积核共有 9 个参数。这种情况下，卷积核实际上有 9 个神经元，其输出又组成一个 3×3 的矩阵，称为特征图。第一步中神经元连接到图像的第一个 3×3 的局部，第二步中神经元则连接到第二个 3×3 的局部，如图 3.9 所示，以此类推，通过 9 次运算可以生成 3×3 的特征图，这里卷积的步长设置为 1。

2. Softmax 回归模型

训练集 $\{(x^1, y^1), \cdots, (x^m, y^m)\}$ 由 m 个已标记的样本构成，其中类别标签 y 可取 k 个不同的值，$y^i \in \{1, 2, \cdots, k\}$。

对于给定的测试输入 x，利用假设函数针对每一个类别 j 估算出概率值 $p(y=j|x)$，即估计 x 每一种分类结果出现的概率。因此，利用假设函数输出一个 k 维向量来表示这 k 个估计概率值，假设函数 $h_\theta(x)$ 形式如下：

$$h_\theta(x^i) = \begin{bmatrix} p(y^i=1|x^i;\theta) \\ p(y^i=2|x^i;\theta) \\ \vdots \\ p(y^i=k|x^i;\theta) \end{bmatrix} = \frac{1}{\sum_{j=1}^{k} e^{\theta_j^T x^i}} \begin{bmatrix} e^{\theta_1^T x^i} \\ e^{\theta_2^T x^i} \\ \vdots \\ e^{\theta_k^T x^i} \end{bmatrix} \tag{3.76}$$

其中 $1/\sum_{j=1}^{k} e^{\theta_j^T x^i}$ 项对概率分布进行归一化。

这里，x 是 $m×1$ 维的输入变量，m 是输入变量的特征数，θ 是 Softmax 回归模型的参

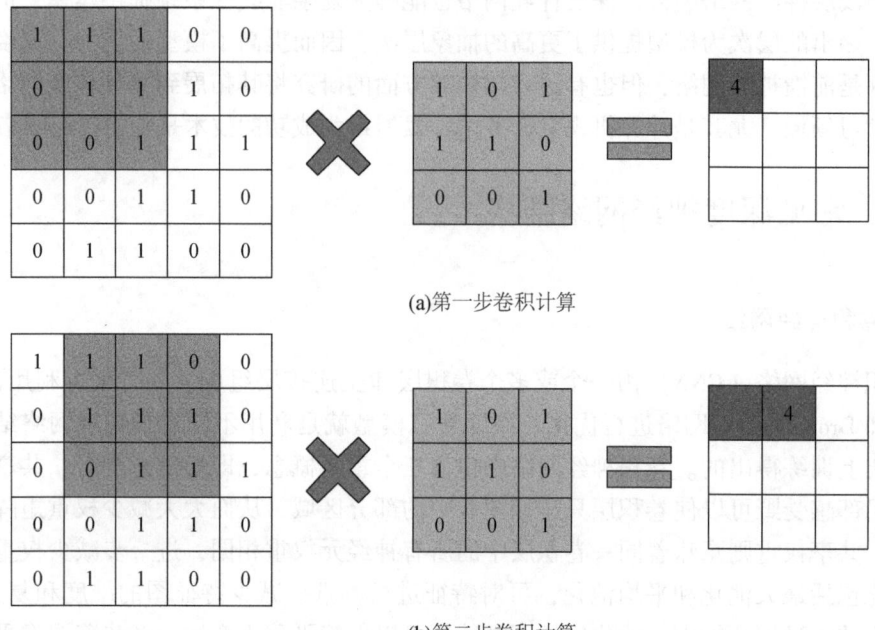

图 3.9 卷积神经网络计算过程

数,为 $m \times k$ 阶矩阵,模型训练过程是要找到最优参数 θ 使得实际值与预测值更为相近,通过不断迭代寻找最优 θ 值,其代价函数如下:

$$J(\theta) = -\frac{1}{m} \left[\sum_{i=1}^{m} \sum_{j=1}^{k} 1\{y^i = j\} \ln \frac{e^{\theta_j^T x^i}}{\sum_{l=1}^{k} e^{\theta_l^T x^i}} \right] \tag{3.77}$$

式中,$1\{\cdot\}$ 为示性函数,其取值规则为 $1\{$值为真的表达式$\}=1$,$1\{$值为假的表达式$\}=0$。

对于 $J(\theta)$ 的最小化问题,目前还没有闭式解法,可使用迭代优化算法中的梯度下降法进行求解,经过求导,可得到如下的梯度公式:

$$\nabla_{\theta_j} J(\theta) = -\frac{1}{m} [x^i (1\{y^i = j\} - p(y^i = j | x^i; \theta))] \tag{3.78}$$

所求得的 $\nabla_{\theta_j} J(\theta)$ 是一个向量,它的第 l 个元素 $\partial J(\theta)/\partial \theta_{jl}$ 是 $J(\theta)$ 对 θ_j 的第 l 个分量的偏导数。

通过添加 $\frac{\lambda}{2} \sum_{i=1}^{k} \sum_{j=0}^{n} \theta_{ij}^2$ 来修改代价函数,n 代表输入数据的个数,这个权重衰减项会惩罚过大的参数值,代价函数转化为式 (3.79):

$$J(\theta) = -\frac{1}{m} \left[\sum_{i=1}^{m} \sum_{j=1}^{k} 1\{y^i = j\} \ln \frac{e^{\theta_j^T x^i}}{\sum_{l=1}^{k} e^{\theta_l^T x^i}} \right] + \frac{\lambda}{2} \sum_{i=1}^{k} \sum_{j=0}^{n} \theta_{ij}^2 \tag{3.79}$$

添加权重衰减项以后($\lambda > 0$),代价函数就变成了严格的凸函数,这样就可以保证得到唯一解了,并且因为 $J(\theta)$ 是凸函数,梯度下降法可以保证收敛到全局最优解。

将数据集分成 3 份:训练集、交叉验证集、测试集,按 λ 从小到大的顺序依次取数,然后在训练集上学习模型参数，在交叉验证集上计算验证集误差，并选择误差最小的模型，也就是选择 λ，最后再在测试集上进行评估即可取到最优的 λ 值。

为了使用优化算法，需要求得这个新函数 $J(\theta)$ 的导数：

$$\nabla_{\theta_j} J(\theta) = -\frac{1}{m}\big[x^i(1\{y^i=j\} - p(y^i=j|x^i;\theta))\big] + \lambda\theta \tag{3.80}$$

通过最小化 $J(\theta)$，即可实现一个可用的 Softmax 回归模型。

3. 变分自编码机

VAE 是一种自监督的神经网络结构，由编码器、解码器和损失函数三部分构成。VAE 的设计理念起源于另一种自监督的神经网络模型——自编码器（autoencoder，AE）。与 AE 通过重构输入变量以得到输出值的建模思路不同，VAE 的原理更具有统计学意义，其目标是构建一个从隐变量 z 生成目标数据 x 的模型，如图 3.10 所示。

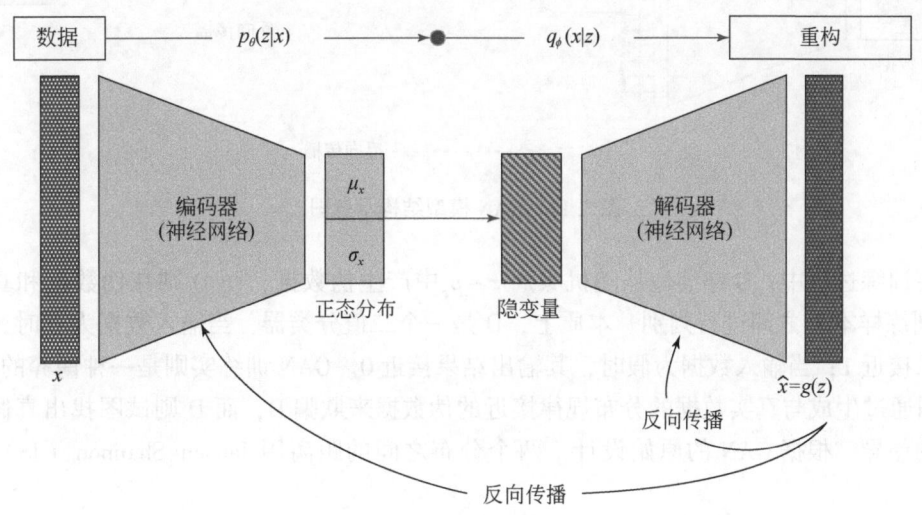

图 3.10 VAE 模型结构示意图

VAE 的编码器是一个参数为 θ 的神经网络，它可以推断出服从正态分布的隐变量 z 的分布。在处理图像、音频等数据时，z 的维数通常要比 x 的维数低，此时 z 可视为 x 的压缩。VAE 的解码器是一个参数为 ϕ 的神经网络，它可以通过隐变量 z 模拟出与 x 相似的数据。

VAE 损失函数的公式为

$$L_i(\theta,\phi) = -E_{z \sim p_\theta(z|x_i)}\big[\ln q_\phi(x_i \mid z)\big] + \mathrm{KL}\big[p_\theta(z|x_i) \parallel p(z)\big] \tag{3.81}$$

$$\mathrm{KL}(P_1 \parallel P_2) = E_{x \sim P_1}\ln\frac{P_1}{P_2} \tag{3.82}$$

式中，x_i 为第 i 个训练数据；E 为期望；KL（·∥·）为 Kullback-Leibler（KL）散度；P_1 和 P_2 分别为两种分布。在式（3.81）中，损失函数由两部分组成：前者是重构损失，后者是正则项。

4. 生成对抗神经网络

GAN 是近年来最受欢迎的生成式模型,最初版本的 GAN 由 Goodfellow 在 2014 年提出。通常,GAN 包括一个生成器(用 G 表示)和一个判别器(用 D 表示),如图 3.11 所示。

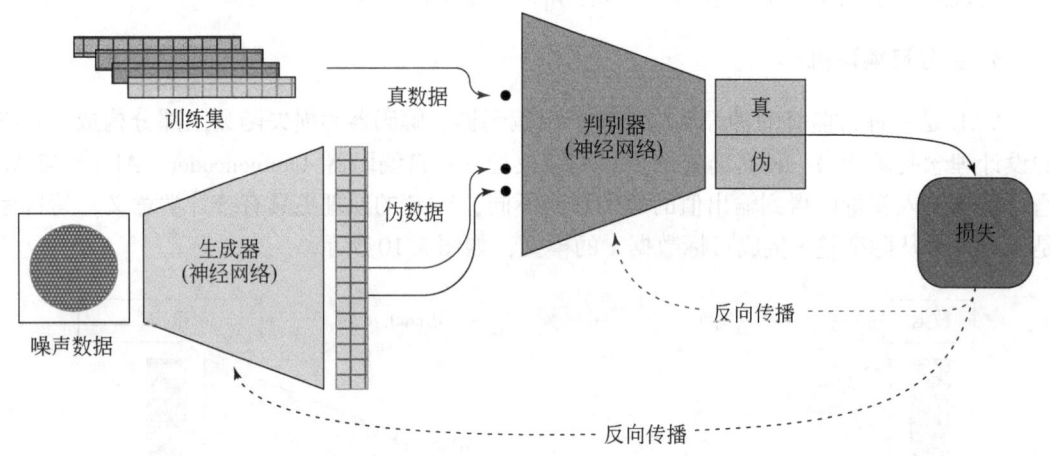

图 3.11 GAN 模型结构示意图

在训练过程中,G 连续地从随机噪声 $z \sim p_z$ 中产生伪数据,而 D 则在伪数据和真实数据(训练样本)之间进行判别。本质上,D 是一个二值分类器,当输入数据为真时,其输出结果接近 1;当输入数据为假时,其输出结果接近 0。GAN 训练实则是一种博弈的过程:G 试图通过生成与真实数据的分布规律接近的伪数据来欺骗 D,而 D 则试图找出真假分布之间的差异。根据 GAN 的原始设计,两个分布之间的距离用 Jensen-Shannon(JS)散度计算:

$$JS(P_r \| P_g) = \frac{1}{2}KL\left(P_r \left\| \frac{P_r+P_g}{2}\right.\right) + \frac{1}{2}KL\left(P_g \left\| \frac{P_r+P_g}{2}\right.\right) \qquad (3.83)$$

式中,P_r 为真实数据的分布;P_g 为伪数据的分布;KL(·∥·)为 KL 散度;JS(·∥·)为 JS 散度。在迭代过程中,G 的伪造能力和 D 的识别能力逐渐提高,最终 G 能够生成接近真实数据的数据。该过程的目标函数如下:

$$\min_G \max_D \{V(G,D) = E_{x \sim P_r}[\ln D(x)] + E_{z \sim P_g}[\ln(1-D(G(z)))]\} \qquad (3.84)$$

GAN 的设计思路巧妙,但其本身存在着诸多问题,如训练困难、不易调参、生成的数据缺乏多样性等。另外,当数据分布发生变化时,往往需要对神经网络重新调参。为此,Arjovsky 等(2017)提出了一种 GAN 的变体,即 Wasserstein GAN(WGAN)。这一模型的最主要贡献是引用了 Wasserstein 距离用以衡量两种分布之间的差异,如式(3.85)所示:

$$W(P_r, P_g) = \inf_{\gamma \sim \Pi(P_r, P_g)} E_{x,y}[\|x-y\|] \qquad (3.85)$$

式中,Π(P_r, P_g)为 P_r 和 P_g 的联合分布。该式的含义是,从联合分布中取样 x 和 y,并

计算 x 和 y 的距离，遍历所有的样本并计算这些距离的期望，最后取这些期望中的最小值为 W。WGAN 的提出成功地改善甚至解决了原始 GAN 中的诸多问题，因此它也成了目前最为流行的生成对抗网络模型之一。

5. 混合密度神经网络

混合密度神经网络（mixture density network，MDN）（Bishop，1994）是一种将概率论与神经网络相结合的监督学习算法，其结构如图 3.12 所示。一般的监督学习算法的目标值仅有一个，而 MDN 给出的则是从输入到输出的概率映射，即条件概率分布。

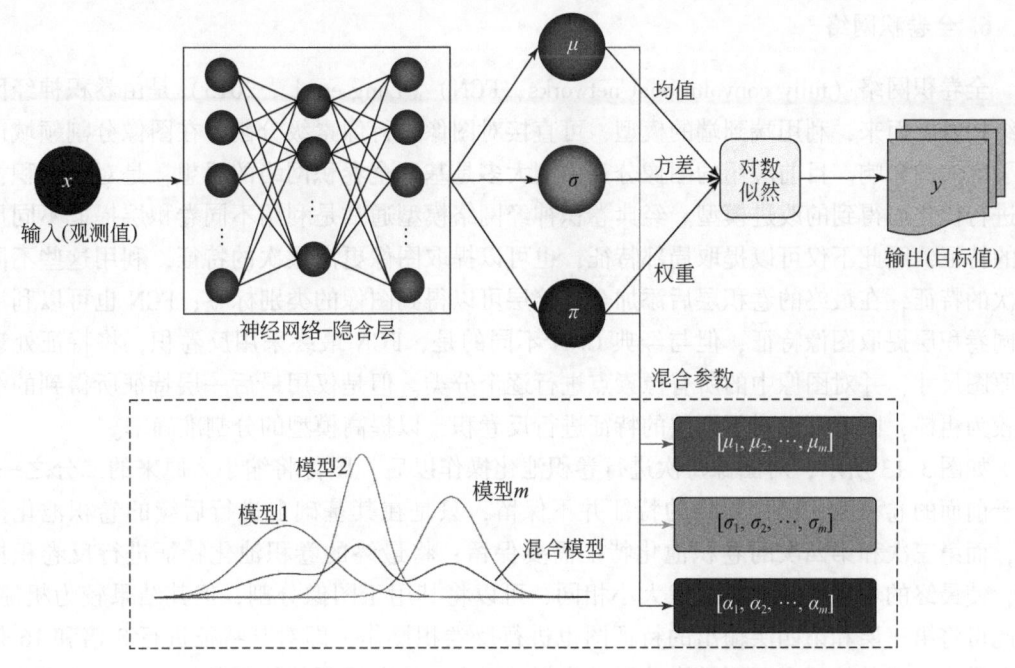

图 3.12　（高斯）混合密度神经网络结构

从结构上看，一个 MDN 模型相当于神经网络与混合密度模型的结合，其主要思想是利用神经网络的输出对最后的混合模型进行描述，如图 3.12 所示。在神经网络部分，其输出不是一个单一的位置张量，而是目标张量的概率密度函数。当混合密度模型采用的是高斯混合模型时，神经网络的输出就是每个混合成分的均值 μ、标准差 σ，以及每个成分的权重 π。

MDN 的输出值的概率密度可以通过各个混合成分的线性叠加表达。对于给定的输入 x，其目标向量 y 的概率为

$$p(y \mid x) = \sum_{i=1}^{k} \pi(x)\varphi_i(y \mid x) \tag{3.86}$$

式中，k 为混合成分的个数；φ_i 为第 i 个混合成分的条件概率密度函数，当采用高斯函数时，φ_i 的表达式为

$$\varphi_i(y|x) = \frac{1}{(2\pi)^{\frac{c}{2}}\sigma_i(x)^c} e^{-\frac{t-\mu_i(x)^2}{2\sigma_i(x)^2}} \tag{3.87}$$

式中，c 为输出值的维度。

MDN 的损失值通过对数似然函数来计算：

$$\text{Loss} = -\ln(\text{PDF}) = -\ln\left[\sum_{i=1}^{m}\pi(x)\varphi_i(y|x)\right] \tag{3.88}$$

此外，对于式（3.88），也引入完全协方差矩阵以提升模型的性能，但会因此增加计算量。

6. 全卷积网络

全卷积网络（fully convolutional networks，FCN）（Long et al.，2015）是由卷积神经网络结构发展而来，利用端到端的模型，可直接对图像进行像素级分割，在图像分割领域产生了巨大的影响。目前应用的图像分割模型大多是基于全卷积网络的思想，是对全卷积模型进行优化而得到的改进模型。经典卷积神经网络模型通常是利用不同卷积层提取不同尺度的特征，因此不仅可以提取局部特征，也可以提取图像更深层次的特征，利用这些不同层次的特征，在最终的卷积层后添加全连接层可以得到图像的类别标签；FCN 也可以利用不同卷积层提取图像特征，但与经典 CNN 不同的是，FCN 最终采用反卷积，将特征处理为原图尺寸，并对图像中的所有像素点进行逐个分类。但是仅用最后一层特征所得到的结果较为粗糙，因此可以对不同层的特征进行反卷积，以提高模型的分割准确率。

如图 3.13 所示，对图像每次进行卷积池化操作以后，图像将缩小为原来的二分之一，对于前面的卷积池化操作得到的特征并不保留，只是在其基础上进行后续的卷积池化操作，而第三次和第四次的卷积池化特征需要保留；将最终的卷积池化特征进行反卷积操作，使最终的卷积特征与原图像大小相同，可以将其用于图像分割，但其结果较为粗糙；因此可将第三层和第四层输出的特征图也进行反卷积操作，即对其特征进行 8 倍和 16 倍的上采样，将其特征应用到最终的图像分割过程中，兼顾局部特征和整体特征，最终的分割结果也更加精细。FCN 的最终结果难以应用于较精细的分析，但是其思想可以应用于不同的图像分割模型中。

3.3.2 经典深度学习模型

目前，国内外人工智能研发团队提出了各种性能优良的深度学习模型，下面对其中的一些较为典型模型进行介绍。

1. Inception-v3 模型

Inception-v3 模型在优化 Inception 模块方面整合了 Inception-v2 模型所有的模块升级，同时，Inception-v3 模型在设计上做出了新的改进，如用均方根传递（root mean square prop，RMSProp）优化方法替代了随机梯度下降算法（stochastic gradient decent，SGD），在最终类别判断的全连接层后加入标签平滑正则化（label-smoothing regularization，LSR）层，

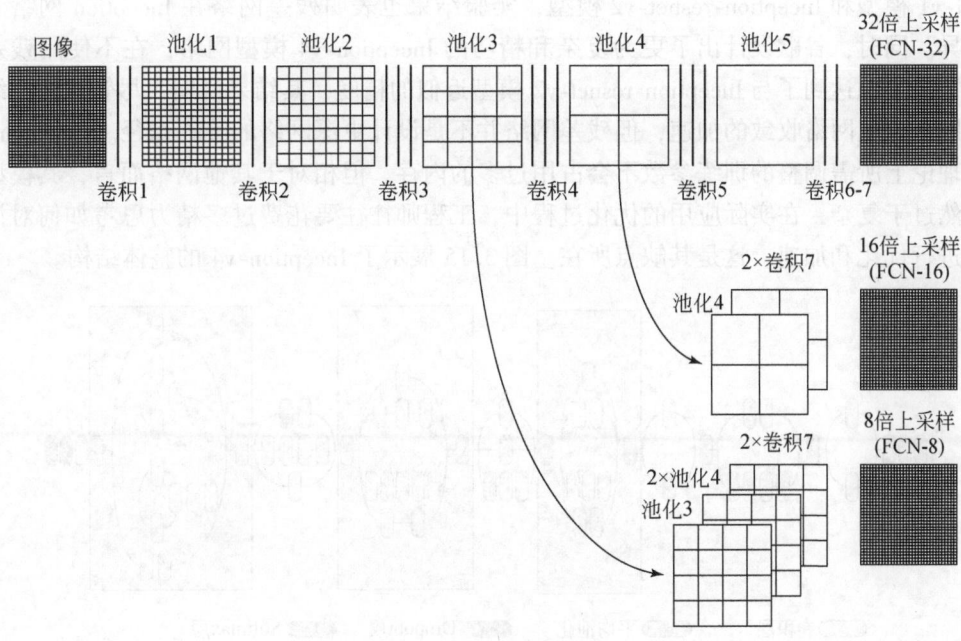

图 3.13 全卷积网络

用 3×3 卷积核替代 7×7 卷积核，在辅助分类器中使用归一化以及为防止过拟合在损失函数中添加正则项。图 3.14 展示了 Inception-v3 模型的整体结构，整个网络的结构体系从输入端开始，经过中间不同的网络结构，最终重建 Softmax 层。

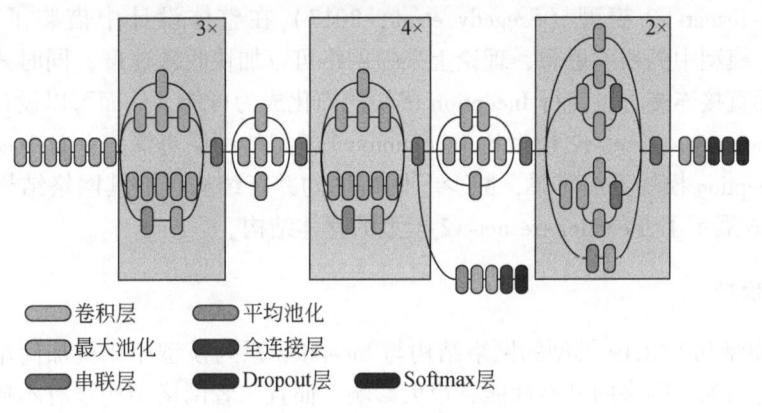

图 3.14 Inception-v3 模型结构

2. Inception-v4 模型

Inception-v4 模型（Szegedy et al., 2017）和 Inception-resnet-v2 模型一起由谷歌（Google）提出。ResNet 模型的提出及其优越表现使得谷歌开始重新思考深度网络的设计与实现。因此，残差网络的思想被尝试应用在 Inception 网络中，从而实现了 Inception-resnet-v1 模型和 Inception-resnet-v2 模型，实验结果也表明残差网络在 Inception 网络上表现优异。同时，谷歌设计出了更为复杂和精巧的 Inception-v4 模型网络，在不使用残差网络的情况下也达到了与 Inception-resnet-v2 模型近似的精度，其结果说明，尽管残差网络确实有助于深度网络收敛的加速，但残差网络并不是设计更深网络的唯一途径。Inception-v4 模型理论上所需调整的训练参数不会占用过多的内存，但相对于其他网络而言，其模型结构仍然过于复杂，在实际应用的优化过程中，工程师往往要花费过多精力思考如何对深度网络进行优化和加速，这是其缺点所在。图 3.15 展示了 Inception-v4 的整体结构。

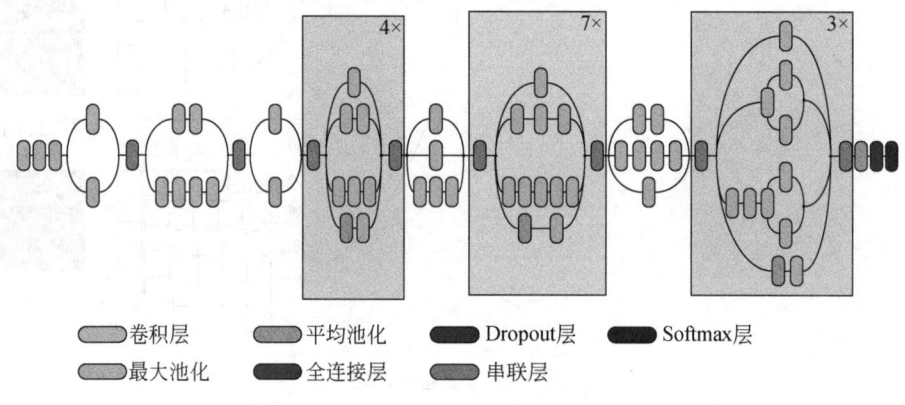

图 3.15 Inception-v4 模型结构

3. Inception-resnet-v2 模型

Inception-resnet-v2 模型（Szegedy et al., 2017）在整体设计中借鉴了 ResNet（He et al., 2016）模型中的残差思想，理论上残差网络可以加快收敛速度；同时残差网络允许模型中的单元直接连接，也使得 Inception 模块的简化成为可能，从而可以设计深度更大的神经网络。Inception-resnet-v2 模型比 Inception-v3 模型的网络更深，并且 Inception-resnet-v2 模型的 Inception 模块更加简单，减少了网络中的并行结构，但其网络结构复杂度依然很高。图 3.16 展示了 Inception-resnet-v2 模型的整体结构。

4. VGG 模型

VGG16 模型和 VGG19 模型的网络结构与 Inception 系列模型相比更加简单，主要证明了网络深度的增加对网络的最终性能有很大影响，而且二者网络结构没有本质的区别，只是 VGG19 模型的网络更深一些，VGG16 模型包含了 13 个卷积层和 3 个全连接层，VGG19 模型包含了 16 个卷积层和 3 个全连接层。VGG 模型的结构简洁，在整个网络均采用了尺寸相同的卷积核（3×3）和最大池化（2×2）；与 AlexNet 模型相比，VGG 模型的改进是采用小的 3×3 的卷积核替代 11×11、7×7、5×5 等较大卷积核。在感受野相同的情况下，采用组合的小卷积核效果要好于较大卷积核，多个层的堆叠可以有效增加网络深度，学习不同的复杂模式。VGG16 模型和 VGG19 模型结构如图 3.17 所示。

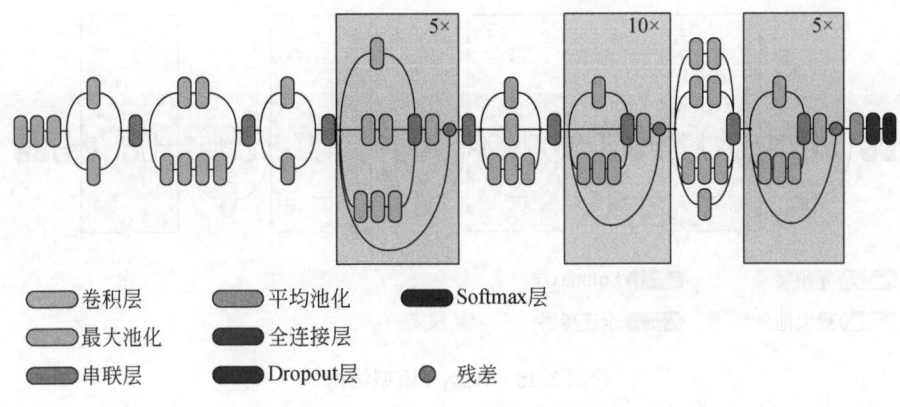

图 3.16 Inception-resnet-v2 模型结构

图 3.17 VGG16 模型和 VGG19 模型结构

5. ResNet 模型

ResNet（He et al.，2016）模型是图像分类分析发展中具有里程碑意义的一个模型，同时也是 2015 年 ImageNet Large Scale Visual Recognition Challenge（ILSVRC）比赛中的获胜者，其结构如图 3.18 所示。实际上，如前面所述，Inception 系列模型的优异性能证明了良好的模型结构设计能有效提取图像特征；VGG 模型则证明了网络深度对于特征提取有重要意义。但是，不断加深网络易导致模型训练困难和训练误差提升，同时在反向传播过程中也会出现梯度消失的现象，初始层输入到最终层时已经可以忽略不计。在 ResNet 模型设计中，通过采用基于恒等映射的深度残差学习模块来解决梯度消散问题。具体来说，残差模块直接连接输入和输出，每个堆叠层拟合残差映射，而不是直接拟合所需的底层映射。因此，ResNet 模型的设计层数可以远远超过其他模型。

6. Faster R-CNN 模型

R-CNN（region convolutional neural network）模型是最早基于深度学习方法和深度卷积特征进行目标检测的模型，其性能远高于基于传统方法的目标检测模型。传统的目标检测通常是利用滑窗对图像中的区域进行一一判断；而在 R-CNN 模型中则是首先选择一系列可能是目标的候选区域；传统的目标检测模型通常是利用人工提取的特征，而 R-CNN 模

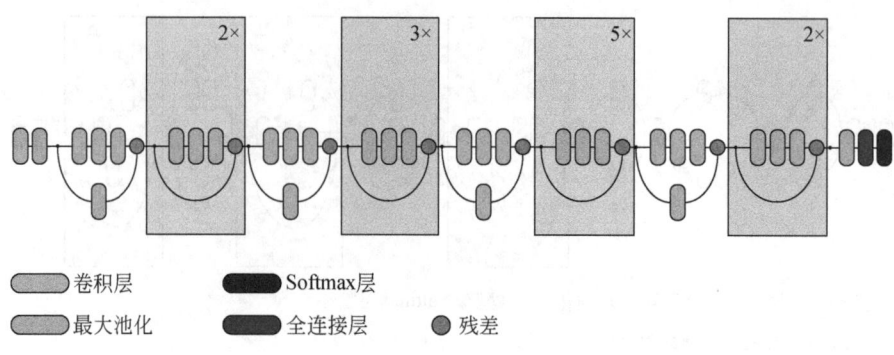

图 3.18 ResNet 模型结构

型则是在候选区域中利用深度学习方法提取图像特征。建立 R-CNN 模型主要包含四个内容，首先是在图像中生成上千个候选区域，候选区域的尺寸没有限制；之后，将每个候选区域尺寸统一化，并利用深度学习网络提取非线性特征；接着将提取的特征输入分类器中，对特征所属类别进行判别；同时利用回归模型训练所提取特征，最终预测物体边界。在候选区域生成过程中，首选对图像进行分割，生成数千个小的区域，根据颜色、纹理相近的原则，对不同区域进行合并，同时还要防止生成的较大区域"吞没"较小区域，并且要保证合并后的区域具有一定的形状。在特征提取的过程中，采用了深度学习模型的网络结构进行特征提取。在特征提取前，首先将候选区域大小设置为 227×227，生成的特征维度为模型 4096。将提取的特征分别输入分类器和回归器中，可获得特征类别和物体预测位置。R-CNN 模型开创了基于深度学习方法进行目标检测的先河，为之后的相关研究奠定了基础。

在 R-CNN 模型提出之后，其升级模型 Fast R-CNN 在 2015 年被提出，模型设计更为精巧，主要目标在于提升 R-CNN 模型的速度。尽管 R-CNN 模型的识别准确率有了较大提升，但在同一张图像上生成的候选框大量重叠，提取的特征也存在较多重复，因而导致训练速度较慢，同时，R-CNN 模型中的分类器和回归器需要大量的训练数据，所占用的训练空间较大。在 Fast R-CNN 模型中，类别判定和位置调整过程共享深度卷积特征，同时将测试图像归一化后直接用深度网络处理，可以在一定程度上加快检测速度。兴趣区域池化层（region of interest pooling，ROI Pooling）是 Fast R-CNN 模型中的重要组成部分，该层对特征图和不精确的位置信息进行处理和综合判断，同时生成的固定长度的输出不会影响图像质量，最终将固定长度的特征输入全连接层对目标进行分类，并用回归模型对框选位置进行调整。

在 Faster R-CNN 模型中，候选区域生成、深度特征提取、特征分类、位置预测调整这四个部分最终被设置在统一的深度网络系统中，大大减少了重复计算量，提高了模型运行速度。与 Fast R-CNN 模型相比，Faster R-CNN 模型模型主要改变了候选区域的生成方法。R-CNN 模型和 Fast R-CNN 模型都利用选择搜索法实现候选区域的生成，而在 Faster R-CNN 模型中，则使用了区域生成网络（region proposal networks，RPN）网络。RPN 网络是 Faster R-CNN 模型提出的全新网络结构，用于生成候选区域，但在候选区域数量方面，

Faster R-CNN 模型中的数量远远小于选择搜索法生成的数量,因此可以减少数据的处理成本。RPN 网络的输入不再是原始图像,而是预训练模型产生的深度卷积特征,并用 3×3 的滑窗操作对卷积特征进行处理,得到尺寸与原特征相同的新特征。对新的特征向量,分别用两次卷积进行处理,一次得到概率得分,用于判别目标类别;另一次用于位置判断,回归出坐标的偏移量。

在 Faster R-CNN 模型的训练过程中,通常利用迁移学习的方法,直接利用预训练模型对特征进行提取,如 VGG 模型、Inception 模型以及 ResNet 模型等。提取的特征图将被用于后续的 RPN 网络和全连接层。

图 3.19 展示了基于深度学习预训练模型 Faster R-CNN 模型网络结构。首先利用预训练网络对原始图像进行处理,提取图像的高维非线性特征。深度网络采用的是中分类网络,并做微小改动;RPN 网络第一层为 3×3 的卷积层,并利用滑窗初步分类回归得到目标分类结果和目标大致位置;之后 ROI 池化层将可能区域调整为相同规格,并接受图像卷积特征,其最终的输出为区域个数、每个区域的坐标及区域大小,再通过分类和回归训练对区域进行精细调整。

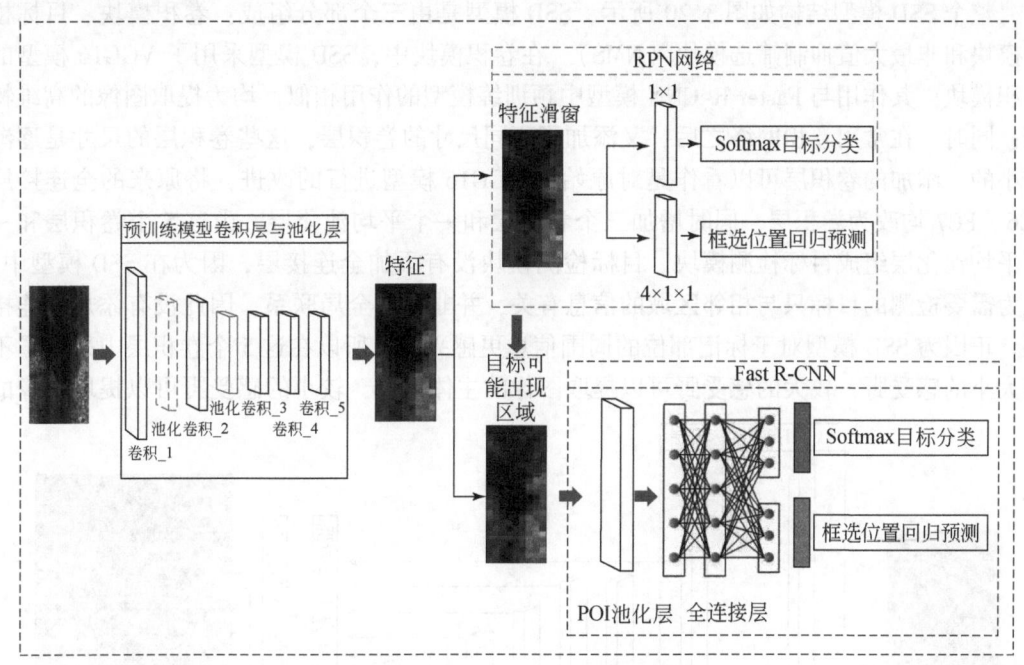

图 3.19 Faster R-CNN 模型结构

在 Faster R-CNN 训练中的损失函数如式(3.89)所示。

$$L(\{p_i\},\{t_i\}) = \frac{1}{N_{cls}}\sum_i L_{cls}(p_i, p_i^*) + \lambda \frac{1}{N_{reg}} p_i^* L_{reg}(t_i, t_i^*) \quad (3.89)$$

Faster R-CNN 的损失函数包含两个部分,即分类的损失函数和回归的损失函数,$\sum_i L_{cls}(p_i, p_i^*)/N_{cls}$ 对应分类损失,即目标与非目标的分类损失,这与图像分类中的损失函数是相同的,即交叉熵函数;$\lambda p_i^* L_{reg}(t_i, t_i^*)/N_{reg}$则表示框选位置偏移量的回归损失。将二者之和作为总的损失函数。

7. SSD 模型

SSD(single shot multiBox detector)模型也是用于目标监测的模型,其思路与 Faster R-CNN 模型相同,也是将整个检测过程整合成一个网络检测系统。但在 SSD 模型中不需要先生成候选区域,该模型利用了 RPN 网络的思想,根据预设的长宽比直接生成缺省的框选位置和相关概率,最终实现了一步检测,同时也提升了检测速度,在精度水平相当的状况下,可以达到实时检测的标准。SSD 模型的显著特点是可以多尺度提取图像特征,并根据特征依次对其进行分类回归分析。不同尺度、不同层次的特征所表达的图像信息也不相同,小尺度和浅层特征更能反映图像的细节信息,大尺度和深层特征则主要针对图像中的主体内容,因此,SSD 模型的特性使其理论上更能适应不同尺度、不同层次的目标检测模型训练及测试任务。SSD 模型的基础网络是基于深度学习方法的特征提取网络,如 VGG 模型、ResNet 模型等。SSD 模型的原始模型是以 VGG16 模型为例进行分析的。

整个 SSD 模型结构如图 3.20 所示,SSD 模型是由三个部分组成:卷积模块、目标检测模块和非最大值抑制筛选模块(NMS)。在卷积模块中,SSD 模型采用了 VGG16 模型的卷积模块,其作用与 Faster R-CNN 模型中预训练模型的作用相似,均为提取图像的高维特征;同时,在常用卷积网络之后,又添加了不同尺寸的卷积层,这些卷积层的尺寸是逐渐减小的。添加的卷积层可以看作是对原始的 VGG16 模型进行的改进,将原来的全连接层 FC6、FC7 均改为卷积层,同时增加三个卷积层和一个平均池化层,由这 5 个卷积层和一个平均池化层组成目标检测模块。目标检测模块没有添加全连接层,因为在 SSD 模型中,认为需要检测的目标只与相邻区域的信息有关,并非是与全局联系,因此没有添加全连接层。正因为 SSD 模型对于标记部位的周围信息更感兴趣,所以在这 5 个卷积层中采用了不同大小的感受野,较大的感受野可以提取图像的主体信息,较小的感受野可以提取图像的

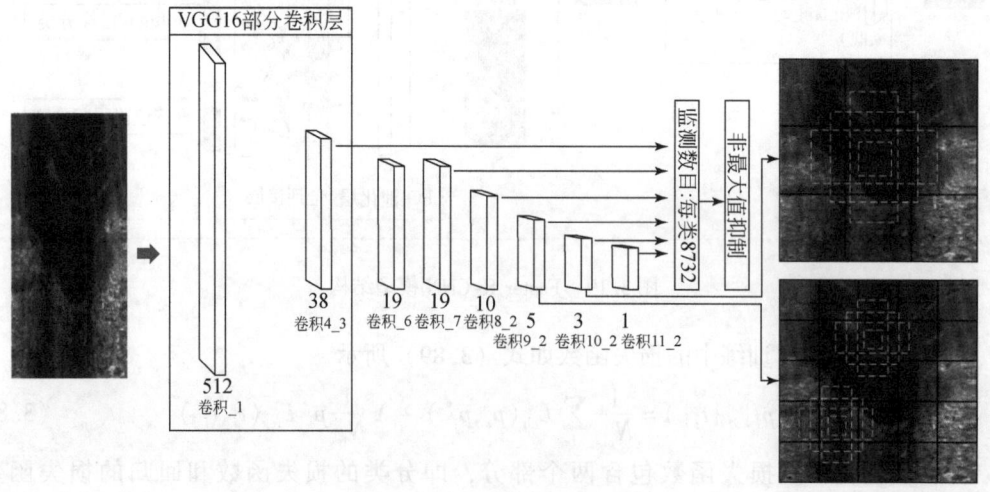

图 3.20　SSD 模型结构

细节信息，因此可以输出不同尺度、不同层次的图像特征信息，在多尺度、多层次的特征图下进行目标检测任务的训练和分析，可以对图像中不同尺寸的物体进行类别预测和位置回归。相对于只利用在最后的卷积层输出单一特征而训练出的识别模型，在多尺度、多层次特征下训练出的模型具有更高的准确率，这也是 SSD 模型实现准确得多尺度目标检测的关键。之后基于提取的多尺度特征图像，生成不同的默认大小的待检测区域。在 NMS 中，先设定阈值，将低于阈值的框选位置直接过滤掉；再采用非最大值抑制，对重叠度较高的框选位置进行筛选。

SSD 模型的损失函数为

$$L(x,c,l,g) = \frac{1}{N}[L_{conf}(x,c) + \alpha L_{loc}(x,l,g)] \tag{3.90}$$

式中，c 为置信度；l 为预测的框选位置；g 为真实的框选位置；α 为分类与回归损失函数权重值，表示两者的权重；N 为参与计算的默认框数量；L_{conf} 为位置损失；L_{loc} 为置信损失。

SSD 模型与 Faster R-CNN 模型损失函数的结构相同，以分类损失函数与回归损失函数之和组成了总的损失函数。

8. Unet 模型

Unet 模型网络原本是为医学图像中分割目标物体而设计的。卷积神经网络在医学图像分类中广泛使用，并根据图像特征输出其所属类别，但是将 CNN 模型应用在医学图像过程中存在两个问题。第一，医学图像通常数量不足，而 CNN 模型网络的训练往往需要大量的数据，因此，利用 CNN 模型网络训练的医学图像分类模型的泛化能力难以保证；第二，在医学图像分析中，医生不仅关注图像属于哪一类别，同时也关注患病位置、病灶大小等，仅仅依靠分类结果难以实现精细信息的提取。基于这两个问题，也有人设计了利用滑动窗口提取不同的图像片段以增加训练集，同时也可输出目标位置的模型，但是由于重复特征较多，运行较慢，且最终定位准确度有所损失。针对这个问题，Ronneberger 等（2015）提出了 Unet 模型。

Unet 模型并非指某一种具体的结构模型，而是指某一类具有相似结构的网络模型，其一般为编码–解码的对称模型，左侧网络进行图像编码，右侧网络再对编码进行解码。解码可以利用数据上采样将特征图调整为原图像大小，在特征图上采样过程中，采用跳跃连接的方法对不同层的特征图进行堆叠，用于分割、细化信息。从图像处理的角度分析，最后用于分割图像的特征，包含了基于区域和基于边缘的特征，并将二者进行了整合，所以最终可以取得较好的效果。

Unet 模型架构如图 3.21 所示，蓝色方框部分为多通道特征图，特征通道数位于方框上方，特征图大小位于方框左侧，白色方框为复制的特征图，绿色和灰色箭头所指为不同特征的融合。从图 3.21 中可以看出，网络整体为 U 形网络，整个网络包含两个路径，左侧的收缩路径和右侧的扩张路径，其中收缩路径为广泛应用的卷积结构，当图像输入后，首先重复采用 3×3 卷积结构两次，每次以 2 为步长，并在卷积层后接线性整流函数（ReLU）和 2×2 的最大池化操作；在右侧的扩张路径中，包含 2×2 的反卷积、收缩路径剪切的特征图、两个 3×3 卷积，并且每个都带有 ReLU 函数，其中反卷积可以使特征通道数减少为原来的一半；最后的 1×1 卷积则用于输出最终结果。

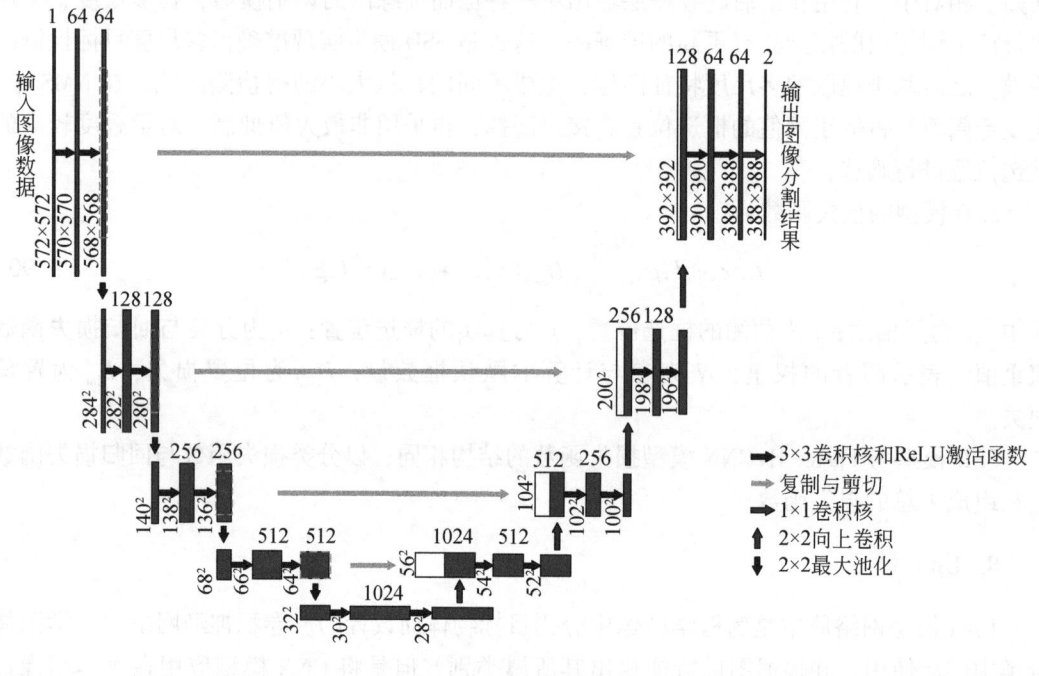

图 3.21　Unet 模型架构

与 FCN 全卷积神经网络相比，Unet 在结构上的创新点主要是跳跃连接和 U 形结构，所产生的影响是将不同层次特征结合在一起，包括了基于像素、基于区域和基于边缘的特征，在反卷积过程中能获得更有效的先验信息，实现更好的定位与分类。Unet 中的损失函数为

$$\text{Loss} = \sum_{x \in \Omega} \omega(x) \ln [p_{l(x)}(x)] \qquad (3.91)$$

式中，x 为像素点；$l(x)$ 为像素点对应的种类；$p_{l(x)}(x)$ 为像素点对应类别的激活函数输出值。

9. FC-DenseNet 模型

与 ResNet 模型相似，DenseNet 模型（Huang et al., 2017）的网络结构也是为了解决由网络深度引起的梯度消失问题。具体而言，在 DenseNet 模型网络中，所有层的连接架构都用于保证各层之间的信息流达到最大。在数据处理过程中，各个层都能从之前所有的层获得输入信息，并将信息传递到后续各层。DenseNet 模型网络架构采用了特征复用的思想，减少了对冗余信息的学习，因此，网络中参数的数量显著减少。由于其与所有层连接的性质，DenseNet 模型能够提取图像的有效信息。ResNet 模型只对前一层的输入输出信息进行分析，而 DenseNet 模型则是对每一层之前的所有层进行分析。一般来说，DenseNet 模型网络适用于小数据集的分析，不易产生过拟合。

在传统的前馈神经网络中,通常是将前一层的输出作为后一层的输入,如式(3.92)所示:

$$x_l = H_l(x_{l-1}) \tag{3.92}$$

式中,x_{l-1} 为第 $l-1$ 层输入;x_l 为第 l 层输入,也表示 $l-1$ 层输出。但是这种连接方式在较深的网络中会出现梯度消失的现象,因此在 ResNet 模型中采用残差的方法实现特征的跳跃连接,将前一层的输入和输出同时作为下一层的输入,对前一层网络的特征重复利用,如图 3.22 所示,相邻层的输入输出关系如下:

$$x_l = H_l(x_{l-1}) + x_{l-1} \tag{3.93}$$

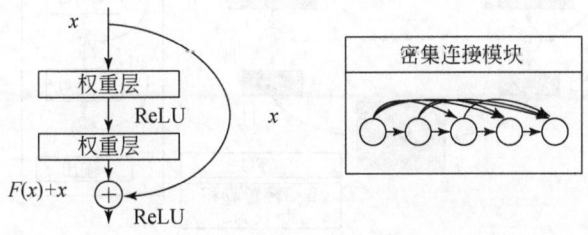

图 3.22 ResNet 模型和 DenseNet 模型连接

DenseNet 模型借鉴了 ResNet 模型中跳跃连接的思想,但是与 ResNet 模型相比,其网络之间的连接更加密集,DenseNet 模型中的每一层都可以将前面得到的所有特征图进行处理,将更多的特征加入训练,较大程度地实现特征的重复使用,随着模型层数增加,特征图数量也不断增加,最终通过卷积和池化的组合减少特征图数量。DenseNet 模型中的连接方式如图 3.22 所示,可以看出,每一层的输入为之前所有层的输入和输出的总和,形成了更密集的连接方式,其过程为

$$x_l = H_l([x_0, x_1, \cdots, x_{l-1}]) \tag{3.94}$$

而全卷积 FC-DenseNet 模型(Jégou et al., 2017)也采用了经典的编码-解码结构,仿照 Unet 模型的对称形式,将 DenseNet 模型应用于全卷积过程;从图 3.23 中也可以看出,FC-DenseNet 模型的结构与 Unet 模型有相似之处,图 3.23 左侧为编码结构,可以利用 DenseNet 模型提取图像的特征图;而图 3.23 右侧为解码过程,可以对图像进行重新生成,尺寸不变。FC-DenseNet 模型用密集连接模块替换卷积模块进行上采样,以恢复图像分辨率;采样后的特征图与之前的特征进行连接,合并在一起作为下一个密集连接模块的输入。但是在上采样过程中,特征图的分辨率和数量都显著提高,因此密集连接模块之间不再进行级联,以减少特征维度。在下采样过程中,由于使用池化操作,会损失部分特征信息,但通过前后层的级联,可以对特征实现较大程度的利用。

图 3.23 中红色部分为卷积层,虚线部分表示跳跃连接,向上向下传输中的 Dropout 层可随机舍弃部分神经元结果,其概率为 0.2;图 3.23 中给出了 4 层的密集连接模块的具体结构,但是密集连接模块十分灵活,可以采用不同数目的层状结构进行搭建。

10. DeepLabV3 模型

DeepLab 系列模型共有三个版本。在 DeepLabV1 中,考虑到上采样及池化等操作会造

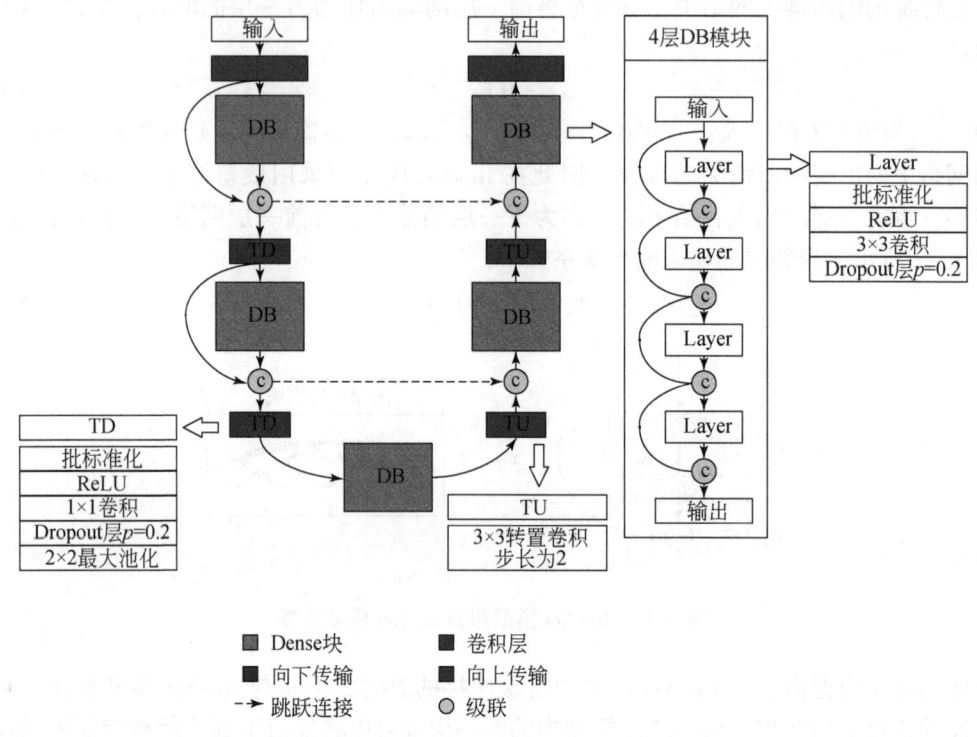

图 3.23　FC-DenseNet 模型

成特征信息的丢失,且多层之间的采样操作使得计算量增大,因此采用空洞卷积方法对图像进行处理。空洞卷积方法可以在不改变卷积核大小的情况下有效增大感受野的尺寸,并且可以采用不同的扩张率来实现对不同大小感受野特征的提取,如图 3.24 所示。

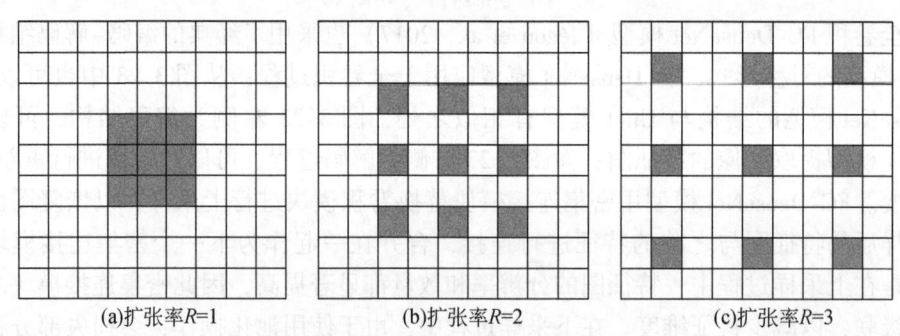

图 3.24　不同扩张率下的空洞卷积

在图 3.24 中,以 3×3 大小的卷积核对空洞卷积进行说明。当扩张率 $R=1$ 时,卷积过程与常用的卷积过程相同,没有体现出空洞卷积特性;当扩张率 $R=2$ 时,卷积核中的每个单元相隔一个位置,卷积核大小为 5×5,添加的单元以零填充,最终得到一个稀疏卷积核,其感受野大小也变成 5×5,但计算量与常用卷积过程相比没有增加;当扩张率 $R=3$ 时,与 $R=2$ 时情况相似,卷积核中的每个单元相隔两个位置,卷积核大小变为

7×7，最终同样得到一个稀疏卷积核，计算量也与前面两种情况相同。空洞卷积在计算量不变的情况下增加了感受野大小，但同时也降低了分辨率，因此还需对 DeepLabV1 模型进行提升。

在 DeepLabV2 模型中，考虑到 DeepLabV1 模型中尽管扩大了感受野，但是并没有对各层特征进行综合分析，因此采用空洞卷积池化金字塔方法对不同层特征进行融合，建立更有效的图像特征，如图 3.25 所示，将四种不同扩张率下的特征图进行融合。

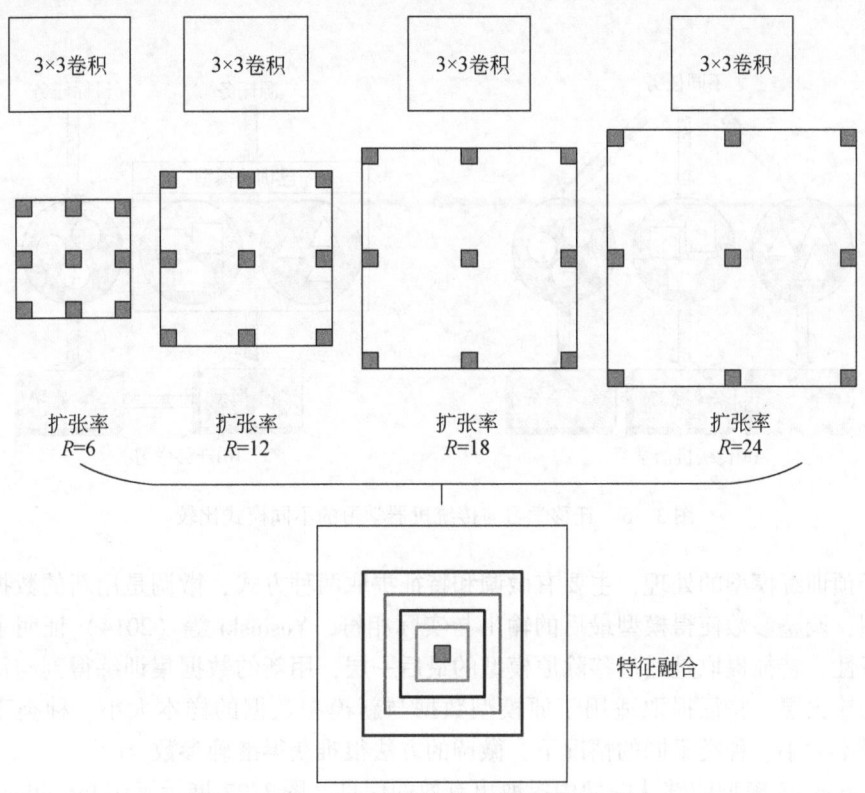

图 3.25 不同扩张率下的空洞卷积特征融合

在 DeepLabV2 模型中，利用不同扩张率建立不同卷积核，对不同尺度的特征信息进行提取，在一定程度上弥补了分辨率降低的缺陷。

在 DeepLabV3 模型（Chen et al.，2017a）中依然采取了 DeepLabV2 模型中多特征图融合的方法，同时在空洞卷积池化金字塔模块中加入批标准化方法。从理论上来说，扩张率越大，所得到的感受野越大，获得的特征也应更接近全局特征；但当扩张率过大时，感受野会更多地与图像边界之外接触，会出现权值不再起作用的情况，最终导致不能提取图像中的有效信息，于是在模型中应利用全局平均池化处理特征图。另外，在 DeepLabV3 模型中采用预训练模型进行分析，可以得到更加有效的特征。

3.3.3 迁移学习

迁移学习与传统机器学习的不同模式比较如图 3.26 所示。采用传统机器学习方法，即使不同问题之间存在相似性，模型构建过程也要从零开始，对于之前已构建的模型没有借鉴，这样孤立地解决问题将浪费大量的时间和精力。而迁移学习就是考虑当任务之间具有一定的相关性，先前任务中得到的知识可以经过微小变换甚至无须任何改动就可直接应用于新的任务中，或者倘若这些知识是普遍有效的规则，并且在新任务中使用的数据很难获得，那么通过迁移学习方法可将其他任务（源任务）中学习到的知识，迁移应用到目标任务中，使之有利于目标任务数学模型的构建，减少重复劳动和对目标任务训练数据的依赖。

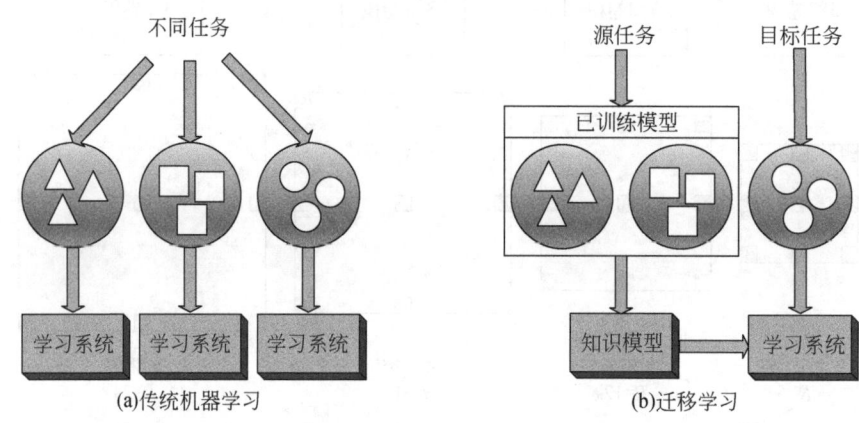

图 3.26　迁移学习与传统机器学习的不同模式比较

对于预训练模型的处理，主要有微调和特征提取两种方式，微调是用新的数据集继续训练模型，调整参数使得模型最后的输出与实际相符，Yosinski 等（2014）证明了这种方法的可行性。特征提取是通过移除原模型的最后一层，用新的数据集训练得到与待解决问题相符的输出层。特征提取适用于原模型数据与新模型数据的样本大小、种类不同的情况；在样本大小、种类不同的情况下，微调的方法很难获得准确参数。

Inception-v3 模型能够从图像中提取出有效的信息。图 3.27 展示了用 Inception-v3 模型做迁移学习时数据的流向。首先，在特征提取模型中输入并处理一张岩石图像，特征提取模型为 Inception-v3 模型中的卷积层和池化层；迁移利用模型中的卷积层和池化层计算岩石图像的图像特征，并用 2048 维向量表示；同时将图像特征保存到缓存文件中。以岩石图像识别任务为例，采用 Inceotion-v3 模型进行迁移学习，整个网络的结构体系从输入端开始，首先设置 3 个卷积层，连接 1 个池化层；再设置 2 个卷积层，连接 1 个池化层，最后连接 11 个混合层；原模型还设置了 Dropout 层、全连接和 Softmax 层，利用岩石图像对这三层重新进行训练。

Inception-v3 模型处理一张图需要较高的时间成本，所以当每张图像都要处理多次时，将图像特征在缓存中保存下来可以节省时间；当新数据集里的所有图像都用 Inception-v3 模型处理过，并且生成的图像特征都保存到缓存文件之后，将这些图像特征作为其他神经网络的输入，训练基于 Softmax 层的神经网络用来对新的数据集分类；这样就可以利用 Inception-v3 模型从图像中提取有效的特征信息，然后用另外的神经网络来做真正的分类工作。

第 3 章 基本方法原理与分析工具

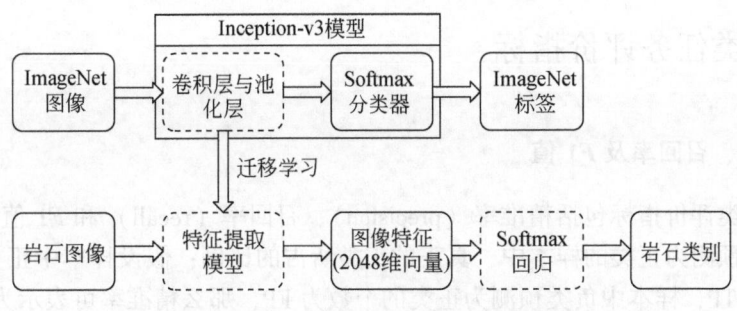

图 3.27 岩石岩性识别迁移学习模型构建

3.4 常用验证与评价方法

3.4.1 K 折交叉验证

K 折交叉验证在机器学习方法中应用广泛，对于提高分类准确率有很好的效果。在 K 折交叉验证中，将原始数据随机分为 k 个等分子样本。在 k 个等分子样本中，选择其中一个作为测试集，其他 $k-1$ 个子样本作为训练集。交叉验证过程共重复 k 次，每一个子样本都有一次作为测试集出现，即 K 折。K 折训练的结果可以作为最后的估计值。这种方法的优势在于能够将训练集用于训练和验证，在训练过程中寻找模型的优化参数，而每一个数据作为验证只使用一次。以 5 折交叉验证为例，其过程如图 3.28 所示，蓝色部分代表选择为验证集。

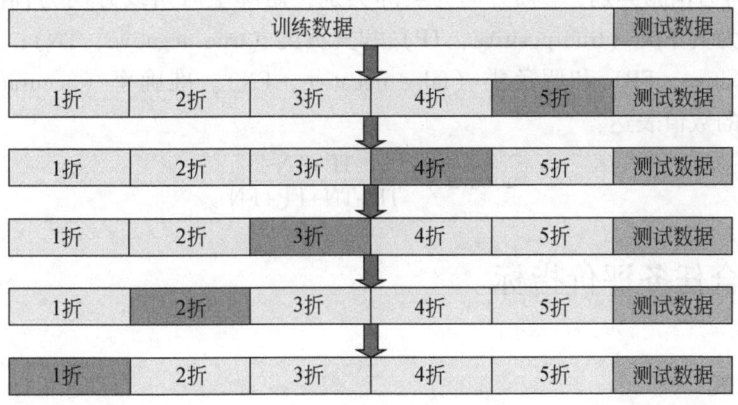

图 3.28 K 折交叉验证过程

3.4.2 分类任务评价指标

1. 精准率、召回率及 F1 值

常用的分类评价指标包括精准率（precision）、召回率（recall）和 F1 值（F1_score）。精准率表示在预测为正类的样本中，真正的正类所占的比例；假设样本中正类样本预测为正类的个数为 TP，样本中负类预测为正类的个数为 FP，那么精准率可表示为：

$$\text{precision} = \frac{\text{TP}}{\text{TP+FP}} \quad (3.95)$$

召回率则表示样本中正类被正确预测的比例，假设样本中正类样本预测为负类的个数为 FN，那么召回率可以表示为

$$\text{recall} = \frac{\text{TP}}{\text{TP+FN}} \quad (3.96)$$

通常来说，精准率和召回率是此消彼长的关系，为了更好地评价模型，也采用了分类评价指标 F1_score，F1_score 综合考虑了精准率和召回率，是二者调和均值的两倍，可表示为

$$F1\_score = \frac{2 \times \text{precision} \cdot \text{recall}}{\text{precision+recall}} \quad (3.97)$$

2. 混淆矩阵

目前主要采用混淆矩阵来评价模型的优劣，同时也用准确率描述各个模型的测试结果。此处以二分类为例介绍混淆矩阵，如图 3.29 所示。在混淆矩阵中，0 和 1 代表不同的标签，x 轴方向为预测类别，y 轴方向为实际类别，矩阵主对角线方向为预测与实际相符合的样本，即为真正类（true positive, TP）和真负类（true negative, TN）；其他部分为假正类（false positive, FP）和假负类（false negative, FN）。准确率（accuracy）也可以利用混淆矩阵中的数值表达：

$$\text{accuracy} = \frac{\text{TP+TN}}{\text{TP+TN+FP+FN}} \quad (3.98)$$

3.4.3 拟合任务评价指标

1. 拟合优度

拟合优度（R^2）是衡量回归直线对观测值的拟合程度，表达因变量与所有自变量之间的总体关系。R^2 等于回归平方和在总平方和中所占的比率，即回归方程所能解释的因变量变异性的百分比。在实际值与平均值的总误差中，回归误差与剩余误差是此消彼长的关系。因而回归误差从正面测定线性模型的拟合优度，剩余误差则从反面来判定线性模型的拟合优度。R^2 的计算式为

		预测类别	
		0	1
实际类别	0	真正类(TP)	假负类(FN)
	1	假正类(FP)	真负类(TN)

图 3.29 混淆矩阵

$$R^2 = 1 - \frac{\sum_{i=1}^{m}(y_i - \hat{y}_i)^2}{\sum_{i=1}^{m}(y_i - \bar{y})^2} \tag{3.99}$$

式中，$\hat{y}$ 为模型的计算值。

2. 均方误差

均方误差（mean square error，MSE）是反映估计量与被估计量之间差异程度的一种度量，指的是模型预测值与样本真实值之间距离平方的平均值。其具体公式如下：

$$\text{MSE} = \frac{1}{m}\sum_{i=1}^{m}(y_i - \hat{y}_i)^2 \tag{3.100}$$

3. 均方根误差

均方根误差（root of mean square error，RMSE）也是反映估计量与被估计量之间差异程度的一种度量，是观测值与真值偏差的平方和观测次数 m 比值的平方根。具体公式为

$$\text{RMSE} = \frac{1}{m}\sum_{i=1}^{m}(y_i - \hat{y}_i)^2 \tag{3.101}$$

4. 平均绝对误差

平均绝对误差（mean absolute error，MAE）表示预测值和观测值之间绝对误差的平均值，具体公式为

$$\text{MAE} = \frac{1}{m}\sum_{i=1}^{m}|y_i - \hat{y}_i|^2 \tag{3.102}$$

3.4.4 生成任务评价指标

1. 赤池信息准则

赤池信息准则由日本统计学家赤池弘次创立和发展,该准则建立在熵的概念基础上,可以权衡所估计模型的复杂度和此模型拟合数据的优良性。AIC 的计算表达式如下:

$$AIC = 2k - \ln L(\theta_1, \theta_2, \cdots, \theta_k) \tag{3.103}$$

式中,θ 为模型的参数;$L(\cdot)$ 为似然函数;k 为模型参数的个数。AIC 的值越小,模型的综合性能越好。

2. 贝叶斯信息准则

贝叶斯信息准则与 AIC 相似,用以模型选择。不同之处在于 BIC 将样本量也作为考虑因素之一,在样本数量过多时,可有效防止模型精度过高造成的模型复杂度过高的问题。BIC 的计算表达式为

$$BIC = k\ln n - \ln L(\theta_1, \theta_2, \cdots, \theta_k) \tag{3.104}$$

式中,n 为样本的个数。

3.4.5 图像分割评价指标

图像分割本质上是对像素进行分类,因此评价指标与分类问题中的评价指标相同,在本节中,除了使用精准率、召回率及 $F1$ 值对模型进行评价之外,针对图像分割,还采用了更直观的指标,即交并比(intersection over union, IoU),来评价模型的优劣。交并比指的是图像分割预测结果与物体真实范围的交集与并集的比值,可以表达为

$$IoU = \frac{DT \cap GT}{DT \cup GT} \tag{3.105}$$

式中,DT 为预测结果;GT 为物体真实范围。

3.5 开源工具平台

数据挖掘过程需要借助相应的工具。常用于数据挖掘的编程语言包括 Python、MATLAB、R、Julia 等,这些语言都对应有数据分析的库;常用的深度学习框架包括 TensorFlow、PyTorch、Caffe 等。上述的编程语言或框架有开源和闭源之分,综合考虑到目前数据挖掘领域中各个工具和平台的使用热度、社区活跃度,以及本书中所涉及的实验内容,本章对 Python 编程语言及其相应的数据分析库,以及 TensorFlow、PyTorch 两大深度学习框架作重点介绍。

3.5.1 Python 语言及科学计算库

1. Python 语言简介

Python 由荷兰数学和计算机科学研究学会的 Guido van Rossum 于 20 世纪 90 年代初设计，作为一门叫做 ABC 语言的替代品。Python 提供了高效的高级数据结构，还能简单有效地面向对象编程。Python 语法和动态类型，以及解释型语言的本质，使它成为多数平台上写脚本和快速开发应用的编程语言。

相较于其他编程语言，Python 在数据挖掘方面存在着非常明显的优势。

（1）语法精炼，简单易学。相对于其他编程语言，Python 对编程能力的要求较低，代码十分容易被读写，非常适合非计算机专业的研究人员。

（2）Python 在数据分析和交互、探索性计算以及数据可视化等方面都显得比较活跃。Python 拥有 Numpy、Matplotlib、Scikit-Learn、Pandas、Scipy 等可视化及数据分析库，使其在科学计算方面十分具有优势。

（3）Python 也具有强大的编程能力，这种编程语言不同于 R 或者 MATLAB，Python 有些非常强大的数据分析能力，并且还可以利用 Python 进行爬虫、写游戏以及自动化运维，在这些领域中有着很广泛的应用，这些优点就使得可以用一种技术去解决所有的业务服务问题，这就充分地体现了 Python 有利于各个业务之间的融合。

2. 常用的 Python 库

1）NumPy

NumPy（numerical python）是 Python 语言的一个扩展程序库，支持大量的维度数组与矩阵运算，此外也针对数组运算提供大量的数学函数库。NumPy 的前身 Numeric 最早是由 Jim Hugunin 与其他协作者共同开发，2005 年，Travis Oliphant 在 Numeric 中结合了另一个同性质的程序库 Numarray 的特色，并加入了其他扩展而开发了 NumPy。NumPy 为开放源代码并且由许多协作者共同维护开发。NumPy 是一个运行速度非常快的数学库，主要用于数组计算，包含一个强大的 N 维数组对象 ndarray；广播功能函数；整合 C/C++/Fortran 代码的工具；线性代数、傅里叶变换、随机数生成等功能。

2）Pandas

Pandas 是一个开放源码、伯克利软件发行（BSD）许可的库，提供高性能、易于使用的数据结构和数据分析工具。Pandas 名字衍生自术语"panel data"（面板数据）和"Python data analysis"（Python 数据分析）。Pandas 是一个强大的分析结构化数据的工具集，它的基础是 Numpy（提供高性能的矩阵运算）。Pandas 可以从各种文件格式，比如 CSV、JSON、SQL、Microsoft Excel 中导入数据。Pandas 也可以对各种数据进行运算操作，如归并、再成形、选择，还有数据清洗和数据加工特征。目前，Pandas 已广泛应用在学术、金融、统计学等各个数据分析领域。

3) Scipy

Scipy 是基于 Numpy 的一个非常强大的科学计算库，可以进行插值、积分、优化、图像处理、常微分方程数值解的求解、信号处理等问题。Scipy 与 Numpy、Pandas、Matplotlib 结合可以替代 MATLAB，它在数学、科学、工程领域有着广泛的应用。

4) Matplotlib

Matplotlib 是 Python 的绘图库，最初由 John D. Hunter（JDH）创建，目前由一个庞大的开发团队维护。Matplotlib 操作比较容易，用户只需几行代码就可以生成直方图、功率谱图、条形图、散点图、折线图等图形。此外，Matplotlib 提供了一个非常好用的交互式数据绘图环境。绘制的图表也是交互式的，用户可以利用绘图窗口中的工具栏放大图表中的某个区域或对整个图表进行平移浏览。

5) Scikit-learn

Scikit-learn（以前称为 Scikits.Learn，也作 Sklearn）是针对 Python 编程语言的开源的机器学习库。它具有各种分类、回归和聚类算法，包括支持向量机、随机森林、梯度提升、K 均值等，并且旨在与 Python 科学计算库 NumPy 和 SciPy 联合使用，为用户进行机器学习、数据挖掘提供了快捷易用的函数。

3.5.2 TensorFlow

TensorFlow 是一个使用计算图进行数值计算的开放源代码软件库。计算图中的节点代表数学运算，而计算图中的边则代表在这些节点之间传递的多维数组（张量）。借助这种灵活的架构，用户可以通过一个应用程序接口（API）将计算工作部署到桌面设备、服务器或移动设备中的一个或多个 CPU 或 GPU。TensorFlow 最初是由谷歌大脑（Google Brain）团队（隶属于谷歌机器智能研究部门）中的研究人员和工程师开发的，旨在用于进行机器学习和深度神经网络研究。但该系统具有很好的通用性，还可以应用于众多其他领域。

使用 TensorFlow 的优点主要表现在如下几个方面。

（1）TensorFlow 有一个非常直观的构架，顾名思义，它有一个"张量流"。用户可以借助 TensorBoard 很容易地看到张量流动的每一个部分。

（2）TensorFlow 可轻松地在 CPU/GPU 上部署，进行分布式计算。

（3）TensorFlow 跨平台性高，灵活性强。TensorFlow 不但可以在 Linux、Mac 和 Windows 系统下运行，甚至还可以在移动终端下工作。

（4）最新版本的 TensorFlow 集成了 Keras，而 Keras 是一个模型级的库，为开发深度学习模型提供了高层次的构建模块。

当然，TensorFlow 也有不足之处，主要表现在它的代码比较底层，需要用户编写大量的代码，而且很多相似的功能，用户还不得不"重造轮子"。不过，由于 TensorFlow 雄厚的技术积淀以及稳定的性能，其目前仍是用户基础最多的深度学习框架。

3.5.3 PyTorch

Torch 是一个有大量机器学习算法支撑的科学计算框架，其诞生已经有十年之久，但是真正起势得益于 Facebook 开源了大量 Torch 的深度学习模块和扩展。Torch 的特点在于特别灵活，但是另外一个特殊之处是采用了编程语言 Lua，在目前深度学习大部分都采用以 Python 为编程语言的大环境下，一个以 Lua 为编程语言的框架有着更多的优势，这一项小众的语言增加了学习使用 Torch 这个框架的成本。而 PyTorch 的前身就是 Torch，其底层和 Torch 框架一样，但是使用 Python 重写了很多内容，不仅更加灵活，支持动态图，也提供了 Python 接口。

PyTorch 的优势主要体现在如下三个方面。

（1）TensorFlow 是命令式的编程语言，而且是静态的，首先必须构建一个神经网络，其次一次又一次使用同样的结构，如果想要改变网络的结构，就必须从头开始。但是对于 PyTorch 而言，仅通过一次反向求导的技术，就可以让用户零延迟地任意改变神经网络的行为。尽管这项技术不是 PyTorch 独有（TensorFlow 在其 2.0 版本中也引入这项技术），但是到目前为止它实现是最快的，这也是 PyTorch 对比 TensorFlow 最大的优势。动态图和静态图也有些许区别，使用静态图意味着先定义计算图，然后不断使用它，而在 PyTorch 中，每次都会重新构建一个新的计算图；对于使用者来说，两种形式的计算图有着非常大的区别，同时静态图和动态图都有它们各自的优点，比如动态图比较方便调试，同时非常直观，而静态图是通过先定义后运行的方式，之后再次运行的时候就不再需要重新构建计算图，所以速度会比动态图更快。

（2）PyTorch 的设计思路是线性、直观且易于实现的，当代码出现问题时，可以轻松快捷地找到出错的代码。

（3）PyTorch 的代码相对于 TensorFlow 而言，更加简洁直观，同时相对于 TensorFlow 高度工业化很难看懂的底层代码，PyTorch 的源代码要友好很多，更容易看懂，有助于开发人员对底层结构和深度学习原理的理解。

3.6 本章小结

深度学习是机器学习的子集，机器学习原理在很大程度上继承于统计学方法，而数据挖掘方法可以说是三者的综合运用。本章详细地介绍了可用于地质大数据挖掘研究中的统计学原理、经典机器学习算法以及深度学习方法。其中，统计学原理的介绍中重点阐述了贝叶斯定理以及可用于多维变量分析的 Copula 理论。在机器学习算法的介绍中，将常用的算法按照生成式模型和判别式模型分别进行讨论，突出了判别式模型在分类和拟合任务中的适用性，以及生成式模型在不确定性分析中的优势。对于深度学习，本章首先阐述了其基本原理及目前性能较为突出的深度学习模型，其次介绍了当前最为流行的开源编程工具 Python 及其常用的科学计算库，并对提供 Python 接口的两大深度学习框架——TensorFlow 和 PyTorch，做了重点介绍。

第4章 全球及区域尺度地质数据智能判别分析

4.1 玄武岩大地构造环境智能挖掘判别与分析

玄武岩是一种喷出岩，其化学成分与辉长岩或辉绿岩相似，SiO_2 含量为 45%～52%，CaO、Fe_2O_3+FeO、MgO 含量较低于侵入岩。作为一种大洋和大陆都广泛分布的基性火山岩，玄武岩成因理论主要是在对大火成岩省进行研究的基础上奠定的，如玄武岩的形成、演化、分异、分离结晶的理论等。根据大地构造环境理论，通常将玄武岩按产出的构造环境不同划分为以下三类：发育于深海洋脊的玄武岩、发育于洋盆内群岛和海山的玄武岩、发育于岛弧和活动大陆边缘的玄武岩。其中，洋中脊玄武岩（mid-ocean ridge basalt，MORB）、洋岛玄武岩（ocean island basalt，OIB）和岛弧玄武岩（island arc basalt，IAB）是学术界最关心的三种玄武岩类型。MORB 在大洋中脊喷出，位于海平面以下，探测难度较大；OIB 特指不和任何俯冲有关的玄武岩，一般规模较小；而 IAB 多数出露在海平面以上，绵延几百乃至上千千米，规模大小不一（汪云亮等，2001）。

玄武岩大地构造环境理论主要是以板块构造理论为基础创立的。板块构造理论于20世纪 50～60 年代创立，该理论的创建推进了玄武岩地球动力学研究的飞速发展，尤其是玄武岩构造环境判别方法的引入，大大提高了玄武岩在地球动力学、大地构造背景研究中的作用和地位。根据岩浆岩的地球化学特征判别岩浆形成的大地构造环境和岩浆源区的化学性质，在 20 世纪 70～80 年代发展较快，并提出了一系列以图解为基础的判别理论和应用方法（Floyd and Winchester，1975；Whalen et al.，1987）。这些方法集中在对地壳中分布较为广泛的玄武岩、花岗岩等岩浆岩的判别，玄武岩判别图法由此渐渐趋于成熟。值得一提的是，以 Pearce 和 Cann（1971，1973）为首的学者最早提出了玄武岩构造环境判别图法，将构造环境与玄武岩地球化学特征有机结合起来，为板块构造和大陆造山带研究开辟了新的途径。玄武岩判别图法也因其扎实的理论基础和简明的表达方式，得到了学术界的广泛应用，极大地丰富了玄武岩研究的内容，同时将玄武岩构造环境研究推向高峰。

随着地球化学研究的深入，众多学者认识到岩浆地幔源区具有高度的不均一性，地幔复杂的交代机制以及岩浆作用过程是对岩浆成因及其形成的构造背景的重要制约因素，并发现早先构建的玄武岩构造环境判别图法存在许多问题（张旗，1990；Li et al.，2015；罗建民等，2018）：①理论基础少，多以经验为主，主观性较强；②判别图种类繁多，而每种图的适用范围有其局限性；③对于同一样品，不同判别图可能给出相互矛盾的结果；④将构造环境判别简单化，不利于岩浆作用过程及其动力学的深入研究；⑤有些判别图的制作仅用局部地区部分样本，若增大样本量，则图中的分类界线将失去分类作用；⑥所使用的元素数据仅为 2~3 个，信息量有限，导致分类结果比较片面。因此，国内外学者不仅减少了对玄武岩判别图法的使用，而且提出了诸多质疑和批判。近年来，随着大数据、云计算等新技术的快速发展以及计算机硬件运算能力的大幅提高，数据挖掘算法逐渐受到国内外学者的密切关注，并在模式识别、函数逼近、建模仿真等方面获得了丰硕成果。然而，在玄武岩地球化学这一领域，目前国内外对于应用数据挖掘算法判别玄武岩构造环境的研究尚处于起步阶段（Petrelli and Perugini，2016；王金荣等，2017；周永章等，2018a；Karpatne et al.，2018）。在本节中，针对传统判别图法的固有问题，采用大数据智能挖掘算法建立判别模型，通过输入玄武岩化学成分来对其构造环境进行判别，以此提高构造环境判别过程的效率和准确性。此外，通过对判别图法和智能算法判别正确率进行对比，结果表明智能算法判别玄武岩构造环境比判别图法更为准确、迅速，可以考虑在该领域作进一步推广应用。

4.1.1 判别图分析

1. 判别图概述

Pearce 和 Cann（1973）最先提出根据化学成分来限定岩浆起源的大地构造背景，随后迅速涌现大量研究支持这一认识，判别图因此得到了广泛应用。判别图主要分为主量元素判别图和微量元素判别图两大类，其判别原理如下：确保研究样品满足一定要求后，应用统计学规律将研究样品划归成不同的类型，并根据不同类型样品的元素浓度进行投图，以此显现不同类型样品间的分界线。以王金荣为首的学者（杨婧等，2016；王金荣等，2016；笫鹏飞等，2017；陈万峰等，2017）利用大数据方法对判别图的使用做了较为深入的研究，并提出了许多值得重视的见解，指出需要查明不同判别图的应用范围和条件，才能获得比较满意的判别结果，而如果使用不当则会造成错判。因此，本次研究选取了 240 个 MORB（如东太平洋海隆、大西洋中洋脊、印度洋等）、259 个 OIB（如圣赫勒拿岛、加那利群岛、社会群岛等）以及 256 个 IAB（如伊豆群岛、千岛群岛、汤加弧、马里亚纳群岛等）作为研究样品，利用几个典型的玄武岩判别图对上述样品进行大地构造环境判别尝试。

2. 判别图解

在这一节中，我们通过 5 个经典的微量元素和主量元素判别图对所采集的数据进行分析，包括 Ti-Zr-Y 图、Ti-Zr 图、Zr/Y-Zr 图、FeO^T-MgO-Al_2O_3 图和 TiO_2-MnO-P_2O_5 图。

1）Ti-Zr-Y 图

Ti-Zr-Y 图是 Pearce 和 Cann（1971）首次提出来的，共使用 200 多个样品，包括岛弧拉斑玄武岩 46 个、岛弧钙碱性玄武岩 60 个、岛弧橄榄粗安岩 6 个、洋底玄武岩 82 个。Pearce 等（1984）认为，该图最大的优点是能够把 OIB 与 MORB 和 IAB 区分开，还强调该图区分上述玄武岩的有效率高达 95% 以上，从而认为该图是最为有效的鉴别板内玄武岩与非板内玄武岩的判别图。考虑到部分样品中 Ti、Y、Zr 某一微量元素为空值，不满足 Ti-

Zr-Y 判别图绘制条件，故须提前剔除空值对应样品，从而得到 MORB、OIB、IAB 的有效样品量，见表 4.1。对有效样品进行投图（图 4.1）可以发现，IAB 的分布较为分散，区分度较低。三类玄武岩在 B 区域的重叠度较高，因此很难正确判别出其种类。由表 4.1 定量结果可知，未剔除无效样品时判别正确率不超过 60%，剔除无效样品后判别正确率能达到 85% 以上。

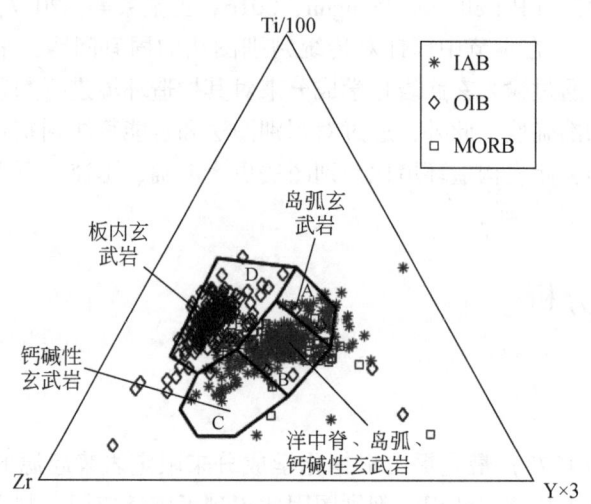

图 4.1　微量元素 Ti-Zr-Y 玄武岩判别图

表 4.1　微量元素 Ti-Zr-Y 玄武岩判别图结果

玄武岩种类	样品总量/个	有效数量/个	正确分类数量/个	正确率/%	总体正确率/%
IAB	256	201	23	11.44	8.98
OIB	259	173	152	87.86	58.69
MORB	240	164	142	86.59	59.17

2）Ti-Zr 图

该图最初是由 Pearce 和 Cann（1973）提出来的，此后 Pearce（1982）又对其做了修正，该图最大的优势是对板内玄武岩和岛弧玄武岩的区分度较好。由图 4.2（577 个有效样品投图形成）可见，OIB 和 IAB 界限较为分明，而 MORB 由于呈线性关系展布，重叠区域较大，因而无法有效辨别 MORB。从表 4.2 来看，在不考虑无效样品的情况下，该图判别准确率可达 90% 以上，若顾及已剔除样品，该图对三类岩石的判别准确率不足 75%。

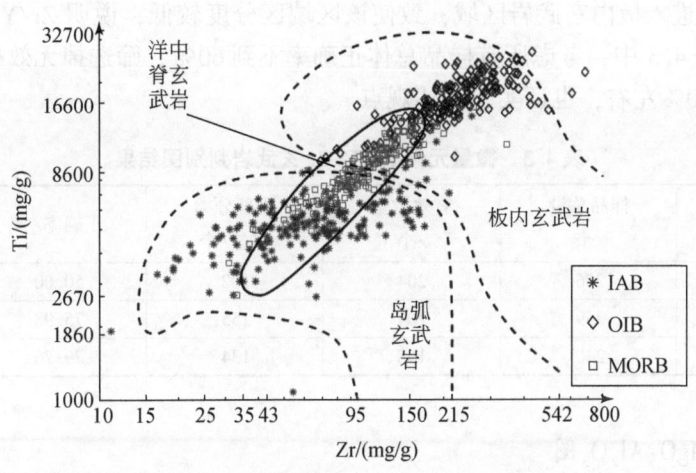

图 4.2 微量元素 Ti-Zr 玄武岩判别图

表 4.2 微量元素 Ti-Zr 玄武岩判别图结果

玄武岩种类	样品总量/个	有效数量/个	正确分类数量/个	正确率/%	总体正确率/%
IAB	256	210	189	90.00	73.83
OIB	259	187	181	96.79	69.88
MORB	240	180	157	87.22	65.42

3) Zr/Y-Zr 图

该图是由 Pearce 和 Norry (1979) 提出用来辨别岛弧（或火山弧）玄武岩、洋中脊玄武岩和板内玄武岩的。Pearce 等将 Zr/Y = 3 作为区分板内玄武岩与非板内玄武岩的分界线，但是对有效样品（576 个）进行投图（图 4.3）后，发现 IAB 分布范围较广，且有部

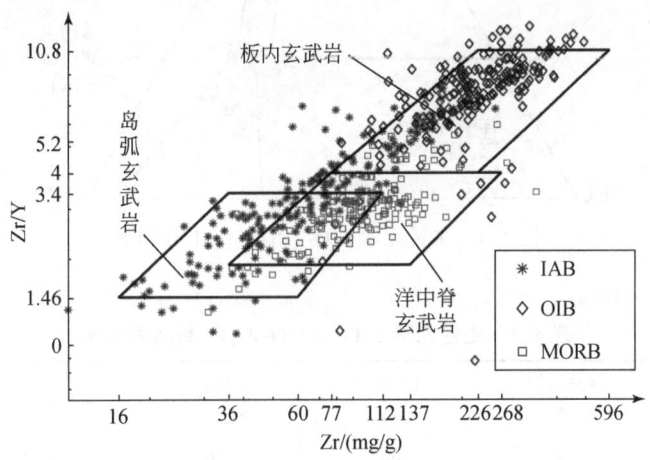

图 4.3 微量元素 Zr/Y-Zr 玄武岩判别图

分 IAB、MORB 进入板内玄武岩区域，致使该区域区分度较低，说明 Zr/Y = 3 作为区分界线有待考证。表 4.3 中，考虑所有样品总体正确率不到 60%，筛选掉无效样品后，判别正确率能提高到 80% 左右，也证实了上述观点。

表 4.3 微量元素 Zr/Y-Zr 玄武岩判别图结果

玄武岩种类	样品总量/个	有效数量/个	正确分类数量/个	正确率/%	总体正确率/%
IAB	256	204	102	50.00	39.84
OIB	259	204	155	75.98	59.85
MORB	240	168	134	79.76	55.83

4) FeO^T-MgO-Al_2O_3 图

该图是 Pearce 等（1977）利用了 8400 个数据（包括 652 个洋底和洋脊的数据）设计的，适用于 SiO_2 含量为 51%~56% 的玄武岩。由于设计资料较为丰富，该图可判别 5 类玄武岩构造环境，分别为洋岛玄武岩、洋中脊玄武岩、岛弧及活动大陆边缘玄武岩、扩张中心岛屿以及大陆玄武岩。观察图 4.4 各区域，同时结合表 4.4 记录的样品量可知，筛选掉的样品数量（455 个）过大，导致对 OIB 的投图效果较差，洋中脊玄武岩区、岛弧及活动大陆边缘玄武岩区两区域的区分率也较低。表 4.4 中判别正确率过低进一步验证了 FeO^T-MgO-Al_2O_3 图不能有效鉴别 MORB、OIB 和 IAB。

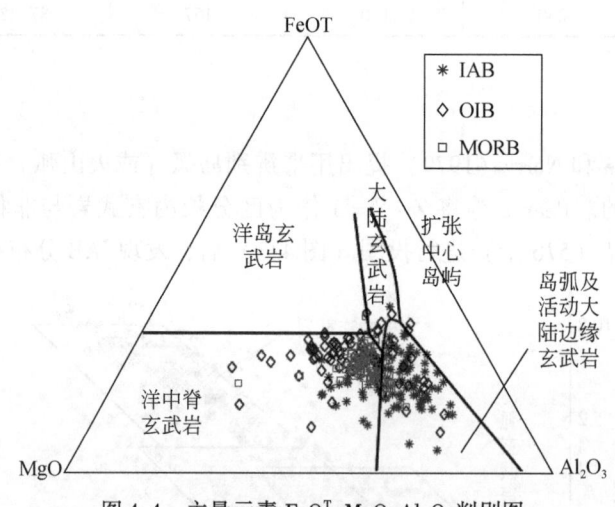

图 4.4 主量元素 FeO^T-MgO-Al_2O_3 判别图

表 4.4 主量元素 FeO^T-MgO-Al_2O_3 判别图结果

玄武岩种类	样品总量/个	有效数量/个	正确分类数量/个	正确率/%	总体正确率/%
IAB	256	99	70	70.71	27.34

玄武岩种类	样品总量/个	有效数量/个	正确分类数量/个	正确率/%	总体正确率/%
OIB	259	79	2	2.53	0.77
MORB	240	102	84	82.35	35.00

5) TiO_2-MnO-P_2O_5 图

该图是由 Mullen（1983）设计的，用来判别 SiO_2 含量为 45%~54% 的 5 类玄武岩大地构造背景，分别为玻安岩、钙碱性玄武岩（calc-alkali-basalt，CAB）、岛弧拉斑玄武岩（island arc tholeiite，IAT）、洋中脊玄武岩（MORB）、洋岛拉斑玄武岩（ocean island tholeiite，OIT）和洋岛碱性玄武岩（ocean island alkali-basalt，OIA），共使用 507 个样品，其中 MORB 样品 130 个。从图 4.5 来看，OIB 的投图效果最好，而 MORB 和 IAB 都超过了划定范围。由表 4.5 可得，玄武岩判别准确率整体上较前几个判别图略好，但考虑到已剔除样本，总体判别正确率仍不足 72%。

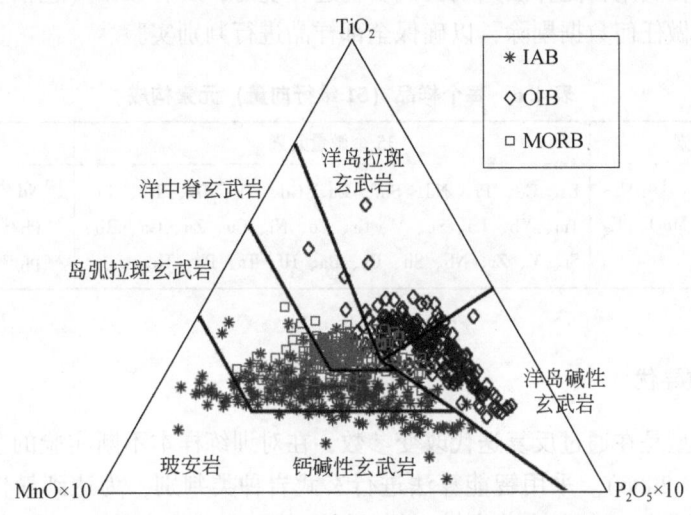

图 4.5　主量元素 TiO_2-MnO-P_2O_5 玄武岩判别图

表 4.5　主量元素 TiO_2-MnO-P_2O_5 玄武岩判别图结果

玄武岩种类	样品总量/个	有效数量/个	正确分类数量/个	正确率/%	总体正确率/%
IAB	256	227	153	67.40	59.77
OIB	259	198	186	93.94	71.81
MORB	240	215	115	53.49	47.92

4.1.2 机器学习判别

数据挖掘算法对已知样品数据进行训练，自主构建分类模型，避免人为因素干扰，能够更加科学客观地判别玄武岩构造环境。研究样品中包含大量不完整的、含有噪声的无效数据，难以用一般数理统计方法进行分类处理，而采用数据挖掘技术能够从大量信息中提取出潜在数据模式或知识规律（周志华，2016），有助于准确判别三类玄武岩。根据所选数据的特点，拟用朴素贝叶斯、K近邻、支持向量机以及随机森林四种分类算法来辅助分析样品特征属性并建立分类模型。

1. 确定研究样品

与判别图解相同，机器学习判别仍选用755个玄武岩样品（240个MORB、259个OIB以及256个IAB）作为研究对象，所用样品全球分布同图4.1。现将每个样品看成是一个51维行向量，包含11个主量元素、35个微量元素和5对同位素，详见表4.6。不同于判别图解实验的是在利用智能算法判别玄武岩构造环境时，所有数据（包括空值数据）均视为有效数据，不做任何数据剔除，以确保全部样品进行判别实验。

表4.6 每个样品（51维行向量）元素构成

11个主量元素	35个微量元素	5对同位素
SiO_2、TiO_2、Al_2O_3、Fe_2O_3、FeO、CaO、MgO、MnO、K_2O、Na_2O、P_2O_5	La、Ce、Pr、Nd、Sm、Eu、Gd、Tb、Dy、Ho、Er、Tm、Yb、Lu、Sc、V、Cr、Co、Ni、Cu、Zn、Ga、Rb、Sr、Y、Zr、Nb、Sn、Cs、Ba、Hf、Ta、Pb、Th、U	$^{143}Nd/^{144}Nd$、$^{87}Sr/^{86}Sr$、$^{206}Pb/^{204}Pb$、$^{207}Pb/^{204}Pb$、$^{208}Pb/^{204}Pb$

2. 算法参数寻优

算法分类模型是在通过反复迭代改变参数，在对训练样本不断实验的基础上完善其工作性能（Bishop，2006）。采用智能算法进行玄武岩种类判别，为达到最佳分类效果，需采用K-重交叉验证法调整各个分类模型的关键参数，以此提高算法的分类准确度。例如，NB算法是否设置先验概率，KNN算法中最近邻样本数量k的取值，SVM算法核函数的选取，RF算法中决策树数目以及每棵树最大深度的拟定。经多次验证与比较，现将各个算法最佳执行参数及其使用注意事项记录于表4.7中。

表4.7 智能算法寻参及使用

算法	最佳执行参数及其使用注意事项
NB算法	使用高斯模型解决连续变量问题；不设置先验概率
KNN算法	采用欧氏距离衡量邻近性；最近邻样本数量k取15
SVM算法	核函数$k(x_i, x)$选取线性核函数
RF算法	决策树数目定为100；决策树最大深度取8；不剪枝

3. 算法判别结果

一方面,为了定量评价上述四种智能算法的分类性能;另一方面,考虑到要与判别图解所得结果进行对比,通过计算得到各个算法的样品正确分类数目、构造环境判别正确率以及总体判别正确率,计算结果见表4.8。表4.8中的结果显示,在全部样品数据用于模型训练的情况下,NB算法的分类结果最差,仅有75.67%,而RF算法准确率竟高达100%。

表4.8 智能算法玄武岩构造环境判别实验结果汇总

玄武岩样品	个数/个	NB算法		KNN算法		SVM算法		RF算法	
		正确分类数目/个	正确率/%	正确分类数目/个	正确率/%	正确分类数目/个	正确率/%	正确分类数目/个	正确率/%
IAB	256	185	72.27	217	84.77	250	97.66	256	100
OIB	259	173	66.80	202	77.99	258	99.61	259	100
MORB	240	214	89.17	213	88.75	239	99.58	240	100
总体	755	572	75.76	632	83.70	746	98.81	755	100

4. 结果对比——判别图法与智能算法

现将考虑所有样品下的判别图解分类正确率汇总于表4.9中,与表4.8结果进行比较可以发现,尽管NB算法在四种智能算法中分类正确率最差,但仍优于判别图解法中判别效果较好的微量元素Ti-Zr判别图和主量元素TiO_2-MnO-P_2O_5判别图。此外,从表4.1~表4.5以及表4.9来看,判别图存在以下问题:其一,是否考虑剔除数据对判别正确率的影响较大;其二,三种构造环境的判别正确率相差较大。SVM算法、RF算法的判别正确率分别能达到98%、100%,且三种构造环境的判别效果较为接近,从而表明智能算法分类模型的准确性和稳定性。

表4.9 判别图解玄武岩构造环境判别实验结果汇总

玄武岩样品	数量/个	微量元素判别图准确率/%			主量元素判别图准确率/%	
		Ti-Zr-Y	Ti-Zr	Zr/Y-Zr	FeO^T-MgO-Al_2O_3	TiO_2-MnO-P_2O_5
IAB	256	8.98	73.83	39.84	27.34	59.77
OIB	259	58.69	69.88	59.85	0.77	71.81
MORB	240	59.17	65.42	55.83	35.00	47.92

4.1.3 算法进阶分析

1. 测试准确率

根据机器学习算法的特点可知,在4.1.2中所述的算法的准确率实为"训练准确率",

当训练准确率过高时,很可能是因为发生了过拟合现象。为判断算法是否存在过拟合现象,并衡量它们的判别效果,利用训练好的分类模型(模型训练集见表4.6,模型参数见表4.7)对训练集外的已知样品类别的182个玄武岩样品(包含55个MORB、60个OIB、67个IAB)进行测试,测试结果见表4.10。

表4.10 智能算法玄武岩种类判别测试准确率汇总

玄武岩样品	数量/个	NB算法准确率/%	KNN算法准确率/%	SVM算法准确率/%	RF算法准确率/%
IAB	67	83.58	88.57	83.58	80.60
OIB	60	51.67	43.33	78.33	95.00
MORB	55	80.00	72.73	81.82	90.91
总体	182	71.98	68.87	81.32	88.46

由表4.10中结果可知,KNN算法对IAB的判别准确率最高,RF算法对OIB和MORB的分类效果最佳。总的来看,RF算法的准确率最高,达到了88.46%,即对于一个新的样本,RF算法将其分类正确的概率可达88.46%,其效果远超于上面所述的任何一个判别图。四种智能算法分类测试结果从优到劣排序如下:RF算法>SVM算法>NB算法>KNN算法。与上一节中KNN算法分类训练效果优于NB算法有所不同,NB算法测试准确率要高于KNN算法。这说明智能算法训练、测试结果的非一致性,而通常来讲,测试准确率是真正能反映一个算法能力的指标。

2. 后验概率计算——以RF算法为例

从本质上来说,无论是训练准确率还是测试准确率,都属于分类准确率,即对于一个已知类别的样本,算法将其正确归类的概率,这也是目前机器学习领域所关注的主要问题之一。然而,算法对于一个未知类别的样本的分类结果有多大的可信度,却极少有人去深究。本节从这一角度出发,利用贝叶斯定理,对这一问题做了进一步探究。

贝叶斯定理可表述为假设事件B_1, B_2, $\cdots$, B_n是样本空间Ω的一个划分,$P(B_i) > 0$($i=1, 2, \cdots, n$),A是任一事件且$P(A) > 0$,则存在以下关系(盛骤,2001;李航,2012):

$$P(B_i|A) = \frac{P(B_i)P(A|B_i)}{\sum_{j=1}^{n}P(B_j)P(A|B_j)} \tag{4.1}$$

式(4.1)又被称为逆概公式,根据该公式,将4.1.2中所述的RF算法测试结果进行反推,以求得分类模型判别为某一样品类别下的后验概率。RF算法对于测试集的详细判别结果如表4.11所示,可以看出,当用RF算法去判别一个未知样品为IAB、OIB或MORB时,其可信度分别为94.74%、90.47%和80.22%。

表 4.11　RF 算法分类详细结果

玄武岩样品	数量/个	正确分类个数/个	判别正确率/%	错误分类个数/个			逆概率/%
				IAB	OIB	MORB	
IAB	67	54	80.60	—	2	11	94.74
OIB	60	57	95.00	2	—	1	90.47
MORB	55	50	90.91	1	4	—	80.22

3. 数据缺失——鲁棒性验证

对于每个样品中的化学成分，在测量过程可能会有数据丢失，因此有必要验证四种智能算法在数据缺失情况下的鲁棒性。统计发现，对于每一个样本，其 51 个特征中平均约有 22 个特征值为 0。原因是有些元素在某些样本中是不存在的，或者是因为记录遗失。在测试集中，将每一个向量中非零成分中的任意的 n（n 取 $1\sim10$）个成分设置为 0，人为地制造数据缺失，并以此测试算法的分类准确率，测试结果如图 4.6 所示。图 4.6 直观体现出以下几点：①缺失数据达 8 个时，RF 算法仍有 80% 以上的分类准确率；②SVM 算法受数据缺失的影响较大；③KNN 算法受数据缺失影响较小，但整体的准确率一直较低；④缺失数据在 10 个以内时，NB 算法几乎不受影响。从数据缺失时的模型的整体效果来看，RF 算法是应该被优先采用的算法。另外，考虑到 NB 算法在鲁棒性上表现卓越，如果可以结合专业知识提升其整体准确率，该算法亦可被优先考虑。

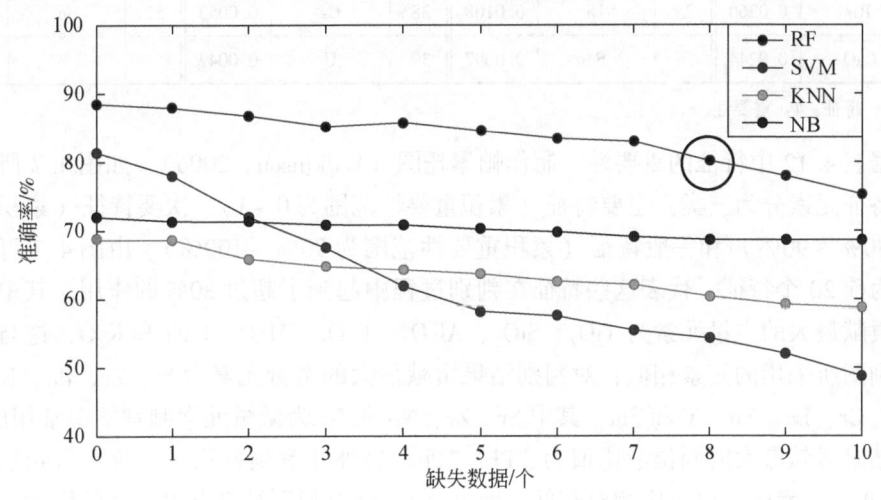

图 4.6　四种算法数据缺失时的准确率

4. 特征重要性分析

与传统的统计分析相比，智能算法有着准确率高但解释性差的缺点。尤其以神经网络、SVM 为代表的智能算法，一直以来被统计学家诟病为"黑箱"算法，即它可以给出一个很好的结果，但无法对这个结果做出专业性的解释。而随机森林算法作为一个相对较新的算法，在对结果的解释方面有其独特的优势。由于随机森林本质上是一定数量的决策树的集合，当训练过程结束后，通过提取每一个决策树并统计它们的所有的节点信息，我们可以总结出样本的各个特征的重要性程度，见表4.12。

表4.12 特征元素重要性分析

序号	F	I	序号	F	I	序号	F	I	序号	F	I
1	TiO_2	0.1113	14	Cr	0.0236	27	Hf	0.0095	40	V	0.0041
2	Sr	0.0888	15	La	0.0230	28	Yb	0.0092	41	Tm	0.0039
3	Zr	0.0861	16	Eu	0.0216	29	Pb	0.0091	42	$^{208}Pb/^{204}Pb$	0.0034
4	Ba	0.0722	17	$^{206}Pb/^{204}Pb$	0.0207	30	Zn	0.0087	43	$^{143}Nd/^{144}Nd$	0.0034
5	SiO_2	0.0571	18	Y	0.0206	31	Tb	0.0076	44	$^{207}Pb/^{204}Pb$	0.0030
6	Al_2O_3	0.0485	19	K_2O	0.0195	32	FeO	0.0071	45	Dy	0.0030
7	Nb	0.0326	20	Sm	0.0170	33	Lu	0.0066	46	Pr	0.0028
8	P_2O_5	0.0296	21	Na_2O	0.0141	34	Cu	0.0066	47	Gd	0.0023
9	Nd	0.0289	22	Ce	0.0138	35	MnO	0.0064	48	Ga	0.0017
10	Ni	0.0272	23	Co	0.0133	36	Fe_2O_3	0.0054	49	Er	0.0014
11	MgO	0.0264	24	$^{87}Sr/^{86}Sr$	0.0117	37	Ta	0.0054	50	Ho	0.0011
12	Rb	0.0260	25	Th	0.0108	38	Cs	0.0053	51	Sn	0.0003
13	CaO	0.0244	26	Sc	0.0097	39	U	0.0042			

注：F：特征；I：重要性。

根据表4.12中特征的重要性，制作帕累托图（Wilkinson，2006），如图4.7所示。可将所有特征元素分为三类：主要特征（累积重要性范围为0~1）、次要特征（累积重要性范围为80%~90%）和一般特征（累积重要性范围为90%~100%）。由图4.7可知，主要特征为前20个特征，代表这些特征在判别过程中起到了超过80%的作用。其中，对判别结果贡献最大的主量元素为TiO_2、SiO_2、Al_2O_3、P_2O_5、MgO、CaO和K_2O，这与当前流行的判别图所采用的元素相似；对判别结果贡献最大的微量元素为Sr、Zr、Ba、Nb、Nd、Ni、Rb、Cr、La、Eu、Y和Sm，其中Sr、Zr、Nb和Ni为微量元素判别图中常用的元素；对判别结果贡献最大的同位素比值为$^{206}Pb/^{204}Pb$。另外注意到常用于微量元素判别图的Y元素在20个元素中重要程度相对较低，而Ba元素则对判别结果有着较大的影响，因此可以考虑在传统的分析中提高对Ba元素的重视。

4.1.4 结论

在本节中，将NB算法、KNN算法、SVM算法以及RF算法四种智能算法应用于解决玄武岩构造环境判别，并与传统的判别图解法在判别正确率、结果稳定性等方面进行比

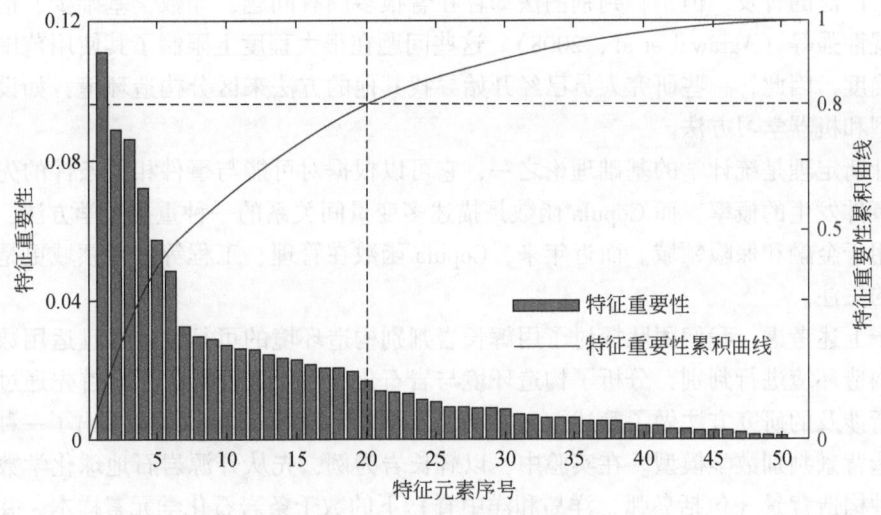

图 4.7　特征元素重要性帕累托图

较。以此为基础，选用训练样本外的测试集，对智能算法作后验概率计算、鲁棒性验证、特征重要性排序等进阶分析，结果表明智能算法在 MORB、OIB 和 IAB 三类玄武岩判别方面优势明显，主要表现为：①利用智能算法判别大地构造环境，分类快速、准确度高，且鲁棒性较强，在缺失部分数据的情况下仍可做出准确判别；②综合考虑分类准确性、可靠性和鲁棒性等方面，本次研究认为选择 RF 算法和 NB 算法作为三类玄武岩判别模型更为合适；③应用贝叶斯公式求解逆概率，实现"由果及因"的合理推断，进一步提高了智能算法在岩石构造环境判别方面的实用性；④可通过特征重要性分析发现对判别效果影响最大的元素，减少传统分析方法的盲目性，并可以为传统的分析方法提供参考。

4.2　基于贝叶斯与多元高斯 Copula 理论的辉长岩大地构造环境判别分析

在地球化学中，研究人员通常根据岩浆岩的化学性质来区分不同的构造背景，以及分析岩浆源的性质（Roser and Korsch, 1986; Elburg and Foden, 1999; Verma et al., 2006）。在地幔柱中（Cox, 1989; Anderson and Natland, 2005），玄武岩由于其源区的地幔不均匀，并混合有俯冲带物质，包含着大量的构造背景信息，常被用来当作研究大地构造背景的对象。随着地球化学研究的深入，研究者逐渐将研究对象转移到其他种类的岩石、矿物中，以期获得不同的认识（Jankovics et al., 2016）。辉长岩作为一种侵入岩，通常由岩浆房缓慢冷却形成（Elthon, 1987），广泛分布于地壳的各种构造环境中，因此其地球化学性质也与其构造环境密切相关。

对于判别构造环境，目前主要的分析手段还是判别图法，如 Ti-Zr-Y 玄武岩判别图（Pearce and Cann, 1971）法、Zr/Y-Zr 玄武岩判别图法（Pearce and Norry, 1979）、花岗岩的 TAS 分类图法（Middlemost, 1985）等。一直以来，判别图以其操作简单、解释直观而得到了广泛的普及。但是，判别图法却存在着很多固有问题，如数学基础少、信息量有限、主观性强等（Agrawal et al., 2008）。这些问题在很大程度上限制了其使用范围以及判别的准确度，因此，一些研究人员已经开始寻找其他的方法来区分构造环境，如设计新的图表类型和机器学习方法。

贝叶斯定理是统计学的基础理论之一，它可以根据对可能与事件相关条件的先验知识来计算事件发生的概率。而 Copula 函数是描述多变量间关系的一种重要数学方法，它们已广泛应用于金融和保险领域。而近年来，Copula 函数在管理、工程等许多领域更是受到越来越多的关注。

基于上述考虑，我们团队探讨了用辉长岩判别构造环境的可行性，并且运用数理统计理论对构造环境进行判别，分析了构造环境与岩石化学性质之间的关系。首先通过文献综述，对所涉及的研究方法做了简述，之后基于贝叶斯定理和 Copula 理论提出了一种通用的岩石构造背景判别数学模型。在实验中，以辉长岩为例，先从开源岩石地球化学数据库中提取三种构造背景（包括岛弧、洋岛和洋中脊）下的数千条岩石化学元素样本，并对这些样本进行严格的筛选。之后，分别用四种判别图法、朴素贝叶斯算法以及所提出的数学模型对样本进行研究。结果表明，该数学模型的判别准确率为 92.13%，显著高于判别图法和 NB 算法。此外，该模型可以随着样本数据的积累不断地提高判别精度，对地球化学研究有着很大的参考价值。

4.2.1 数学模型构建

1. 模型构建方法

以贝叶斯定理和 Copula 理论为基础构建数学模型的流程如图 4.8 所示。在实验过程中，我们对判别图法、机器学习算法以及所提出的数学模型进行了对比。其中，所使用的判别图法由 Verma 和 Agrawal（2011）提出的两种判别图和 Agrawal 等（2004）设计的两种判别图构成；机器学习方法则采用 NB 算法。

2. 遗传算法

遗传算法（genetic algorithm, GA）是一种模拟自然选择理论和遗传机制的寻优算法（Thede, 2004）。该算法首先从解集空间中随机生成一个种群，种群中的每个个体都是由一系列编码（通常是二进制码）表示的可行解。之后，按照优胜劣汰的原则，不断优化种群。所谓的进化过程就是一个迭代过程，在一次迭代中，映射到差解的个体将被剔除，同时剩余的个体通过变异和交叉产生新的个体，因此新种群中的个体会逐渐接近最优解。具体流程如下。

（1）初始化：将迭代计数器 t 设置为 0；假设最大迭代次数为 T；随机生成一个总体 $P(0)$。

（2）个体评价：计算每个个体对 $P(t)$ 的适应性。

（3）选择：淘汰低适应个体（低于 70% 的个体），保留高适应个体。

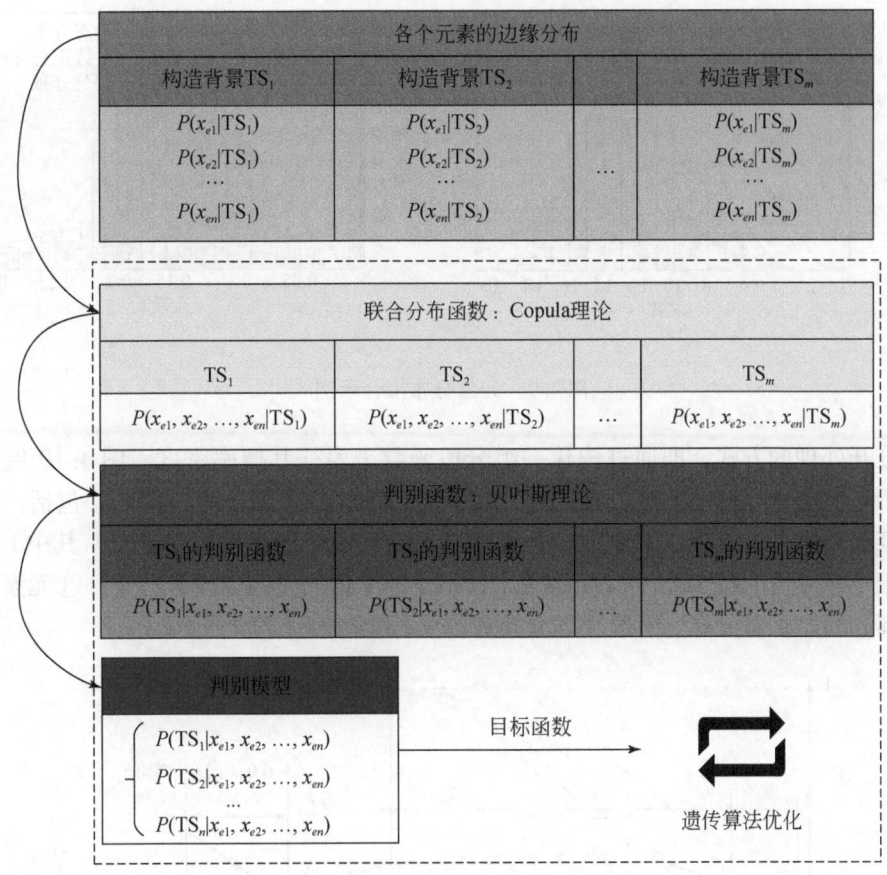

图 4.8　数学模型构建总体流程

（4）交叉：对于保留的个体，使用交叉算子生成新的个体。

（5）突变：以小概率随机改变个体的编码，使其发生突变。经过选择、交叉和变异，群体 $P(t)$ 将进化为 $P(t+1)$，然后返回步骤（2）。

（6）终止条件：如果 $t=T$ 或新种群达到了最优解，则取整个进化过程中适应度最高的个体作为最优个体，并将其解码。

3. 大地构造背景判别数学模型的构建

1）地质化学元素的概率密度分布函数

首先是确定地质化学元素的各个边缘概率分布函数。元素分布通常较为复杂，总体可分为对称型和不对称型（Ahrens，1954；Huang et al.，2013）两类。在本研究中，使用正态分布来拟合对称型分布；使用对数正态分布或伽马分布拟合非对称型分布，以图 4.9 为拟合示例。在该示例中，元素服从正态分布。

如图 4.9（b）所示，地质化学元素通常含有一定数量的零值，在这种情况下，已知的概率函数往往不能对其进行合理的拟合。为了解决这个问题，我们采用了一种将零值和

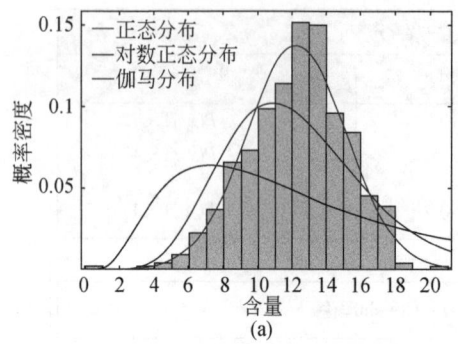
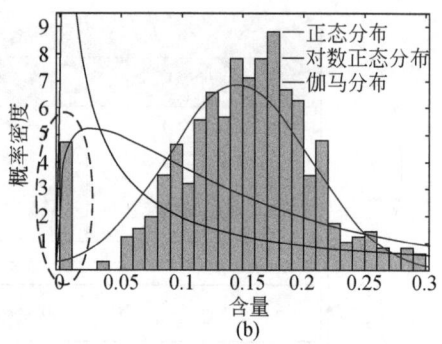

图4.9 元素分布拟合示例

非零值分开处理的方式,即通过构建一组分段函数来表征其概率密度,图4.10展示了这种分布所对应的累积概率函数。在这种方式下,元素的分布可分为三部分,包括:①假定所有的零值其实是一组很小的正数,并且在 $(0, r]$ 区间内服从均匀分布,其中 r 的大小为元素最小非零值的0.01倍;②元素在 r 到最小非零值的区间内没有分布;③元素的所有非零值部分通过正态分布、对数正态分布或伽马分布拟合。

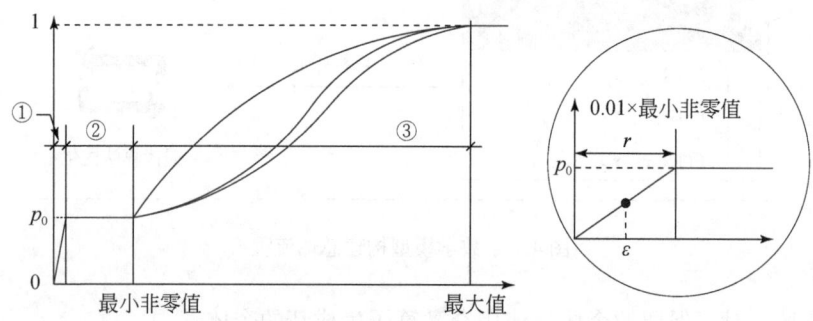

图4.10 某元素的累积分布函数

该概率分布函数可表示为

$$F(x) = \begin{cases} 0, & x<0 \\ 100p_0 x/\text{Min}, & 0 \leqslant x \leqslant 0.01\text{Min} \\ p_0, & 0.01\text{Min} \leqslant x \leqslant \text{Min} \\ p_0+(1-p_0)F', & x>\text{Min} \end{cases} \quad (4.2)$$

式中,Min 为元素的最小非零值;p_0 为零值的占比;F' 为正态分布、对数正态或伽马分布的概率累积分布函数。对应的概率密度函数为

$$f(x) = \begin{cases} 0, & x<0 \\ 100p_0/\text{Min}, & 0 \leqslant x \leqslant 0.01\text{Min} \\ 0, & 0.01\text{Min} \leqslant x \leqslant \text{Min} \\ (1-p_0)f', & x>\text{Min} \end{cases} \quad (4.3)$$

式中，f' 是正态分布、对数正态分布或伽马分布的概率密度函数。

2）辉长岩构造背景联合概率密度函数

利用高斯 Copula 建立不同构造背景下辉长岩的概率密度函数，高斯 Copula 的概率密度函数为

$$c[F_{e1}(x_{e1}), F_{e2}(x_{e2}), \cdots, F_{en}(x_{en})] = \frac{1}{|\Sigma|^{1/2}} \times$$

$$\exp\left\{-\frac{1}{2}[\Phi^{-1}(F_{e1}(x_{e1})), \cdots, \Phi^{-1}(F_{en}(x_{en}))]\Sigma^{-1}\begin{pmatrix}\Phi^{-1}(F_{e1}(x_{e1}))\\ \Phi^{-1}(F_{e2}(x_{e2}))\\ \vdots\\ \Phi^{-1}(F_{en}(x_{en}))\end{pmatrix} + \frac{1}{2}\sum_{i=1}^{n}(\Phi^{-1}(F_{ei}(x_{ei})))^2\right\}$$

(4.4)

式中，ei 为第 i 种元素（如 $e1$ 可以是 SiO_2，$e2$ 可以是 TiO_2）；x_{ei} 为 ei 的含量，是 ei 的累积分布函数，可由式（4.2）计算出。然后将联合概率密度函数导出：

$$f(x_{e1}, x_{e2}, \cdots, x_{en}) = c[F_{e1}(x_{e1}), F_{e2}(x_{e2}), \cdots, F_{en}(x_{en})]f_{e1}(x_{e1})f_{e2}(x_{e2})\cdots f_{en}(x_{en}) \quad (4.5)$$

式中，$f_{ei}(x_{ei})$ 是 ei 的概率密度函数（或边缘密度函数），可由式（4.3）计算。

通过上述过程建立不同构造背景下的辉长岩化学组分的联合概率密度函数，包括：岛弧的联合概率密度函数，$f(x_{e1}, x_{e2}, \cdots, x_{en}|TS_{ia})$；洋岛的联合概率密度函数，$f(x_{e1}, x_{e2}, \cdots, x_{en}|TS_{oi})$；洋中脊的联合概率密度函数，$f(x_{e1}, x_{e2}, \cdots, x_{en}|TS_{mor})$。其中 TS 代表构造背景，$TS_{ia}$ 为岛弧概率密度函数，TS_{oi} 为洋岛概率密度函数，TS_{mor} 为洋中脊概率密度函数。根据这三个概率密度函数，可评价不同构造背景下辉长岩化学组分出现的可能性，如计算岛弧背景下辉长岩的化学成分为（SiO_2：50.27wt%；TiO_2：0.78wt%；…；Pb：12ppm）的可能性是多少。

3）辉长岩构造背景判别模型

将贝叶斯定理与联合概率密度函数相结合，最终建立辉长岩构造背景判别模型：

$$P(TS=TS_{type}|X=\{x_{e1}, x_{e2}, \cdots, x_{en}\}) = \frac{P(X=\{x_{e1}, x_{e2}, \cdots, x_{en}\}|TS_{type})P(TS=TS_{type})}{P(X=\{x_{e1}, x_{e2}, \cdots, x_{en}\})}$$

(4.6)

式中，TS_{type} 为特定构造环境的类型；$P(TS=TS_{type})$ 为 TS_{type} 出现的概率；$X=\{x_1, x_2, \cdots, x_n\}$ 为包含 n 个化学成分（包括主量元素、微量元素和同位素）的样本；$P(X=\{x_{e1}, x_{e2}, \cdots, x_{en}\})$ 为在不区分构造背景的情况下 X 出现的概率；$P(X=\{x_{e1}, x_{e2}, \cdots, x_{en}\}|TS=TS_{type})$ 为当构造环境被为 TS_{type} 时 X 出现的概率；$P(TS=TS_{type}|X=\{x_{e1}, x_{e2}, \cdots, x_{en}\})$ 为样本的成分为 X 时 TS_{type} 出现的概率。为简单起见，下面直接用 TS_{type} 表示 $TS=TS_{type}$。

应用贝叶斯定理的全概率公式，可将式（4.6）转换为

$$P(TS_{type}|X=\{x_{e1}, x_{e2}, \cdots, x_{en}\}) = \frac{P(X=\{x_{e1}, x_{e2}, \cdots, x_{en}\}|TS_{type})P(TS_{type})}{\sum_{i\in\{ia,oi,mor\}}P(X=\{x_{e1}, x_{e2}, \cdots, x_{en}\}|TS_i)P(TS_i)}$$

(4.7)

考虑到每个 $x_{ei}(i=1,2,\cdots,n)$ 的分布是连续的，$P(X=\{x_{e1},x_{e2},\cdots,x_{en}\}|TS_{type})$ 可表示为

$$P(TS_{type} | X=\{x_{e1},x_{e2},\cdots,x_{en}\}) = \frac{f(x_{e1},x_{e2},\cdots,x_{en} | TS_{type})P(TS_{type})}{\sum_{i \in \{ia,oi,mor\}} f(x_{e1},x_{e2},\cdots,x_{en} | TS_i)P(TS_i)} \quad (4.8)$$

该模型可作为根据岩石化学成分计算构造背景概率的一般公式。本研究假设 TS 由 TS_{ia}、TS_{oi} 和 TS_{mor} 组成，当给定样本 $X=\{x_{e1}, x_{e2}, \cdots, x_{en}\}$ 时，通过计算 $P(TS_{ia}|X=\{x_{e1},x_{e2},\cdots,x_{en}\})$、$P(TS_{oi}|X=\{x_{e1},x_{e2},\cdots,x_{en}\})$ 和 $P(TS_{mor}|X=\{x_{e1},x_{e2},\cdots,x_{en}\})$ 并比较三种概率，构造环境的类型可以由这三种可能性的最大值来决定。

$P(TS_{type})$ 代表构造背景 TS_{type} 发生的概率，这一数值在实验中使用了样本的比例来近似表示。如当岛弧、洋岛和洋中脊的样本数分别为 10000、20000 和 30000 时，$P(TS_{ia}):P(TS_{oi}):P(TS_{mor})=1:2:3$，则 $P(TS_{ia})=1/6, P(TS_{oi})=1/3, P(TS_{mor})=1/2$。

4）模型的优化

在理想的情况下，理论上可构建精确的岩石化学元素联合概率分布函数。然而有数据质量及算力限制，所建立的数学模型往往难以准确地刻画数据的真是规律。另外，岩石样本中所含有的元素种类众多，有些有助于构造背景的区分，而有些则不能，因此要想实现较为理想的判别效果，就有必要选择出适合建立判别模型的最优元素。

假定岩石样本中元素的个数为 n，则排列组合可得到 2^n 种元素选取方式。在地球化学分析中通常有 100 多个元素，常规的计算机的算力难以满足要求。为此，采用遗传算法对元素的选取过程进行寻优。

使用遗传算法的关键问题在于如何将解编码为个体、如何计算适应度、如何设计选择算子以及如何设计交叉算子和变异算子。实验中采取的策略如下。

（1）采用二进制编码方式，1 表示选择某一元素，0 表示拒绝该元素。如果一个个体编码为 10011，则表示使用了第 1 个、第 4 个和第 5 个元素。个体的长度取决于岩石中包含的元素的数量。

（2）适应度计算：在本研究中，适应度以数学模型的判别成功率来表示。如在计算个体 10011 的适应度时，应使用第 1 个、第 4 个和第 5 个元素来建立数学模型，并计算模型的判别成功率作为其适应度。

（3）选择算子：选择算子有很多种，如精英保留、轮盘赌、锦标赛选择等，实验中采用了精英保留策略，其主要思想是将迭代过程中出现的最佳个体复制到下一代，而不需要任何交叉和变异过程。该方法已经被证明能够达到全局最优，并且优于其他两种方法。

（4）交叉和变异算子：交叉和变异是产生新个体的主要途径，有助于算法摆脱局部最优，本研究中采用的经典遗传算法中常规的交叉变异策略。

4.2.2 实验和分析

1. 数据收集与预处理

从 GEOROC 和 PetDB 数据库中总共采集了 3803 个辉长岩样本，其中包括了三种构造

背景（岛弧、洋岛和洋中脊）下的辉长岩，每个样本包含143个化学成分，即34个主量元素、85个微量元素和24对同位素。

对于所收集到的数据，数据预处理的方式如下。

（1）将所有数据统一转化成GEOROC数据库的格式；

（2）根据岩石名称筛选出所有的辉长岩，去除所有火山岩、辉绿岩、短辉岩、辉石岩、幔砾岩、变质岩、沉积岩，确保剩余的数据完全为辉长岩（包括北辉岩、斜长岩、拖长岩、碱性辉长岩等）；

（3）去除SiO_2含量小于35%或大于56%的样本；

（4）根据数据库提供的信息，对样本进行构造背景标注。这里需要注意的是，这些样本中原有的构造背景信息是模糊的，如一些辉长岩被描述为"海山"，这是一个地貌学术语，而以"海山"为标志的构造环境可能是岛弧、洋岛、陆缘弧或弧后盆地。类似的描述还有"海底脊"或"收敛边缘"等。对于这些案例，我们根据地点、经纬度以及贡献者提供的分析结果进行分类；

（5）为了排除不确定因素的影响，采用箱型法对所有样本进行过滤，保留85%的数据；

（6）去除只有主量元素或只有微量元素值的样本；

（7）去除元素含量记录少于5个的样本；

（8）对143种元素也要进行过滤：对于一个元素，如果80%的样本不包含这一元素，则该元素将不被考虑。这是因为有些元素，特别是微量元素，可能是一个地区特有的，而并非是因为构造环境不同所导致的。

图4.11为样本在TAS图上的分布情况。经过筛选，共剩下1907个样本，其中岛弧辉长岩（IAG）395个，洋岛辉长岩（OIG）973个，洋中脊辉长岩（MORG）539个。剩余元素包括10种主量元素（SiO_2、TiO_2、Al_2O_3、FeO^T、CaO、MgO、MnO、K_2O、Na_2O、P_2O_5）和5种微量元素（Ni、Sr、Y、Zr、Ba）。

2. 判别图结果

将所有辉长岩投至Verma和Agrawal（2011）以及Agrawal等（2004）提出的四种代表性判别图中，如图4.12所示。不难发现，这些图对辉长岩的判别效果不明显，其中，图4.12（b）的判别效果最好；但是由于样本中部分元素含零值，不能进行对数转换（判别因子DF1和判别因子DF2），因此在该图中仅使用了975个样本。

3. NB算法判别结果

根据机器学习训练的一般流程，90%的样本作为训练集，剩下10%的样本作为测试集。输入值为各个元素的含量，主量元素单位为wt%；微量元素单位为ppm，标注是构造环境的类型。实验结果见表4.13。可以看出，IAG、OIG和MORG的分类准确率分别为82.05%、69.61%和89.80%，总体准确率为77.37%。根据表4.13记过推导出表4.14，显示了分类准确率和预测准确率的详细信息。分类准确率是指将给定样本分类到正确类别的概率。例如，算法将一个IAG样本正确分类为IAG的概率为32/39（82.05%），误认为

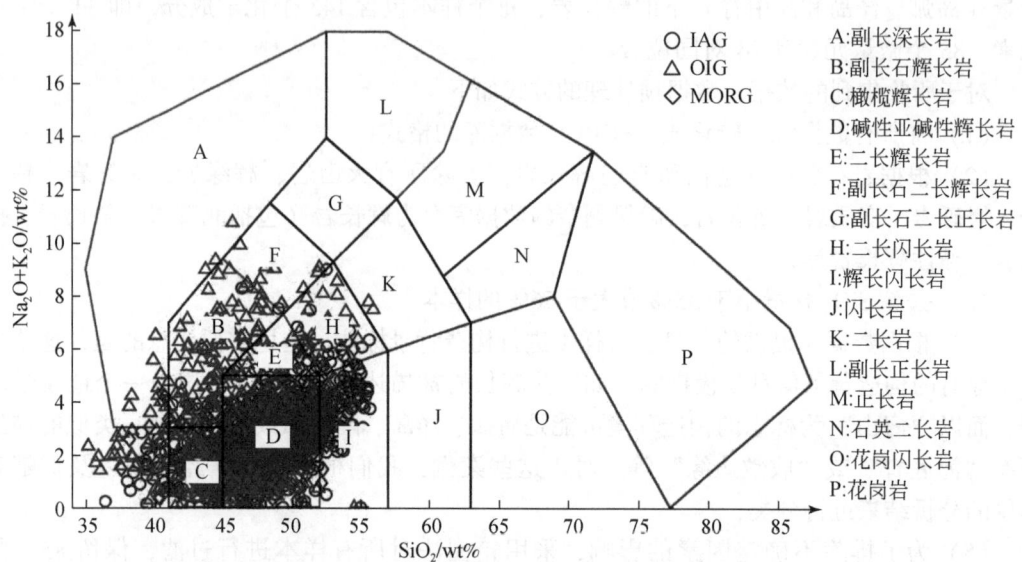

图 4.11 辉长岩样本在 TAS 图中的分布情况

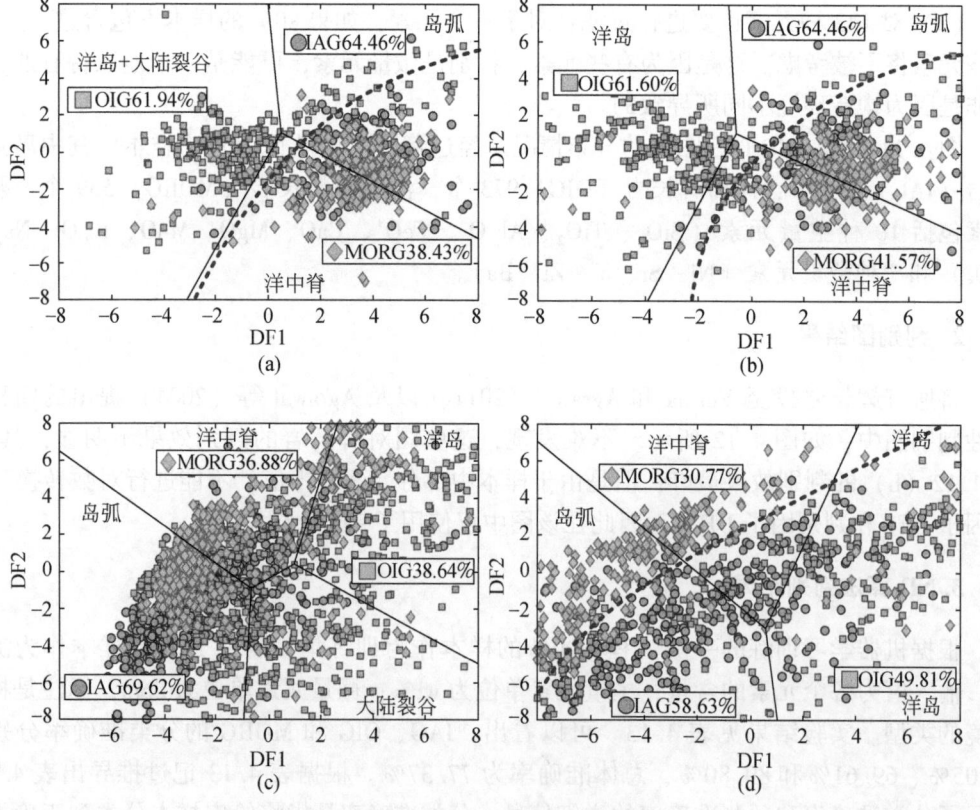

图 4.12 基性和超基性岩判别图

OIG 和 MORG 的概率分别为 3/39（7.69%）和 4/39（10.26%）。预测准确率反映了对未知样本进行分类的置信度。如果算法将一个未知样本识别为 MORG，那么该样本可能是 IAG 的概率为 4/60（6.67%），是 OIG 的概率为 12/60（20.00%），是 MORG 的概率为 49/60（81.66%）。对于 OIG 的分析，其分类准确率（69.61%）低于其他分类准确率，但是，它的预测准确率（92.21%）大于其他两种的预测准确率。对于 IAG 的分析，其分类准确率（82.05%）大于 OIG，但其预测准确率在三个类中最小。

表 4.13 NB 算法预测结果

实际构造背景	分类结果				成功率/%
	IAG	OIG	MORG	总	
IAG	32	3	4	39	82.05
OIG	19	71	12	102	69.61
MORG	2	3	44	49	89.80
总	53	77	60	190	77.37

表 4.14 NB 算法的分类准确率和预测准确率 （单位:%）

实际构造背景	分类准确率			预测准确率		
	IAG	OIG	MORG	IAG	OIG	MORG
IAG	82.05	7.69	10.26	60.38	3.90	6.67
OIG	18.63	69.61	11.76	35.85	92.21	20.00
MORG	4.08	6.12	89.80	3.77	3.90	81.66

4. 数学模型分析

1）建立数学模型

该数学模型的第一步是建立岩石化学元素之间的联合分布函数。根据 Copula 理论，首先需要分别确定各个边缘分布函数，即各个元素的概率密度函数（概率密度函数）。这些边缘分布函数均为分段函数，其零值和非零值部分应该分开处理。表 4.15～表 4.20 为 IAG、OIG 和 MORG 各个元素的分布类型及参数。

表 4.15 IAG 主量元素分布

参数	SiO_2	TiO_2	Al_2O_3	FeO^T	CaO	MgO	MnO	K_2O
D	N	G	N	N	N	L	G	G
P1	48.398	2.224	17.829	8.738	11.486	2.005	10.173	0.842
P2	3.680	0.367	3.954	2.487	2.801	0.467	0.016	0.640
p_0	0.000	0.003	0.003	0.003	0.003	0.003	0.003	0.013
Min	38.800	0.050	0.129	0.060	3.950	0.162	0.050	0.010

表 4.16 IAG 微量元素分布

参数	Na_2O	P_2O_5	Ni	Sr	Y	Zr	Ba
D	N	L	L	G	G	G	G
P1	2.185	-2.559	3.810	1.694	2.558	1.104	1.040
P2	1.121	1.173	1.106	223.184	6.097	41.041	150.859
p_0	0.005	0.091	0.284	0.068	0.294	0.354	0.291
Min	0.020	0.000	1.000	4.800	1.480	0.900	0.710

表 4.17 OIG 主量元素分布

参数	SiO_2	TiO_2	Al_2O_3	FeO^T	CaO	MgO	MnO	K_2O
D	N	G	N	N	N	L	N	G
P1	46.802	1.362	15.227	9.834	12.271	2.052	0.153	0.798
P2	3.384	1.558	4.294	3.642	2.850	0.585	0.049	0.771
p_0	0.000	0.000	0.000	0.000	0.002	0.000	0.047	0.025
Min	35.150	0.030	3.860	1.210	3.130	1.490	0.030	0.010

表 4.18 OIG 微量元素分布

参数	Na_2O	P_2O_5	Ni	Sr	Y	Zr	Ba
D	L	L	G	G	G	G	L
P1	3.359	-2.099	0.929	2.158	2.074	1.032	0.984
P2	0.659	1.427	209.269	209.871	9.322	110.257	178.511
p_0	0.000	0.036	0.103	0.031	0.107	0.045	0.129
Min	0.090	0.010	1.000	13.400	0.970	0.990	3.090

表 4.19 MORG 主量元素分布

参数	SiO_2	TiO_2	Al_2O_3	FeO^T	CaO	MgO	MnO	K_2O
D	N	L	N	L	N	G	L	L
P1	49.667	-0.664	16.426	1.858	12.057	9.192	-2.041	-2.974
P2	2.575	0.887	3.085	0.326	1.871	1.028	0.384	0.806
p_0	0.000	0.000	0.000	0.271	0.000	0.000	0.000	0.098
Min	37.570	0.050	3.700	1.944	4.840	1.670	0.010	0.010

表 4.20　MORG 微量元素分布

参数	Na$_2$O	P$_2$O$_5$	Ni	Sr	Y	Zr	Ba
D	N	L	L	N	L	L	G
P1	2.732	−3.370	4.685	149.200	2.553	3.226	2.310
P2	0.789	1.079	0.775	35.182	0.746	0.847	5.168
p_0	0.002	0.109	0.045	0.019	0.032	0.039	0.143
Min	0.080	0.010	2.000	7.170	0.448	0.607	0.900

在上述的 6 个表中，D 代表分布类型，N 代表正态分布，L 代表对数正态分布，C 代表伽马分布。对于正态分布和对数正态分布，P1 是 μ，P2 是 σ；对于伽马分布，P1 是 α，P2 是 β。p_0 的数值指的是 0 值所占的比例，Min 代表相应元素非零值的最小值。对于一个元素，其分布类型随构造环境的类型而变化。如图 4.13 所示，对于主量元素 MgO，在岛弧和洋岛环境下服从对数正态分布；而在洋中脊环境下服从正态分布。图 4.14 为岛弧、洋岛和洋中脊三个构造环境下所选用的 15 个元素的概率密度函数曲线。

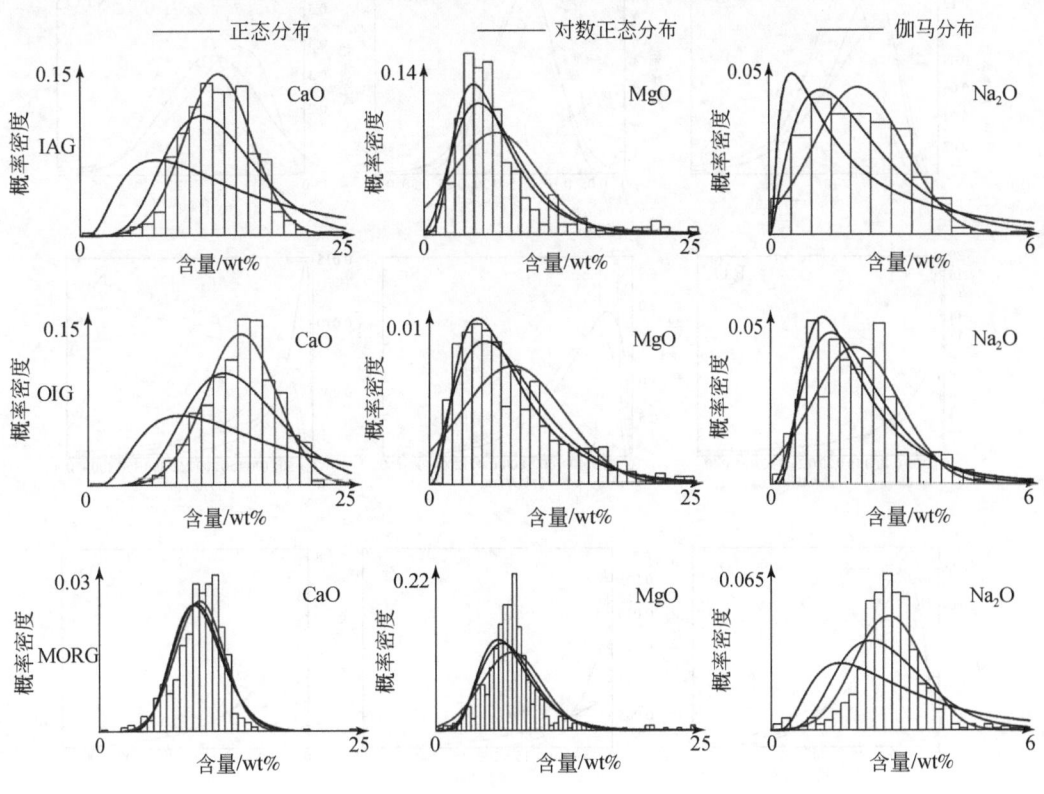

图 4.13　三种构造背景下的辉长岩部分化学组分分布情况

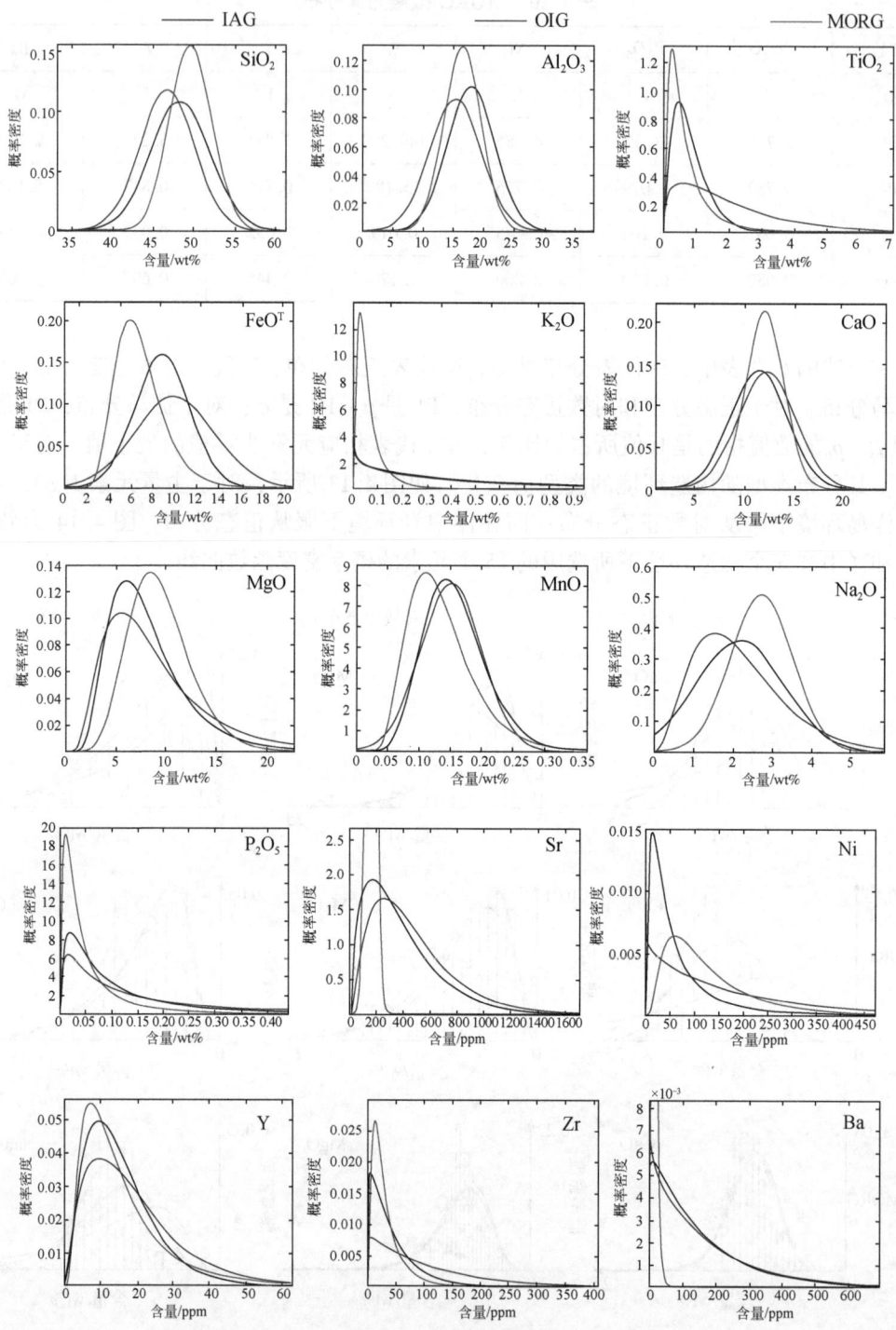

图 4.14 三种构造背景下的辉长岩额关键参数分布

下一步是根据各个元素的概率密度函数确定它们的联合概率密度函数。最后一步是根据贝叶斯定理建立数学模型。由于本次研究考虑了三个构造背景，所以数学模型中有三个函数，如下所示：

$$\begin{cases} P(\mathrm{TS}_{\mathrm{ia}} | X = \{x_{e1}, x_{e2}, \cdots, x_{en}\}) \\ P(\mathrm{TS}_{\mathrm{oi}} | X = \{x_{e1}, x_{e2}, \cdots, x_{en}\}) \\ P(\mathrm{TS}_{\mathrm{mor}} | X = \{x_{e1}, x_{e2}, \cdots, x_{en}\}) \end{cases} \quad (4.9)$$

在这个数学模型中，$P(\mathrm{TS}_{\mathrm{ia}}) : P(\mathrm{TS}_{\mathrm{oi}}) : P(\mathrm{TS}_{\mathrm{mor}}) = 395 : 973 : 539$，而 $P(\mathrm{TS}_{\mathrm{ia}}) = 0.2071$，$P(\mathrm{TS}_{\mathrm{oi}}) = 0.5102$，$P(\mathrm{TS}_{\mathrm{mor}}) = 0.2826$。模型中的参数 $\boldsymbol{\Sigma}$，可通过极大似然估计计算得出，分别是 $\boldsymbol{\Sigma}_{\mathrm{ia}}$、$\boldsymbol{\Sigma}_{\mathrm{oi}}$、和 $\boldsymbol{\Sigma}_{\mathrm{mor}}$。$\boldsymbol{\Sigma}$ 也叫相关矩阵，因为在模型中使用了 15 种元素，故 $\boldsymbol{\Sigma}$ 就是一个 15×15 矩阵。

2) 基于遗传算法的最优元素选择

在实验中，遗传算法的参数设置为最大迭代次数为 100 次；种群数量为 20；变异率为 0.015；容差为 0.001，即当平均适应值与最大适应值之差小于 0.001 时，迭代停止；通过数学模型计算个体的适应性。迭代过程如图 4.15 所示。

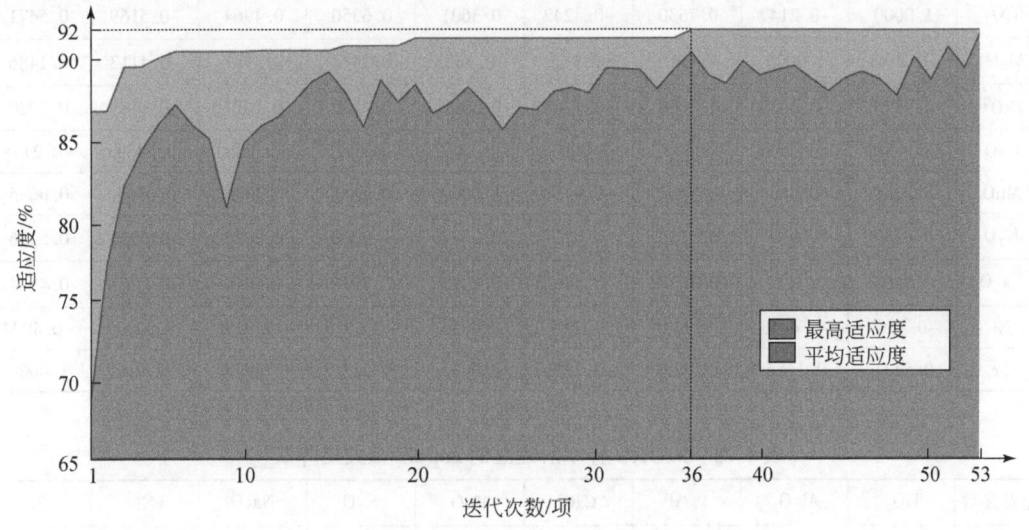

图 4.15 遗传算法寻优过程

可以看出，在第 36 次迭代时，该算法找到了最优解，准确率高达 92.13%。在第 53 次迭代时，该算法达到了绝对收敛。最佳解对应编码为 01111011000，这意味着第 1 （SiO_2）、第 6 （MgO）、第 10 （P_2O_5）、第 13 （Y）、第 14 （Zr）和第 15 （Ba）元素不适宜用于模型构建，而利用其余元素 TiO_2、Al_2O_3、FeO^T、CaO、MnO、K_2O、Na_2O、Ni 和 Sr 建立的数学模型能达到最好的效果。根据余下的九个元素所建立的三个联合概率密度函数中的三个 $\boldsymbol{\Sigma}$ 分别见表 4.21～表 4.23。

表4.21 IAG 样本所建立的 copula 相关矩阵 Σ_{ia}

元素参数	TiO_2	Al_2O_3	FeO^T	CaO	MnO	K_2O	Na_2O	Ni	Sr
TiO_2	1.0000	-0.0493	0.5360	-0.3168	0.4254	0.4816	0.5436	-0.1867	0.2047
Al_2O_3	-0.0493	1.0000	-0.2475	0.2499	-0.4126	0.0200	-0.0068	-0.1754	0.3619
FeO^T	0.5360	-0.2475	1.0000	-0.0982	0.5806	0.0550	0.0767	-0.0757	0.0335
CaO	-0.3168	0.2499	-0.0982	1.0000	-0.2252	-0.5451	-0.6423	0.1542	-0.1224
MnO	0.4254	-0.4126	0.5806	-0.2252	1.0000	0.0971	0.1607	-0.0346	-0.1317
K_2O	0.4816	0.0200	0.0550	-0.5451	0.0971	1.0000	0.6461	-0.1930	0.4248
Na_2O	0.5436	-0.0068	0.0767	-0.6423	0.1607	0.6461	1.0000	-0.1055	0.2813
Ni	-0.1867	-0.1754	-0.0757	0.1542	-0.0346	-0.1930	-0.1055	1.0000	-0.2456
Sr	0.2047	0.3619	0.0335	-0.1224	-0.1317	0.4248	0.2813	-0.2456	1.0000

表4.22 OIG 样本所建立的 copula 相关矩阵 Σ_{oi}

元素参数	TiO_2	Al_2O_3	FeO^T	CaO	MnO	K_2O	Na_2O	Ni	Sr
TiO_2	1.0000	-0.2147	0.7630	-0.4242	0.3601	0.6350	0.4964	-0.5169	0.5471
Al_2O_3	-0.2147	1.0000	-0.5479	0.1935	-0.4633	0.0448	0.3987	-0.4113	0.1486
FeO^T	0.7630	-0.5479	1.0000	-0.4743	0.5902	0.3139	0.1027	-0.1445	0.2220
CaO	-0.4242	0.1935	-0.4743	1.0000	-0.4459	-0.6127	-0.4860	0.1489	-0.2178
MnO	0.3601	-0.4633	0.5902	-0.4459	1.0000	0.2387	0.1190	0.0336	0.0635
K_2O	0.6350	0.0448	0.3139	-0.6127	0.2387	1.0000	0.7935	-0.6016	0.5536
Na_2O	0.4964	0.3987	0.1027	-0.4860	0.1190	0.7935	1.0000	-0.7061	0.4974
Ni	-0.5169	-0.4113	-0.1445	0.1489	0.0336	-0.6016	-0.7061	1.0000	-0.4044
Sr	0.5471	0.1486	0.2220	-0.2178	0.0635	0.5536	0.4974	-0.4044	1.0000

表4.23 MORG 样本所建立的 copula 相关矩阵 Σ_{mor}

元素参数	TiO_2	Al_2O_3	FeO^T	CaO	MnO	K_2O	Na_2O	Ni	Sr
TiO_2	1.0000	-0.5373	0.1135	-0.3826	0.7651	0.3291	0.4462	-0.5280	0.0516
Al_2O_3	-0.5373	1.0000	-0.2208	0.0953	-0.7533	0.0025	0.1283	0.3020	0.4332
FeO^T	0.1135	-0.2208	1.0000	-0.1812	0.1753	-0.0745	-0.0179	-0.0940	-0.2497
CaO	-0.3826	0.0953	-0.1812	1.0000	-0.3608	-0.3121	-0.3530	0.1050	-0.1359
MnO	0.7651	-0.7533	0.1753	-0.3608	1.0000	0.1886	0.2008	-0.3930	-0.1303
K_2O	0.3291	0.0025	-0.0745	-0.3121	0.1886	1.0000	0.3416	-0.2166	0.2357
Na_2O	0.4462	0.1283	-0.0179	-0.3530	0.2008	0.3416	1.0000	-0.5198	0.6737
Ni	-0.5280	0.3020	-0.0940	0.1050	-0.3930	-0.2166	-0.5198	1.0000	-0.1553
Sr	0.0516	0.4332	-0.2497	-0.1359	-0.1303	0.2357	0.6737	-0.1553	1.0000

上述过程所求得的三个 Σ 可以用来描述各个元素变量之间的关系。如果矩阵的值为负,则相应的一对变量为负相关,反之为正相关,0 则表示不相关。图 4.16 展示了相关系数绝对值大于 0.5 的元素对。蓝线代表 IAG,红线代表 OIG,橘线代表 MORG。由图 4.16 可见 OIG 各元素间的相关性比 IAG 和 MORG 元素间的相关性更为复杂。此外,无论是在 IAG、OIG 还是 MORG 中,TiO_2 与其他元素的相关性最大。

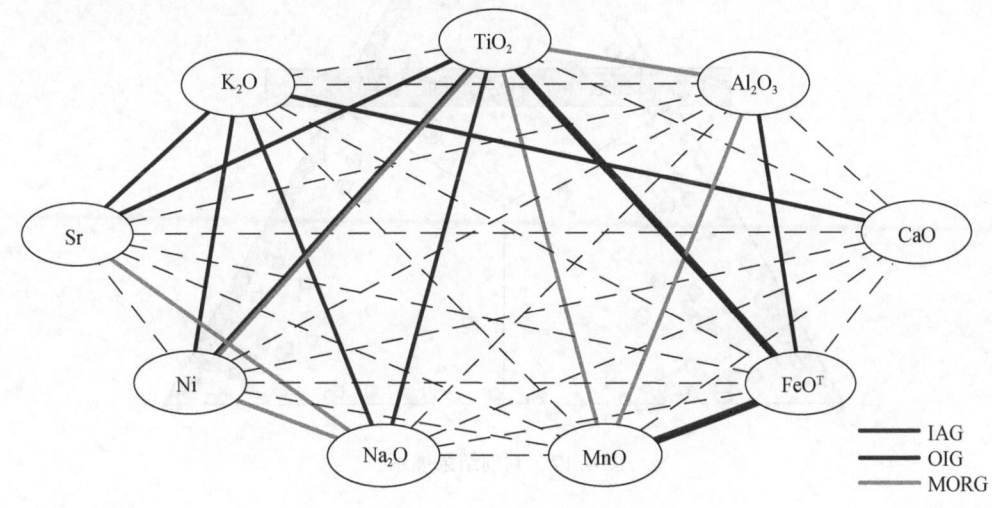

图 4.16 具有较强相关性的元素对

此外,通过统计算法的计算时长,结果表明,遗传算法的总迭代时间为 4505s(约 1.25h)。整个迭代过程包含了 53 次迭代,每次迭代有 20 个(个体数)评估值,因此总共有 53×20=1060 个估计值,平均一次估计需要 4.25s。如果采用穷举法,则需要估计 2^{15} 次,一次实验需要 4.25×2^{15}=152320s(约 42.31h)。因此,采用遗传算法可以显著的提高计算效率。

3) 数学模型的判别结果

图 4.17 为该数学模型的判别结果。其中,IAG 的分类准确率最低,为 84.30%;OIG 的分类准确率最高,为 95.48%;MORG 的分类准确率为 91.84%;模型总的分类准确率为 92.13%。根据表 4.24 可计算出该模型的预测准确率,见表 4.25。其中,OIG 和 MORG 的预测准确率均在 90% 以上,IAG 的预测值最小,但仍大于 85%。

表 4.24 数学判别模型的计算结果

实际构造背景	分类结果/个				分类准确率/%
	IAG	OIG	MORG	总数	
IAG	333	51	11	395	84.30
OIG	27	929	17	973	95.48
MORG	23	21	495	539	91.84
总	383	1001	523	1907	92.13

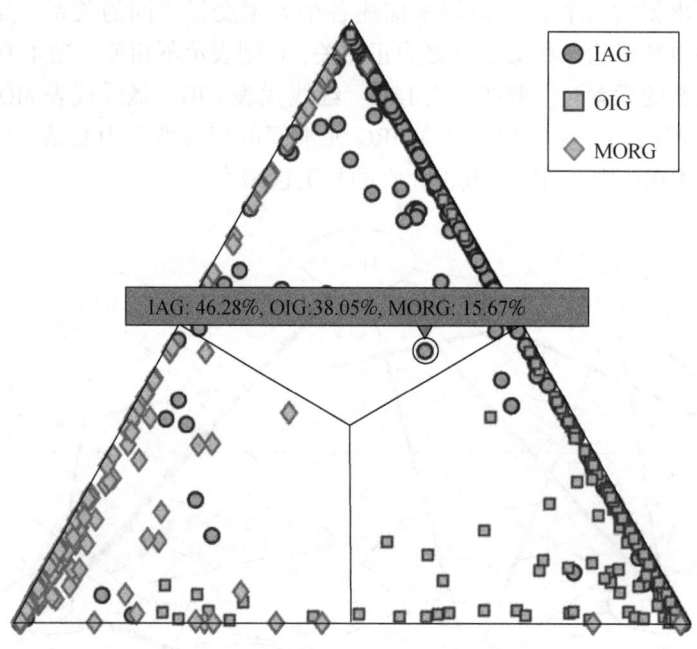

图 4.17　判别结果展示

表 4.25　数学判别模型的分类准确率和预测准确率　　（单位:%）

实际构造背景	分类准确率			预测准确率		
	IAG	OIG	MORG	IAG	OIG	MORG
IAG	84.30	12.91	2.78	86.95	5.09	2.10
OIG	2.77	95.48	1.75	7.05	92.81	3.25
MORG	4.27	3.90	91.84	6.01	2.10	94.65

4.2.3　讨论

1. 用辉长岩区分构造环境

从岩石学的角度来看，辉长岩由斜长石、辉石、橄榄石和角闪石组成。辉长岩的类型多种多样，按矿物含量可分为苏长岩、辉长岩、斜长岩、角闪长岩、闪长岩、花岗闪长岩和英云闪长岩。长期以来，辉长岩是否可以用来判别构造环境一直是一个较有争议的问题。一般来说，辉长岩的化学成分与玄武岩的化学成分相似（Stepanova et al., 2017; Yamasaki and Nanayama, 2017）。因此，一些研究人员使用玄武岩判别图法来分析辉长岩（Tokhi et al., 2016）。然而，这种做法并不严格，因为并非所有辉长岩都与玄武岩相似。在地幔岩浆演化过程中，如果喷发的幔源岩浆被迅速冷却，其产物将是玄武岩。如果岩浆侵入不同的地层并形成一个岩浆房，在缓慢冷却的条件下岩浆发生分离结晶作用，结晶出橄榄石、辉石、斜长石，其中一些会形成堆积岩，称为堆积辉长岩；残余的岩浆则形成各向同性辉长岩。各向同性辉长岩与玄武岩有一定的相似性，而堆积辉长岩则不同于玄武岩，如堆积辉长岩中 Ti 的含量明显低于玄武岩。如果用玄武岩 Ti 相关判别图分析辉长岩，很容易将其确定为岛弧岩。从某种意义上讲，玄武岩与辉长岩的差异在于辉长岩中堆积物的比例。在我们的研究中，用 Verma 和 Agrawal（2011）以及 Agrawal 等（2004）所提出的基性岩和超基性岩判别图法没有达到预期的效果，可能就是因为这些判别图均是用玄武岩设计的。从图 4.17 可以看出，IAG 的准确率高于 OIG 和 MORG，这意味着该判别图倾向于将样本区分为 IAG。

综上所述，以往的研究表明，用传统的基于简单统计学的方法难以对辉长岩的构造背景进行准确的判别。本研究从联合概率密度函数的角度出发，结合贝叶斯定理，对辉长岩进行分析。结果表明，辉长岩元素之间的关系虽然较为复杂，但其内在仍然隐含着与构造环境之间的联系，利用辉长岩进行构造环境判别是可行的。关于所提出的数学模型的进一步讨论如下。

2. 三种判别方法的比较

在目前的构造背景判别分析中，判别图法和机器学习算法是两种主要的判别方法。传统的判别图比较直观，能反映岩浆的某些规律，但是因为其结构过于简单，存在许多缺陷。机器学习算法通常具有较高的准确率，但缺乏可解释性，且容易造成过度拟合。即便是一些新颖的、基于 LDA 方法设计的判别图，其本质仍是机器学习，有着同其余机器学习算法相同的局限性。

所提出的数学模型具有三个优点。第一，模型准确率高。以图 4.12 为代表的判别图法不能有效地将 IAG、OIG 和 MORG 与原始边界（黑线）区分开来，其准确率甚至低于 70%。NB 算法的平均准确率为 77.37%，高于判别法图。数学模型的准确率则高达 92.13%，其判别 IAG、OIG 和 MORG 的准确率分别为 84.03%、95.48% 和 91.84%。

第二，模型有很强的适应性。判别图是用一些特定元素设计的，而对于不含这些元素的岩石是无效的。例如，如果岩石中 Ni 的浓度为零，则通过图 4.12 就无法确定岩石样本的构造背景，而所提出的数学模型则不受这种情况的限制。

第三，模型具有可解释性。由于该数学模型是建立在坚实数学理论基础之上，因此比机器学习算法的黑箱机制更能揭示数据中蕴含的规律（具体见下一小节）。

3. 数学模型的地球化学解释

该数学模型的判别过程可视为一个联合判别过程。如图 4.14 所示，不同构造背景下元素的分布是不同的，每一个元素在判定中都可以起到较为微弱的作用，而整个数学模型就是对所有元素的判别结果的综合。在理论上，每一个元素都会或多或少地对判别做出贡献。然而，由于测量和拟合过程中产生的误差，一些贡献较小的元素将无法发挥作用，因此最后选择了 TiO_2、Al_2O_3、FeO^T、CaO、MnO、K_2O、Na_2O、Ni 和 Sr 这九种元素。

Ti 是在传统判别图法中常用的元素（Pearce and Cann，1971；Verma and Agrawal，2011）。MORG 的特点是贫 Ti，而在 IAG 中 Ti 元素相对富集，因此可以用 TiO_2 的含量鉴别

这两个构造背景。不同构造环境下，Al_2O_3、FeO^T 和 MgO 的平均含量差异最大。三种构造背景下 Na_2O 的平均含量基本相同，但选择 Na_2O 是因为 Na_2O 在这三种构造环境中的分布差异很大，如图 4.14 所示。MORG 中贫 K，这与一般的 MORB 相似；IAG 和 OIG 中的 K 含量相对较高，因此 K_2O 也是判别过程中的重要元素。

Sr 是一种溶于水的大离子亲石元素（LILE），Pearce 和 Cann 在 1973 年指出 Sr 可用于判别 IAB 和 MORB。从图 4.14 中还可以看出，在 IAG 中 Sr 的分布与在 OIG 和 MORG 的分布有很大的不同，Sr 在 MORB 中是极度贫乏的，因此 Sr 可以作为一个有效的判别指标。Ba 也是一种大离子亲石元素，具有与 Sr 相似的化学特性，但由于 Ba 在岛弧环境和海岛环境中的分布几乎相同，因此 Ba 不能作为构造环境的判别指标。

对于橄榄石而言，Ni 是一种相容元素，而对于玄武岩，Ni 是分离结晶的一个重要指标（Sato，1977）。许多研究（Sobolev et al.，2007；Li and Ripley，2010）表明，大洋岛玄武岩中的 Ni 含量高于 MORB，然而，对于辉长岩，MORG 中 Ni 的平均含量与 OIG 中 Ni 的平均含量相近。不过 Ni 在 MORG 中的分布与 OIG 中的分布有较大差异，其机理有待进一步研究。

根据相关矩阵和图 4.16 可以看出，相关性大于 0.5 或小于 -0.5 的元素对之间的关系，TiO_2 在三种构造背景下都展现出了与其他元素较高的关联性。图 4.18 为相关系数大于 0.7 或小于 20.7 的元素对的散点图。

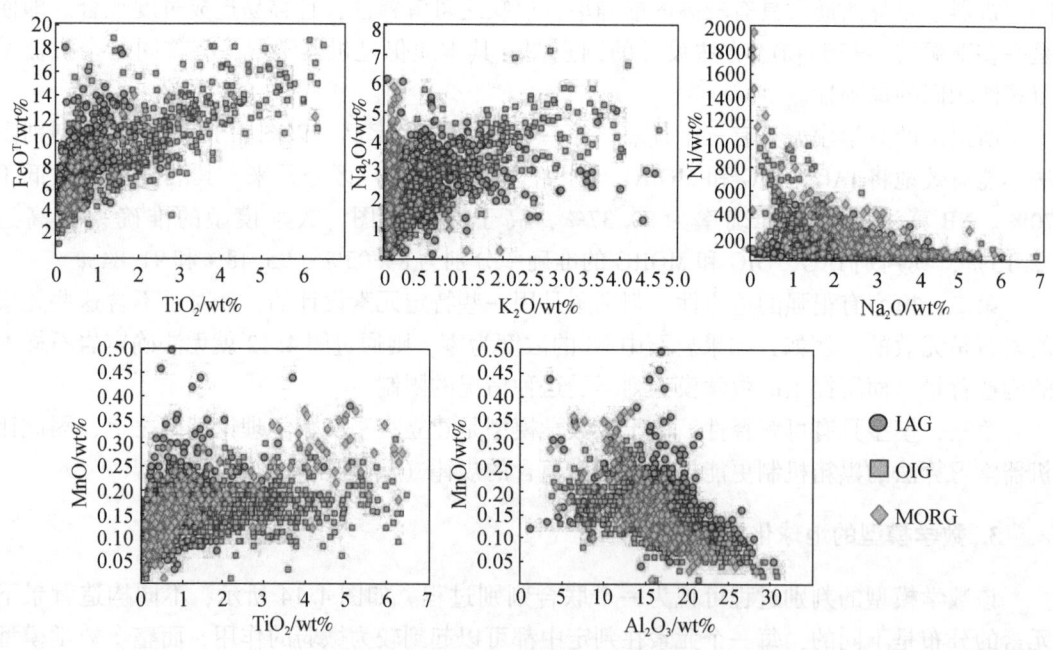

图 4.18 高相关性元素对散点图

4. 关于统计方法在地球化学问题中的应用

首先是联合概率密度函数。传统研究的重点主要在于地质元素的平均值和方差，在相关性分析方面则常采用单因素分析或两两组合的双因素分析。然而，地球化学元素的分布规律复杂（Ahrens，1954；Huang et al.，2013），将研究方式过于简化往往会造成严重的偏差。在统计学中，利用 Copula 理论建立联合概率密度函数是表征多维数据常用的方法。在 Copula 理论中，正确的选择或构建边缘概率密度函数是重要环节。然而对于实验中的这批数据，尽管其已被清洗过滤，但其仍然无法通过常规的分布函数进行拟合。导致这一问题的原因有两个，一个问题是数据本身的复杂性以及零值的影响。对于地质元素数据自身中所蕴含的复杂规律，其挖掘过程在极大程度上取决于数据量的大小以及数学模型的非线性拟合能力。而零值的出现可能存在两种情况：一种是组分中元素含量的浓度实际为零；另一种是该组分浓度未被检测时，默认以零值填充。在许多研究中，特别是在设计某些判别图的研究中，零值被视为异常。例如，当设计 Zr/Y-Zr 图时（Pearce and Norry，1979），不含 Y 元素的样本会被舍弃。虽然零值常常不能被合理利用，但简单地将其判定为异常显然是有些不妥的，本实验中，则使用了用分段函数来处理零值的方法，尽可能地提高所有数据的利用率。

另外一个问题是在地球化学中较为常见的一个难题——常和问题，特别是在试图寻找两个或几个组分之间的关系时（Miesch，1969），这个问题尤为突出（Aitchison，1982，1984）。目前常和问题的一个较为有效解决方案是对数比率变换（Aitchison and Egozcue，2005；Verma，2015），但是其本身仍然存在一定的局限性。实验中虽然得到了较为理想的结果，但实际上仍然没有解决这一关键问题，进一步研究有待深入展开。

4.2.4 结论

以贝叶斯定理和高斯 Copula 理论为基础，建立了一个判别构造环境的数学模型。它的目的是根据岩石的化学成分来计算岩石样本属于特定构造环境的概率。采用遗传算法选出了九种建立数学模型的最优元素，包括 TiO_2、Al_2O_3、FeO^T、CaO、MnO、K_2O、Na_2O、Ni 和 Sr。实验证明，该数学模型能够对辉长岩的构造背景进行准确判别，准确率高达 92.13%，相较于 NB 算法和传统的判别图法有着明显的优势。此外，这种通过推导所得到的模型比机器学习算法更具解释性，比判别图法则更具普适性。另外，该模型可以看作是一个通用模型，同样适用于玄武岩等其他类型岩石的构造背景判别。

4.3 金矿规格单元数据的智能成矿预测分析

金矿勘查一直以来都是世界各国关注的重点。传统的金矿床勘查方法主要是对地表进行测量，对目标区域的岩石矿物进行调查，对地层、岩性、构造进行判断，从而分析该区域的成矿状况。但是在金矿成矿预测中，缺少必要的物理探测和化学分析手段，导致传统方法的准确性较低，且需要大量的人力物力。目前，大部分的地表金矿已经被开采，传统的矿质填图方法很难满足现代找矿的需求，简单的地质勘查和物理探测手段难以用于深部矿床的发现及规模判断。综合运用地球物理方法（王志辉等，2016）并结合矿区的地质状况对矿区进行判断是目前金矿勘查的主要方法。金矿勘查的地球物理方法包括磁法

（Hoschke and Sexton，2005；Wallace，2008；刘善丽等，2011）、自然电位法（Goldie，2002）、直流电阻率法（王文龙等，2002；孙中任和魏文博，2004；马德锡等，2008）、激发极化法（陈绍裘和陈灿华，2003；Goldie，2007）、电磁法（Meyers，2005；沈远超等，2008），甚至还可以根据地震（胡煜昭，2012）和放射性（王锐军，2014）对矿床进行分析。这些方法既可以直接探测到地表潜在金矿矿床，也可以探测到深部的地层、构造、脉岩与矿化蚀变标志，从这些与金矿形成有相关关系的特征（刘吉权和文亚松，2018）出发，可以找到具有潜力的矿区。但应用地球物理方法需要较大的资金投入和专业的知识技能的学习，而且即便进行了较为完善的探测与分析，金矿成矿预测也依然是一个挑战。

近些年，随着大数据方法和理念的发展，越来越多的学者运用大数据思维方式对已有的矿物数据进行分析，用大数据方法来解决工程问题；利用已有数据对于工程问题进行分析，其结果更客观，更能充分利用数据信息，同时减少人力物力的消耗。

基于机器学习方法，我们对金矿成矿数据进行了研究，对不同元素对于成矿规模的影响进行了分析，并用重采样方法来解决不平衡数据之间的问题，最终运用逻辑回归算法、随机森林算法和决策树算法建立分析模型，并用不同指标进行评价，得出最优模型，同时针对不同实际情况，可对模型分类边界进行调整，并对其实际意义进行了进一步讨论。

4.3.1 理论方法及评价指标

机器学习方法已广泛应用于数据的分类分析与模式识别中。在本研究中，采用逻辑回归算法、随机森林算法和决策树算法三种分类模型分别对金矿成矿情况进行分析。模型的训练过程采用 K 折交叉验证的方式。在模型评价中，准确率是最为常用的指标。但在成矿预测分析中，一般无矿数据远多于成矿数据，只采用准确率是不严谨的。举例来说，如果无矿数据与成矿数据额比例为 9：1，即使模型将所有成矿数据预测为无矿数据，模型的准确率依然为 90%，从准确率来看，此模型有较好的鲁棒性，但实际上模型并不能识别出成矿数据，即不能预测出成矿区域，故不具有实际意义。因此，本研究中采用召回率、精确率和准确率三个指标进行分析。

4.3.2 数据处理

1. 样本信息

钻孔采样点位于甘肃省北山区域，在靶区内对不同地点设置钻孔来获取金矿成矿相关元素的含量信息。经过勘查，发现大部分区域无金矿，小部分区域则存在不同规模的金矿床。钻孔数据总共记录了 34 种元素含量和每个钻孔的成矿信息，所包含的元素种类和含量信息如表 4.26 所示。表 4.27 显示了无矿数据和四种成矿数据的具体信息，其中无矿数据有 3578 组，分类标签设置为 0；而其数据量远高于小型矿床、中型矿床、大型矿床的数据量，将此四类成矿数据设置为成矿数据，标签设为 1，即成矿数据有 95 组，总计 3671 组数据。

表 4.26 元素种类及含量信息 （单位：mg/kg）

元素	最大值	最小值	平均值	元素	最大值	最小值	平均值
Ag	610.40	27.70	87.56	Ni	76.42	2.65	30.67
As	117.22	1.00	14.62	P	1978.95	167.57	739.32
Au	30.04	0.37	2.48	Pb	111.49	7.66	23.11
Ba	2362.56	149.43	554.76	Sb	24.00	0.01	1.38
Be	6.82	0.66	2.13	Sn	13.93	0.77	3.02
Bi	3.10	0.01	0.34	Sr	757.73	42.59	185.15
Cd	2009.40	30.10	192.02	Ti	7494.80	1060.43	3929.99
Co	51.00	3.01	13.67	U	6.60	0.04	1.82
Cr	183.25	10.01	66.79	V	377.75	16.45	84.69
Cu	96.30	4.80	26.33	W	13.27	0.60	1.94
F	1302.60	162.07	576.12	Y	49.70	3.17	25.55
Hg	794.28	9.07	70.37	Zn	499.00	15.16	79.18
La	77.40	13.70	38.66	Zr	548.73	101.93	259.85
Li	79.49	9.93	36.32	Fe_2O_3	11.60	0.67	4.59
Mn	1798.75	99.09	688.41	K_2O	4.89	0.86	2.49
Mo	12.03	0.02	0.89	MgO	6.80	0.30	1.81
Nb	43.19	4.30	15.01	Na_2O	6.03	0.40	1.65

表 4.27 不同矿床的数据量

类别	变量维度	数据个数/个
无矿	34	3578
小型矿床	34	65
中型矿床	34	21
大型矿床	34	7

2. 标准化与重采样

从表 4.26 中可以看出，元素含量差异很大，而直接利用元素含量原始数据进行对比分析，可能会造成绝对值较大的变量对结果的影响被放大，绝对值较小的变量对结果的影响被削弱，所以应该对原始数据进行变换才能体现变量本身对于结果的影响。首先对数据进行标准化处理，使得数据均值为 0，方差为 1，序列 $\{x_i\}$ 变换为序列 $\{y_i\}$ 的方法如式 (4.10) 所示。通过对数据进行标准化处理，可使数据呈无量纲状态，同时也避免了某些变量数值大小对分类器准确率的影响。

$$y_i = \frac{x_i - \bar{x}}{s} \tag{4.10}$$

式中,$\bar{x} = 1/n \sum_{i=1}^{n} x_i$;$s = \sqrt{1/(n-1) \sum_{i=1}^{n} (x_i - \bar{x})^2}$;$\bar{x}$ 为序列 $\{x_i\}$ 的平均值;s 为序列 $\{x_i\}$ 的方差。

从表 4.27 中可以看出,即使将小型矿床、中型矿床、大型矿床归为有矿数据,无矿数据量依然远高于成矿数据量,图 4.19 直接显示了两类数据之间的巨大差别。数据间的不平衡易造成无矿数据对有矿数据的淹没,可能导致部分有矿数据无法识别。为了减小数据不平衡带来的影响,对数据进行重新采样。首先将数据集进行划分,其中训练集占 70%,测试集占 30%,之后在训练集中对无矿数据进行随机采样,使之与成矿数据样本数量相同。在训练过程中先后使用原始数据集和采样后的训练集,在预测过程中使用原始测试集,可以分析数据采样对结果的影响。

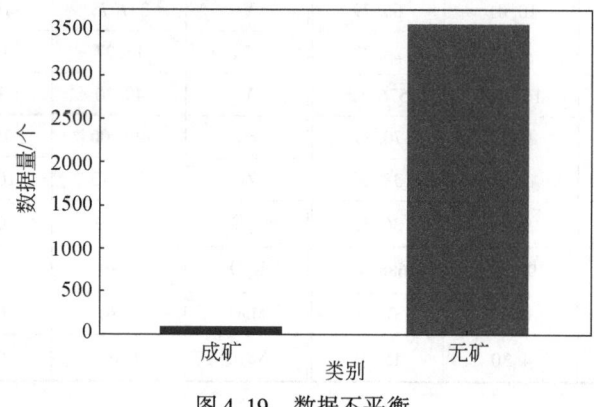

图 4.19 数据不平衡

4.3.3 模型预测

1. 模型对比分析

在训练过程中,利用网格搜索法和 5 折交叉验证进行参数寻优,利用最优参数进行预测分析,首先用原数据集训练集进行模型训练,并采用逻辑回归算法、随机森林算法和决策树算法建立预测模型,模型预测结果如图 4.20 所示,其中 0 代表成矿,1 代表无矿。

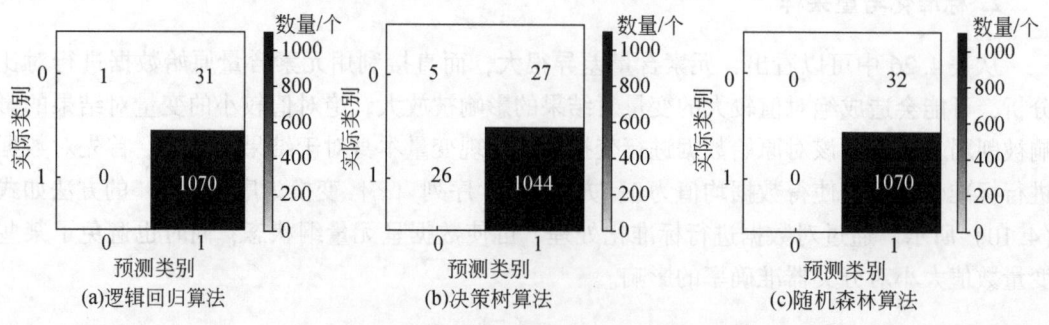

图 4.20 原始数据下的金矿床预测混淆矩阵

从图 4.20 中可以看出，多数成矿数据被预测为无矿，说明数据间的不平衡确实会造成数据淹没。同时，利用图 4.20 的混淆矩阵可以计算三种预测模型的召回率、精确率和准确率，其计算结果如表 4.28 所示，在随机森林算法中，因真正类和假正类均为 0，精确率无法计算。

表 4.28　原始数据下的模型评价　　　　　　　　　　　　　　（单位：%）

方法类别	召回率	精确率	准确率
逻辑回归算法	3.13	100.00	97.19
随机森林算法	0.00	—	97.10
决策树算法	15.63	16.13	95.19

从表 4.28 中可以看出，在使用原始数据建模过程中，三种方法的准确率都达到 95% 以上，但是召回率都低于 20%，说明成矿数据无法被模型识别，尽管模型的准确率很高，但是无法应用于实际中。应通过调整参数提高召回率，尽可能识别无矿数据，使模型可在金矿床勘查实践中应用。

用重采样后的训练集进行模型训练，也采用逻辑回归算法、随机森林算法和决策树算法建立预测模型，模型预测结果如图 4.21 所示，同样地，0 代表成矿，1 代表无矿。

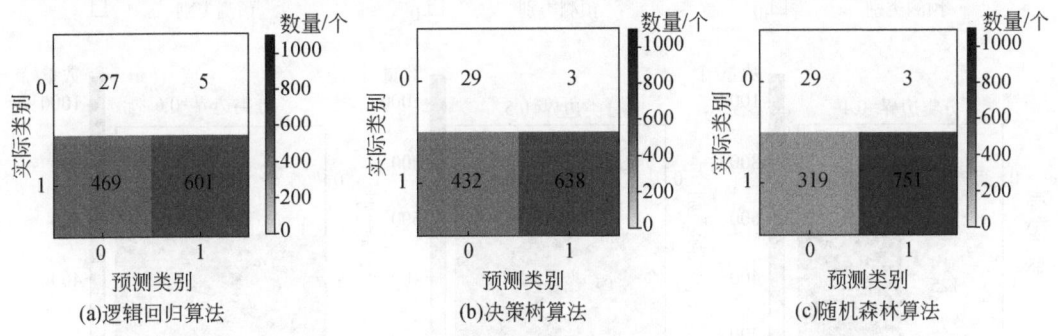

图 4.21　重采样数据下的模型预测

从图 4.21 中可以看出，成矿数据多数被识别出来，说明重采样确实可以减小数据不平衡的影响。利用图 4.21 的混淆矩阵可以计算三种预测模型在从采样数据下的召回率、精确率和准确率，其计算结果如表 4.29 所示，从表 4.29 中可以看出，随机森林算法和决策树算法的召回率较高，同时随机森林算法的精确率和准确率优于另外两个模型，所以在重采样的数据下应选择随机森林算法建立金矿成矿预测模型。

表 4.29　重采样下的模型评价　　　　　　　　　　　　　　（单位：%）

方法类别	召回率	精确率	准确率
逻辑回归算法	84.38	5.44	56.99
随机森林算法	90.63	8.33	70.78
决策树算法	90.63	6.29	60.52

2. 随机森林分类边界分析

因随机森林算法为最优模型,所以对其分类边界进行进一步分析。一般情况下,随机森林算法的分类边界设置为 0.5,而在实际应用过程中可以通过改变决策边界使模型更适用于实际问题。分别设置 0.1、0.2、0.3、0.4、0.5、0.6、0.7、0.8、0.9 等 9 个阈值为分类边界,并通过混淆矩阵对不同指标进行进一步分析,可以有效改变召回率、精确率和准确率,以便根据不同需求选择不同的分类边界。

从图 4.22 中可以看出,随着分类边界不断升高,模型对于成矿数据的敏感程度增加,阈值达到 0.6 时召回率达到最大值,同时模型对无矿数据敏感度下降,将越来越多的无矿

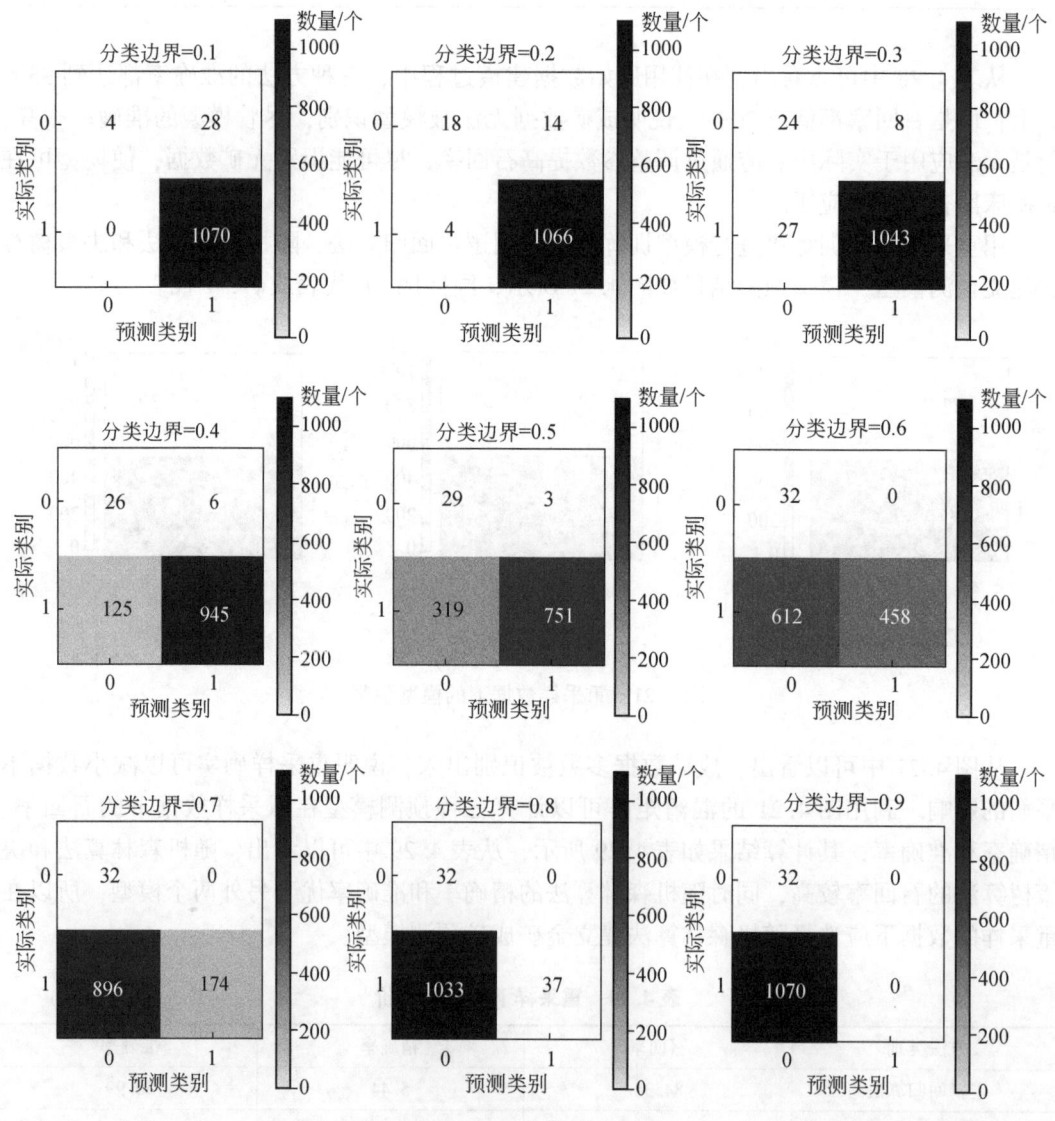

图 4.22　随机森林算法边界选取

数据预测为成矿。根据图 4.22 可以计算不同分类边界下的召回率、精确率和准确率，如表 4.30 所示。

表 4.30　随机森林算法不同分类边界下的模型指标　　　（单位:%）

分类边界	召回率	精确率	准确率
0.1	12.50	100.00	97.46
0.2	56.25	81.82	98.37
0.3	75.00	47.06	96.82
0.4	81.25	17.22	88.11
0.5	90.63	8.33	70.78
0.6	100.00	4.97	44.46
0.7	100.00	3.45	18.69
0.8	100.00	3.00	6.26
0.9	100.00	2.90	2.90

从表 4.30 中可以看出，随着分类边界增大，召回率不断增加，在分类边界为 0.6 时达到最大；同时精确率和准确率不断减小。准确率是一个全面评价模型的指标，虽然在金矿成矿预测中，准确率高并不能说明模型的优越性，但是准确率低却能说明模型还需要进一步完善；而召回率和精确率通常是此消彼长的关系，很难使之均达到较优值，应根据不同情况调整分类边界从而达到调整二者的目的。在实践中，根据不同的实际情况，评价指标和分类边界的选取也不相同。若要求尽可能将所有的成矿数据包含在预测结果内，此时应将召回率提高，这样可以缩小找矿的范围；若要求预测的有矿区域确实是真正成矿区域，此时则应提高精确率，这样可以提高找矿的效率。

4.3.4　结论

一般来说，在地质勘查矿床预测的实践中，原始数据需要进行预处理。首先对原始数据进行标准化处理，减小数据值的差距和量纲对于结果的影响；同时运用重采样方法对原始数据进行抽样，使重采样后的每组数据的量相同，减小组间数据不平衡对于结果的影响。对原始数据的预处理可以消除数据值、量纲和数据量对预测结果的影响。

在模型建立过程中，采用了逻辑回归、随机森林和决策树算法。基于原始数据的三个模型在预测过程中准确率均较高，而召回率和精确率均较低，说明在原始数据中，成矿数据易被无矿数据淹没，因此必须对原始数据进行重采样使两类数据的数据量相同；而基于重采样的数据，分别再次使用逻辑回归、随机森林和决策树算法建立预测模型，通过比较发现随机森林算法的召回率和准确率分别达到 90.63% 和 70.78%，是三个模型中的最优模型。

在随机森林模型中讨论了分类边界对于预测结果的影响，在随机森林模型中分别设置了 9 个分类边界，并对召回率、精确率和准确率进行了分析；随着分类边界地增大，召回率不断增大,当分类边界等于 0.6 时,召回率达到最大值 100%,同时精确率和准确率均减小。

通过以上分析,可以发现,对于金矿成矿数据来说,模型的预测结果可能会因参数的不同而略有出入。在实际应用中也可以根据不同情况对模型做出调整,可以通过提高召回率将所有成矿数据全部找出,缩小成矿数据范围;也可以通过提高精确率将实际成矿数据识别,增强模型的针对性。

4.4 耦合 PCA-SVM 算法的金矿矿床规模预测分析

针对金矿勘测中矿床规模预测分析维度高、非线性强的问题,提出了耦合主成分分析算法与支持向量机算法来预测金矿矿床规模。为了减少计算量和降低数据背景噪声,该方法先通过主成分分析提取数据中的主要特征;再将主要特征输入支持向量机算法,从而训练出最优分类器以预测金矿成矿规模。在实验分析中,为使算法得到有效地训练,对使用的数据作了预处理,包括有效数据的筛选与归一化过程。在此基础上,分别采用传统的 SVM 算法和 PCA-SVM 对数据进行分析,为提高了矿床预测的准确率和矿床勘探的效率提供了一种新的手段。

4.4.1 PCA-SVM 耦合算法

1. 主成分分析算法

主成分分析算法是数据分析中常用的方法之一,通过求解数据集的协方差矩阵最大 k 个特征值对应的特征向量,从而达到在尽量不损失数据信息的前提下将原数据降维的目的(朱志洁等,2013;Novaes et al., 2017;Luo et al., 2018b)。对于 n 维数据集 $X = \{X_1, X_2, X_3, \cdots, X_n\}$,可将 X 做线性变换有

$$Y = P\overline{X} \tag{4.11}$$

式中,Y 为去中心化后的数据集 $\overline{X}$ 经过变换矩阵 P 之后得到的线性不相关矩阵,并且具有以下性质:

$$E(YY^T) = P\Sigma_X P^T = \Lambda \tag{4.12}$$

式中,Λ 为对角矩阵;Σ_X 为 X 的协方差矩阵。

通过计算 X 的特征向量即可得出特征向量矩阵 $\boldsymbol{P}$,从而计算出对角矩阵 $\boldsymbol{\Lambda}$。对角矩阵 $\boldsymbol{\Lambda}$ 中的元素为协方差矩阵的特征值,通过排序对角矩阵中的各个特征值即可排序协方差矩阵的特征向量。在 PCA 计算过程中,通过将选取的前 k 维变量的数据矩阵左乘对应的前 k 维变量的特征矩阵,即可达到数据降维的目的。

在矿床规模预测分析过程中,同一地区矿床的成因一般相同,而影响金矿矿床分类的噪声数据一般为当地分布较均匀的背景数据。因此,噪声数据的数值变化较小。所以,通过计算矿床中各个化学元素所对应的方差值,并排除方差极小者即可达到降低噪声的目的,从而增加预测准确率,减少计算量。

2. PCA-SVM 耦合算法

支持向量机是一个二分类算法，当处理多分类时通常选择建立多个 SVM 二分类器，常用方法有"一对一"、"一对多"和"有向无环图"。当处理一个 N 分类问题时，SVM 通常需要建立决策树形式的 SVM 分类预测模式（"一对多"），这种分类模式下，只需要训练 $N-1$ 个分类器即可达到预测分类效果。因此，这种分类模式具有计算量小且计算速度快的特性，如图 4.23 所示。而"一对一"和"有向无环图"均建立 $N(N-1)/2$ 个分类器，"一对一"通过投票策略决定所属类别，而"有向无环图"则是排除所有不可能的类别，所留的最后一个类别即为目标所属类别。

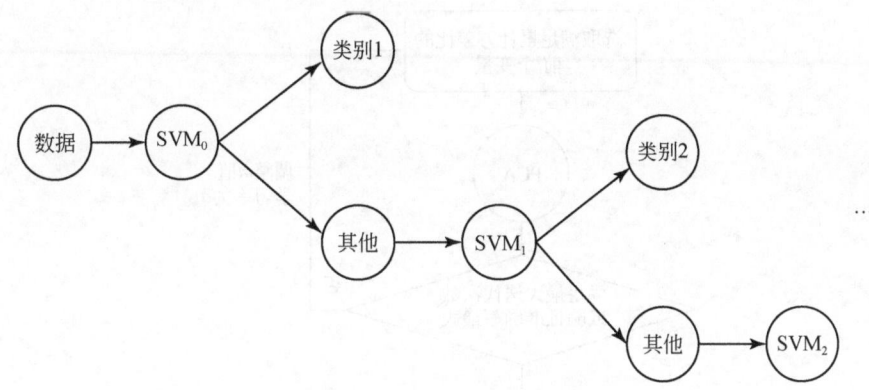

图 4.23　多类别 SVM 分类模式

在"一对一"分类模式下，目标可能会出现因投票时某几类平票而被分配给多个类别的情况；在"有向无环图"模式下，分类则可能会受到分类顺序的影响出现提前淘汰实际所属类别的情况，从而导致错判。考虑到矿床成矿规模的预测类别较少，各个类别之间的差异相对明显，所以选择"一对多"分类模式训练 SVM 分类器。在"一对多"这种模式下的分类预测，容易出现误差积累问题。因此，为了减小误差积累所带来的影响，基于决策树形式 SVM 分类器的性质，在分类过程中应遵循从易到难的原则，首先分割容易分离的类，再到较难分的类，使靠近根节点的误差积累尽可能小，从而得到性能优良的多分类器。

SVM 在处理高维分类问题的时候具有良好的性质，但是在"一对多"这种预测模式下，噪声数据会对分类器产生严重的影响，在每个分类的根节点，均会产生一定的分类误差，而在不断训练分类器的过程中，这种误差会不断累计，从而严重影响 SVM 的分类准确率。为解决这一问题，选取 PCA 分析原始数据，最大程度上保留信息熵、进一步减少计算量、提高分类准确率与泛化能力。PCA-SVM 算法如图 4.24 所示。首先，设定初始信息比（主成分方差累计比，随着主成分个数变化而变化）m、最大迭代次数 I，根据初始信息比可训练出分类器 SVM_0 及训练准确率 v_0。然后，增加一个变量维度，训练分类器 SVM_1，若训练准确率 v_1 大于 v_0，则继续增加维度，反之则在 SVM_0 的基础上减少一个维度。随着 m 的变化，若准确率出现峰值或者达到最大迭代次数，则输出分类器。

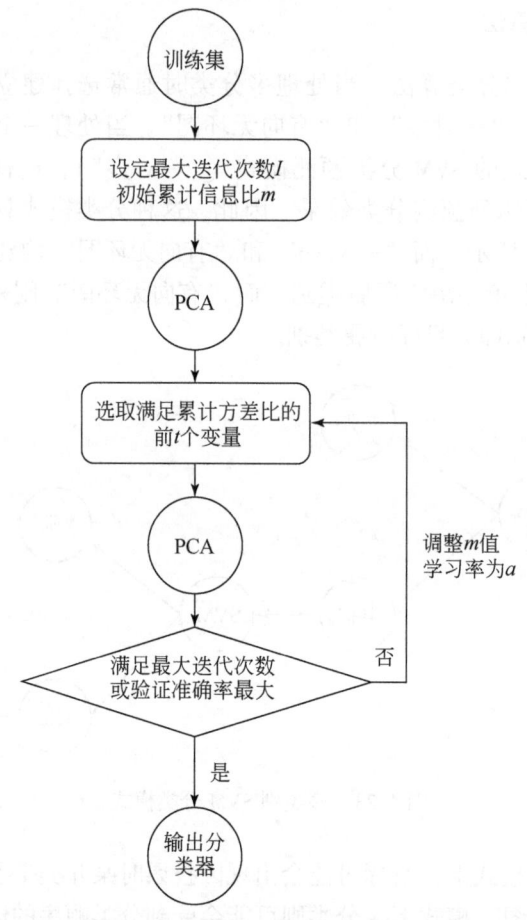

图 4.24　PCA-SVM 耦合算法结构

通过不断调整信息比的值 m，可以修正满足方差最大条件的变量数量，从而达到最大幅度降低噪声的目的。通过设置学习率 α 和最大迭代次数 I，可以防止出现不收敛而无法输出分类器的情况。对于预测矿物的成矿规模问题，这种训练方式表现为寻找出所有对成矿规模预测有负面影响的噪声数据（即背景元素），同时，又计算出所有可能参与了矿床演变的元素。根据所求出的可能参与矿床演变的元素界定各个成矿规模之间的明确界限，通过这些界限将高维数据划分为一个个不同的区域，从而达到对未知数据分类预测的目的。

4.4.2　数据处理

选取甘肃省北山区域具有时空分布特征的地球化学采样点多样本均值训练集数据结构，如表 4.31 所示。在北山区域经过勘查、分析，建立预测靶区，对靶区进行钻探，发现矿床存在则判定为有矿，其余划定为无矿。训练集中总共 7 个类别的矿床规模数据，每类数据均有 35 维变量，数据条目共 3812 条。其中 35 维变量中的前 34 维分别为单位体积内 Ag、Au、As、Cu 和 F 等元素，以及氧化物和氟化物等物质的质量，第 35 维为矿床规模类型。每个类别的矿床规模数据中均随机选择 72% 作为训练集，18% 作为验证集和 10% 的数据做测试集，训练集、验证集和测试集数据均不相交。因为数据集中特大型矿床和大型矿床的数据个数相对较小，所以为了减小因为数据量不均衡带来的误差，将特大型矿床及大型矿床归入中型矿床。

表 4.31 金矿数据

类别	变量维度	数量/个
无矿	35	3578
矿点	35	106
小型矿	35	65
矿化点	35	34
中型矿及以上	35	30

为了降低靠近根节点的累计误差，将金矿数据根据数据个数排序，其类别排序如表 4.31 所示（从上至下）。训练过程中，在构造第一个 SVM 分类器时，先将类别一设定为"+"，其他 4 个类别设定为"-"，训练第一个分类器 SVM_0；在第一个分类器训练完成之后，将类别二设定为"+"，其他 4 个类别设定为"-"，即可得到第二个分类器 SVM_1。如此下去，可训练得到 4 个根节点累计误差较小的 SVM 分类器。

表 4.32 为矿物元素维度的最大值和最小值。从表 4.32 中可以看出，各个变量之间的数值差异性较大，数值分布范围差异很大。因此，为了提高求解梯度下降最优解的速度，以及防止因数据本身各个维度的取值范围带来的误差影响，需要将数据做归一化处理。考虑到需要归一化的数据均为各个元素及化合物的质量，将数据中所有维度的数据均做线性变换，都转化为 [0, 100] 的数值：

$$x'_{ij} = \frac{x_{ij} - \min\{x_i\}}{\max\{x_i\} - \min\{x_i\}} \times 100 \qquad (4.13)$$

式中，x_{ij} 为第 j 个样本的第 i 个元素值；$\min\{x_i\}$、$\max\{x_i\}$ 分别为第 i 个元素的最小值和最大值。

通过式（4.13）的变换可知，数据集不仅可以保留原有特征，也统一了各个变量的量纲，避免了特定变量在学习算法中占据主导地位，从而提高了分类器训练的准确度。

将归一化之后的数据通过 PCA 分析，图 4.25 为各个维度经 PCA 变换之后的协方差矩阵特征值图，从图 4.25 中可以看出，在不同的成矿规模下，不同的互相独立的主成分（经 PCA 转换后得到的新变量）的特征向量所对应的特征值差异性明显，因此各个主成分具有的信息量具有明显的差异性。经 PCA 计算得出如图 4.26 所示的主成分信息量占比示意图。

表 4.32　元素变量最大值和最小值

元素	序号	最大值	最小值	元素	序号	最大值	最小值	元素	序号	最大值	最小值
Ag/ppm	1	610.40	27.70	La/ppm	13	77.40	13.70	U/ppm	25	6.60	0.04
As/ppm	2	117.22	1.00	Li/ppm	14	79.49	9.93	V/ppm	26	377.75	16.45
Au/ppm	3	30.04	0.37	Mn/ppm	15	1798.75	99.09	W/ppm	27	13.27	0.60
Ba/ppm	4	2362.56	149.43	Mo/ppm	16	12.03	0.02	Y/ppm	28	49.70	3.17
Be/ppm	5	6.82	0.66	Nb/ppm	17	43.19	4.30	Zn/ppm	29	499.00	15.16
Bi/ppm	6	3.10	0.01	Ni/ppm	18	76.42	2.65	Zr/ppm	30	548.73	101.93
Cd/ppm	7	2009.40	30.10	P/ppm	19	1978.95	167.57	Fe_2O_3/wt%	31	11.60	0.67
Co/ppm	8	51.00	3.01	Pb/ppm	20	111.49	7.66	K_2O/wt%	32	4.89	0.86
Cr/ppm	9	183.25	10.01	Sb/ppm	21	24.00	0.01	MgO/wt%	33	6.80	0.30
Cu/ppm	10	96.30	4.80	Sn/ppm	22	13.93	0.77	Na_2O/wt%	34	6.03	0.40
F/ppm	11	1302.60	162.07	Sr/ppm	23	757.73	42.59				
Hg/ppm	12	794.28	9.07	Ti/ppm	24	7494.80	1060.43				

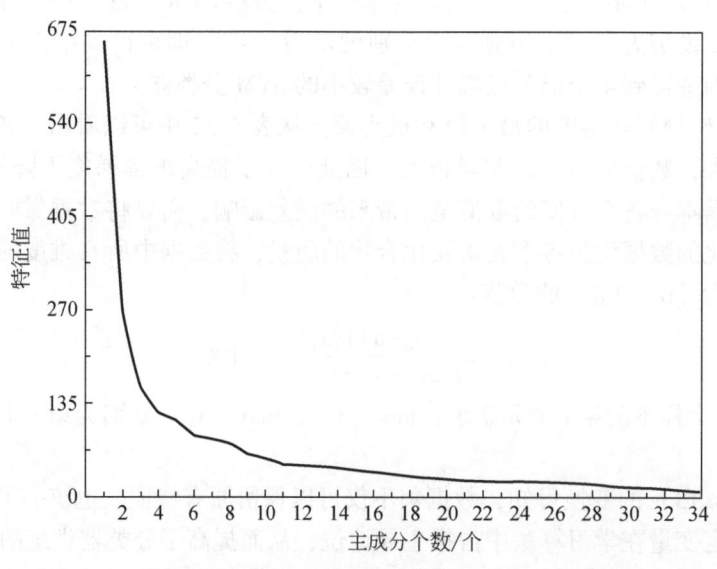

图 4.25　主成分-特征值变化图

从图 4.25 中可以得出，随着主成分的个数的增加，维度所蕴含的信息量增加得越来越缓慢，代表可用于预测判别信息量越来越少。因此，在保证信息量充足的条件下，选取总共保留 95% 信息量（m 的初始值）的维度作为 PCA-SVM 算法的初始输入信息量。最大迭代次数 I 设置为 35 次。

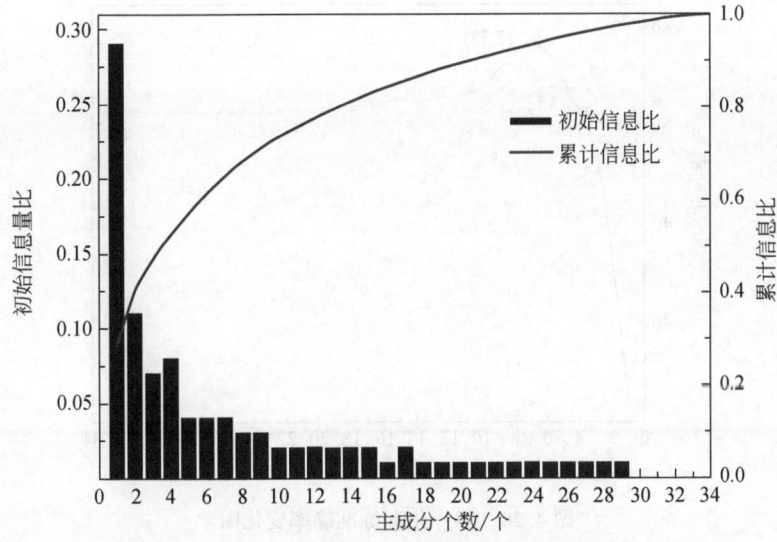

图 4.26 主成分信息量占比示意图

4.4.3 实验结果及分析

1. SVM 算法结果

为了更好地体现出 PCA-SVM 算法在金矿矿床规模预测时的运算机理,将原数据直接运用 SVM 训练分类器得出训练准确率变化图(图 4.27)用以对比 PCA-SVM 算法的运算结果。并分析了原数据的数据结构,如图 4.28 所示为归一化数据的 34 维变量方差图。

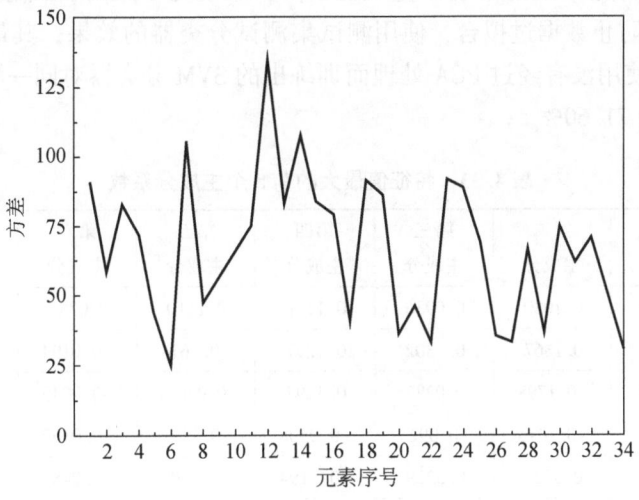

图 4.27 归一化后各元素数据方差图

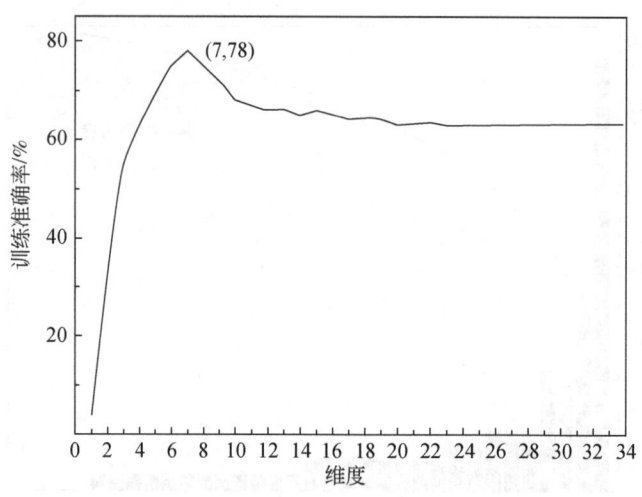

图 4.28 归一化训练准确率变化图

归一化的数据中 Hg、Cd、Li、Ni 和 Sr 等元素具有较大的方差。将归一化的数据维度按方差大小从大到小排列并使用 SVM 训练分类器,得出如图 4.28 所示的训练准确率随维度变化曲线图。可以看出,当训练维度为 7 时,训练准确率达到最大值,为 78.00%。

2. PCA-SVM 算法结果

经过 PCA 分析,选取特征值最大的前 8 个主成分系数(特征向量)如表 4.33 所示。将金矿矿床规模中的数据分别乘以其对应的特征向量,可以得到 34 个互相独立的主成分。通过 PCA-SVM 算法分析,得到了如图 4.29 所示的训练准确率变化图。从图 4.29 中可以看出,在维度数很小时,随着变量的增加,训练准确率急剧提高;但是当维度数高于 8 的时候,随着维度的增加,训练准确率呈线性下降;维度为 8 维时,训练准确率达到峰值,为 92.30%。为了防止数据过拟合,使用测试集测试分类器的效果,其最终测试准确率为 88.70%。同时,使用没有经过 PCA 处理而训练出的 SVM 分类器对同一测试集做了预测判别,测试准确率为 71.60%。

表 4.33 特征值最大的前 8 个主成分系数

元素	第一主成分	第二主成分	第三主成分	第四主成分	第五主成分	第六主成分	第七主成分	第八主成分
Ag	0.2229	0.1080	0.0936	0.1148	0.1110	0.0383	0.2345	0.1765
As	0.3297	0.1367	0.1302	0.1297	−0.1674	−0.0194	0.4061	−0.0616
Au	0.1616	−0.1798	0.0287	0.3294	0.0406	−0.0045	0.1492	0.0266
Ba	0.0019	−0.1473	−0.0923	−0.0508	−0.1192	−0.0159	0.0760	0.0835
Be	−0.1061	0.0621	0.3229	−0.3194	−0.1803	−0.0480	−0.1149	0.1265
Bi	−0.1812	−0.2111	−0.2382	0.2411	−0.0963	−0.0491	−0.1030	0.1846
Cd	0.0993	0.2398	0.6884	0.0047	0.0778	0.0742	−0.2066	0.0335

续表

元素	第一主成分	第二主成分	第三主成分	第四主成分	第五主成分	第六主成分	第七主成分	第八主成分
Co	-0.0448	-0.0850	0.2287	0.2253	-0.0846	-0.0399	-0.0402	-0.0089
Cr	-0.1584	0.1109	-0.1462	0.0194	-0.0208	0.0022	-0.0338	0.0441
Cu	-0.2617	0.0191	0.1484	0.1896	0.0101	-0.0775	-0.2888	0.0027
F	-0.0218	0.5713	-0.3379	0.0348	-0.0076	0.0588	-0.0910	0.0782
Hg	0.1650	0.2061	-0.2092	-0.0066	-0.0807	-0.1167	-0.1254	0.0040
La	-0.0698	0.1484	0.0167	0.1219	-0.1241	-0.1197	-0.0417	-0.0651
Li	0.0839	-0.1247	-0.1372	-0.0678	0.2664	0.2025	-0.1658	0.0125
Mn	-0.1399	0.1160	0.0969	0.5536	-0.0580	0.0953	0.0073	-0.1183
Mo	0.0594	-0.0232	-0.0178	0.0455	0.0568	-0.0493	0.2078	-0.0297
Nb	0.1874	-0.0202	0.0084	0.0120	0.0390	0.0598	-0.3567	-0.0373
Ni	-0.1531	-0.1711	0.1050	-0.2015	0.1334	-0.0410	0.0789	-0.1784
P	0.1437	-0.0694	-0.0627	0.0722	0.1509	0.2952	-0.2221	-0.0716
Pb	0.1077	-0.0175	-0.0002	-0.0206	-0.1623	-0.0321	0.0418	0.0554
Sb	0.0600	-0.0487	0.0123	0.0204	-0.1542	-0.0738	-0.1375	-0.1789
Sn	-0.1756	0.0515	-0.0039	0.1232	0.2573	-0.0529	-0.1809	0.0092
Sr	-0.2662	0.0634	-0.0226	0.0959	-0.2558	-0.1499	-0.1655	-0.1534
Ti	0.0158	0.0561	0.0819	-0.1337	0.1189	-0.1436	0.0261	0.0656
U	0.2799	-0.1891	0.0007	0.3338	-0.2032	0.1042	-0.2104	-0.0996
V	0.0176	0.1385	-0.0028	0.0169	0.2039	0.5894	-0.0512	0.2198
W	0.0855	0.0248	-0.1023	0.0153	0.1682	-0.0647	0.0716	0.0298
Y	-0.3204	0.1299	-0.0044	-0.0254	0.1508	0.2325	0.2076	-0.6467
Zn	0.2050	-0.0546	-0.0949	-0.2387	-0.3540	0.0445	-0.2794	-0.1291
Zr	-0.1960	0.1140	0.0022	0.0545	0.1441	-0.1907	-0.0604	0.4100
Fe_2O_3	-0.0878	0.0990	-0.0220	-0.0488	-0.1779	0.0573	0.0949	-0.0221
K_2O	-0.3581	-0.2049	0.0691	0.0094	-0.3263	0.3566	0.2135	0.3359
MgO	0.0425	0.3607	-0.0105	0.0981	-0.0704	-0.1745	0.0851	0.0443
Na_2O	-0.0058	-0.2283	0.0186	0.0935	0.3574	-0.3685	-0.0102	0.0026

通过主成分系数转换测试集数据，并使用训练完成的分类器对其进行预测，得到预测结果：无矿数据预测准确率为 89.64%，矿点的预测准确率为 70.00%，小型矿床的预测准确率为 83.33%，矿点和中型及以上规模的预测准确率为 66.70%。

3. 对比分析

在同一区域成矿环境相似的情况下，各类元素、化合物随机分布，但是由于成矿规模

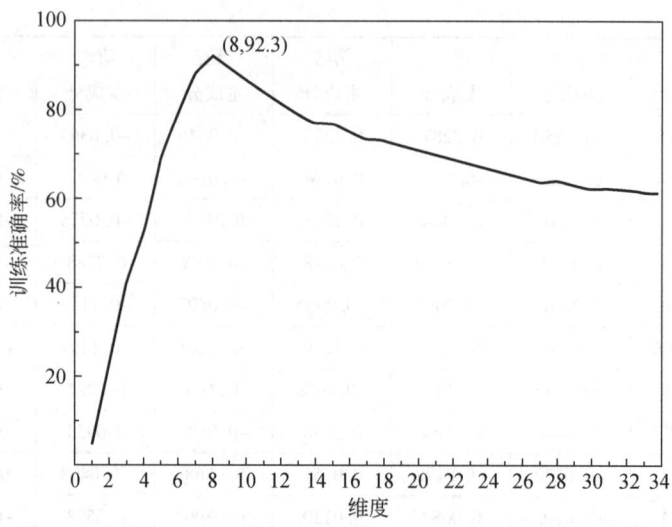

图 4.29 训练准确率变化曲线

的不同及矿床的成因不同,某些元素的质量会随着金矿规模而发生较大的变化,如地质构造变动、流体喷发携裹等,这些均会导致矿床内部的元素与其他部位的元素产生一定的差异,这种差异在钻孔数据中表现为元素的协方差矩阵特征值的差异,而这些特征值所对应特征向量的数值,也体现了不同元素在矿床形成过程中的紧密程度,因此,原始数据的数量、质量、分布等特征均会对 PCA-SVM 算法的预测结果有影响。通过计算每个元素的相关性,可定性判别金矿矿床规模的大小。

在预测精度方面,相比较于 PCA-SVM 算法,纯 SVM 分类器的最大训练准确率比 PCA-SVM 分类器的最大训练准确率低了 14.30%,而 PCA-SVM 分类器在高于 8 维时,准确率呈线性下降,最低为 61.2%(34 维时)。通过对比可知,归一化在数据分析时能够提高数据精度,适当的缩放数据的背景噪声,从而达到数据去噪的效果。其物理意义为,每个元素均在一定的程度上参与了矿床的形成和演变,但是由于某些元素单位体积的质量较小,如果不适当的扩大这些含量较小元素的数值,则会被噪声数据覆盖,从而导致分类预测的准确度受到影响。在单位体积矿物元素的质量变化方差分析中,质量的大小及质量变化的范围严重地影响了方差的大小,因此,数据归一化在数据分析过程中具有重要的意义,它能够在尽量不改变噪声数据影响的前提下,增加微小元素的影响力。

在金矿规模与矿床元素关系方面,分析表 4.33 可知不同的元素在信息量保留方面具有不同的效果,因此通过 PCA-SVM 算法提取元素信息,预测金矿规模具有良好的效果。将原数据集中各个元素的数据分别乘以对应的最大主成分系数,可以得到新的互相独立的主成分。每个主成分均是由 34 个元素的数据经过线性变换得到,因此每个主成分信息量是在原数据基础上提炼出来的。将 34 个元素的数据经过线性系数转换,达到维持一定信息量总量的前提下,将原数据从 34 维降为 8 维(Au 矿规模大小类型的数据为人为设定,因此不参与降维)。与 SVM 算法相比较,PCA-SVM 算法在 8 维时的训练准确率和测试准确率均远高于 7 维时 SVM 的训练准确率和测试准确率,说明 PCA 算法将原数据中 34 维元素的有用的信息量，最大程度的集中到了新的八个最大主成分中。大于 8 维时，训练准确率呈下降趋势，说明在主成分数量大于八个时，原数据集中噪声数据被提取，因此训练准确率呈下降趋势。因此，PCA-SVM 算法在分析成矿规模数据时，通过计算各个元素所具有的分量系数从而得出元素在 Au 矿成矿规模中所具有的权重，得出元素与 Au 矿成矿规模的关系，从而最大程度的保留元素信息，达到优化降维的目的。

在可行性方面，使用测试集验证 PCA-SVM 算法的预测结果表明，数据量越大，PCA-SVM 算法的预测准确率越高。从预测结果上分析，无矿数据预测准确率为 89.64%，矿点的预测准确率为 70.00%，小型矿床的预测准确率为 83.33%，矿点和中型及以上规模的预测准确率为 66.70%。虽然数据量对模型和预测结果有一定的影响，但是在各个类别中 PCA-SVM 算法的预测效果均良好，所以即使数据量较少（如中型及以上只有 30 条数据），PCA-SVM 算法也能训练出较好的分类器。因此，对 Au 矿成矿规模的预测判别具有一定的指导意义。

PCA-SVM 算法在物理上的解释为排除负面影响因素、着重选取重要的预测判别要素，从而达到一个"寻优"的目的；在矿床形成过程的解释为寻找到与矿床形成相关程度较大的元素，通过排除不相关或相关性不大的元素，从而达到根据关键要素预测矿床规模的目的。并且在寻找相关程度较大元素的时候，完全基于数据自身的特性计算，从而排除经验性知识和人为主观判断所带来的误差。所以 PCA-SVM 算法能够满足"数据驱动"的思维，完全由数据决定最终的预测效果，提取可能被忽视的微小细节的同时，排除可能被主观放大的背景噪声。

4.4.4 结论

（1）通过归一化处理、PCA 等方式对原数据集进行降维、去噪处理，并使用 SVM 算法训练了适用于金矿成矿规模的预测模型。该方法不仅仅消除了原数据量纲，提高了数据质量，也降低了数据维度，大幅减少了计算量，并极大地提高了金矿成矿规模预测准确率。

（2）原数据集为甘肃省北山区域的具有时空分布特征的地球化学采样点多样本均值金矿成矿规模数据集。从分析过程中可以看出，在 Au 的成矿过程中，某些元素和化合物也间接地随着金矿的形成而发生变化，因此这些元素在预测金矿成矿规模时，具有很好的指导作用。

（3）通过对 3812 个金矿样本数据进行学习训练和预测分析，PCA-SVM 算法模型的训练准确率为 92.30%，测试准确率为 88.70%。测试结果为无矿数据预测准确率为 89.64%，矿点的预测准确率为 70.00%，小型矿床的预测准确率为 83.33%，矿点和中型及以上规模的预测准确率为 66.70%，表明 PCA-SVM 算法预测金矿成矿规模具有良好的效果，可以为矿床勘探提供依据。同时，相比较于单纯的 SVM 分类，PCA-SVM 算法的预测分类有较大提升，训练准确率和测试准确率分别比直接运用 SVM 高出 14.3% 和 17.1%，提高了矿床预测的准确率和矿床勘探的效率。相比较于单纯的 SVM 分类，PCA-SVM 算法能够在预测的同时，区分出金矿矿床形成过程中可能参与金矿矿床形成的元素和当地的背景元素，使得 PCA-SVM 算法具有更高的分类准确率。

（4）PCA-SVM 算法在预测金矿的成矿规模的过程中表现良好，具有相当高的使用价值。归一化能够消除量纲，增强数据结构可比性，提高基于空间位置的算法模型的效果；利用 PCA 分析大量的不同成矿规模的金矿数据，在统计学意义上高度有效，并且通过分析可知，PCA 算法能较好地降低数据维度。同时，PCA-SVM 算法从分析到预测均减少了人工参与，由测试数据自身特征和其相关关系所决定，其分类结果更加精准。因为成矿条件不一样，可能不同地区的影响元素和背景元素不一样，但是 PCA-SVM 算法的建模思维及机器学习在预测分类领域的优秀表现可以得到借鉴。PCA-SVM 算法可以更准确地寻找各个元素、化合物等与矿床的相关关系，为成矿预测开辟了新的思路。

4.5 本章小结

本章针对全球及区域尺度下的两个关键问题——岩石构造背景判别及金矿成矿预测，建立了相应的数据挖掘模型，并论述了大数据方法在该尺度下地质数据分析中的优势。首先以地球化学中最为常用的玄武岩作为研究对象，对比分析了传统判别图法与机器学习算法在构造背景判别过程中的表现，通过模拟数据缺失验证了算法的鲁棒性，并基于随机森林算法评价了各个主微量元素对于判别过程的贡献率；其次利用贝叶斯定理与多元 Copula 方法建立了岩石构造背景判别数学模型，并证实了辉长岩的成分中也包含构造信息，可以用于构造背景判别。在金矿成矿预测研究中，在重采样等数据预处理方法的基础上，通过对比多种分类算法，实现了金矿规格单元数据的智能分析；考虑到矿石样本元素的多维性和元素之间较强的非线性关系，利用主成分分析对数据进行了降维，并结合 SVM 算法实现了金矿矿场规模的预测。

第5章 工程尺度野外地质数据智能识别与分析

5.1 岩石种类智能识别方法

岩石岩性及矿物的识别与分类是地质学研究中十分重要的内容，诸多学者运用不同的方法对其进行了研究，主要可以归纳为以下三类。第一类：物理试验方法，即运用物理测试手段进行检测识别与分析，如郭清宏等（2010）采用X射线粉末衍射、扫描电镜、红外光谱、差热分析、电子探针等多种方法对典型广绿玉原料的全岩物相、主矿物显微形貌、矿物化学及晶体结构等进行了分析，取得了良好效果；通过对实验室高光谱图像进行分析，Zaini等（2014）得出结论认为波长位置方法对于估计岩石表面碳酸盐岩物质组成十分有效。第二类：数学统计分析方法，即通过传统的数学统计与计算分析对岩石岩性分类特征进行识别与提取。例如，张旗等（2010a，2010b）讨论了Sr和Yb作为花岗岩分类的特征并进一步探索其应用；肖凡等（2017）综合运用多重分形局部奇异性与空间加权主成分分析的方法有效的识别和提取Ag-Au致矿地球化学异常信息。上述两类方法对于岩石岩性分析有不错的效果，但往往受限于实验设备的专业性和研究人员的理论水平。第三类：智能学习分析方法，通过机器学习等智能算法对岩石图像特征进行分析处理，减少对于专业知识和设备的依赖，从图像识别出发达到识别岩石岩性的目的。例如，Singh等（2010）构建神经网络对玄武岩矿物图像进行处理分析，实现了对玄武岩矿物纹理的有效识别；张嘉凡等（2016）提出了基于聚类分析算法的岩石CT图像分割及量化方法；张翠芬等（2017）利用岩性单元的特征向量进行图像的彩色合成，使得岩性单元可识别性显著增加；Li等（2017）采用迁移学习方法对砂岩显微图像进行了训练，最终获得了精度较高的砂岩显微图像分类模型。应用机器学习等智能算法可以通过分析岩石图像的特征而建立岩石岩性识别的数学模型，使识别过程智能化、自动化。另外，大数据的思维方式（Lake et al., 2015）也越来越多地应用于地球科学领域中，深刻改变了科学工作者的研究方法（张旗和周永章，2017）。

在本节中，针对所采集的花岗岩、千枚岩和角砾岩岩石图像样本集，建立基于深度卷积网络和迁移学习方法的自动识别与分类模型，经过测试可知，模型识别能力总体较好；进一步通过添加相同模式图像进行再训练深度学习，所得模型识别能力有较大提升，证明在有合适的数据集时，模型可以更好地识别岩石类别。所提出的模型具有良好的鲁棒性和泛化能力；可自动识别图像中岩石特征，不需人为提取和消除噪声，减少了主观因素影响，训练过程更加自动化和智能化；对于图像的成像距离、像素大小等要求低，适用于对大量不同类型图像进行训练。

5.1.1 实验设计

1. 岩石图像样本数据采集

实验中用到的岩石图像样本是通过照片、岩石数据库和网络搜索等不同手段采集得到，主要选取了花岗岩、千枚岩、角砾岩三种岩石图像来进行测试识别分析。岩石类型主要由实验室岩石标本、现场岩石标本及现场大范围岩石三种图像组成。总的来说，花岗岩图像多为粒状结构，千枚岩图像显示千枚状构造，角砾岩图像显示斑状构造；这三类岩石的部分图像样本如图 5.1 所示。三类岩石图像样本共采集了 571 张，其中花岗岩 173 张、千枚岩 152 张、角砾岩 246 张，它们的训练集与测试集分类及数量见表 5.1，训练集是从各自总样本中随机抽取，剩下的则为测试集。

图 5.1 三类岩石图像样本示例

(a)~(c)花岗岩；(d)~(f)千枚岩；(g)~(i)角砾岩

表 5.1 岩石图像样本分类及数量　　　　　　（单位：张）

岩石种类	图像数量	训练集数量	测试集数量
花岗岩	173	164	9
千枚岩	152	143	9
角砾岩	246	237	9

2. 模型构建与训练

基于 TensorFlow 深度学习框架搭建 Inception-v3 深度卷积神经网络。由于高质量的岩石样本的收集难度较大,实验中采用了迁移学习的策略。先使用 ImageNet 与训练结果设置模型的初始权重,再利用采集的岩石图像对模型的最后一层进行微调。

模型的超参数设置如下：迭代步数为 4000 步,学习率为 0.01,批量大小为 100,交叉验证的图像个数为 10。训练过程中每迭代 10 次对训练进行评价,训练准确率、测试准确率及交叉熵随训练进行而变化的过程如图 5.2 所示。训练准确率是指当前训练的图像准确分类的百分比；测试准确率是指随机选取图像准确分类的百分比；交叉熵显示模型训练过程中学习效果的好坏,值越小学习效果越好。每次训练的预测值会与实际值相比较并通过反向传播改变最后一层权重。

为了使整个过程更加智能化,对于岩石图像的缩放、裁剪的处理均已在训练中自动完成,输入的图像只需保证固定的格式即可,对于图像大小、尺寸和像素均无具体要求。

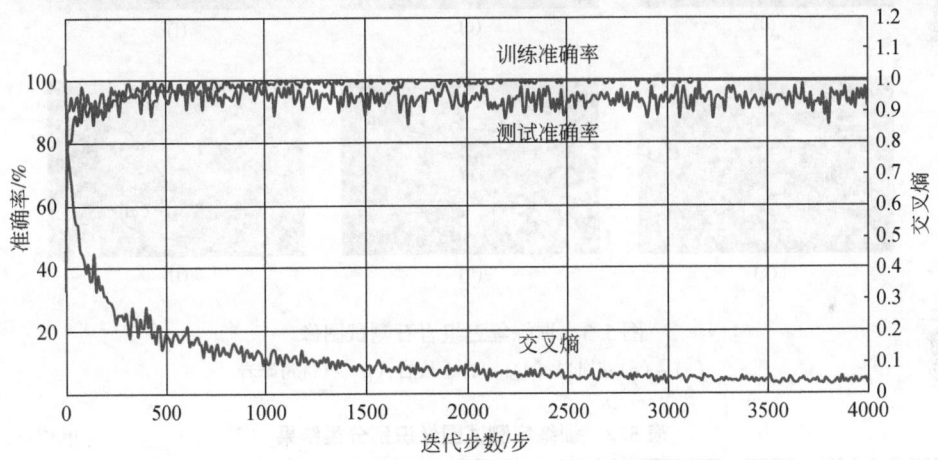

图 5.2 训练准确率、测试准确率和交叉熵在训练过程中的变化

从图 5.2 中可以看出,在前 500 步训练过程中,训练准确率和测试准确率提升迅速,之后训练准确率趋于 100%,而测试准确率也基本稳定在 90% 以上；交叉熵在前 1500 步下降较快,之后在 0.1 以下平稳缓慢下降；根据训练准确率、测试准确率和交叉熵变化可以看出模型的训练效果较为理想。

5.1.2 岩石岩性识别与分类分析

1. 训练集图像识别分析

先对训练集中的图像通过模型识别分类来测试其准确性。图 5.3 中岩石图像为三组岩石图像训练集中选取的图像,随机选取训练集中 3 张花岗岩图像 [图 5.3(a)～(c)], 3 张千枚岩图像 [图 5.3(d)～(f)], 3 张角砾岩图像 [图 5.3(g)～(i)] 共 9 张岩石图像进行测试。对图5.3中每张岩石图像进行测试,所得的结果如表5.2所示。岩石图像的预测结果以概率的形式给出,每张图像对应三个概率,其中概率最大者所对应的岩石种类被认为是该图像中岩石所属的种类。

图 5.3　训练集三组岩石测试图像
(a)~(c)花岗岩;(d)~(f)千枚岩;(g)~(i)角砾岩

表 5.2　训练集测试图像识别分类结果　　　　　　　　　　　　（单位:%）

训练集图像	分类识别概率		
	花岗岩	千枚岩	角砾岩
图 5.3（a）	91.727	0.481	7.792
图 5.3（b）	99.639	0.057	0.304
图 5.3（c）	97.871	0.005	2.124
图 5.3（d）	0.039	96.179	3.782
图 5.3（e）	1.682	98.135	0.183
图 5.3（f）	0.005	99.933	0.062
图 5.3（g）	1.386	0.001	98.613
图 5.3（h）	0.141	0.001	99.858
图 5.3（i）	0.092	0.000	99.908

通过表5.2可以看出,9张岩石图像的分类均正确,并且预测结果的概率值均高于

90%,甚至大部分结果达到了 95% 以上,说明模型对于已训练的图像有着很好的识别能力,模型鲁棒性很好。

2. 测试集图像识别分析

采用未参与训练的测试集图像进行识别分析,通过其准确性可验证模型的泛化能力,即模型对于未参与训练图像是否能达到很好的识别与分类效果。

1)花岗岩测试集图像

9 张未参与训练的花岗岩测试集图像如图 5.4 所示,将这 9 张图像加载到模型中进行测试,结果见表 5.3。岩石图像的识别分类结果以概率的形式给出,每张图像对应三个概率,其中概率最大者所对应的岩石种类被认为是该图像中岩石的所属种类。从表 5.3 可以看出,9 张花岗岩图像分类均正确,但是对比训练集,识别分类概率值相对不稳定,其中图 5.4(f)和图 5.4(h)的概率值低于 70%,说明模型对于未参与训练的花岗岩图像可以识别,但识别概率值有待提高。图 5.4(f)为花岗岩建筑材料的堆放,图 5.4(h)为近景模糊化拍摄,花岗岩在这些图像中的特征不明显;提取相似的特征需要较多相同模式的图像,当图像数量不足时,无法充分提取相应特征,需对模型做出调整。

图 5.4 花岗岩测试集图像

2)千枚岩测试集图像

9 张未参与训练的千枚岩测试集图像如图 5.5 所示,将这 9 张图像加载到模型中进行测试,结果见表 5.4。岩石图像的识别分类结果以概率的形式给出,每张图像对应三个概率，其中概率最大者所对应的岩石种类被认为是该图像中岩石的所属种类。

表5.3 花岗岩测试集图像识别分类结果 （单位:%）

测试集图像	分类识别概率		
	花岗岩	千枚岩	角砾岩
图5.4（a）	99.771	0.010	0.219
图5.4（b）	99.091	0.021	0.888
图5.4（c）	99.804	0.044	0.152
图5.4（d）	97.847	0.070	2.083
图5.4（e）	83.161	2.301	14.538
图5.4（f）	62.599	1.858	35.543
图5.4（g）	72.922	1.773	25.305
图5.4（h）	56.961	6.084	36.955
图5.4（i）	72.594	2.635	24.771

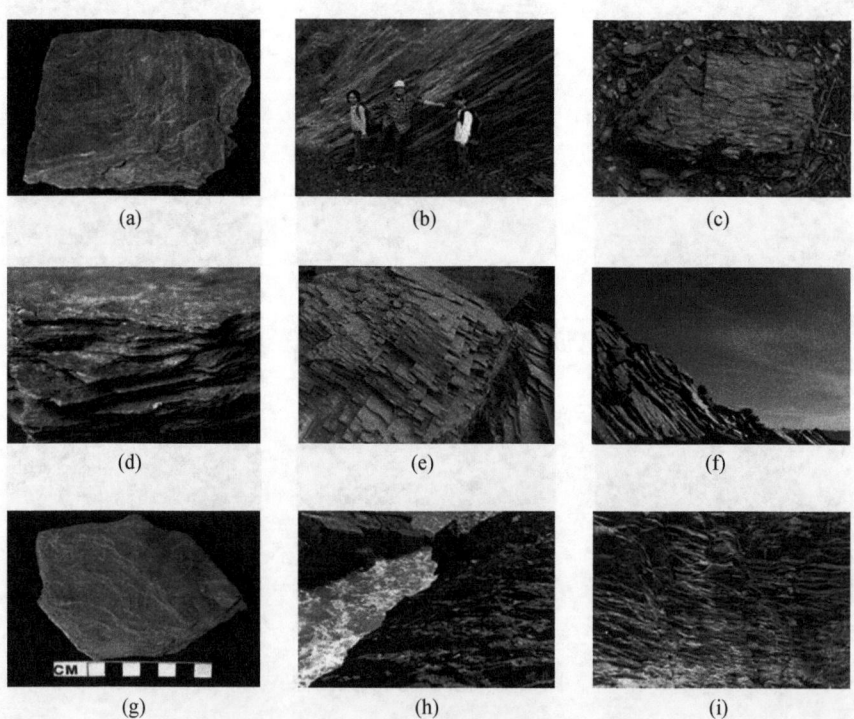

图5.5 千枚岩测试集图像

表 5.4　千枚岩测试集图像识别分类结果　　　　　　　　　（单位:%）

测试集图像	分类识别概率		
	花岗岩	千枚岩	角砾岩
图 5.5 (a)	0.046	99.950	0.004
图 5.5 (b)	0.572	98.674	0.754
图 5.5 (c)	0.040	99.738	0.222
图 5.5 (d)	0.007	99.989	0.004
图 5.5 (e)	0.082	99.913	0.005
图 5.5 (f)	1.211	98.739	0.050
图 5.5 (g)	0.554	98.318	1.128
图 5.5 (h)	6.359	91.381	2.260
图 5.5 (i)	0.011	99.900	0.089

从表 5.4 中可以看出,9 张千枚岩图像分类均正确,并且识别分类概率值均高于 90%,大部分结果达到了 95% 以上,说明无论对于千枚岩的标本还是大范围岩石,识别模型已经有效地提取了千枚岩的特征,并能够准确地对于未参与训练的千枚岩图像进行识别。

3) 角砾岩测试集图像

9 张未参与训练的角砾岩测试集图像如图 5.6 所示,将这 9 张图像加载到模型中进行测试,结果见表 5.5。岩石图像的识别分类结果以概率的形式给出,每张图像对应三个概率,其中概率最大者所对应的岩石种类被认为是该图像中岩石的所属种类。

从表 5.5 可以看出,9 张角砾岩图像的分类均正确,且识别分类概率值多大于 85%,只有图 5.6 (d) 小于 70%,从图 5.6 (d) 中也可以看出,图像中角砾岩的斑状特征不明显,识别结果会受到一定影响。

总体而言,从分类识别结果来看,花岗岩有两张图像分类效果不佳,角砾岩有一张图像分类效果不佳,千枚岩分类效果较好,分类效果较差的原因可能是由于训练集有限,与测试集中相似的岩石图像很少或者没有,导致图像中岩石的特征没有提取到。

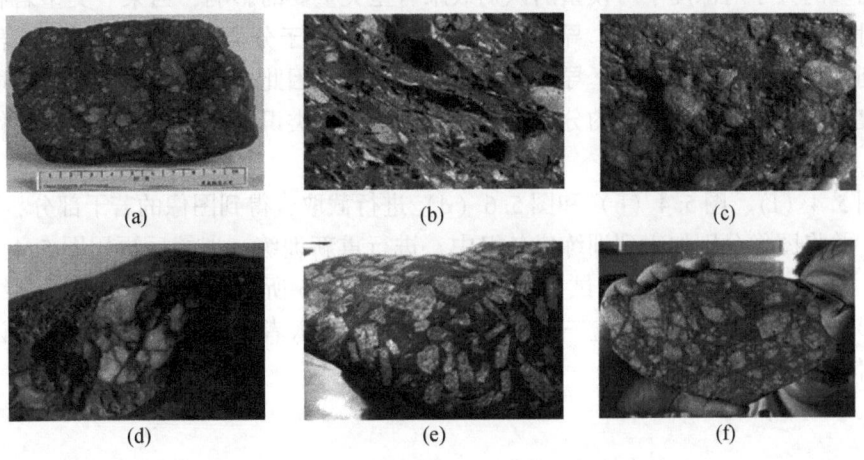

（g）　　　　　　　　　　（h）　　　　　　　　　　（i）

图 5.6　角砾岩测试集图像

表 5.5　角砾岩测试集图像识别分类结果　　　　（单位:%）

测试集图像	分类识别概率		
	花岗岩	千枚岩	角砾岩
图 5.6（a）	0.064	0.000	99.936
图 5.6（b）	0.438	11.305	88.257
图 5.6（c）	0.801	0.000	99.199
图 5.6（d）	1.414	34.497	64.089
图 5.6（e）	13.273	0.013	86.714
图 5.6（f）	1.866	0.033	98.101
图 5.6（g）	12.591	2.926	84.483
图 5.6（h）	0.811	0.079	99.110
图 5.6（i）	2.773	3.922	93.305

5.1.3　改进训练集后深度学习与识别分类

数据量的大小对深度学习模型的识别效果有至关重要的影响，当某一类型岩石图像数量较少时，会造成其特征淹没，导致识别效果不佳；对于分类识别概率较低的岩石图像，难以找到相似类型的岩石图像，导致识别分类概率低。因此，采用将岩石图像截取后扩大原训练集，通过再训练建立新的分类识别模型；并用分类识别概率较低的岩石图像做二次检验。

对图 5.4（f）、图 5.4（h）和图 5.6（d）进行截取，得到图像的若干部分，取图 5.7 中图像，并将图像分别加入到训练集各组中，进行重新训练；训练后再用图 5.4（f）、图 5.4（h）和图 5.6（d）进行测试，所得的结果如表 5.6 所示，岩石图像的预测结果是以概率的形式给出，每张图像对应三个概率，其中概率最大者所对应的岩石种类被认为是该图像中岩石所属的种类。

图 5.7 截取处理后加入训练集的岩石图像

表 5.6 深度学习后岩石图像识别分类结果 （单位：%）

测试集图像	分类识别概率		
	花岗岩	千枚岩	角砾岩
图 5.4（f）	97.015	2.756	0.229
图 5.4（h）	97.976	1.516	0.508
图 5.6（d）	0.835	11.547	87.618

将 3 张图像截取后的部分图像加入训练集中进行重新训练，再对 3 张图像重新进行测试，从表 5.6 中可以看出，重新测试后图像的分类准确，并且概率很高，均达到 85%，识别分类结果有了明显提升，说明模型随着数据量的增加学到了更多的岩石岩性特征；对其他测试集图像也分别进行了测试，结果与之前相比差别不大，说明模型有很好的鲁棒性和泛化能力。

5.1.4 结论

基于 Inception-v3 建立了岩石图像深度学习迁移模型，实现了花岗岩、千枚岩和角砾岩三种岩石的有效识别，其识别概率可以达到 80% 以上，部分结果甚至可以达到 95% 以上；模型通过搜索图像像素点提取特征，不需手动操作，降低了主观因素影响，而且训练过程对于岩石图像的大小、成像距离及光照强度要求低,充分证明了其鲁棒性和泛化能力;另外,通过将切割后的岩石图像加入训练集重新训练,表明不断学习丰富的训练集是影响模型识别能力的重要因素。

(1)利用训练集中图像和训练集外图像分别对模型进行测试,没有出现错类的状况,说明模型的鲁棒性和泛化能力较强,可以有效识别图像中岩石的特征。

(2)千枚岩的千枚状结构和角砾岩的斑状结构特征十分明显,在特征提取过程中很容易获得;而花岗岩所含矿物较多且含量变化范围大,主要组成矿物为长石、石英、黑白云母,不同品种的矿物成分不尽相同,还可能有含辉石和角闪石,因此导致图像特征复杂,增加了识别难度,在模型中识别与分类效果较差。

(3)通过改进训练集后的深度学习,识别分类结果有了明显提升,说明模型随着不断地深入学习进一步学到了更多的岩石岩性特征,其识别分类能力也在不断提高。

5.2 地勘地质结构图像的深度分类分析模型与方法

地质结构的分类分析是地质勘查过程中的一项重要内容,对于保证初期地勘进度和工程安全具有重要的意义。在水利工程选址和施工时,一般通过野外地质勘探寻找地质结构在地表的出露位置,同时采用钻孔、平硐等方式对地下的地质结构的分布与延伸进行分析。地质结构分析是影响工程质量的一个重要因素。背斜、断层、褶皱等地质结构与地质安全评价有紧密联系,除此之外,其他地质结构也应引起重视;肠状褶皱可能出现差异性风化;捕虏体、石香肠和岩脉意味着不同岩层相接触,接触面处为薄弱区域,须关注其应力应变的变化情况;波痕、泥裂均为沉积构造,结核一般与风化有关,往往反映了岩石的性质;擦痕一般是由断层或者岩体运动产生,应关注擦痕处是否有断层等地质结构的存在;玄武岩柱在柱状节理接触处应力也是需要关注的重点;片麻构造沿片理方向抗剪强度小。因此在本节中,采用以上12种地质结构图像对其进行智能分类识别分析,可为初期地质勘查分析提供辅助和指导。

5.2.1 地勘地质结构图像数据挖掘模型构建方法

采用机器学习算法、卷积神经网络和基于深度学习模型的迁移学习方法对地勘地质结构图像进行分析。在机器学习方法中采用原始像素特征和像素统计特征进行特征重建,并采用不同种类的机器学习方法进行训练,以保证模型的鲁棒性;同时也采用卷积神经网络和迁移学习方法,两种方法因包含复杂的特征提取过程,因此模型训练较慢。对比不同种类的模型构建过程和最终的评价结果可以得到最优的地勘地质结构图像分类识别模型,其对于地质安全评价有重要意义。模型的构建流程如图 5.8 所示。其中,机器学习算法部分采用了 KNN 算法、浅层的人工神经网络以及极限梯度提升树;深度学习模型的构建过程采用了基于 Inception-v3 深度卷积神经网络的迁移学习。

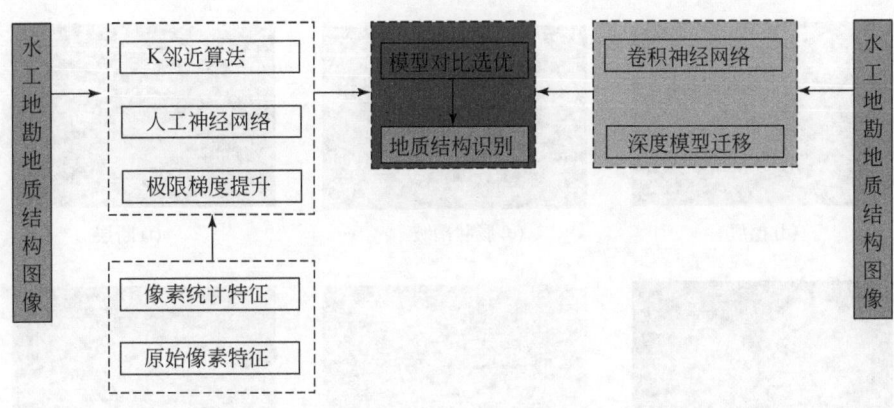

图 5.8　地勘地质结构图像数据挖掘模型构建流程

5.2.2　数据收集及预处理

1. 数据收集

实验中共收集 2206 张，包含 12 个类别的地质结构图像，具体包括背斜、波痕、捕虏体、擦痕、肠状褶皱、断层、结核、泥裂、片麻构造、石香肠、玄武岩柱及岩脉。数据来源于地质勘查和网络。在数据收集过程中应尽量包含不同拍摄距离的图像，以增强模型的泛化能力。同时对于图像的清晰度没有特殊要求，在训练之前，所有图像均被处理为相同规格，具体的数据信息见表 5.7，图 5.9 展示了 12 种不同的地质结构。

表 5.7　地质结构数据集信息　　　　　　　　　　（单位：张）

地质结构	数量	地质结构	数量
背斜	179	肠状褶皱	162
波痕	221	断层	127
捕虏体	208	结核	181
擦痕	164	泥裂	181
片麻构造	206	玄武岩柱	196
石香肠	190	岩脉	191

(a) 背斜

(b) 波痕

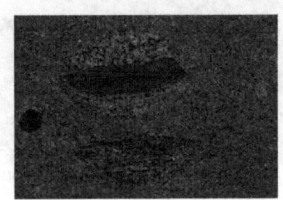
(c) 捕虏体

图 5.9 12 种地质结构示例

2. 数据预处理

在图像分类中，数据预处理是提高图像分类准确率的有效方法，特征提取是常用的图像处理方法。在本节中，采用了两种简单直接的特征提取方法，第一种是直接将图像像素转化为行向量；第二种则是建立像素统计特征，如图 5.10 所示。在图 5.10（a）和（c）中，x 轴和 y 轴分别为图像长和宽的尺寸；而在图 5.10（b）和（d）中，y 轴代表像素数目，x 轴分别代表 RGB 区间和灰度值区间。

(c) 地质结构灰度图　　　　　　　　　(d) 地质结构灰度图像素统计图

图 5.10　地质结构彩色图和灰度图的像素统计图

在彩色图和灰度图提取的以上两种特征均作为 KNN、ANN 和 XGBoost 模型的输入数据。在 CNN 和迁移学习训练过程中，则用卷积层提取图像高维非线性特征并建立模型。

在原始数据中地质对象形态差别较大，但某些不同种类的地质结构却有一定的相似性，不利于 CNN 和迁移学习模型的训练。因此，在训练前采用数据增强方法以增加特征出现的频率，采用的数据增强方法包括通道转换、错切变换、左右翻转和上下翻转四种。其他数据增强方法则可能造成图像特征的破坏。其中通道转换是整体改变图像颜色，错切变换则是保持 x 轴或 y 轴不变，然后将另一坐标轴方向按比例放大或缩小。数据扩增效果如图 5.11 所示。

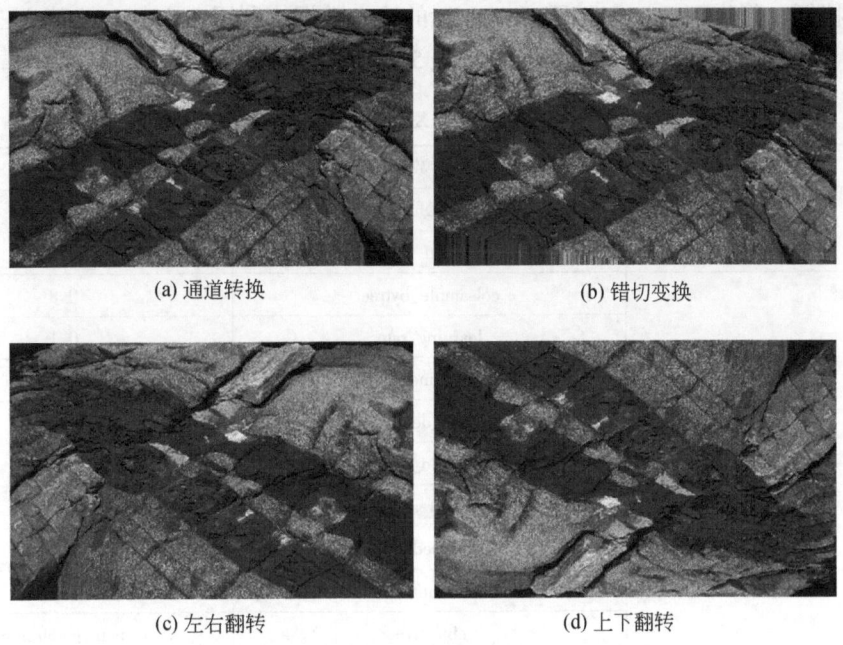

(a) 通道转换　　　　　　　　　　(b) 错切变换

(c) 左右翻转　　　　　　　　　　(d) 上下翻转

图 5.11　地质结构图像数据扩充

5.2.3 地勘地质结构图像分类识别模型构建与评价

1. 模型参数设计

在 Inception-v3 模型迁移学习训练过程中,迭代步数设置为 20000,学习率为 0.01,在训练过程中每次随机选择 100 张图像进行训练,每张图像都会多次使用,并选择 10 张图像进行交叉验证,每迭代 10 次对模型进行评价。在训练过程中,利用训练准确率、测试准确率及交叉熵的变化监测训练过程。训练准确率是指当前训练图像准确分类的百分比,测试准确率是指随机选取图像准确分类的百分比,交叉熵度量不确定性的大小,其值越大表示分类结果越不稳定,模型性能越差。每次训练的预测值会与实际值相比较并通过反向传播改变最后一层权重。输入的原始图像只需保证固定的格式即可,对于图像大小、尺寸和分辨率均无具体要求,在训练之前,模型会根据要求直接裁剪为相应大小。分别用五种模型对彩色图和灰度图进行分析,可验证图像颜色特征对于地质结构图像识别结果的影响。

该 CNN 模型中设置了不同数量的卷积层,分别为两层、三层和四层,全连接层均设置为两层,在卷积层中,卷积核大小分别设置为 5×5 和 3×3,卷积层的神经元个数均设置为 64,全连接层神经元个数设置为 128,学习率设置为 10^{-4}。其中 90% 的数据用于训练,10% 的数据用于验证,即 1985 张图像用于训练,221 张图像用于验证。

在 KNN、ANN 和 XGBoost 模型建立过程中,通过应用 OpenCV 分别对地质结构图像的彩色图和灰度图进行处理,将不同尺寸的图像调整为统一尺寸,并建立相同维度的像素特征和统计特征,作为 KNN、ANN 和 XGBoost 的输入数据。利用 Scikit-learn 建立三种模型,其中 KNN、ANN 和 XGBoost 的参数设置见表 5.8。

表 5.8 KNN、ANN 和 XGBoost 模型中参数设置

方法	参数	参数值
KNN	n_neighbors	1
	p	2
XGBoost	colsample_bytree	0.8
	learning_rate	0.1
	eval_metric	mlogloss
	max_depth	5
	min_child_weight	1
	nthread	4
	seed	407
	subsample	0.6
	objective	multi:softprob

续表

方法	参数	参数值
ANN	hidden_layer_size	50
	max_iter	1000
	alpha	10~4
	solver	sgd
	tol	10~4
	random_state	1
	learning_rate_init	0.1

2. 模型训练与评价

图 5.12 和图 5.13 分别展示了迁移学习对于地质结构彩色图和灰度图的训练过程。模型评价采用训练准确率、验证准确率和交叉熵等参数。在图 5.13 中可以看出，训练开始后，训练准确率和验证准确率逐渐上升，训练准确率最终收敛于 97.0%，验证准确率收敛于 90.0%，交叉熵逐渐减小并逐渐收敛于 0.2。最终，地质结构灰度图和彩色图的验证准确率分别为 91.0% 和 92.6%。从模型评价结果来看，二者相差不大，说明颜色对于地质模型识别来说影响很小，也侧面说明纹理和形状特征对于地质结构的识别具有重要意义。

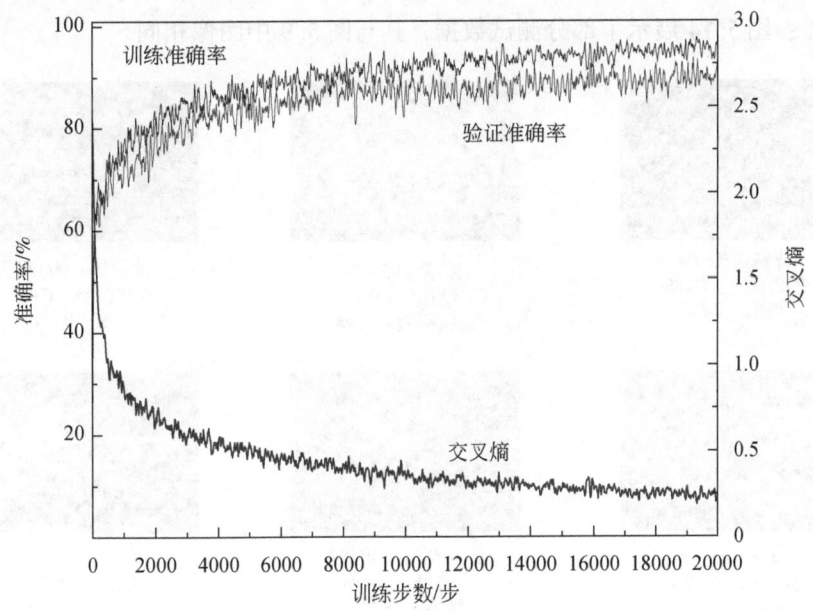

图 5.12 基于迁移学习的地质结构灰度图训练过程

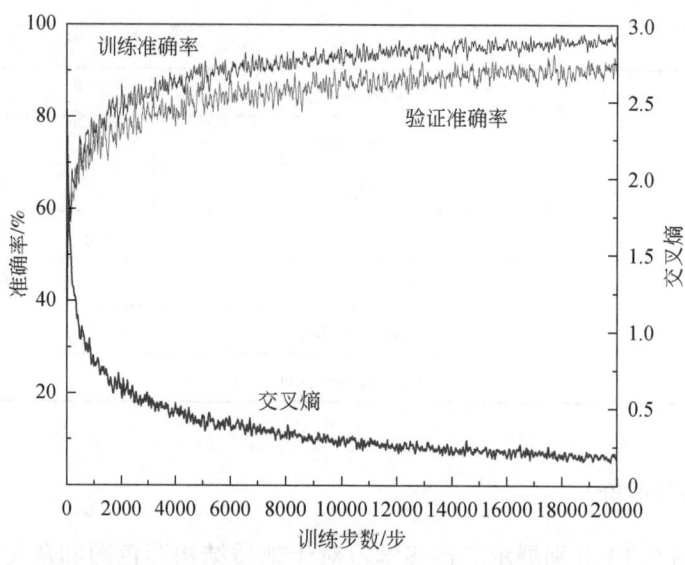

图 5.13 基于迁移学习的地质结构彩色图训练过程

数据扩增的图像来源于相同的模式，可能导致准确率出现误差，因此采用地质勘查中的 60 张图像进行二次测试，此处采用地质结构彩色图模型进行测试，同时以 top-1 和 top-3 准确率进行综合评价。top-1 指的是预测结果中置信度最高的标签即为真实标签则认为预测准确；top-3 是指预测结果中置信度位于前三的标签中存在真实标签即认为结果准确。在模型评价中，对 60 张图像进行预测分析，其中 top-1 准确率结果为 83.3%，top-3 准确率为 90.0%；图 5.14 展示了部分测试数据，其与图 5.9 中图像相同。

背斜：72.1%
玄武岩柱：18.8%
波痕：2.2%

波痕：95.9%
结核：1.9%
肠状褶皱：0.9%

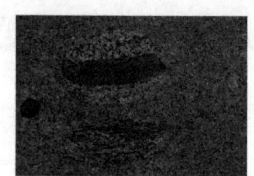

捕虏体：99.0%
肠状褶皱：0.4%
波痕：0.2%

擦痕：44.4%
捕虏体：29.7%
波痕：10.4%

肠状褶皱：49.9%
石香肠：25.9%
擦痕：14.6%

岩脉：68.2%
擦痕：12.7%
石香肠：8.1%

结核：99.0%　　　　　泥裂：99.9%　　　　　片麻构造：96.6%
片麻构造：0.8%　　　　波痕：0.0%　　　　　捕房体：1.7%
擦痕：0.1%　　　　　　玄武岩柱：0.0%　　　泥裂：1.4%

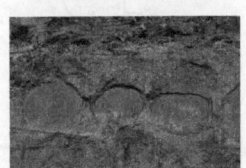  

结核：30.3%　　　　　玄武岩柱：85.3%　　　岩脉：67.4%
捕房体：29.4%　　　　擦痕：13.6%　　　　　泥裂：11.5%
石香肠：15.7%　　　　泥裂：0.7%　　　　　　石香肠：9.0%

图5.14　部分地质结构图像识别结果

CNN 的训练过程如图 5.15~图 5.18 所示。同样利用训练准确率、验证准确率和交叉熵进行模型评价，采用不同卷积层数分别对地质结构灰度图和彩色图进行训练分析，图 5.15~图 5.17 展示了不同 CNN 模型的训练过程，通过对比发现，在训练彩色图像过程中，具有三层卷积的 CNN 效果更好；同时也用三层卷积模型训练地质结构灰度图，结果显示在三层卷积 CNN 模型构建中，彩色图像在稳定性上更有优势，而在准确率上与灰度图差别很小。

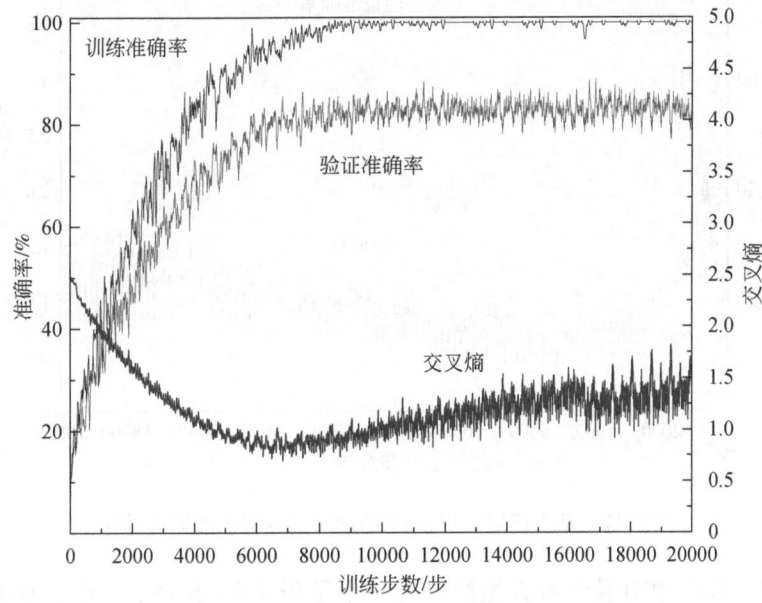

图5.15　基于两层卷积 CNN 的地质结构彩色图训练过程

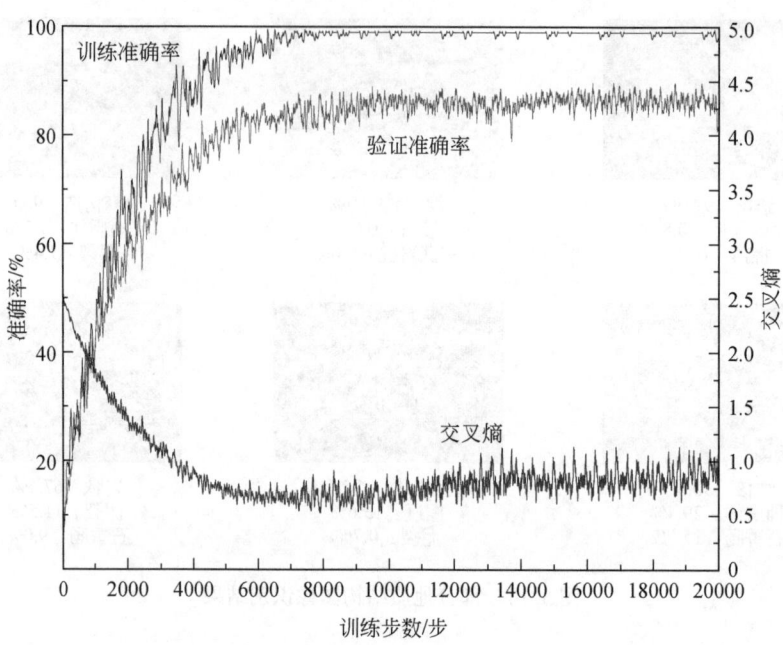

图 5.16　基于三层卷积 CNN 的地质结构彩色图训练过程

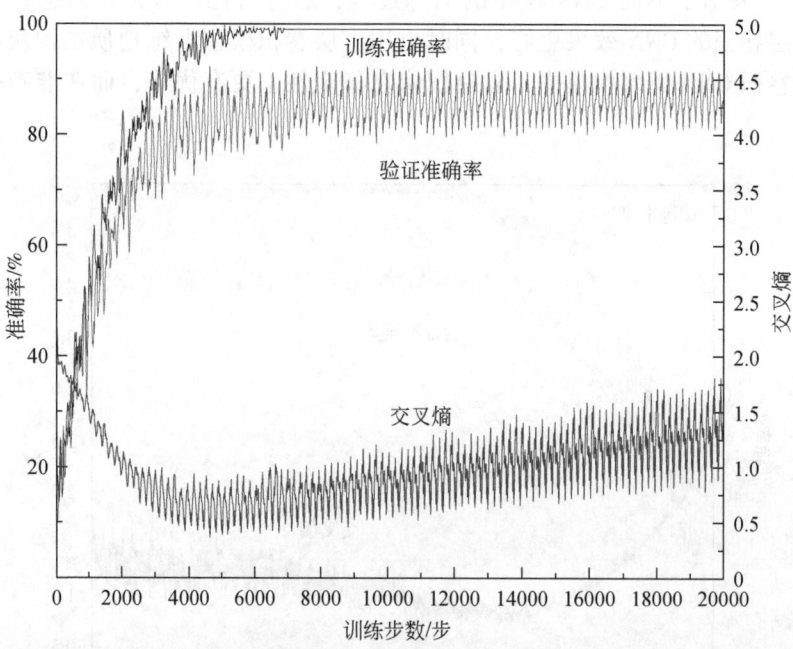

图 5.17　基于四层卷积 CNN 的地质结构彩色图训练过程

机器学习、CNN 和迁移学习方法的评价结果见表 5.9。KNN、ANN、XGBoost 模型准确率均低于 40%，但是对于彩色图，KNN 和 XGBoost 显示统计特征更有利于准确率提升。

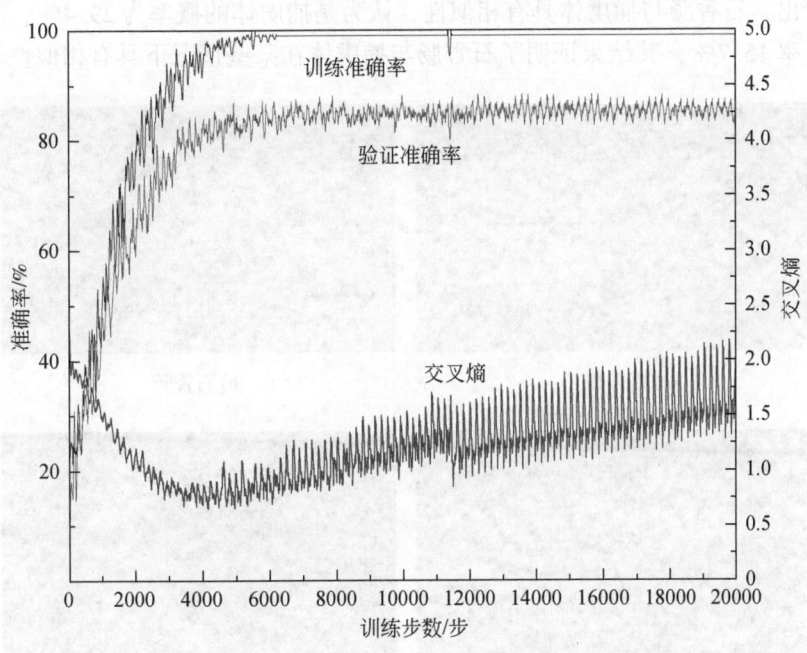

图 5.18　基于三层卷积 CNN 的地质结构灰度图训练过程

在 CNN 模型测试中,灰度图和彩色图的训练测试准确率分别为 80.1% 和 83.3%,但是模型训练过程中可以看到明显的过拟合;在迁移学习模型测试中,灰度图和彩色图的测试准确率分别为 91.0% 和 92.6%,在所有方法中表现最佳,其结果显示了 Inception-v3 模型中的卷积层和池化层可以有效提取地质结构图像特征。同时也采用了实际野外勘查得到的地质图像进行二次测试,其 top-1 和 top-3 准确率分别为 83.3% 和 90.0%,其结果进一步证明了基于深度学习模型的迁移学习方法可以有效提升地质结构识别的准确率。

表 5.9　不同方法准确率对比　　　　　　　　　　（单位:%）

不同方法	灰度图特征		彩色图特征	
	像素	统计	像素	统计
KNN	20.4	19.6	20.4	33.4
ANN	9.1	19.3	9.4	31.4
XGBoost	25.2	20.7	33.4	34.8
卷积神经网络	80.1		83.3	
迁移学习模型	91.0		92.6	

实际上,地质结构图像有其自身特点,某些不同地质结构的形状是相似的,而一些相同地质结构差别却很大。如石香肠,其形态特征如图 5.19 (a) ~ (c) 所示,从形状、颜色及纹理上来说三者差异很大;而图 5.19 (d) 则为捕房体,其形状与图 5.19 (c) 中的石香肠具有一定的相似性,因此也可能导致模型出现误判。从图 5.14 的石香肠测试结果

中也可以看出，石香肠与捕虏体具有相似性，认为是捕虏体的概率为29.4%，高于认为是石香肠的概率15.7%，其结果证明了石香肠与捕虏体在某些情况下具有相似性。

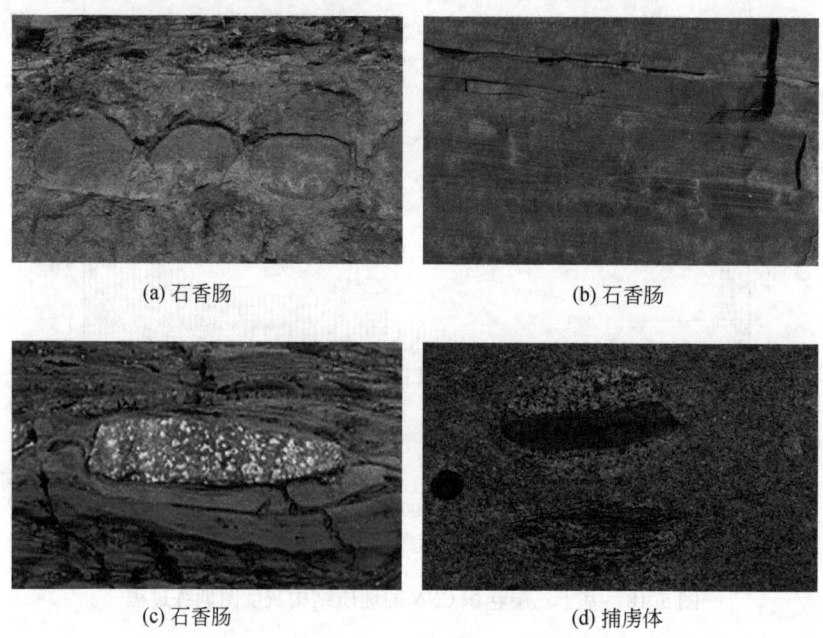

图 5.19　地质结构的相似性与差异性

5.2.4　模型应用

在野外地质勘查过程中会产生大量的工程勘查资料，其中包括大量的现场图像信息。对图像信息的深度挖掘有利于解决地质安全评价问题。在本节中，采用了水电站 I 中的地质勘查图像，图像识别模型采用第 2 章中基于 Inception-v3 的迁移学习模型，对水电站 I 中的图像数据进行分析，可以从不同角度对地质勘查数据进行挖掘，有利于勘查资料更充分地利用。

在工程应用中采用的数据包含两个平硐周围的地质勘查图像，两个平硐分别为 PD201 岩体和 PD205 岩体，如图 5.20 所示。

根据勘查资料得知，PD201 岩体周围存在断层，硐室内部也存在大量构造断层，地质状况较差；PD205 岩体周围则存在岩脉。从图 5.20 中也可以观察到断层和岩脉的存在；但是在地质勘查过程中会产生大量的图像，只靠观察难以保证识别效率，因此采用深度学习模型迁移方法来进行地质结构图像识别。

对图 5.20 中的两张地质勘查图像进行测试，利用 top-3 准确率对结果进行评价。最终对两张图像的判别结果见表 5.10，概率值为图像属于这一类别的概率。

(a) PD201岩体　　　　　　　　　　(b) PD205岩体

图 5.20　地质勘查图像

表 5.10　PD201 和 PD205 地质勘查图像识别结果

图像	类别	概率值/%
PD201 岩体	断层	90.4
	背斜	5.8
	岩脉	1.9
PD205 岩体	岩脉	80.2
	断层	10.5
	背斜	5.7

从表 5.10 可以看出，PD201 岩体和 PD205 岩体地质勘查图像识别结果准确，对于断层的概率值分别为 90.4% 和 80.2%，均在 80% 以上，说明模型可以用于初期勘查的地质条件总体分析；同时，模型从图像分析角度对地质结构进行智能判别，提高了地质结构分析效率，减少地质工程师的勘探工作量。

5.2.5　结论

以地质勘查中地质结构图像小数据集为研究对象，对比了基于手动特征的多种机器学习方法和基于深度学习特征的卷积神经网络以及迁移学习方法，结果表明：①基于像素值和像素统计特征的机器学习模型准确率较低，卷积神经网络易出现过拟合，而 Inception-v3 模型可以有效提取地质结构图像特征，基于高维非线性深度学习特征建立的迁移学习模型可以准确识别地质结构类型，其模型以 top-1 和 top-3 准确率进行评价，评价结果显示模型对于地质结构图像的识别准确率可以达到较高水平；②基于灰度图和彩色图的模型评价说明在地质结构图像识别中，纹理特征较颜色特征更为重要；③相同地质结构具有差异性，不同地质结构具有相似性，若要识别地质结构图像细粒度特征，还需要进一步提升模型的准确性。所训练的迁移学习模型可以有效识别地质结构，未来可以与无人机地质勘查相结合，具有广泛的应用前景。

5.3 深度神经网络模式下的岩石强度的无损检测

在野外地质勘探过程中，地质工程师对如何快速简便地以非破坏性试验估测岩石强度比较感兴趣。有经验的地质专家可以从地质锤对岩石进行敲击的声音判断出岩石的强度，其原理是岩石的表面强度在某种程度上可以反映岩石的抗压强度，而敲击声可以反映岩石的表面强度。然而，这种判断属于经验性的判断，极大程度上受个人的经验影响。随着人工智能的飞速发展，机器学习方法逐渐在各行各业崭露头角，同时也为解决上述问题提供了新思路。基于此，本研究提出了基于地质锤声谱数据和机器学习算法的岩石表面强度判定方法。

5.3.1 原理与方法

鉴于深度学习对图像有着极强的处理能力，我们采用将声音信息转换成图像信息，并运用到模型训练的方式。将声音信息转换成图像信息的技术被称为声谱分析的技术，其基础是频谱分析。频谱分析是指将声音的时域信号变换至频域加以分析，其目的是把复杂的时间历程波形，经过傅里叶变换分解为若干单一的谐波分量来研究，以获得信号的频率结构以及各谐波和相位信息。对 N 点序列 $x(n)$，其傅里叶变换对为

$$\begin{cases} X(k) = \sum_{n=0}^{N-1} x(n) W_N^{nk}, k = 0, 1, \cdots, N-1; W_N = \mathrm{e}^{-\mathrm{j}\frac{2\pi}{N}} \\ x(n) = \frac{1}{N} \sum_{k=0}^{N-1} X(k) W_N^{-nk}, n = 0, 1, \cdots, N-1 \end{cases} \quad (5.1)$$

式中，N 为序列长度；j 为复数的虚部。

然而，该分析过程仅适用于对平稳随机信号。一个平稳随机过程的任意有限维分布函数与时间的起点无头，也就是说，对于任意的时间 t，随机过程 $x(t)$ 的任意 n 维概率密度都有

$$P(x_1, x_2, \cdots, x_n; t_1, t_2, \cdots, t_n) = P(x_1, x_2, \cdots, x_n; t_1 + \Delta, t_2 + \Delta, \cdots, t_n + \Delta) \quad (5.2)$$

则称该随机过程是在严格意义下的平稳随机过程。该定义表明，平稳随机过程的统计特性不随时间的推移而改变。

严格的平稳随机过程多为人为制造出的信号，而本研究中的岩石敲击声音信号并非一个平稳随机过程，因此需要对信号加窗以实现短时傅里叶变换。短时傅里叶变换的思想是选择一个时频局部化的窗函数，假定分析窗函数 $w(t)$ 在一个短时间间隔内是平稳（伪平稳）的，移动窗函数，使 $x(t)w(t)$ 在不同的有限时间宽度内是平稳信号，从而计算出各个不同时刻的频谱图。对于离散时间信号 $x(n)$ 的短时傅里叶变换定义为

$$S_x(n, \omega) = \sum_{-\infty}^{\infty} x(m) w(n-m) \mathrm{e}^{-\mathrm{j}\omega m} \quad (5.3)$$

式中，$w(n)$ 为窗函数；ω 为数字频率，rad。窗函数的长度决定着频谱图的时间分辨率和频率分辨率，窗长越短，截取的信号长度也就越短，时间分辨率就越好，但频率分辨率会越差；窗长越长，截取的信号长度也就越长，时间分辨率越差，但时间分辨率会越好。因此，窗函数的长度需视情况而定。

由短时傅里叶变换生成的声谱是描述声音信号的一种三维感知图，由频率、时间、声压三个维度信息构成（基于声谱图的公共场所异常声音特征提取及识别研究），如图5.21所示。图5.21中的横轴为时间轴，纵轴为频率，且从上到下频率逐渐变大，不同颜色代表不同强度的声压。在声谱图中，可以得到的直观信息：①某一特定时域内的声压随频率的分布；②某一特定频段内声压随时间的变化；③主频率随时间的变化情况。同时，还存在着一些不太直观的信息，如在图5.21（c）中的高频的总体比重会高于5.21（a）和5.21（c），图5.21（c）中不同频段的声压分布的区分度要高于5.21（a）和5.21（c），图5.21（c）中声压的衰减速度要慢于5.21（a）和5.21（c）。

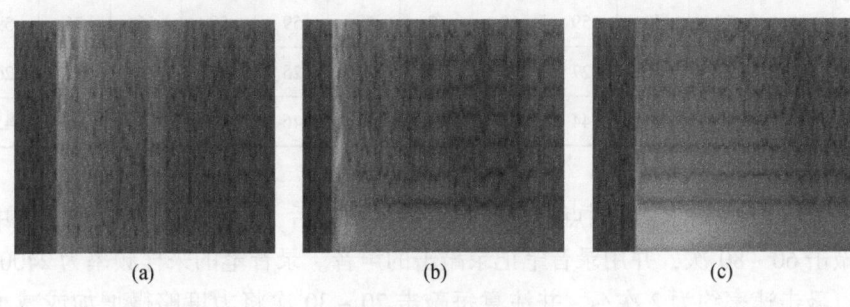

图 5.21　声谱图示例

显然，在敲击强度较低的岩石时，声音较为低沉，声谱中低频的比重较大；敲击强度较高的岩石时，声音较为清脆，声谱中高频区域更加明显。同时，敲击低强度岩石时，声音能量被吸收的较多，导致声音衰减的速度更快。另外，高强度的岩石完整性更大，因此声音更加稳定。

5.3.2　数据处理与初步分析

为建立声谱图与岩石表面强度之间的关系，本试验采用Z形回弹仪获取岩石的强度。根据国内外的研究成果表明，回弹值与岩石的强度存在着较好的相关性，并给出了回弹值与岩石强度的经验公式（岩石强度回弹法测定的研究）。因此，在本试验中，直接采用回弹值来代替岩石的表面强度。

选取的试验对象为自然环境下、体积约在 0.05m^3 以上的完整岩石，岩石种类不限。回弹仪冲击的测点尽量不要在岩石的边缘附近。在每个岩石对象中设定三个测点，测点处的岩石表面应比较平整，每个测点测出15个数据，去除这15个数据中的最大值和最小值后计算该组数据的平均值，最终结果为该岩石的强度。对于每个测点，在用回弹仪测定之前要先敲去其表面的风化层以保证结果的准确性。另外，若在测量过程中存在各种不确定因素导致同一个测点上得出的数据差别过大，则该组数据将被舍去。最终选取的有效测量数据见表5.11。

表5.11 回弹值统计数据

编号	回弹值												平均值
1	20	21	21	23	19	20	19	19	20	22	19	19	20	20
2	73	74	72	72	74	72	73	72	72	74	73	74	74	73
3	50	50	49	49	47	47	49	47	50	48	47	48	47	48
4	38	38	38	40	38	36	39	40	37	38	41	39	40	39
5	62	63	60	63	62	62	63	62	63	62	62	61	60	62
6	55	56	53	55	55	54	55	54	54	54	53	50	54	54
7	68	66	68	66	67	67	67	69	66	68	68	67	67	67
8	59	59	57	60	59	60	57	59	59	59	56	56	59	58
9	26	28	27	26	27	25	26	25	25	25	25	27	26	26
10	45	44	40	44	44	45	42	45	46	46	44	46	45	44

对应于上一步骤中的每个测点，在回弹值测量结束后，用地质锤在以测点为中心的一定区域内敲击60~80次，并用录音笔记录敲击的声音。录音笔的采样频率为24000，为双声道录制。敲击速率约为2次/s，并注意每敲击20~30次将力度略微增加或减小以保证敲击强度的多变性。

用脚本程序对每一个岩石的约200多个敲击声进行切割与声谱制作，流程如图5.22所示。

首先读取音频文件并提取左声道数据。对整个音频文件进行全局的声谱分析，短时傅里叶变换的参数：矩形时间窗长度为1000；重叠率为500；采样频率为24000；傅里叶变换点数为10000。短时傅里叶变换后存在两个自变量：时间和频率。对频率进行积分，得到仅关于时间的函数，如图5.23所示的为对频率进行积分后的局部函数图像。按函数值增幅的快慢提取出敲击开始时间点序列 $[t_1, t_2, \cdots, t_n]$，如图5.23中 t_1、t_2、t_3。用敲击开始时间点序列对整个左声道数据进行切割，提取出一系列敲击声片段。一个完整的敲击声片段时长规定为敲击开始时间点前10ms至开始时间点后140ms，共150ms，如图5.23右侧所示。

将每个敲击声音片段制作成声谱图，短时傅里叶变换的参数：矩形时间窗长度为50；重叠率为25；采样频率为24000；傅里叶变换点数为10000。另外，由实验测得敲击岩石的声音频率一般不会越过5000Hz，故声谱图中高于5000Hz的部分对分析过程不起作用。因此，将声谱图中高于5000Hz的部分裁剪掉以更加突出声谱图中0~5000Hz的部分，如图5.23所示。

将不同强度的岩石对应的声谱图分别存放在不同的文件夹中，并将该文件夹命名为该强度对应的回弹值。将所有的音频文件处理，得到不同强度对应的声谱图见表5.12。

第 5 章 工程尺度野外地质数据智能识别与分析

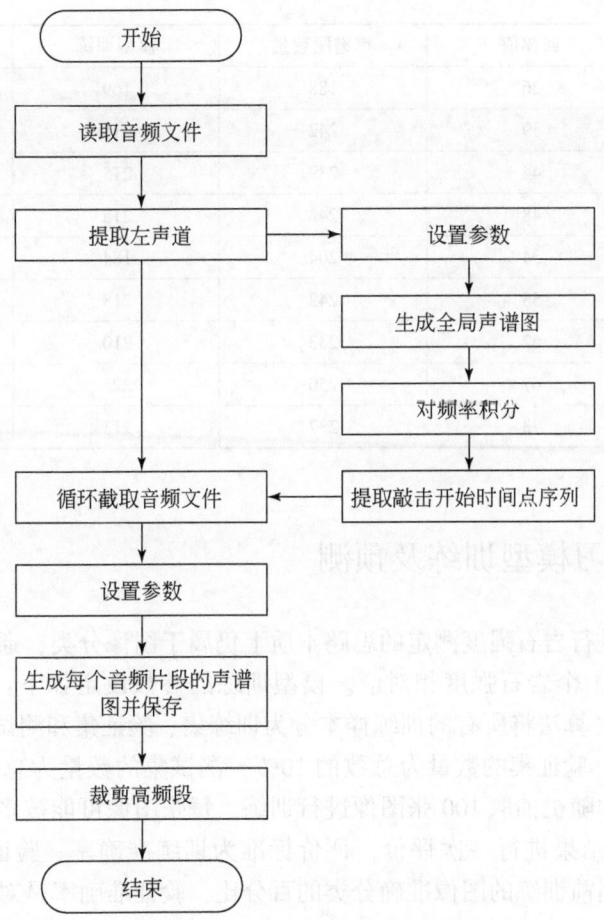

图 5.22 模型训练样本集制作流程图

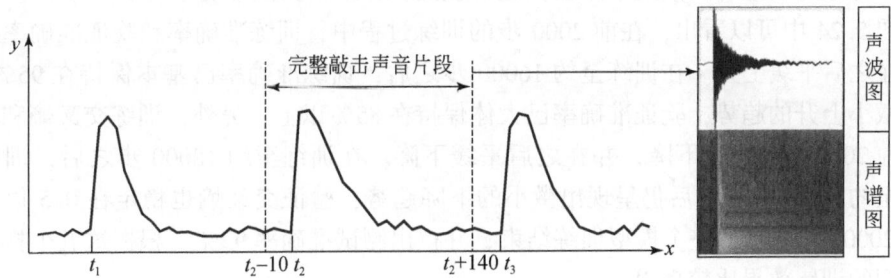

图 5.23 单个敲击声音片段截取过程与声谱制作示意图

表 5.12 声谱图分类及数量

序号	回弹值	声谱图数量	模型训练	最终预测
1	20	177	159	18

续表

序号	回弹值	声谱图数量	模型训练	最终预测
2	26	188	169	19
3	39	242	218	24
4	44	239	215	24
5	48	242	218	24
6	54	204	184	20
7	58	242	218	24
8	62	233	210	23
9	67	250	225	25
10	73	237	213	24

5.3.3 迁移学习模型训练及预测

采用深度学习进行岩石强度测定的思路本质上仍属于图像分类，通过模型训练，使其能够准确与测得的 11 个岩石强度相对应。模型训练的参数设定如下：训练步数为 20000 步，学习率为 0.01。算法将所有的训练样本分为训练集、验证集和测试集，其中训练集的数量为总数的 80%，验证集的数量为总数的 10%，测试集的数量为总数的 10%。每个训练过程中在训练集中随机抽取 100 张图像进行训练，每张图像可能被多次训练。训练过程中，每 50 步对训练结果进行一次评价，评价标准为训练准确率、验证准确率、交叉熵，训练准确率是指对当前训练的图像准确分类的百分比，验证准确率是对所有验证集中随机抽取 100 个图像准确分类的百分比，交叉熵分为训练交叉熵和验证交叉熵，由每次的预测时的损失函数得出，值越小则代表训练效果越好。训练结束后，模型的最终形态将被确定，算法将以此模型对测试集中的图像进行预测，并给出测试准确率。

从图 5.24 中可以看出，在前 2000 步的训练过程中，训练准确率和验证准确率提升迅速，并在之后平缓上升。在训练至约 16000 步之后，训练准确率已基本保持在 95% 以上，并仍有微小上升的趋势，验证准确率已大体保持在 85% 以上。另外，训练交叉熵和验证交叉熵在前 2000 步中迅速下降，并在之后平缓下降。在训练至约 18000 步之后，训练交叉熵已降至约 0.2，并在之后仍呈现出微小的下降趋势，验证交叉熵也稳定在 0.5 以下。在训练至 20000 步之后，整个模型训练结束，并得出测试准确率 92%。根据这五个指标可以看出模型的训练效果比较理想。

在岩体表面强度测试中，提出一种通过多次敲击得出不同回弹值的概率矩阵进行预测的方法，具体如下。

(1) 考虑到实际情况中敲击岩石产生的音频信息随机性比较强，对于一个岩石对象的测定，需要连续敲击多次，次数越多随机因素引起的误差越小。

(2) 将音频信息制作成一组声谱图。

(3) 用训练好的模型对这组声谱图逐一进行预测，分别得出几个组概率值，并按式

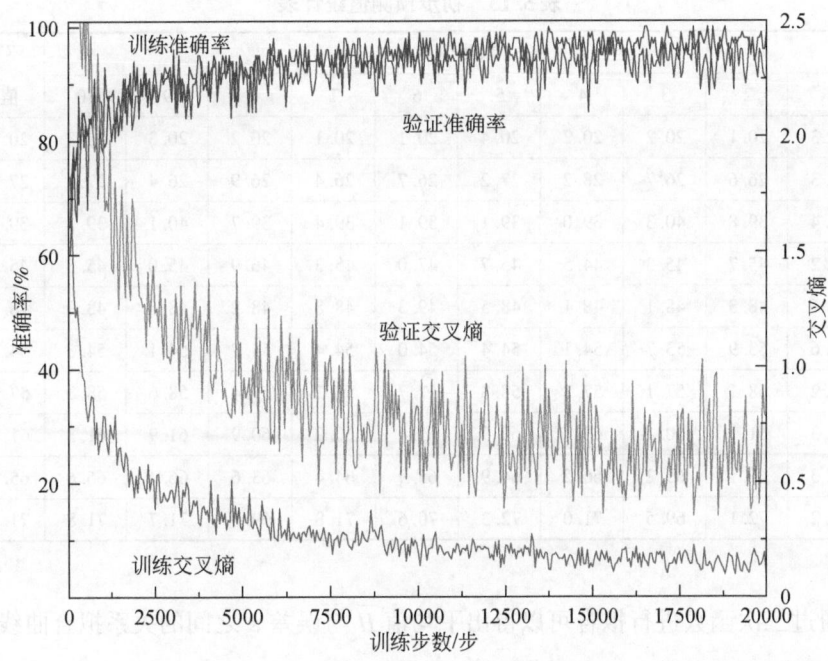

图 5.24　训练效果评价指标变化过程

(5.4) 进行计算。

$$H=[h_1,h_2,\cdots,h_k]\begin{bmatrix} p_{1,1} & p_{1,2} & \cdots & p_{1,n} \\ p_{2,1} & p_{2,2} & \cdots & p_{2,n} \\ \vdots & \vdots & & \vdots \\ p_{k,1} & p_{k,2} & \cdots & p_{k,n} \end{bmatrix}\begin{bmatrix} 1/n \\ 1/n \\ \vdots \\ 1/n \end{bmatrix} \tag{5.4}$$

式中，H 为最终的计算结果；$[h_1,h_2,\cdots,h_k]$ 为训练样本中的回弹值，在本次训练中，$k=11$，该向量为 [20, 26, 39, 44, 48, 54, 58, 62, 67, 73]；n 为敲击的次数；$p_{i,j}$ 为第 j 个敲击声可能对应第 i 个回弹值的概率大小。

考虑到预测结果是以概率的形式给出，当声谱对应的回弹值为训练样本中回弹值的上界或下界时，必然会引起一定量的偏差，如在本次实验中当声谱图对应的回弹值为 26 时，其最终计算出的 H 必然会大于 26，而当其对应的回弹值为 73 时，计算出的 H 必然会小于 73。同时在实验的过程中，即使 H 的值不在上下界附近，计算出的结果也会出现偏差，并且带有一定的规律性。故须对计算出的结果进行进一步的修正，即加入误差修正因子 ε，如式 (5.5) 所示：

$$H'=H+\varepsilon \tag{5.5}$$

为探索误差产生的规律，需对整体的大量数据进行分析，如图 5.25 所示。遍历 10 个强度对应的各个不同的数据，对每组的声谱图进行 10 次读取，每次随机读取出 9 张声谱图，代表一组 9 次的敲击，再计算出这组敲击得到的预测值，最终结果见表 5.13。

表 5.13 初步预测值统计表

回弹值	预测值 H										平均值 $\overline{H}$	误差 ε
	1	2	3	4	5	6	7	8	9	10		
20	20.3	20.1	20.2	20.2	20.4	20.1	20.1	20.2	20.3	20.3	20.22	-0.22
26	28.3	26.6	26.7	28.2	27.2	26.7	26.4	26.9	26.4	27.6	27.10	-1.10
39	39.4	39.8	40.3	39.0	39.1	39.1	39.4	39.7	40.1	39.1	39.50	-0.50
44	45.2	45.7	45.3	44.5	45.7	47.0	45.3	46.9	45.0	45.5	45.61	-1.61
48	48.6	48.3	48.1	48.1	48.5	49.3	48.8	48.2	48.6	48.0	48.45	-0.45
54	54.6	53.9	53.7	54.1	54.4	54.0	54.4	54.7	54.1	54.3	54.22	-0.22
58	58.2	58.1	57.1	57.8	58.3	57.7	58.2	57.4	58.6	58.3	57.97	0.03
62	61.3	61.1	60.1	60.7	60.9	61.4	60.9	60.9	61.9	61.3	61.05	0.95
67	66.3	66.1	65.2	66.2	64.9	65.9	64.4	63.6	66.4	66.6	65.56	1.44
73	72.2	72.1	69.5	71.0	72.3	70.6	71.8	69.5	71.7	71.8	71.25	1.75

最终通过三次函数进行拟合可以得出平均值 $\overline{H}$ 与误差 ε 之间的关系拟合曲线：

$$\varepsilon(H) = -4.297 \times 10^{-5} \overline{H}^3 + 0.00824 \overline{H}^2 - 0.4169 \overline{H} + 5.103 \quad (5.6)$$

根据式（5.5）和式（5.6）计算出修正的预测回弹值。通过上述预测方法，对没有参数模型训练的几组数据进行预测，并与对应的回弹值进行对比，结果见表 5.14。

表 5.14 预测结果统计表

组别	序号	标准值	预测值	偏差	方差
A	1	20	20.1	0.1	0.2
	2	26	26.9	0.9	1.1
	3	39	37.8	-1.2	0.3
	4	44	45.5	1.5	1.0
	5	48	47.9	-0.1	0.3
	6	54	53.8	-0.2	0.2
	7	58	58.6	0.6	0.8
	8	62	59.8	-2.2	0.8
	9	67	67.9	0.9	0.5
	10	73	72.2	-0.8	0.9
B	1	48	47.9	-0.1	0.4
	2	61	60.1	-0.9	0.7
	3	64	64.3	0.3	1.6
	4	65	62.8	-2.2	0.8
	5	72	66.2	-5.8	1.3

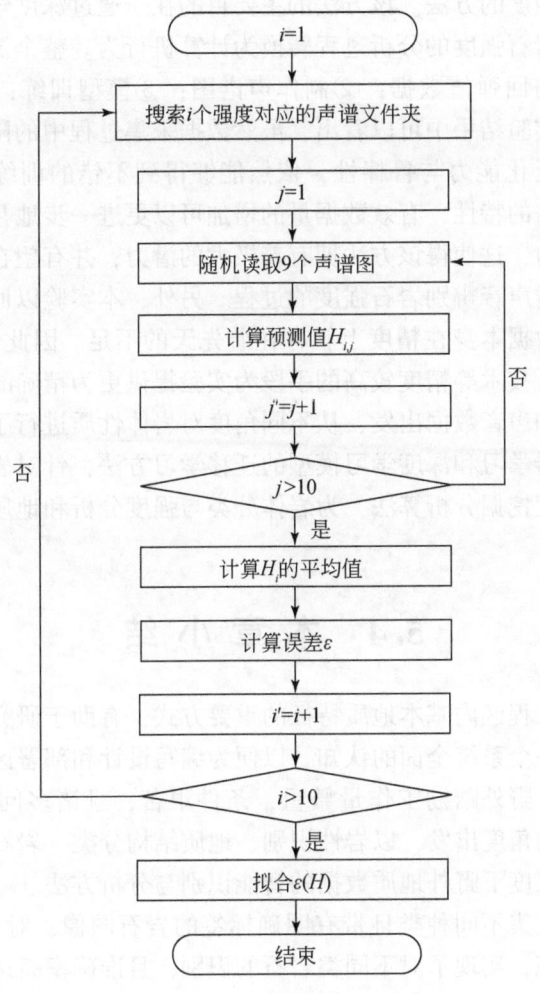

图 5.25 误差修正流程图

表 5.14 中的数据分为两组，其中 A 组为表 5.14 中用于最终预测的数据，B 组为采集的数据中表 5.13 以外的数据。其中预测值为多次预测的平均值，偏差为预测值与标准值之差，方差为多次预测产生的方差。由预测的偏差可以看出 B 组中第 5 个预测数据偏差比较大，主要是因为该数据对应的声音记录和回弹记录为实验中的第一组数据，操作方式及记录方式上有一定程度的不规范。而对于其余的数据，无论是 A 组的还是 B 组，预测结果均比较理想，预测偏差均控制在±3 以内，且其中 60% 以上预测偏差都在±1 以内。另外，由方差列可以看出，最大的方差为 1.6，即多次预测的过程中的浮动最大程度约为±1.6，表明预测结果精度也较为理想。

5.3.4 结论

本节以 Inception-v3 模型为基础，结合声谱分析技术，提出了一种能够在野外环境下简便、快速识别岩石强度的方法。该方法的主要目的在于通过深度学习,将以往地质专家以敲击岩石声音判断岩石强度的分析过程转换为计算机行为。整个流程包括:①采集用于模型训练的声音数据与回弹值数据;②制作声谱图;③模型训练;④以概率矩阵进行预测;⑤误差修正。从实验结果中可以看出,虽然数据采集过程中的随机性比较强,但由于迁移学习模型极强的泛化能力与鲁棒性,依然能够得到不错的训练结果与预测结果。同时,由于深度学习网络的特性,有效数据量的增加可以更进一步地帮助模型达到更佳的训练效果以提升预测能力,这使得该方法拥有着极大的潜力,并有望在大数据的积累下使计算机实现地质专家通过声音辨别岩石强度的过程。另外,本实验以回弹值作为贯穿整个实验的标准,而回弹值数据本身在精度上就存在着先天的不足。因此,在下一步的工作中,将准备以声波波速分析技术等精度较高的手段为实验提供更为精确的标准。

本节从岩石图像和声音数据出发,从不同角度对岩体性质进行了评价,均取得了较好的效果,利用基于机器学习和深度学习模型的迁移学习方法,针对岩体声学特性,提出了适用于复杂岩体的深度挖掘分析算法,为岩体分类与强度分析和地质安全评价等提供理论基础。

5.4 本章小结

野外踏勘是了解工程区内基本地质特征的重要方式,有助于研究人员对区域内的岩类和地质构造等情况有一个系统全面的认知,以便为编写设计和部署区域地质填图工作收集素材提供依据。然而,野外踏勘工作量繁重,条件艰苦,且诸多问题极大依赖于主观经验。本章从工程实践的角度出发,以岩性识别、地质结构分类、岩石强度无损检测三个问题为例,阐述了工程尺度下野外地质数据的智能识别与分析方法。

首先,通过大量收集不同种类且带有明确标签的岩石图像,对Inception-v3深度学习模型进行迁移学习训练,实现了对不同类岩石的识别,且准确率高达95%以上。之后,分别利用浅层机器学习算法和深度神经网络模型对12类地质结构图像进行识别,对比结果表明,深度神经网络的表现最佳,对不同地质结构的识别准确率达90%以上。考虑到岩石强度对地质工程稳定性的影响,综合利用快速傅里叶变换和深度学习模型,对地质锤敲击岩石时的敲击声进行了分析,实现了岩石表面强度的无损检测,其测量误差与回弹仪所计算的数值吻合。

应用深度学习理论提取野外地质踏勘数据中的高维非线性特征,具有准确率高、鲁棒性强的优势,有利于地质勘查数据的充分利用,为初期地质勘查工作提供一定的指导。

第 6 章　工程尺度地质勘探数据深度挖掘

6.1　钻孔摄影图像深度特征的地质界线智能识别方法

在地质勘查中，钻孔布设对于了解地层信息、岩石破碎状况、结构面分布状况等具有重要意义，是地质工程师进行地质勘探过程中的重要手段。一般情况下，可利用钻孔柱状图信息建立三维地质模型，以展示钻孔所在处的地层厚度、岩石性质及接触关系，同时也可以显示钻进过程和成孔结构。近些年来，在钻孔成孔过程中，除了拍摄岩心图像外，还会利用钻孔摄影对地质信息进行记录，从而可以更全面地了解钻孔处的地质状况。钻孔摄影图像可对钻孔壁几何特征进行全景式记录，在地质工程中广泛应用。利用钻孔摄影图像可以直观地反映钻孔位置的地质状况，对其进行处理与分析可以辅助地层分界线识别，对于地质安全评价有重要意义。但是钻孔摄影图像一般数量较多，且处理过程往往需要人的深度参与，工作量大，主观性强。另外，在计算机视觉领域，目标检测是传统的研究方向之一。利用目标检测技术可以对钻孔摄影图像中的地质接触面进行智能识别，通过对比不同数据中的结果，可以更准确地识别地层接触面在钻孔中的位置，提高三维地质建模效率。由于深度学习方法不断发展，基于深度学习模型提取的高维非线性特征，目标检测算法也打破了手工提取特征的限制，准确率和识别速度均有较大提升。在本节中，采用传统的图像处理方法和基于深度特征的图像检测方法，分别对钻孔摄影图像地质界线进行识别，通过对比其结果选择最优模型，可提高钻孔摄影图像地质界线分析和三维地质建模效率。

6.1.1　钻孔摄影图像地质界线智能识别模型构建

采用四种传统图像处理方法和两种基于深度学习模型的目标检测方法对图像进行处理分析，并最终采用模型投票对结果进行了综合判断。传统的图像处理方法主要依据像素点阈值和边缘特征进行分割；目标检测模型采用的是 Faster R-CNN 模型和 SSD（single shot multibox detector）模型，其中特征提取模块可以选择带有残差和 Inception 模块的模型。MobileNet 模型速度较快，Inception 模型和 ResNet 模型相对单纯的深度网络更能够提取有效的特征，此处的 Inception 模型和 ResNet 模型分别选择 Inception-v2 和 ResNet101，提取的特征分别用于两种目标检测模型的类别分析与位置回归分析。从理论上来说，基于深度模型的目标检测方法中包含了阈值和边缘等特征，因此准确性更高；但单纯基于阈值和边缘的分析方法不需要进行模型泛化，计算过程简单，速度较快，也有其自身优势。图 6.1 为钻孔摄影图像地质界线智能识别模型构建框架。

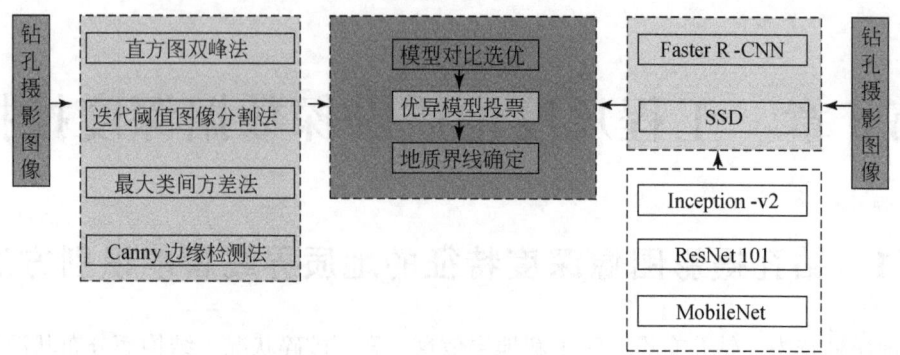

图 6.1　基于钻孔摄影图像深度特征的地质界线智能识别模型构建框架

1. 直方图双峰法

直方图双峰法是典型的、基于像素单阈值的图像分割方法。直方图双峰法适用的图像是灰度值直方图分布为双峰状的图像,其采用双峰中间的灰度值作为阈值将图像分成两个部分。在本节中,拟对钻孔摄影图像地质界线进行识别分析,考虑到地质界线两侧岩体性质具有较大差异,则图像中不同岩体灰度值直方图易产生双峰,从原理上来讲符合直方图双峰法要求。图 6.2 展示了直方图双峰法阈值的选取,如图选择红色点位置作为分割阈值。阈值两侧的像素值均为 0 或 1,即将图像转换为二值图,黑色与白色交界位置即为界线位置。

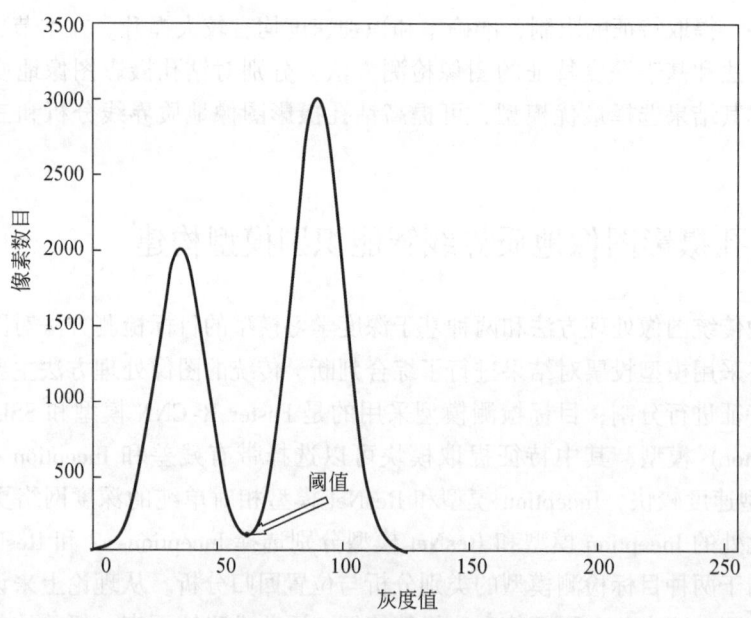

图 6.2　直方图双峰及阈值选取

2. 迭代阈值图像分割法

迭代阈值图像分割法是对直方图双峰法的改进。通过不断迭代假设的分割阈值，最终得到真实阈值。首先对灰度直方图中的像素灰度值进行统计，找到灰度值的最大值与最小值，其中最大值设为 Z_{max}，最小值设为 Z_{min}，同时假设最初的分割阈值为二者的平均值 T_0。

$$T_0 = (Z_{max} + Z_{min})/2 \tag{6.1}$$

以近似阈值 T_k 为假设阈值对图像进行分割，小于 T_0 的像素点的灰度值均值假设为 Z_0，大于 T_0 的像素点的灰度值均值假设为 Z_b，可以计算新的阈值 T_{k+1}。

$$T_{k+1} = (Z_0 + Z_b)/2 \tag{6.2}$$

如果满足

$$T_k = T_{k+1} \tag{6.3}$$

则 T_k 即为所求阈值。如果不满足式（6.3），则继续进行迭代计算。整个流程如图6.3所示。

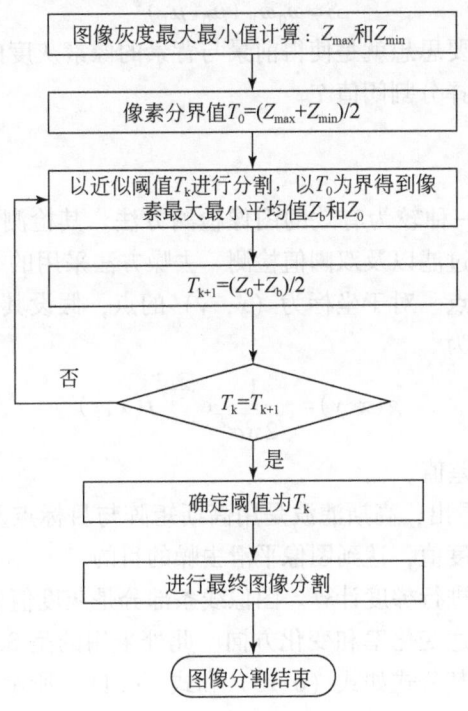

图 6.3　迭代阈值图像分割流程

3. 最大类间方差法

对于真实图像来说，即使是在前景和背景内部，图像也不是处处相同的，利用普通的阈值分割很难得到满意的分割效果。而将图像按照一定规则划分为几个部分，再在各部分中选择阈值或者动态选择局部阈值，理论上其效果优于整体阈值法。

最大类间方差法由日本学者提出，一般称为大津法或 OTSU 法。根据图像的灰度值，将图像分为两个部分，即前景和背景。前景和背景的像素灰度值的方差越大，说明二者之间的差别越大；而二者的错误分类会使得类间方差变小。因此类间方差最大化即意味着前景与背景错分概率的最小化。

假设图像像素数为 N，分割阈值为 T，其两侧的灰度值像素个数分别设为 N_0、N_1。像素总平均灰度值假设为 μ，类间方差假设为 S。图像中背景和前景像素平均灰度值为 μ_0 和 μ_1，所占比例 ω_0 和 ω_1 分别为

$$\omega_0 = N_0/N \tag{6.4}$$

$$\omega_1 = N_1/N \tag{6.5}$$

同时，根据上述假设可以得到

$$\mu = \omega_0 \times \mu_0 + \omega_1 \times \mu_1 \tag{6.6}$$

其类间方差的计算公式如式（6.7）所示：

$$S = \omega_0 \times (\mu_0 - \mu)^2 + \omega_1 \times (\mu_1 - \mu)^2 \tag{6.7}$$

对式（6.6）和式（6.7）进行简化，可得式（6.8）：

$$S = \omega_0 \omega_1 (\mu_0 - \mu_1)^2 \tag{6.8}$$

最大类间方差法的主要思想就是使得前景与背景的像素灰度的类间方差达到最大，并根据最大类间方差最终选择分割阈值 T。

4. Canny 边缘检测法

Canny 边缘检测法是一种较为有效的图像检测方法。其检测过程主要包含四个步骤：去噪、梯度计算、极大值过滤以及双阈值检测。去噪方法采用的是高斯滤波，其目的是使图像变得平滑并去除噪声点。对于坐标为 (x, y) 的点，假设其灰度值为 $f(x, y)$，经过高斯滤波之后，其灰度值为

$$g(x, y) = \frac{1}{\sqrt{2\pi\sigma^2}} e^{-\frac{x^2+y^2}{2\sigma^2}} f(x, y) \tag{6.9}$$

式中，σ 为像素值的标准差值。

从式（6.9）中可以看出，高斯滤波是用高斯矩阵与目标点及相邻像素点相乘，取其权重平均值代表最终的灰度值，达到图像平滑去噪的目的。

对去噪后的图像还需进行梯度计算。图像线条部分是灰度值发生急剧变化的区域，通常采用梯度计算的方法描述变化率和变化方向。此处采用的是 Sobel 算子，可以从横向和纵向分别计算梯度变化，其公式如式（6.10）和式（6.11）所示。

$$g_x(m, n) = \begin{bmatrix} -1 & 0 & +1 \\ -2 & 0 & +2 \\ -1 & 0 & +1 \end{bmatrix} A \tag{6.10}$$

$$g_y(m, n) = \begin{bmatrix} +1 & +2 & +1 \\ 0 & 0 & 0 \\ -1 & -2 & -1 \end{bmatrix} A \tag{6.11}$$

式中，矩阵为 Sobel 算子；A 为图像局部，大小为 3×3。

根据式 (6.9) ~式 (6.11) 可以计算综合梯度和梯度方向，如式 (6.12) 和式 (6.13) 所示：

$$G(m,n) = \sqrt{g_x(m,n)^2 + g_y(m,n)^2} \quad (6.12)$$

$$\theta = \arctan\frac{g_y(m,n)}{g_x(m,n)} \quad (6.13)$$

在滤波过程中，边缘有可能会被加粗，实际应尽可能让边缘宽度为 1 个像素。因此对非极大值进行过滤，即将梯度方向上梯度最大的像素点认为是边缘点，其他点均认为是非边缘点，并将非边缘点灰度值设为 0。在式 (6.14) 中，$M(m,n)$ 为目标像素梯度，T 为邻域像素梯度。

$$M_T(m,n) = \begin{cases} M(m,n), & M(m,n) > T \\ 0, & \text{其他情况} \end{cases} \quad (6.14)$$

最终对图像进行双阈值检测。上述的几种方法通常是用单阈值进行检测，而在 Canny 边缘检测方法中则设置了两个阈值，当像素点梯度大于较大阈值时，则将此像素点标记为边缘点；当像素点梯度小于较小阈值时，则像素点为非边缘点，在两阈值中间各点，如果此点与边缘点相连接，则认为是边缘点，反之则为非边缘点。

6.1.2 数据收集及预处理

1. 数据收集

钻孔中地质界线对于分析地层分界、评价岩体性质及综合考察地质信息分布具有重要意义。数据集中共包含 27 个钻孔摄影图像，每个钻孔以 2m 为单位进行记录，其中包含地质界线的记录共有 128 个。将全部包含地质界线的数据划分为训练集和测试集，其中测试集所占比例约为 10%，即包含 12 张图像，如图 6.4 所示，测试图像同样用于传统方法的验证。

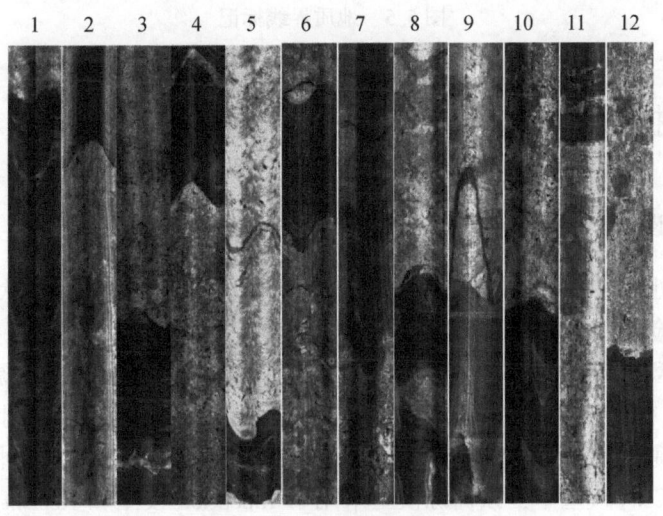

图 6.4 地质界线测试图像

图6.4中,标号为1、2、4、7、10的图像竖向纹理明显;标号为3、4、8、11、12的图像则有噪声干扰;标号为5、7、9的图像存在裂隙干扰;标号为6的图像为双地质界线。采用不同种类的测试数据有利于更全面地检测模型性能。

2. 数据预处理

传统的图像处理方法可以通过阈值和边缘直接对图像进行处理,而深度学习方法则需要对数据进行标注。采用labelImg标记钻孔摄影地质界线,如图6.5所示,利用矩形框选地质界线区域,如绿色部分所示,同时在标签位置进行类别标注,本章节对于地质界线标注为"Geo_interface",最终生成.xml数据格式,文件中记录了图像中标注框的坐标位置和图像类别。

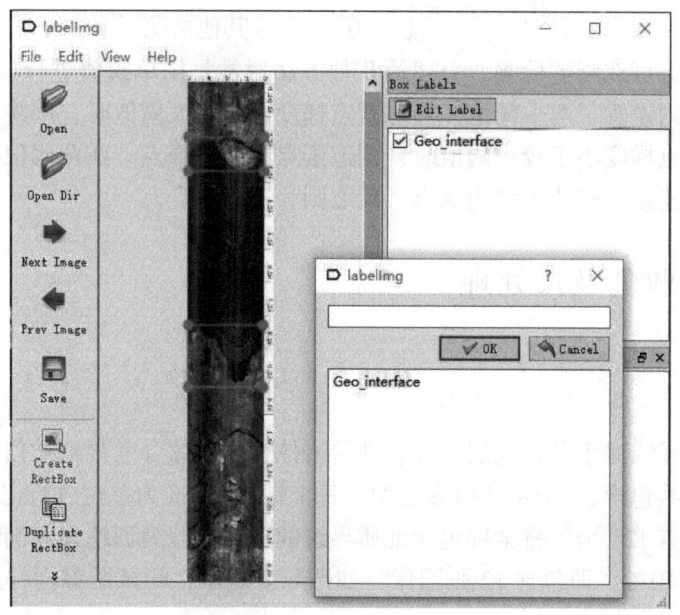

图6.5 地质界线标记

6.1.3 钻孔摄影图像地质界线识别模型构建与分析

1. 模型参数设计

在传统图像处理方法中,直方图双峰法、迭代阈值图像分割法、最大类间方差法以及Canny算子边缘检测法都是基于阈值或边缘的图像分析方法。除此之外,还分别采用Faster R-CNN模型和SSD模型进行地质界线的识别。在SSD模型的特征提取过程中,分别采用了MobileNet模型和ResNet模型作为预训练模型,MobileNet模型较小,参数较少,训练与应用方便快捷,ResNet模型具有良好的特征提取能力,故选择这两种模型提取图像特征;在Faster R-CNN模型中,预训练模型采用了Inception模型和ResNet模型,由第3章可知，这两种特征提取模型要优于单纯的深度模型，因此在 Faster R-CNN 模型中采用这两种模型进行图像特征处理。

直方图双峰法需要根据双峰关系选取阈值，Canny 边缘检测法需要选择两个阈值，其他传统方法不需进行参数选择；而在基于深度学习模型的 Faster R-CNN 模型和 SSD 模型中，需要选择不同参数对模型进行训练。实验中采用的训练机器 CPU 型号为 E5-2630V4，内存大小为 64GB，显卡为 8GB 显存的 P4000。针对目前的机器配置情况，对各个模型的整体参数设计见表 6.1。

表 6.1 深度学习检测模型参数设计

检测模型	Faster R-CNN		SSD	
预训练模型	Inception	ResNet	MobileNet	ResNet
图像类别	1	1	1	1
图像大小	600~1024	600~1024	300×300	640×640
图像批次数量	1	1	24	24
训练步数初设	100000	100000	100000	100000

待检测目标只有一类，为地质界线，标记为"Geo_interface"，在 Faster R-CNN 模型中，图像大小最大为 1024，最小为 600，不符合标准的图像均按原始比例放缩至此范围，由于 Faster R-CNN 模型训练机制，图像批次数量均为 1；SSD 模型中图像均设置为固定大小，考虑到所用计算机配置，结合单张图像大小，在 SSD 模型训练中采用的图像批次数量为 24。初始训练步数均设置为 100000 步，训练过程中可根据损失函数变化进行调整。

2. 模型训练与评价结果

1）模型训练

在以阈值和边缘为分析要素的传统图像处理方法中，不需要对图像数据进行训练，可直接利用阈值与边缘特征对图像进行分析；而对基于深度学习方法的 Faster R-CNN 和 SSD 模型来说，模型训练是实现目标检测的必要步骤。根据表 6.1 中设置的参数，分别对基于 Inception 的 Faster R-CNN 模型、基于 ResNet 的 Faster R-CNN 模型、基于 MobileNet 的 SSD 模型和基于 ResNet 的 SSD 模型进行训练。四个模型的训练过程如图 6.6~图 6.9 所示。

从模型训练角度来说，Faster R-CNN 模型收敛性极好，一般也认为 Faster R-CNN 模型的准确率较高，但是识别速度较慢，达不到实时识别的效果，而 SSD 模型收敛性相对较差，最终的损失函数值相对 Faster R-CNN 模型也较高；从预训练模型角度来看，MobileNet 尽管速度快，但是收敛性较差，而基于 ResNet 的 Faster R-CNN 模型和 SSD 模型，在训练开始时损失函数值均较高，达到 300 以上，相对于 Inception 来说较差；从损失函数的收敛过程来看，Faster R-CNN 模型要优于 SSD 模型，但是最终的模型评价还需要看图像的测试结果。

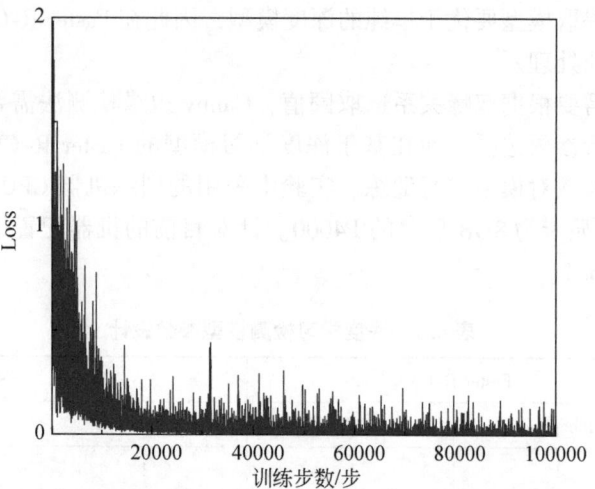

图 6.6 基于 Inception 的 Faster R-CNN 模型训练过程

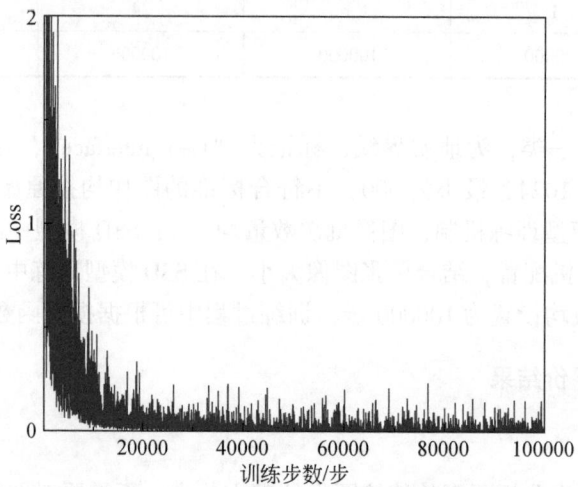

图 6.7 基于 ResNet 的 Faster R-CNN 模型训练过程

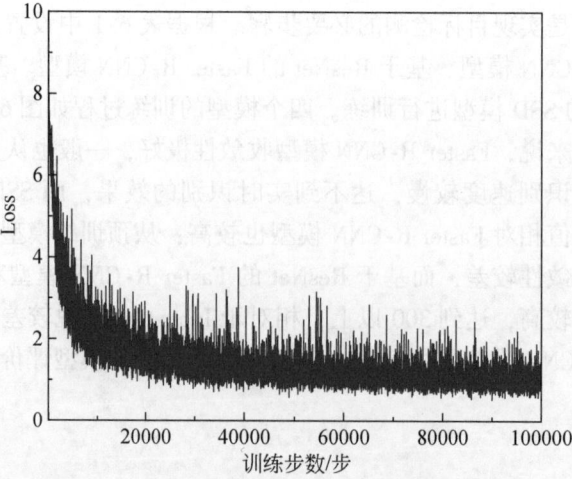

图 6.8 基于 MobileNet 的 SSD 模型训练过程

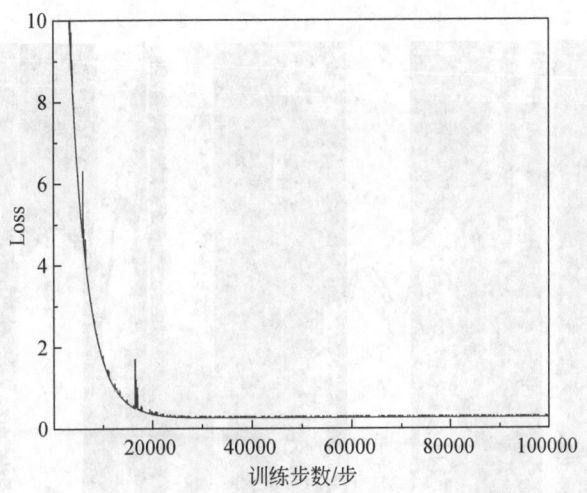

图 6.9 基于 ResNet 的 SSD 模型训练过程

2) 传统图像处理方法识别地质界线

首先采用传统图像处理方法对图 6.4 中 12 张钻孔摄影图像中地质界线进行检测。图 6.10~图 6.12 为基于阈值的三种方法的检测结果。从结果上看三种方法尽管在阈值选取上有差别，但对于地质界线检测来说，三种方法的结果差别不大。

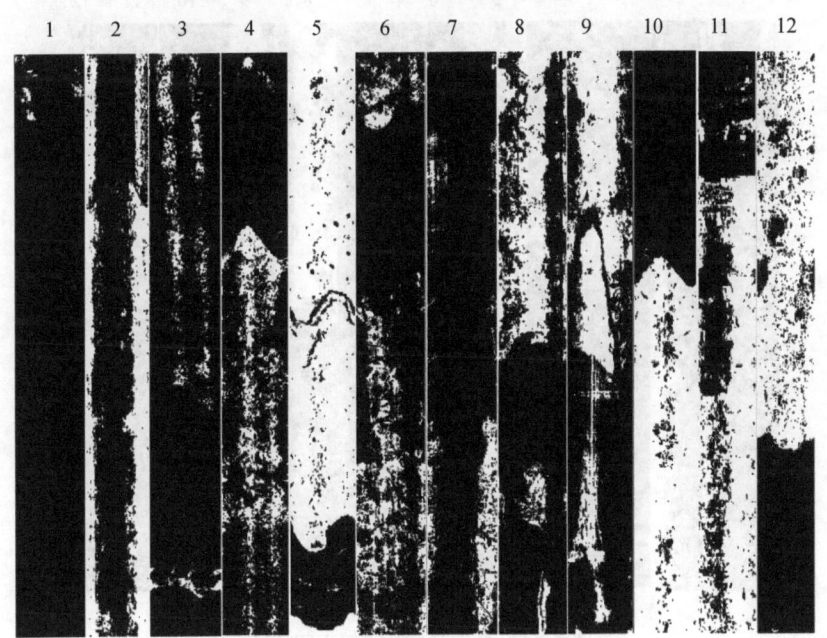

图 6.10 直方图双峰法识别结果

基于阈值法的图像处理方法仅可以检测地层中岩体性质差别较大的图像，如标号为 5、10 和 12 的图像，且这三张图像的检测结果也受到了岩体性质不均匀性和裂隙的影响；标

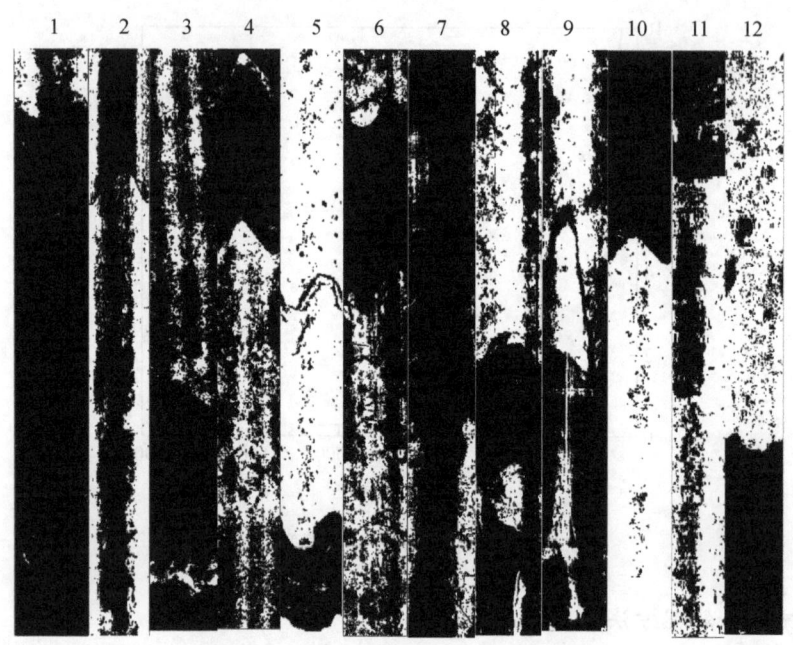

图 6.11 迭代阈值图像分割法识别结果

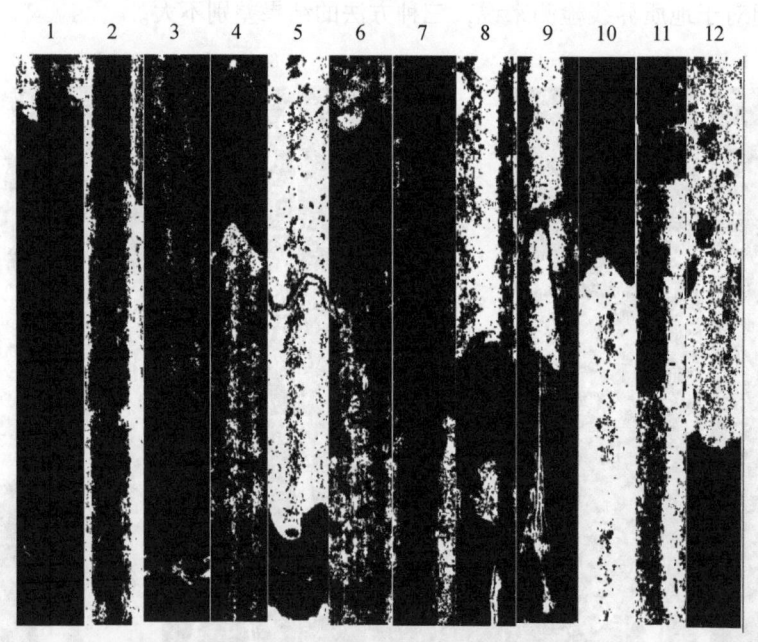

图 6.12 最大类间方差法识别结果

号为 2、3、7 的图像的检测结果受到了图像质量的影响。一般来说地质界线两侧的岩体差别较大,从理论上来讲可以分为两类,但是钻孔中每层岩体本身并非均质,且岩体中一般发育有裂隙,整体来看噪声较大,因此难以正确识别地质界线;另外由于图像本身的性质,比如拍摄时噪声较大,图像出现扭曲,因此仅利用像素特征难以进行区分,需要采用更准确的特征才能进行识别。

图 6.13 为 Canny 边缘检测法的检测结果。尽管采用了基于边缘的检测方法,依然难以达到准确检测的效果。

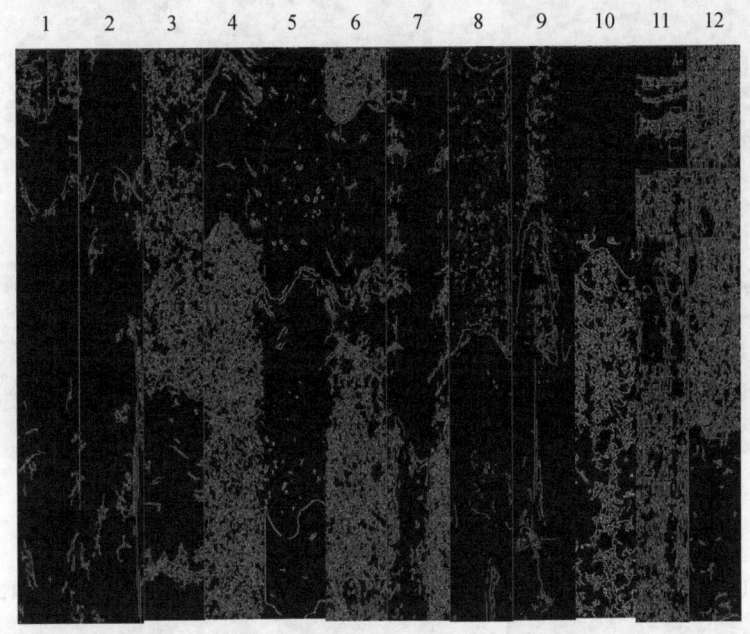

图 6.13 Canny 边缘检测法识别结果

从图 6.13 中可以看出,Canny 边缘检测法只对标号 5 中地质界线能够识别,但也存在较大噪声;而其他图中的结果也显示 Canny 边缘检测同样受到图像质量和复杂地质条件两方面的影响,因此,即使进行双阈值调节,依然难以实现对地质界线的有效识别。

3) 基于深度学习模型的目标检测方法识别地质界线

在用深度学习模型识别地质界线过程中,分别采用基于 Inception 和 ResNet 的 Faster R-CNN 模型以及基于 MobileNet 和 ResNet 的 SSD 模型对图 6.4 中 12 张钻孔摄影图像地质界线进行检测。图 6.14~图 6.17 是各个模型的识别结果。

从图 6.14 和图 6.15 中可以看出,基于 Inception 和 ResNet 的 Faster R-CNN 模型识别效果较优,正确识别了 12 张图像中的地质界线位置。12 张测试图像包含了多种地质状况,标号为 6 的图像中的两条地质界线也全部被识别;标号为 4 和 8 的图像中存在类似地质界线的噪声干扰;标号为 5、7、9 的图像中存在较大裂隙干扰;标号为 1、2、4、7、10 的图像存在明显拍摄缺陷,但噪声基本没有影响到最终的检测结果,说明模型的鲁棒性好,可以有效识别地质界线的正确位置,排除噪声干扰。

从图 6.16 和图 6.17 中可以看出,基于 MobileNet 和 ResNet 的 SSD 模型识别效果较好,能够识别测试集中大部分图像的地质界线。但在图 6.16 中,可以看到基于 MobileNet 的 SSD 模型将标号 8 中的噪声识别为地质界线;在图 6.17 中,基于 ResNet 的 SSD 模型没有

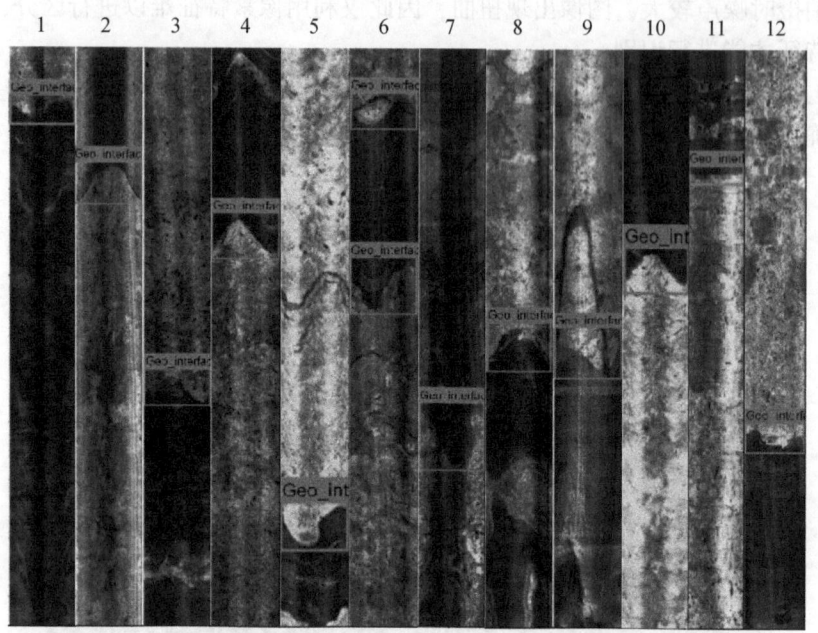

图 6.14　基于 Inception 的 Faster R-CNN 模型的识别结果

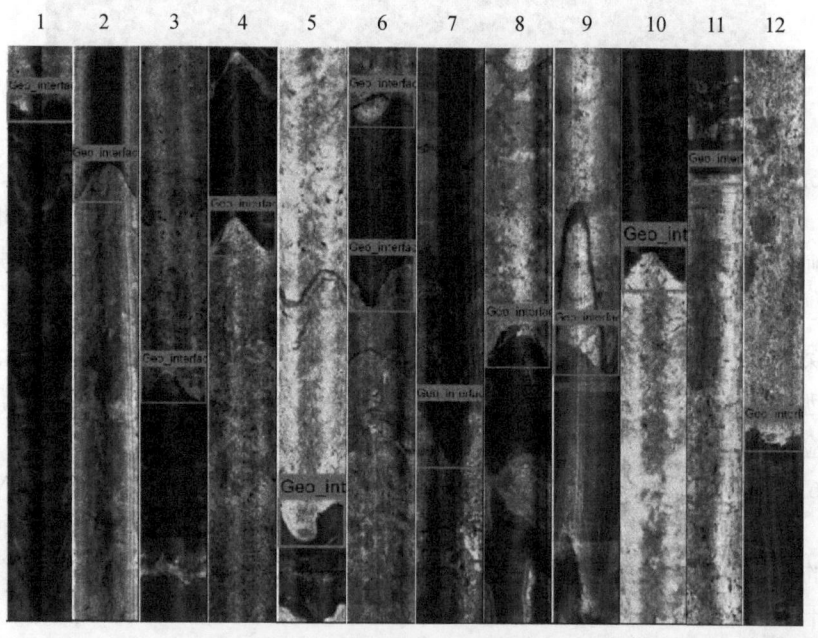

图 6.15　基于 ResNet 的 Faster R-CNN 模型的识别结果

识别出标号 10 中的地质界线，对于其他钻孔摄影图中的地质界线均可正确识别，从识别结果来看，SSD 效果略差于 Faster R-CNN。

图 6.16 基于 MobileNet 的 SSD 模型的识别结果

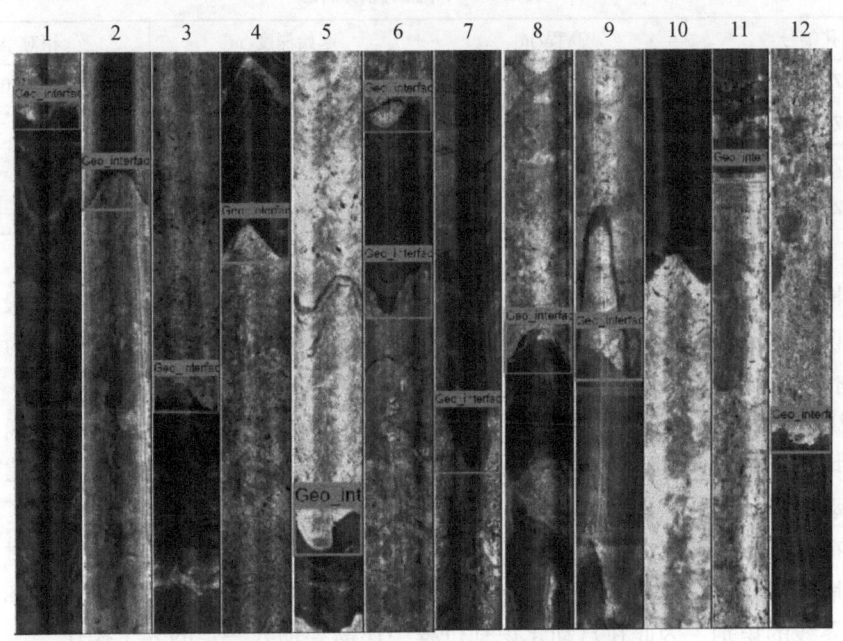

图 6.17 基于 ResNet 的 SSD 模型的识别结果

4) 基于深度学习模型的地质界线检测投票模型

SSD 模型的测试结果与 Faster R-CNN 模型相比相差不大,二者的训练机制却具有不同的特点,因此,将二者的优势结合起来可以达到更好的效果。设定投票规则,当半数以上模型测试结果为地质界线,则认为结果为真;当一半模型测试结果为地质界线,则进行人为判断;当半数以下模型测试结果为地质界线,则认为结果为假。根据以上测试结果,利用投票法对每一段地质界线进行二次分析,可以发现最终结果与 Faster R-CNN 模型相同,即投票模型修正了 SSD 模型中出现的错误。若考虑基于 MobileNet 的 SSD 模型损失值较高,也可以只选择另外的三个模型。尽管结果与 Faster R-CNN 模型相同,但投票法综合了两类不同模型的特点,性能较好的模型可以直接应用到投票过程中来,在数据量改变的情况下,投票法可以保证模型的鲁棒性。

3. 模型应用

利用基于深度学习的地质界线识别方法可以有效识别地层间的分界线,再对界线两侧岩体信息进行对比分析,就可以确定某个岩层的具体位置。实验中采用水电站Ⅱ的钻孔摄影图像数据,基于识别结果和钻孔段位置信息,建立不同钻孔段的三维模型,再利用三维钻孔模型的产状数据,可以建立不同岩层的地质分界面,并根据地质界面信息,最终采用曲面拟合的方法建立三维地层结构。

所采用的数据中包含了四个钻孔的地层数据信息,四个钻孔的编号分别为 SZK107、SZK108、SZK109 和 SZK110,钻孔的具体信息见表 6.2。

表 6.2 不同钻孔段信息

钻孔编号	高程/m	起始深度/m	相对坐标
SZK107	2396.0	72	(0, 0)
SZK108	2396.0	70	(−20, 20)
SZK109	2394.6	74	(−15, −10)
SZK110	2423.3	101	(10, −17)

利用投票模型对 SZK107、SZK108、SZK109 和 SZK110 钻孔中的 17 段钻孔段图像进行地质界线识别,并将识别后的结果应用于三维模型建立中。图 6.18~图 6.21 为不同钻孔中不同钻孔段的识别结果。

在 SZK107 和 SZK108 钻孔界线识别过程中,对于地质界线的识别较为准确,所有的地质界线均被识别,但 SZK107 中部分地质界线是岩体侵入造成的,对于地层建模没有意义,可手动对识别的冗余地质界线进行过滤;SZK108 中识别的地质界线包含了不同地层的分界,在地层分界面建立过程中还需进一步筛选;在 SZK109 钻孔界线识别过程中,真正需要的地质界线没有被识别,是因为钻孔分段的分割方式导致分界特征被破坏,进而影响了地质界线的识别,因此在自动化识别过程中还需要加入一定的人工操作。

所要建立的地层为伟晶花岗岩地层,整体呈灰白色,而上下相邻地层均为砂岩地层。实验中采用四个钻孔的图像数据包含 17 个钻孔段,其中包括 SZK107 中的 4 段、SZK108 中的 5 段、SZK109 的 4 段和 SZK110 的 4 段。同时也将地质界线识别结果标注在三维模型中。利用钻孔摄影图像建立钻孔段的三维模型,如图 6.22 所示。从左侧开始依次为 SZK107、SZK108、SZK109 和 SZK110 中钻孔段。

第6章 工程尺度地质勘探数据深度挖掘

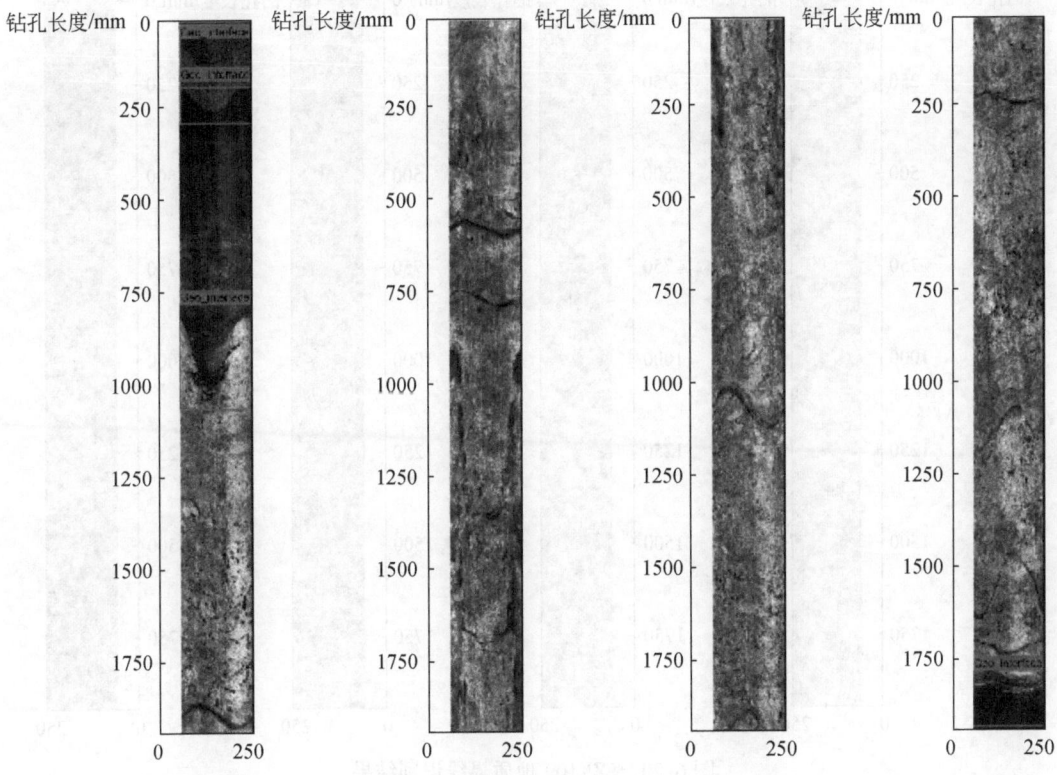

图 6.18 SZK107 地质界线识别结果

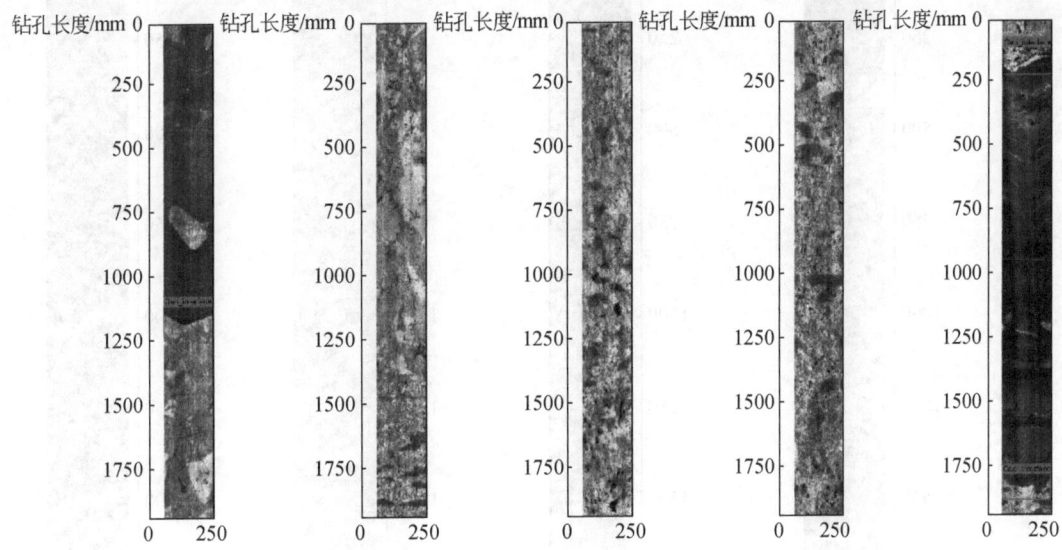

图 6.19 SZK108 地质界线识别结果

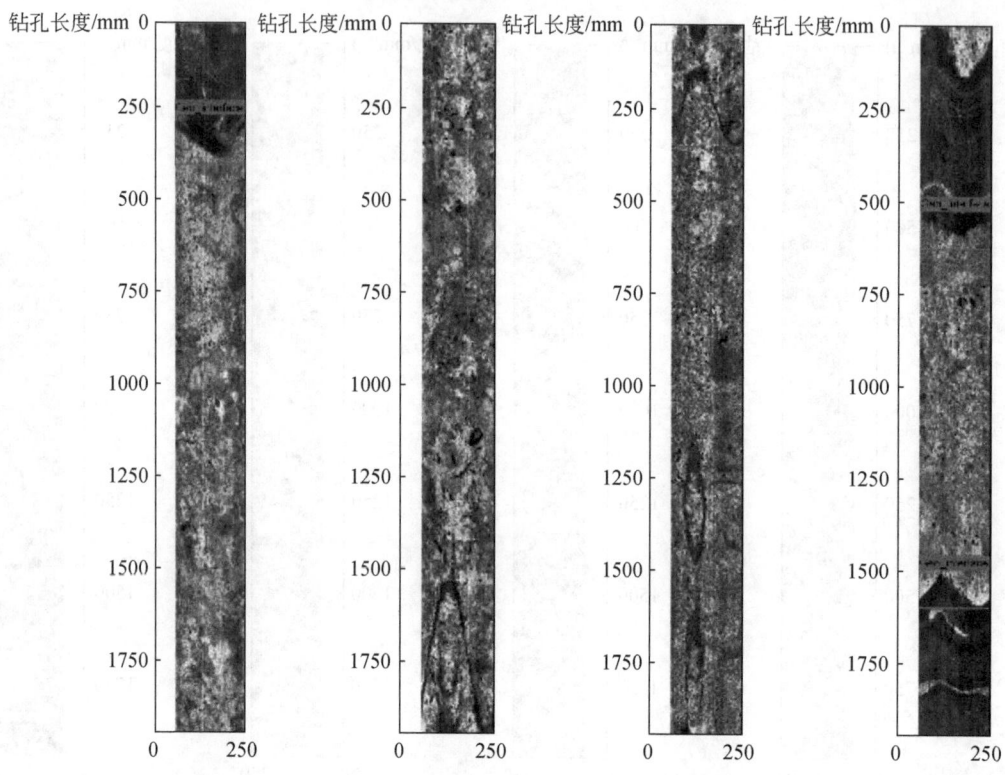

图 6.20　SZK109 地质界线识别结果

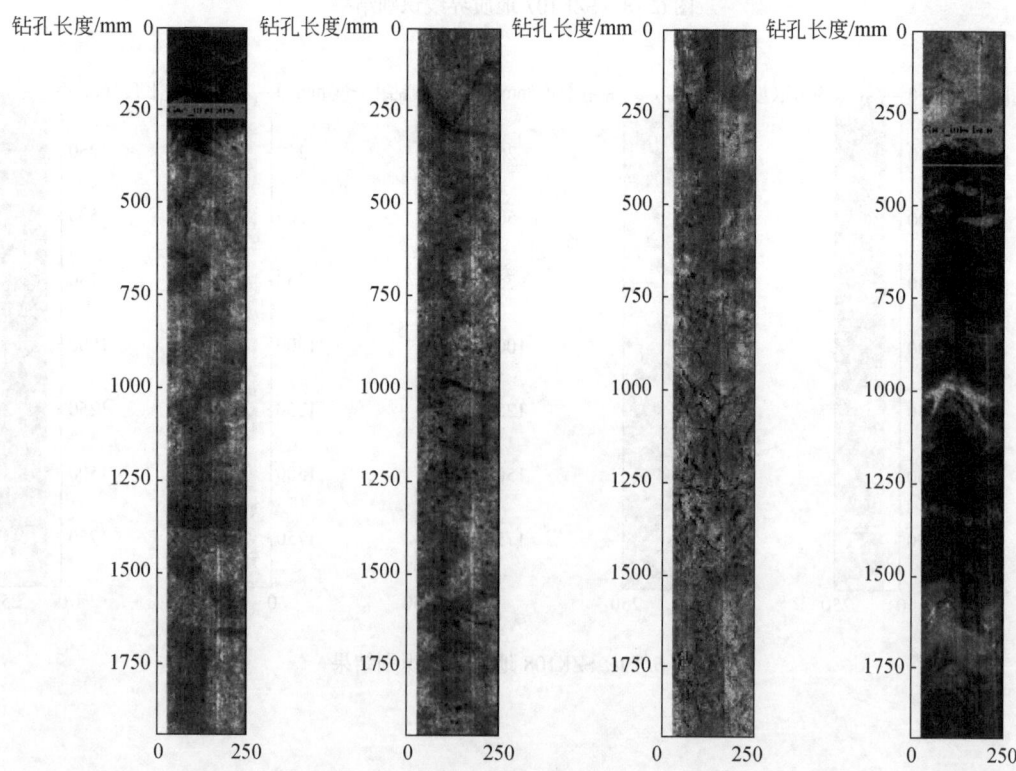

图 6.21　SZK110 地质界线识别结果

图 6.22 钻孔三维模型

结合图 6.18~图 6.21 的识别结果及图 6.22 中的建模结果,可以在地层分界处确定三维空间中分界面的产状,建立表示产状的四边形;基于产状信息和不同钻孔的位置信息,能够利用 NUBRS 曲面对地质分界面进行拟合,建立地质体的分层模型,如图 6.23 所示。

本节只采用了 4 个钻孔的数据,因此以钻孔位置作为地层的控制边界,结合识别的地质分界面和建立的产状四边形,利用 NURBS 曲面拟合方法,最终建立不同地层的地质分界面。在实际应用中,可以采用更多的钻孔数据进行分析,一般情况下,更多的钻孔数据意味着更高的准确率;另外,也可以选择不同的控制边界建立最终的地层分界面。基于深度学习方法的地质界线识别可以提高地层建模效率,为水工地质分析和水利工程项目的勘察设计提供一定的参考。

6.1.4 结论

以钻孔摄影图像地质界线为研究对象,分别采用基于阈值和边缘的传统图像处理方法与基于深度学习模型的目标检测方法进行分析研究。结果显示由于地质条件复杂,钻孔摄

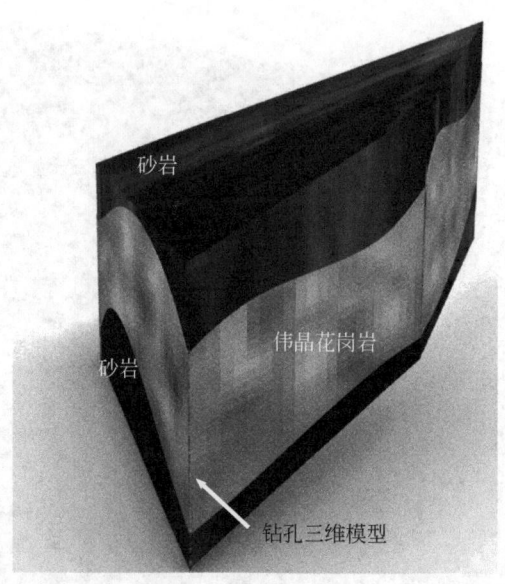

图 6.23 基于三维产状的地质层面拟合

影图像中存在较大噪声，单纯的阈值或边缘特征难以实现地质界线的识别与检测；与传统图像处理方法相比，基于深度学习方法的 Faster R-CNN 和 SSD 模型可以利用深度学习特征排除噪声干扰，实现钻孔摄影图像的地质界线检测。

实验中共对比了四种不同结构的深度学习检测模型，分别为基于 Inception 和 ResNet 的 Faster R-CNN 模型和基于 MobileNet 和 ResNet 的 SSD 模型，测试结果显示基于 Inception 和 ResNet 的 Faster R-CNN 模型可以更好地识别地质界线位置，抗干扰能力强，SSD 模型性能略差于 Faster R-CNN 模型；利用投票法可以综合不同模型的特点，修正不同模型的误差，当模型效果较好时可直接加入投票中，与单一模型相比有更好的鲁棒性。

6.2 钻孔摄影图像的结构面识别与分析

钻孔布设是地质工程中了解地质状况的常用方法，尤其是对于了解地表结构面的延伸和地下结构面的分布具有重要意义。工程中一般采用岩心质量对地下结构面进行分析，通过不同的指标或方法来了解地质状况，如岩石质量指标（RQD）、Q 值法、RMR 岩体分类法、地质体强度指标法（GSI）等。通过这些指标和分级方法可以从整体上了解岩石强度和破碎程度，实现对地质条件的定量分析；但仅是对岩心进行分析并不能反映地质状况的全貌，而利用钻孔摄影图像可以更进一步了解地下结构面的形态与空间位置分布，能够更全面地描述勘查位置的地质条件，为工程下一步开展提供更多依据。

随着深度学习方法逐渐应用于图像分割，其模型性能有了质的提升，甚至可以实现图像像素级分类与识别，同时，图像分割与识别也可用于工程中的缺陷检测等任务；但地质图像构成更为复杂，尤其是岩体具有各向异性和不均一性，导致图像中存在较大噪声，因此采用不同方法进行探索，找到适用于钻孔摄影图像等地质图像的模型是急需解决的问题。在本节中，采用传统的图像分割方法和基于深度特征的图像分割方法，分别对钻孔摄影图像中结构面进行识别分析，结果显示基于深度特征的图像分割方法可以有效识别不同形态的结构面，分类水平可以达到像素级，其结果可辅助钻孔结构面分析和地质状况评估。

6.2.1 结构面智能识别与分析模型构建

在本节中，主要采用两种传统图像处理方法和三种基于深度学习模型的图像分割方法对钻孔摄影图像进行处理分析，如图 6.24 所示。传统的图像处理方法主要依据像素之间的相似关系和梯度变化进行分析；基于深度模型的图像分割方法采用 Unet 模型、FC-DenseNet 模型和 DeepLabV3 模型，在 Unet 和 DeepLabV3 模型训练过程中，特征提取模块采用了 ResNet101 和 Inception-v4，均用于模型的编码部分。

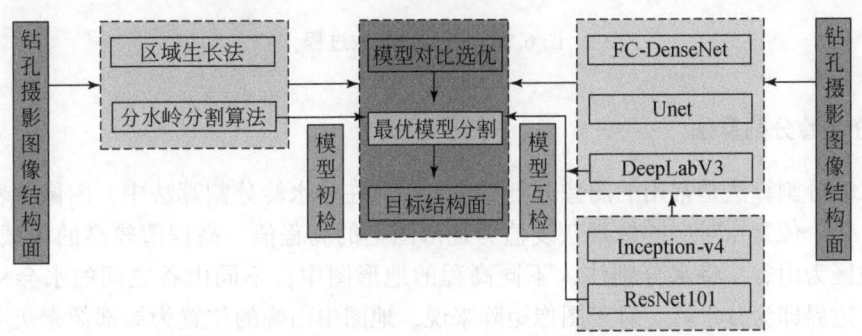

图 6.24 钻孔摄影图像结构面智能识别与分析模型构建

1. 区域生长法

区域生长法是一种传统的图像分割方法，该方法通过交互法或自动选择法选择种子点位置。在交互法中，一般选择要分割物体中的部分区域作为种子生长的初始位置；而在自动选择法中，通常是直接给出种子初始生长位置的像素点坐标。当确定区域生长位置之后，再根据像素之间的相似关系，加入一定的限制条件将该区域内所有相似像素归为同一类，也就是所有相似的像素组成了一个区域。

因此，区域生长法主要包含了三个步骤，首先是种子生长点选择，种子生长点的个数选择和与具体情况密切相关，可以选择一个或多个种子生长点作为初始的生长位置，根据不同的实际情况，可以手动选择生长点区域或者直接自动选择；其次是区域生长条件，它是根据像素之间的相似关系确定的，其与区域生长完成遵循相同的限制；最后是区域生长完成的条件，一般来说，通常设置阈值来对区域生长进行判断，当区域内像素点灰度值与待加入的像素灰度值之差小于某个限值，则该区域继续生长，而当该差值大于某个限值，则该像素点不会加入区域中，当所有像素点邻域像素均大于该阈值时，则区域生长完成。

此处以 4 个邻域扩展的方式对区域生长法进行说明，如图 6.25 所示。在像素点的图中可以看到，像素点 1 的 4 个邻域分别为像素点 2、3、4、5，像素点 1、6、7、8 则为像素点 5 的 4 个邻域，而通过像素点灰度值图可以发现，像素点 1 的 4 个邻域中，像素点 5 的灰度值与其最为接近，因此像素点 5 加入到区域中，之后则考察像素点 5 的位置和灰度值，再分析像素点 6、7、8，可以看出像素点 7 的像素值与像素点 5 最接近，因此将像素点 7 加入到区域中，区域生长过程图中显示了种子点的变化方向。当不断有像素加入到区域中时，区域则不断生长；当像素不再加入区域中时，区域生长则停止。区域生长法需要对像素的位置和灰度值进行综合分析。

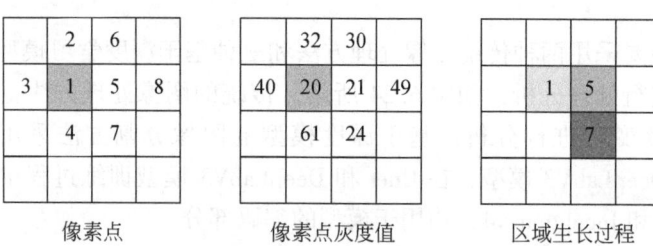

图 6.25　区域生长法过程

2. 分水岭分割算法

分水岭分割算法是常用的图像分割方法之一。在分水岭分割算法中，图像被看作一幅地形图，每个像素点对应的像素灰度值为地形图上的高程值。高程值较高的区域为山峰，较低的地区为山谷。将水分别注入不同高程的地形图中，不同山谷之间的水会从边界溢出，这个边界即为分水岭。对于图像矩阵来说，地图中山峰的位置为局部像素灰度的最大值点，山谷的位置为局部像素灰度值的最小值点；分水岭是用于分割图像的边界，其代表着图像内物体的边缘。

假设图像是渐变图像，$M_1, M_2, \cdots, M_R$ 是图像 $g(x,y)$ 的区域最小值点，设 $A(M_i)$ 为与山谷部分相关的最小值 M_i 的集合，$L_{\min}$ 和 $L_{\max}$ 为图像 $g(x,y)$ 中的两个最值点，满足 $g(s,t) < n$ 的坐标集合假设为 $T[n]$，则有式(6.15)：

$$T[n] = \{(s,t) \mid g(s,t) < n\} \quad (6.15)$$

$T[n]$ 是平面 $g(s,t) = n$ 下方的点的集合。此时水位以离散的整数为步长匀速增长，水位增长的范围为 $[L_{\min}+1, L_{\max}+1]$，地图中的不同高程的位置将被水顺次淹没。假设极小值区域在第 n 个阶段发生溢出，$A_n(M_i)$ 为这一阶段与山谷部分相关的最小值 M_i 的集合，二值图像 $A_n(M_i)$ 可表示为

$$A_n(M_i) = A(M_i) \cap T[n] \quad (6.16)$$

简单来说，当坐标点 (s, t) 同时满足 $(s, t) \in A(M_i)$ 和 $(s, t) \in T[n]$ 时，则该点处像素灰度值为 1，否则为 0。

假设 $A[n]$ 为第 n 步已被淹没的汇水山谷，则有

$$A[n] = \bigcup_{i=1}^{R} A_n(M_i) \quad (6.17)$$

假设 $A[L_{\max}+1]$ 表示所有被淹没的汇水山谷，则有

$$A[L_{\max}+1] = \bigcup_{i=1}^{R} A(M_i) \quad (6.18)$$

从以上步骤可以看出，分水岭搜寻过程就是将图像中像素灰度值排序之后，再按顺序筛选的过程。分水岭分割算法具有分割迅速且准确的优点，对边缘的识别具有良好效果，但图像中的微弱噪声可能造成图像的过度分割，这也是分水岭算法的劣势。

在分水岭分割算法中，目标区域一般存在于分割区域中，但由于噪声较大，难以实现真正的区域分割；可以将其作为初步验证方法，将其他方法中的分割区域与之求交集，若交集为空，则说明分割区域未被识别，可对细小闭合结构面区域是否分割起到检测作用，如式（6.19）所示。

$$Z \cap Z_w \neq \varnothing \quad (6.19)$$

式中，Z 为其他方法的分割区域；Z_w 为分水岭分割算法的分割区域。

3. 基于深度学习特征的图像分割方法

采用的图像分割模型包括 Unet 模型、FC-DenseNet 模型和 DeepLabV3 模型，Unet 模型和 DeepLabV3 模型中特征提取模块采用了 ResNet101 和 Inception-v4。模型的性能采用交并比进行评价。

此外，当用最优模型分割结构面后，同时采用次优模型进行分割，对二者分割结果求交集，并设定阈值，若交集与最优分割结果之比小于阈值，采用人工校核的方法，如式（6.20）所示。

$$S(Z \cap Z_d)/S(Z) \geq T \quad (6.20)$$

式中，$S(Z \cap Z_d)$ 为交集面积；$S(Z)$ 为最优模型分割的结构面面积；T 为阈值。

6.2.2 数据收集与预处理

1. 数据收集

钻孔中结构面的识别与分析对于水工地质安全评价具有重要的意义，尤其是钻孔摄影图像中结构面的量化对于岩体质量分级和岩体完整性分析具有重要的参考价值。岩心样本通常是岩体完整性分析的研究对象，但当岩心采取率较低时，无法对岩体质量进行分析，但此时仍可用钻孔摄影图像来反映岩体性质。实验中共采用 27 个钻孔的全景图像数据进行分析，排除其中图像模糊岩段、大面积破碎岩段以及完整岩段，共采集了 110 张图像进行分析，每张图像包含一条至多条结构面。将全部数据划分为训练集和测试集，其中训练集包含 100 张图像，测试集包含 10 张图像；测试图像同样用于传统方法的验证分析。从图 6.26 中可知，钻孔图像背景不同，且有岩体侵入和噪声的干扰。利用不同种类的结构面图像进行测试有助于检验模型的鲁棒性，但由于数据量较少，我们决定采用上下和左右翻转的方式增加数据。

2. 数据预处理

传统的图像分割方法一般采用自动分割的方法，在区域生长法中可以采用手动标记的方法；但是对于基于深度学习模型的图像分割方法，则均需要提前对训练图像集进行标

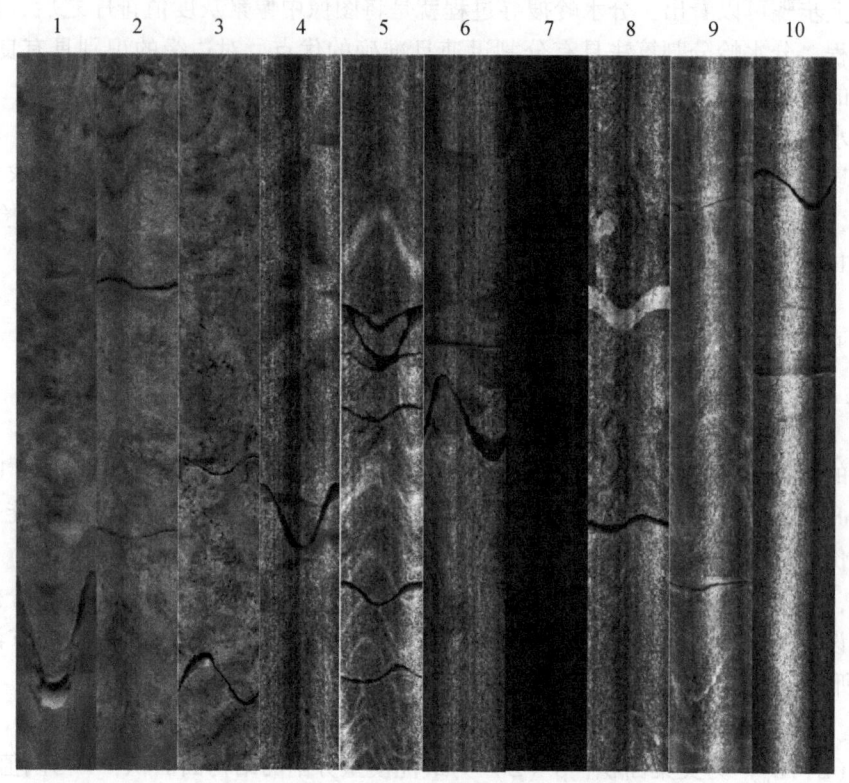

图 6.26　钻孔图像结构面测试数据

注,并将数据转换为可以读取的格式。实验中采用 labelme 对钻孔摄影图像进行标记,其标记过程如图 6.27 所示,与地质界线标记类似,结构面标注也需要标记像素的类别和位置。

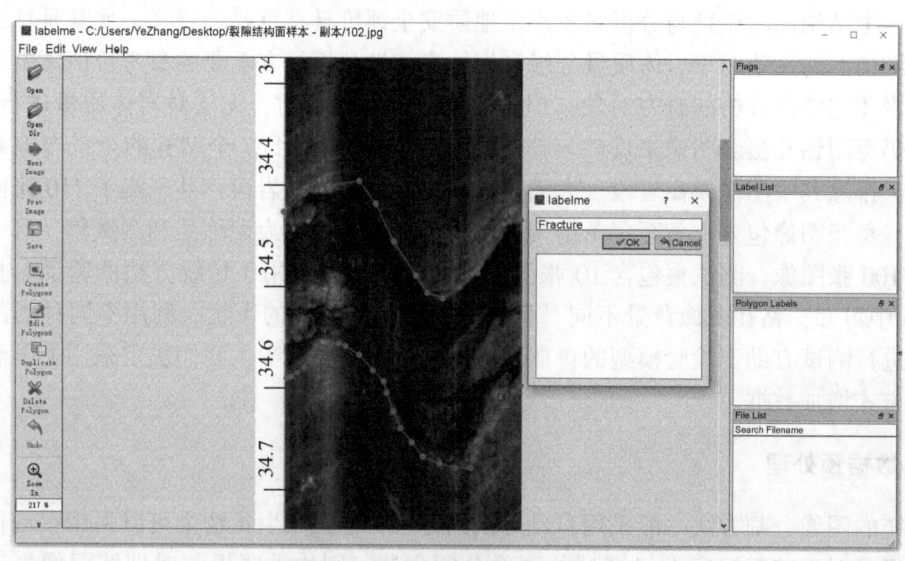

图 6.27　钻孔摄影图像结构面标注

对标记后数据进行处理,生成真实图像的掩膜,即能够以真实图像和掩膜作为训练数据来建立模型。图 6.28 为图 6.27 中标记的真实图像和掩膜及二者叠加后的图像,红色部分为标记的结构面像素位置,黑色部分为背景信息。

图 6.28 钻孔摄影图像结构面真实图像及掩膜

6.2.3 结构面智能分割模型构建与分析

1. 模型参数设计

基于区域的传统图像分割方法,即区域生长法和分水岭分割算法,不需要进行模型训练的过程,只需对灰度阈值进行分析即可。而基于深度学习模型的图像分割方法,即 Unet、FC-DenseNet 和 DeepLabV3 模型,需要对其进行训练,另外在 Unet 和 DeepLabV3 模型训练过程中均采用了 Inception-v4 和 ResNet101 中的模块,在第 3、4 章已经证明了这两种模型结构可以有效提取图像特征,因此对于结构面分割也采用了这两种模型中的模块进行编码。在基于深度学习的图像分割模型训练过程中,需要对模型参数和训练参数进行设计。

对于基于深度学习方法的 Unet、FC-DenseNet 和 DeepLabV3 三种模型,将所有图像均设置为高1280,宽160的尺寸,避免造成特征图大小不同的状况;所有的训练数据也只包含结构面和背景,像素的类别数均为2;在模型训练过程中采用批次训练,每批次为1张图像,总共训练300个epoch,一个epoch指的是将所有数据完全训练一遍,300个epoch意味着所有的图像均被训练300次;在Unet和DeepLabV3模型训练过程中,Inception-v4和ResNet101的模块用于提取图像特征,而在FC-DenseNet中,是将DenseNet模块应用于全卷积网络中,每个模型的具体参数设计见表6.3。

表6.3 基于深度学习方法的图像分割模型参数设计

检测模型	Unet		FC-DenseNet	DeepLabV3	
预训练模型	Inception-v4	ResNet101	—	Inception-v4	ResNet101
图像类别	2	2	2	2	2
图像大小	1280×160	1280×160	1280×160	1280×160	1280×160
批次大小	1	1	1	1	1
epoch	300	300	300	300	300

2. 模型训练与评价结果

1)模型训练

区域生长法和分水岭分割算法不需要进行模型训练,这两种方法都是基于区域特性对图像进行分析;而对基于Inception-v4和ResNet101的Unet模型和DeepLabV3模型以及基于DenseNet模型的FC-DenseNet全卷积网络均需要进行模型训练。根据表6.3中设置的参数,分别用三种模型在对应的五种工况下进行模型训练。五种工况中模型的训练过程如图6.29~图6.33所示。

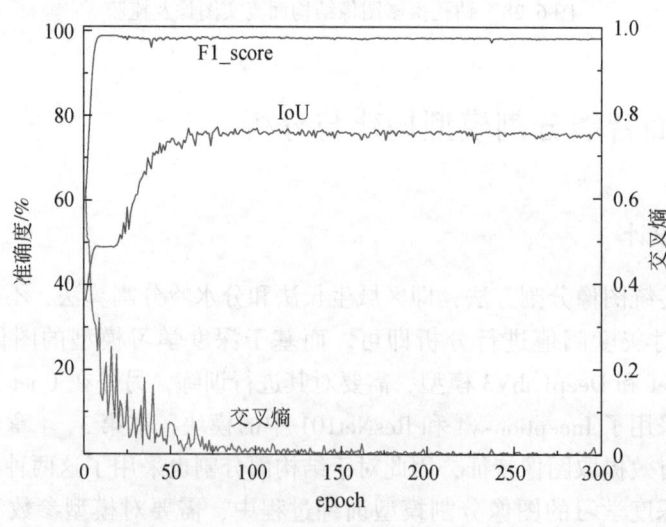

图6.29 基于Inception-v4的Unet模型训练过程

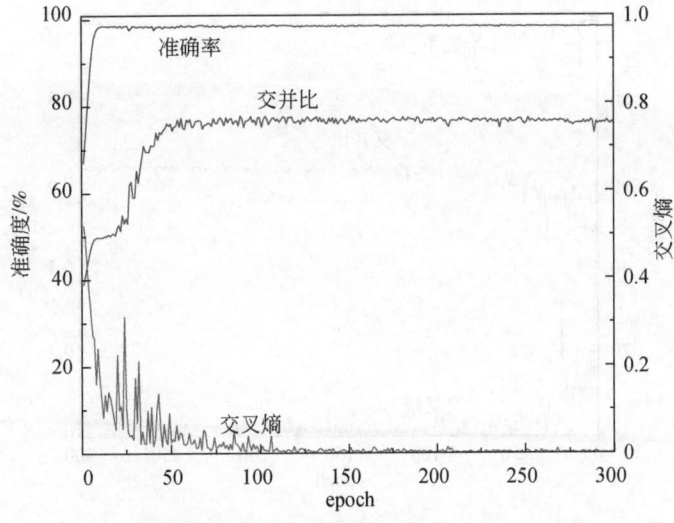

图 6.30 基于 ResNet101 的 Unet 模型训练过程

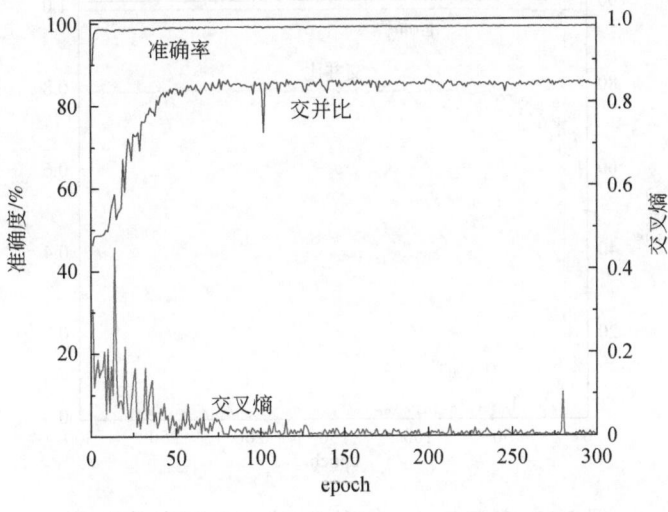

图 6.31 基于 DenseNet 的 FC-DenseNet 模型训练过程

从五种工况的训练过程来看，FC-DenseNet 模型效果最好，准确率与交并比随训练步数呈上升趋势，最终收敛于接近 87%；损失函数呈下降趋势，最终收敛于 0.01 以下；基于 Inception-v4 和 ResNet101 的 Unet 和 DeepLabV3 模型准确度均低于 FC-DenseNet 模型。

2) 模型评价

首先采用区域生长法和分水岭分割算法对图 6.26 中 10 张钻孔摄影图像中的结构面进行分析。在区域生长法中采用了手动选取多个种子点的方法，其图像测试结果如图 6.34 所示。图 6.34 中第一列为真实图像，第二列为选取的种子点位置，第三列为分割后的二值图。

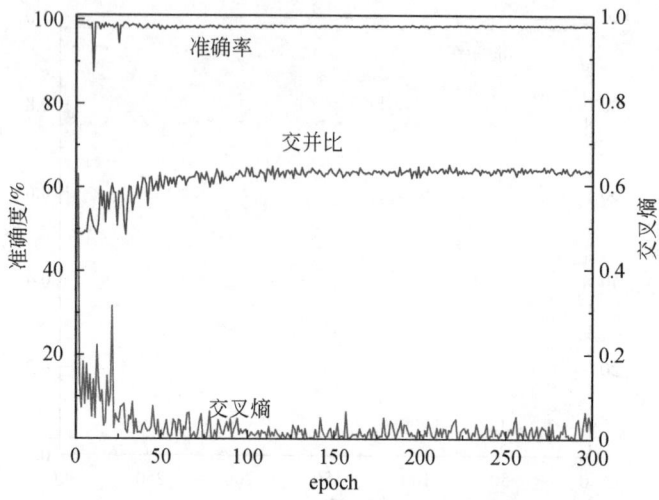

图 6.32 基于 Inception-v4 的 DeepLabV3 模型训练过程

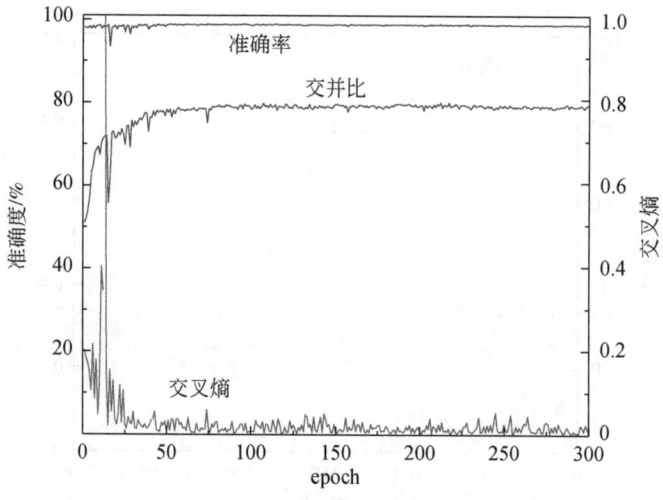

图 6.33 基于 ResNet101 的 DeepLabV3 模型训练过程

从图 6.34 可以看出，基于区域生长法的图像分割对于钻孔摄影图像并不适用，大部分的结构面都没有识别出来，其结果受到了图像质量以及岩体性质的影响，几乎不能反应结构面的几何性质；采用不断调节阈值的方法有可能找到某个钻孔图像中结构面较好的分割方式，但是对于处理全部数据来说意义不大。因此区域生长法不适用于钻孔摄影图像的分割。

分水岭分割算法则是采用了自动处理图像的方式，不需要进行手动选择特征。其图像测试结果如图 6.35 所示。图 6.35 中第一列为真实图像，第二列为分割后的二值图。

从图 6.35 中可以看出，与区域生长法相比，分水岭分割算法的精确度相对较高，多数结果基本显示出了结构面在图像中的位置；但是标号为 9 的图像的结构面识别效果较

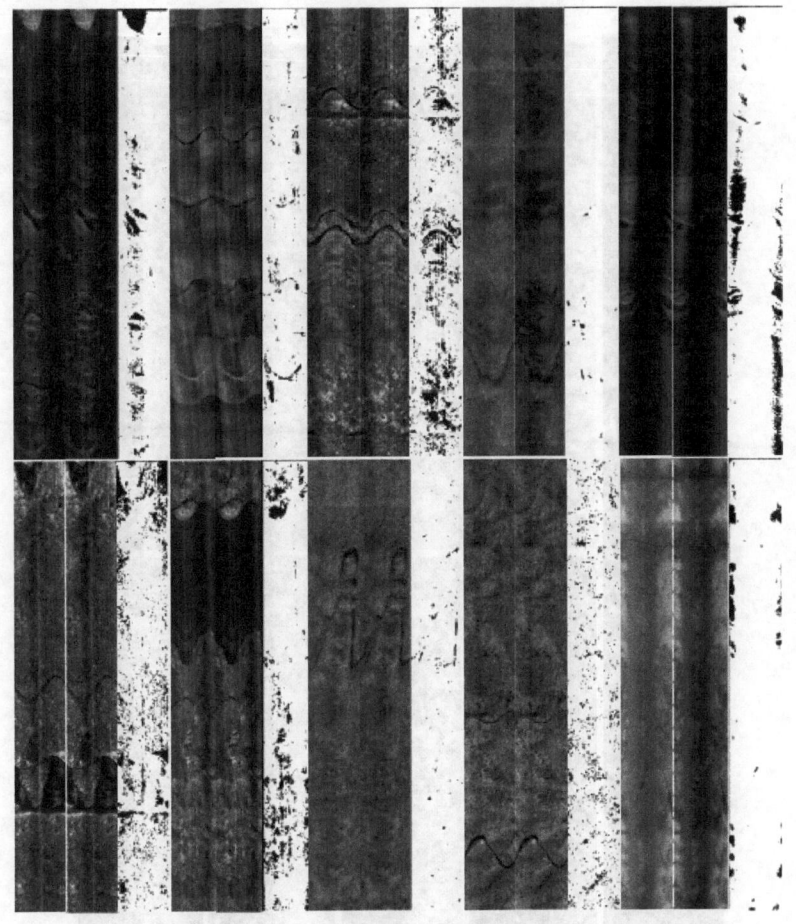

图 6.34 区域生长法图像测试结果

差,说明分水岭分割算法对于开度较小的裂隙不敏感,而且由于钻孔摄影图像的特殊性,噪声信号甚至比目标信号更强,最终导致分割失效,如标号为 7 的图像分割结果所示;另外,即使分水岭分割算法能够显示结构面位置,其分割出的结构面也较粗糙,其精确度难以满足结构面量化分析的要求。

在用深度学习模型方法分割结构面时,为了更精确地对不同模型进行评价,分别采用了精准率、召回率、F1_score 和交并比来评价模型的准确程度,表 6.4 为不同模型在各个指标下的评价值。

从表 6.4 中可以看出,在评价三种模型的指标中,精准率、召回率和 F1_score 均较高,难以有效区分出三个模型的性能;而交并比则可以有效评价各个模型的准确程度;Unet 模型和 DeepLabV3 模型的交并比均低于 80%,FC-DenseNet 模型的交并比超过 87%,因此,综合考虑训练过程和评价结果,采用 FC-DenseNet 模型可以有效分割钻孔摄影图像中的结构面,并将切割后的图像用于结构面的量化计算。图 6.36 是 FC-DenseNet 对于结构面的分割结果,模型互检阈值采用 0.5,对结果采用了腐蚀、膨胀操作消除了部分点噪声,

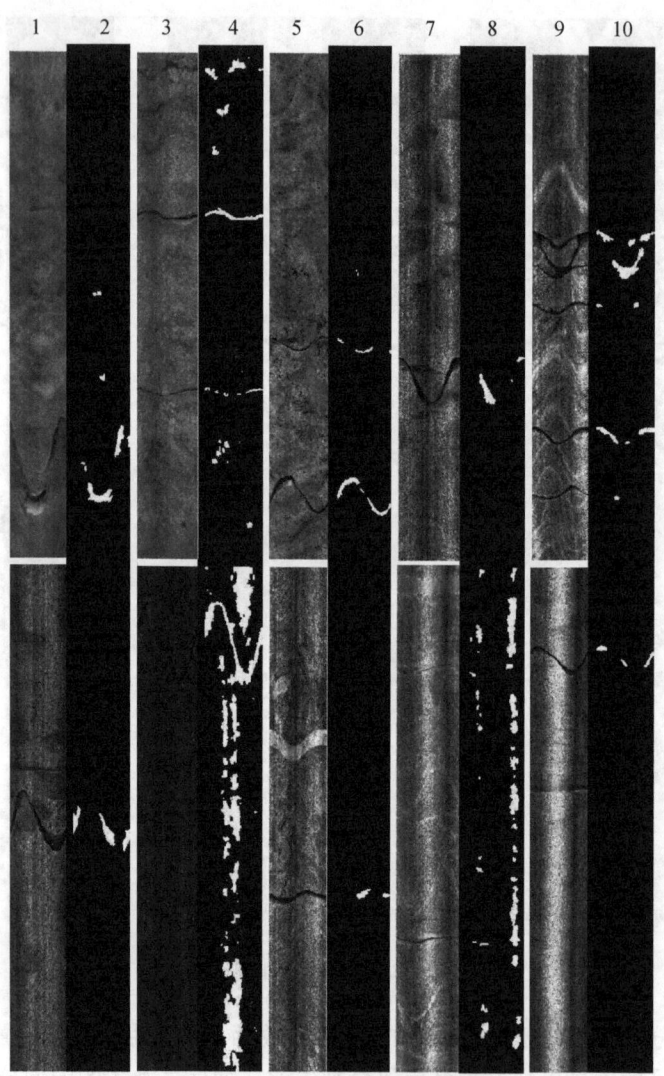

图 6.35 分水岭分割算法图像测试结果

采用真实图像、标记蒙版和预测图像并列的方式显示最终的分割结果。

表 6.4 基于深度学习特征的图像分割方法评价结果 （单位:%）

分割模型	预训练模型	精准率	召回率	F1_score	交并比
Unet	Inception-v4	98.35	98.46	98.31	75.66
	ResNet101	98.29	98.41	98.24	75.63
FC-DenseNet	—	99.39	99.39	99.38	87.30
DeepLabV3	Inception-v4	98.35	98.08	98.20	64.42
	ResNet101	98.84	98.89	98.82	79.55

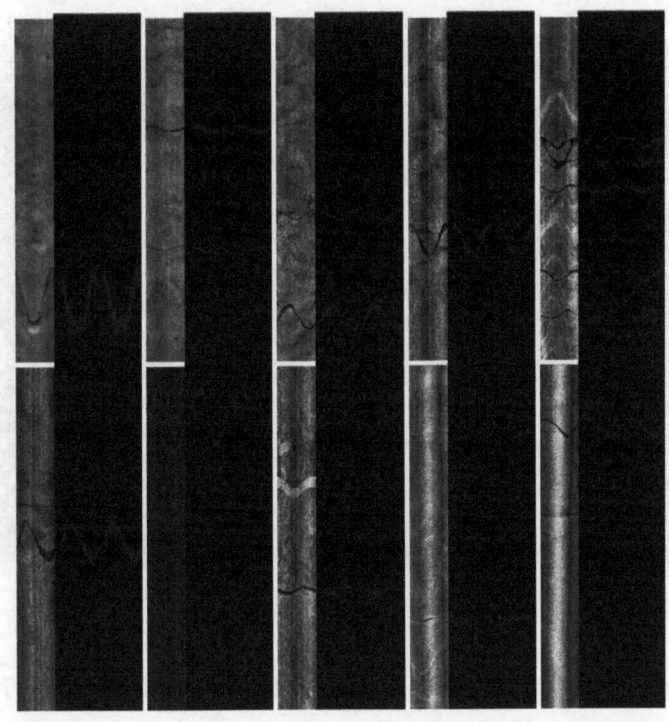

图 6.36 FC-DenseNet 模型分割结果

从以上分割结果中可以看出,尽管存在不同的噪声,如图像中普遍存在的竖纹及亮度不均匀(4、5、9、10)、侵入(8)、颜色噪声(3、6)等,其对于结构面的识别均有不良影响,相比于传统方法,模型的分割结果受噪声干扰较小,说明 FC-DenseNet 模型具有较好的鲁棒性,但同时也可以发现 FC-DenseNet 模型对于结构面的宽度不敏感,有进一步提升的空间。

3. 模型应用

在工程应用中采用水电站Ⅱ的钻孔摄影图像进行分析,数据包含不同钻孔的全景图像以及相同钻孔不同高程的全景图像,共采用了 9 个钻孔的 13 段钻孔数据,每段钻孔摄影图像为 2m,每个钻孔图像段分布在钻孔不同的孔深,同时利用钻孔柱状图可以查询相应钻孔摄影图像的位置、高程及 RQD 信息。在研究对象中,采用了测试集中的图像,并又采集了另外 3 张钻孔摄影图像进行分析,将图像按节理数目大小进行排列,待分析的钻孔摄影图像数据如图 6.37 所示。

利用 FC-DenseNet 模型对 13 张钻孔摄影图像中的结构面信息进行分割并进行检验,标号 12 的钻孔段未通过模型互检,因此采用人工分割,最终结果如图 6.38 所示。同时可以计算分割出的结构面图像所占整个图像比例,另外,钻孔摄影图像标尺可以直接表示图像尺寸,因此可以利用比例关系直接计算结构面大小。利用节理数、裂隙面积比例和裂隙面积可以为岩体完整性评价提供参考。表 6.5 展示了钻孔摄影图像的编号、高程、位置、

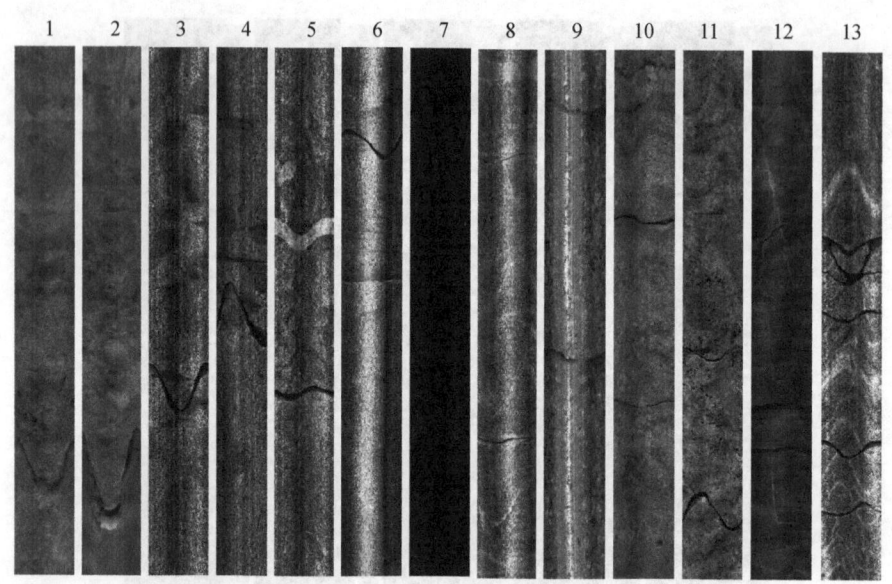

图 6.37 待分析的钻孔摄影图像数据

RQD 值等信息;同时也将节理数、裂隙面积及裂隙面积与总面积之比进行汇总。

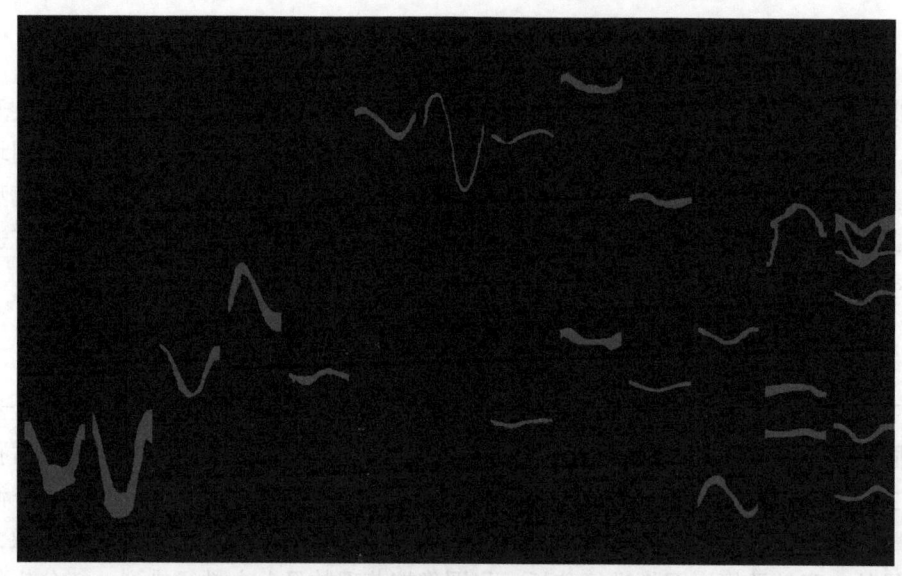

图 6.38 钻孔摄影图像数据分割结果

表 6.5 钻孔摄影图像信息及结构面参数计算

图像	钻孔编号	高程/m	深度/m	RQD/%	节理数	结构面面积比例/%	真实面积/dm²
1	SZK212	2419.9	124~126	85	1	8.92	42.10

续表

图像	钻孔编号	高程/m	深度/m	RQD/%	节理数	结构面面积比例/%	真实面积/dm²
2	SZK212	2419.9	128~130	81	1	12.20	57.59
3	ZK203	2178.1	10~12	96	1	3.61	17.04
4	ZK208	2176.4	30~32	85	1	5.97	28.18
5	ZK306	2253.3	50~52	95	1	2.17	10.24
6	ZK204	2260.4	24~26	92	1	2.51	11.85
7	ZK301	2183.9	40~42	80	1	3.95	18.64
8	ZK109	2079.2	30~32	93	2	2.23	10.53
9	SZK201	2420.6	68~70	82	2	6.20	28.25
10	SZK212	2420.0	48~50	86	2	3.86	18.22
11	SZK208	2412.1	40~42	83	2	4.83	22.80
12	SZK113	2393.9	112~114	65	3	8.62	40.05
13	ZK306	2187.1	62~64	60	6	12.10	57.11

图像中存在标尺，可以计算结构面的真实面积，用结构面真实面积对岩体完整性进行评价，一定程度上可以避免尺寸效应的影响。另外，由于钻孔摄影图像规格较一致，结构面的真实面积与结构面的面积比例变化趋势相同，以下以结构面的面积比为参考进行分析。

从表6.5和图6.39中可以看出，多数钻孔段结构面的面积比和RQD呈负相关。对表格内全部钻孔段数据中的结构面的面积比和RQD值进行皮尔逊相关性计算，其值为-0.754，即意味着多数钻孔段结构面的面积比和RQD呈强负相关。标号12与1、13和2中的钻孔段结构面的面积相近，但是RQD值相差较大。根据地质资料可以查明，标号12处岩体由于裂隙发育，出现多段4~6cm岩心段，其长度不足10cm，因此RQD相对较低；标号13钻孔段中裂隙发育，尽管裂隙面积与标号2中相似，但节理数增多同样造成RQD值减小。从以上分析中可以发现，结构面的面积比和结构面的真实面积可以在一定程度上可以反映岩体完整性，但同时岩体完整性也受岩体本身性质和节理数量等因素的影响。

6.2.4 结论

以钻孔摄影图像结构面为研究对象，分别采用传统的、基于区域的图像分割方法和基于深度学习模型的图像分割方法进行分析研究。在基于区域生长法和分水岭分割方法的图像分析中，分水岭分割方法可以分析出部分钻孔摄影图像中的结构面位置，效果优于区域生长法，但是分割结果较粗糙，且极易受到钻孔图像中噪声的影响，因此传统方法难以用于结构面几何形状的准确分割；与这两种方法相比，基于深度学习方法的图像分割模型性能较好，可实现结构面的有效分割，具有很好的鲁棒性。

同时，实验中采用不同的深度学习模型作为预训练模型对不同分割模型进行改进，在

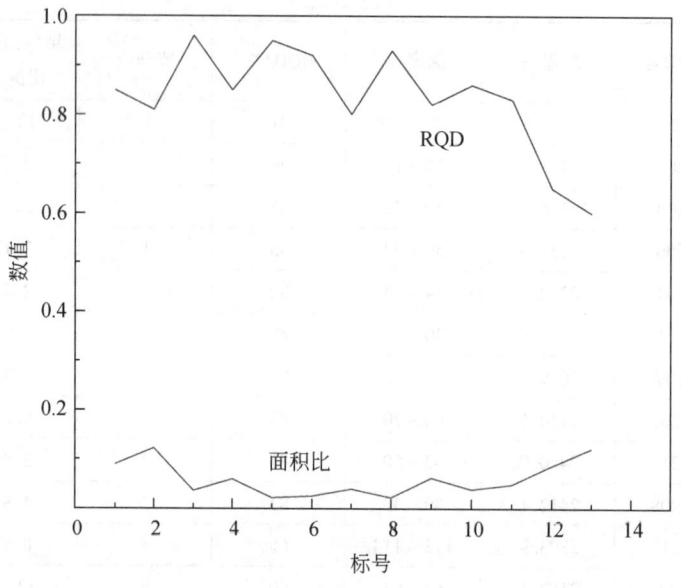

图 6.39　RQD 与结构面面积比例关系

Unet 模型中添加了 Inception-v4 和 ResNet101 中的模块；FC-DenseNet 模型则是由 DenseNet 模型改进而来；在 DeepLabV3 模型中也采用了 Inception-v4 和 ResNet101 中的模块搭建模型。对比三个模型发现，基于深度学习模型的 Unet 模型和 DeepLabV3 模型表现较差，交并比均低于 80%；而 FC-DenseNet 模型的交并比达到 87.3%，并用分水岭分割算法和基于 ResNet101 的 DeepLabV3 模型结果对其进行检验，结果显示 FC-DenseNet 模型通过检验，因此可选择 FC-DenseNet 模型处理钻孔摄影图像中的结构面分割问题。

6.3　硐室内基础地质现象图像多深度模型智能分类方法

硐室内基础地质现象的分类与识别对于了解硐室内结构面分布状况、围岩性质以及指导下一步硐室内勘探有重要意义。对硐室内地质现象和地质结构的分类识别分析通常采用手动作业，如拍摄硐室内的构造和卸荷裂隙等。传统的分析方法费时费力，难以实现过程的自动化。通过采用多种深度学习模型和机器学习模型对水工硐室内基础地质现象图像进行分析、对比不同深度学习模型与不同机器学习方法、选择性能较好的模型进行耦合，可建立较优的水工硐室基础地质现象图像识别模型，在一定程度上实现硐室内基础地质现象的自动识别分析，减少地质工程师的工作量。

6.3.1　地质现象图像数据多模型智能分类构建方法

本节中的方法依然以迁移学习和卷积神经网络为核心，采用多种深度学习模型对硐室内基础地质现象图像特征进行提取，再采用不同种类的机器学习方法，结合交叉验证等参数寻优过程，建立不同的智能识别模型。从图 6.40 中可以看出，五种深度学习模型均在

ImageNet 数据集训练得来,输出的标签也均为 ImageNet 的标签,利用迁移学习将五种深度模型中的卷积层与池化层分别作为硐室内基础地质现象识别模型训练中的特征提取器,之后再利用不同机器学习方法建立智能识别模型并进行对比,得到较优的模型,最终输出基础地质现象图像的标签;同时,结合模型评价结果,也可分析不同深度学习模型提取的特征和不同种类机器学习方法的有效性。

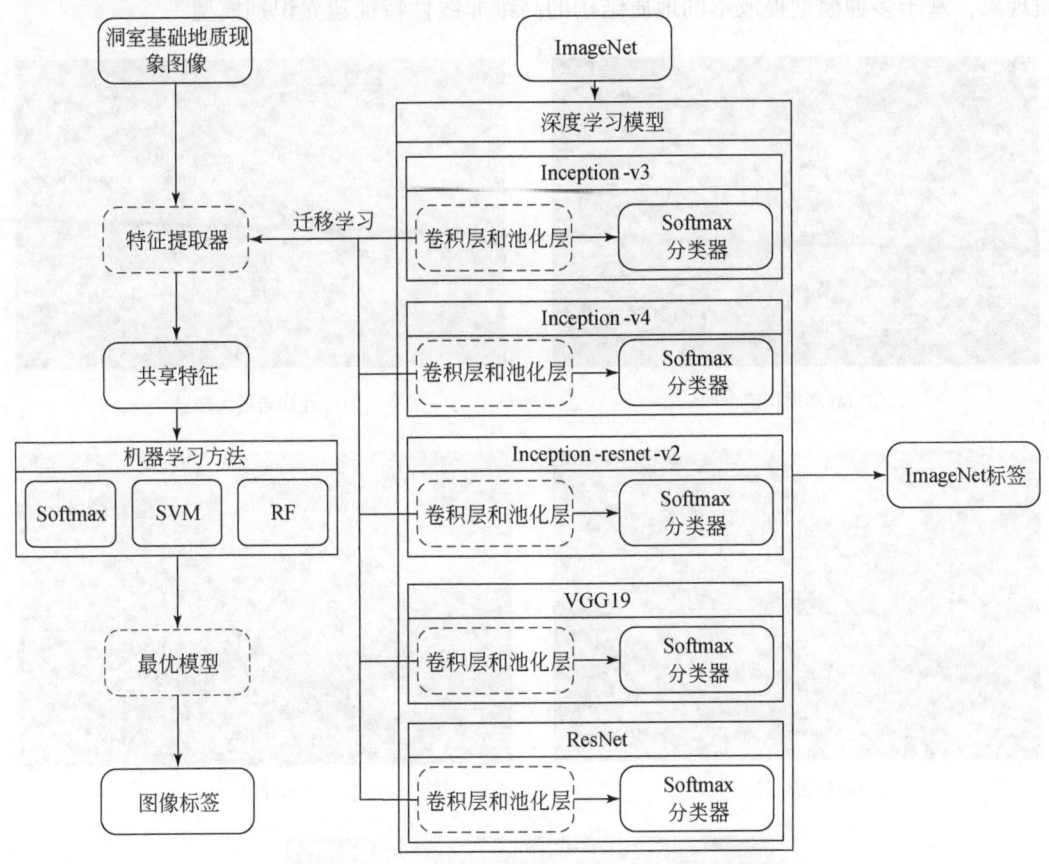

图 6.40 耦合机器学习方法的多深度学习模型迁移过程

根据所设计的方法,数据特征是由五个深度学习模型产生的维度不同的复杂的非线性特征,并选择了 Softmax 回归、支持向量机和随机森林等机器学习算法对硐室内地质结构进行分类与识别,Softmax 回归算法为广义线性模型,SVM 算法是单层网络结构,随机森林算法是树形结构;应用不同类型的模型可以探索适用于高维数据的机器学习方法。

6.3.2 数据收集

在硐室开挖过程中,断层构造、花岗岩侵入砂岩、砂岩分界、卸荷以及花岗岩云母集中等地质现象对于了解硐室围岩性质有重要意义。断层构造与硐室完整性和围岩的力学性质密切相关,地质工程师多以现场标记和地质素描图的方式对硐室内断层及结构面进行记录；花岗岩侵入砂岩则产生不同接触面，包括焊熔接触、断层接触和裂隙接触等，不同接触面对于硐室围岩稳定有重要影响，花岗岩侵入砂岩接触面或者不同砂岩接触面有可能发生塌方或涌水；花岗岩云母集中则是对岩体力学性质有所削弱；卸荷对于围岩稳定有着重要影响，硐室开挖一般会导致岩体卸荷的出现，产生卸荷节理，其对于硐室围岩稳定具有较大危害。五种不同硐室内基础地质结构图像如图 6.41 所示。针对这五种硐室内基础地质现象，基于多种模型提取不同地质结构的高维非线性特征建立识别模型。

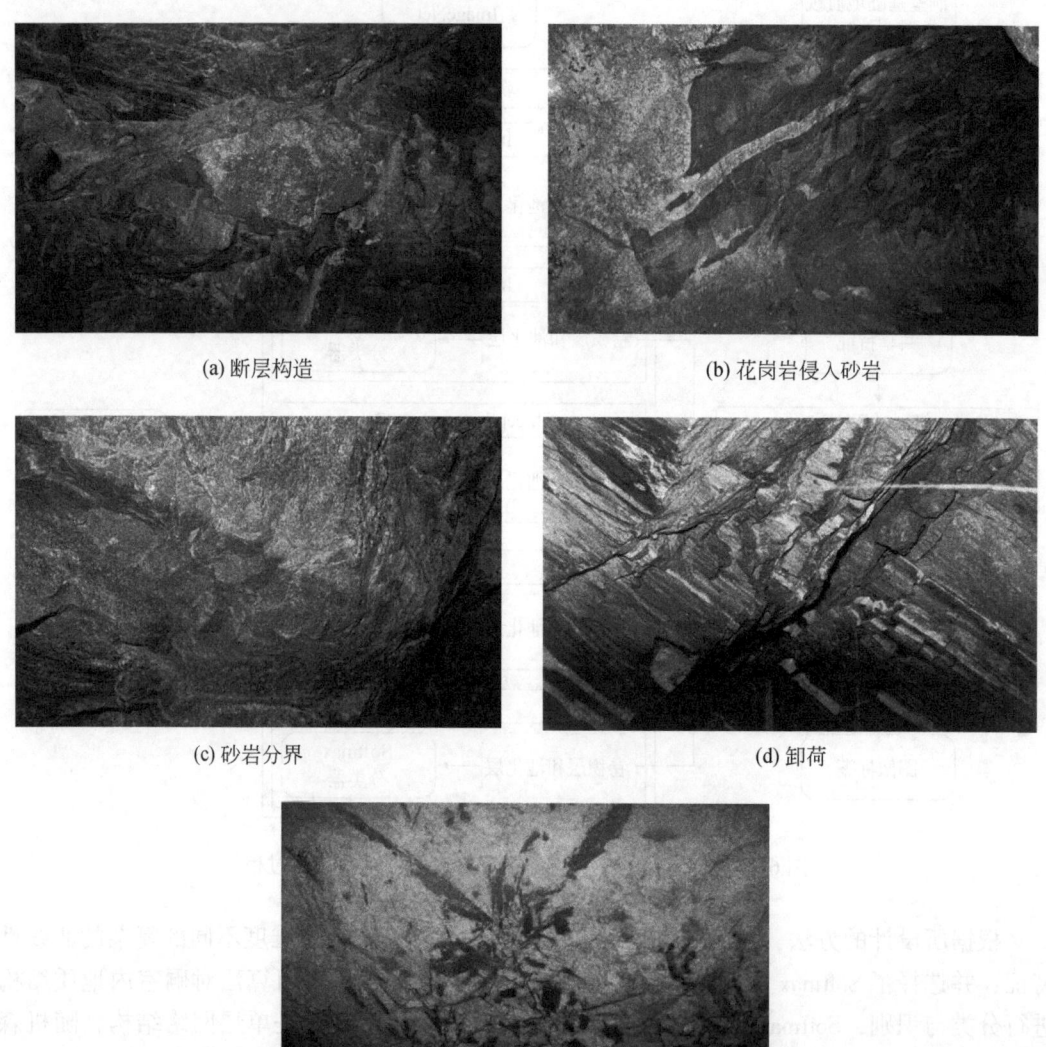

图 6.41 水工硐室内基础地质结构及现象

在所采用的数据集中，包括断层构造图像 75 张、花岗岩侵入砂岩图像 72 张、砂岩分界 68 张、卸荷图像 68 张、花岗岩云母集中图像 67 张，共 350 张图像。不同地质现象的图像数量都只有十几张,数量较小,可验证深度学习模型和迁移学习方法对小数据集的有效性。与地质勘查中地质结构不同的是,硐室内基础地质现象图像之间差别较大,图像特征相似性不强,因此对于原始图像不再进行数据扩增,直接利用原始图像进行建模分析。图像训练过程中训练集和测试集按照 9∶1 划分。硐室内基础地质现象图像数据划分见表 6.6。

表 6.6 水工硐室内基础地质现象图像样本数量及划分 （单位：张）

硐室地质结构种类	图像数量	训练集数量	测试集数量
断层构造	75	66	9
花岗岩侵入砂岩	72	64	8
砂岩分界	68	60	8
卸荷	68	62	6
花岗岩云母集中	67	63	4

6.3.3 模型构建与评价

1. 模型参数设计

在深度学习模型对硐室内地质结构图像进行特征提取过程中,可以完成对图像大小的处理,在 Inception-v3、Inception-v4、Inception-resnet-v2 中,模型将图像处理为 299×299×3 的规格,在 ResNet 和 VGG19 中,模型将图像处理为 224×224×3 的规格,因此,每种模型对于收集的原始输入图像大小均无要求。其中 299 和 224 代表图像的宽和高,3 代表图像的三个颜色通道。采用开源组件 TensorFlow 和 Scikit-learn 进行模型构建。

在 Softmax 分类中,图像输入大小为 224 或 299,且由于图像有 5 个类别,输出个数设置为 5,那么 Softmax 回归的初始权重为 224×5 或 229×5,而偏差参数则为 1×5,Softmax 不需要再对模型参数进行选取。

SVM 模型构建过程中采用了参数寻优方法。首先是对核函数进行选择,包括线性核与 RBF 核,如果选择线性核,只需选择合适的惩罚参数 C 即可,实验中取值设置为 [1,10,100,1000];如果选择 RBF 核,同样需要选择惩罚参数 C,取值范围与线性核相同,惩罚参数意味着对误差的宽容度,惩罚参数越大,说明对于误差的宽容度越低,易出现过拟合;如果选择了 RBF 核,还要选择参数 gamma,gamma 是 RBF 核自带的函数,其决定着支持向量的多少,gamma 值越小,支持向量越多。

RF 模型中的参数只对 n_estimators 和 max_depth 进行参数寻优,max_depth 为树的最大深度,n_estimators 的值在 [100,200,300,400,500,600] 中选择,max_depth 的值在 [2,3,4,5,6,7,8,9] 中选取。其余参数采用默认值。

最终采用 5 折交叉验证的方式对参数进行寻优,寻优过程中采用网格搜索法,基于最优参数，建立最终的智能识别模型，最终选取的模型参数见表6.7。

表 6.7 SVM 和 RF 参数选择

深度学习模型	机器学习方法	参数	参数选择
Inception-v3	SVM	kernel	RBF
		C	100
		gamma	10^{-4}
	RF	n_estimators	500
		max_depth	4
Inception-v4	SVM	kernel	RBF
		C	1
		gamma	10^{-3}
	RF	n_estimators	600
		max_depth	5
Inception-resnet-v2	SVM	kernel	RBF
		C	100
		gamma	10^{-3}
	RF	n_estimators	500
		max_depth	7
VGG19	SVM	kernel	RBF
		C	10
		gamma	10^{-3}
	RF	n_estimators	500
		max_depth	5
ResNet	SVM	kernel	RBF
		C	10
		gamma	10^{-4}
	RF	n_estimators	600
		max_depth	7

2. 模型测试与评价

对数据采用随机划分的方式，在 350 张图像中选取了 35 张图像进行测试，其中包括 9 张断层构造图像、8 张花岗岩侵入砂岩图像、8 张砂岩分界图像、6 张卸荷图像以及 4 张花岗岩云母集中图像。利用混淆矩阵和准确率分别对各模型进行评价，其中数字标号分别代表标签，对应关系是 0-断层构造、1-花岗岩侵入砂岩、2-砂岩分界、3-卸荷、4-花岗岩云母集中。所得结果分别如图 6.42～图 6.46 和表 6.8 所示。

第 6 章 工程尺度地质勘探数据深度挖掘

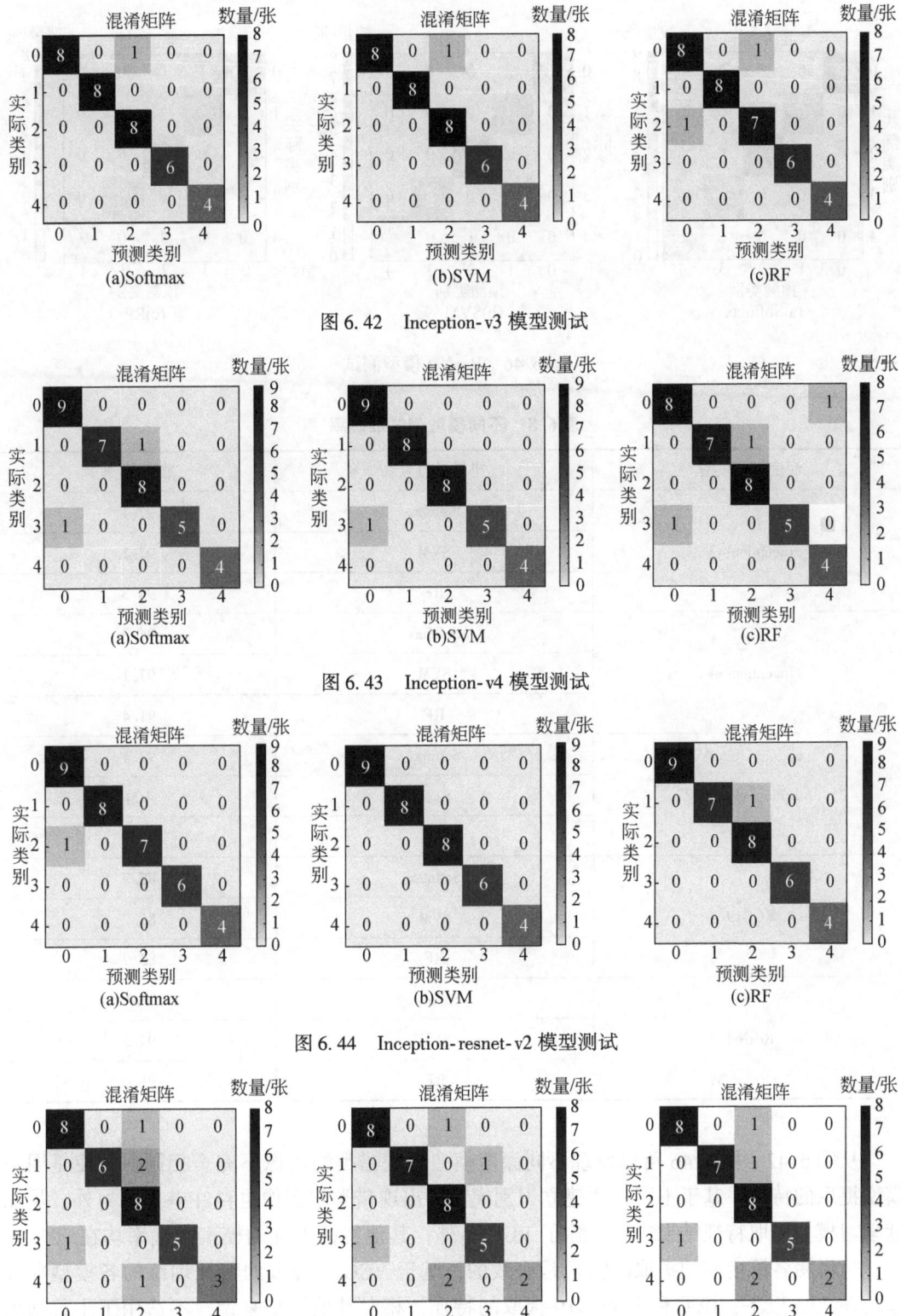

图 6.42 Inception-v3 模型测试

图 6.43 Inception-v4 模型测试

图 6.44 Inception-resnet-v2 模型测试

图 6.45 VGG19 模型测试

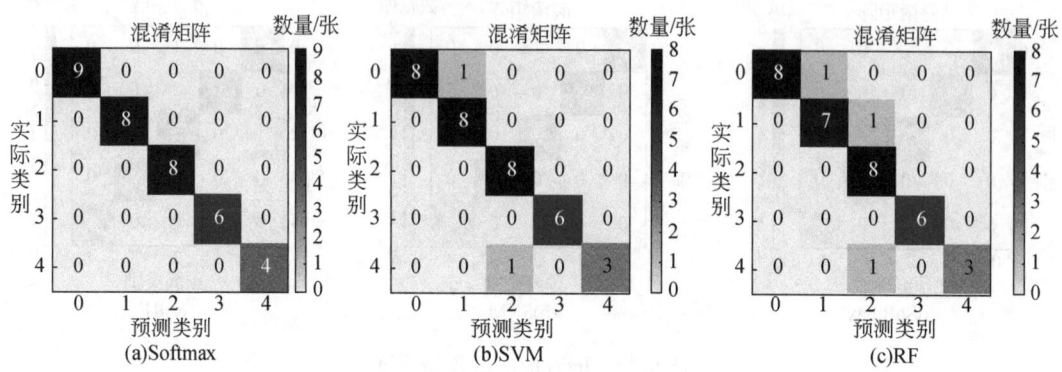

图 6.46　ResNet 模型测试

表 6.8　不同模型测试准确率

深度学习模型	机器学习方法	准确率/%
Inception-v3	Softmax	97.1
	SVM	97.1
	RF	94.3
Inception-v4	Softmax	94.3
	SVM	97.1
	RF	91.4
Inception-resnet-v2	Softmax	97.1
	SVM	100
	RF	97.1
VGG19	Softmax	85.7
	SVM	85.7
	RF	85.7
ResNet	Softmax	100
	SVM	94.3
	RF	91.4

从图 6.42～图 6.46 可以发现不同深度模型出现错类的图像不完全相同,即使是同一模型提取的特征,基于不同方法建立识别模型,出现错类的图像也存在差异,另外,从深度学习模型提取特征结果来看,除了 VGG19 外,其他特征训练的模型准确率均在 90% 以上,这说明各深度模型提取的特征是有效的;基于 VGG19 提取的特征训练的各模型准确率均在 90% 以下,说明利用 VGG19 提取的特征,相对其他模型来说,不适用于小数据集的模型训练;另外,Inception-resnet-v2 和 ResNet 模型均出现完全预测准确的情况,说明

残差模块对于图像特征提取十分有利；Inception-resnet-v2 实际上结合了 Inception 模型的结构设计和残差模块，耦合了不同模型的优势，因此，在小数据集中识别硐室内地质结构表现优异。

以硐室内基础地质现象图像为研究对象，包括断层构造、花岗岩侵入砂岩、砂岩分界、花岗岩云母集中以及卸荷，利用 Inception-v3、Inception-v4、Inception-resnet-v2、VGG19 和 ResNet 等五种模型分别对图像特征进行提取，最后采用 Softmax 分类器、SVM 和 RF 实现对硐室内地质结构的分类。五种模型包含了不同建模思路，Inception 系列模型在模型广度上进行设计；VGG 模型在模型深度上进行设计；ResNet 模型加入了残差模块，且模型本身也是脱胎于 VGG 模型；Inception-resnet-v2 则综合考虑了模型设计和残差的影响，采用不同种类的模型可以探索适用于硐室内地质结构分析的特征提取模块。

6.3.4 模型应用

在水利工程中，开挖硐室是了解地质状况的有效途径。通常根据前期勘查结果，在地质状况较差的位置进行硐室开挖，之后进一步分析地下区域的岩体完整性和结构面分布状况等信息。地质勘查通常是对地表出露的地质结构进行分析，而开挖硐室则是将地表信息和地下信息相结合进行分析，重点是分析结构面在地下部分的分布和延伸。

一般来说，硐室经常处在地质状况较差的位置，因此硐室的开挖较为艰难，不仅经济上耗费较大，工程师也将面临各种困难，严重时会威胁生命安全。因此，应充分利用硐室内采集的信息，进一步实现自动化分析，减少工程师的手工劳动，这样可以一定程度上提升工作效率，保证工程师的生命安全。

在本节中，采用了水电站 I 中 PD201 的图像数据，图像识别模型采用第 3 章中基于 Inception-resnet-v2 的迁移学习模型，分类模型采用 SVM 模型。根据勘查资料得知，PD201 硐室内部存在大量构造断层和卸荷，地质状况较差。采用的测试图像如图 6.47 所示，包含断层构造和卸荷。其中断层构造包含正断层构造和逆断层构造。

(a) 逆断层构造Ⅰ

(b) 逆断层构造Ⅱ

(c) 正断层构造　　　　　　　　　　(d) 卸荷

图 6.47　PD201 中的断层构造和卸荷

对图 6.47 中的硐室内基础地质现象图像进行测试，采用概率值对结果进行评价。最终地质图像的判别结果见表 6.9。

表 6.9　PD201 硐室内基础地质和结构图像识别结果

图像	类别	概率值/%
逆断层构造Ⅰ	断层构造	96.7
逆断层构造Ⅱ	断层构造	89.6
正断层构造	断层构造	98.1
卸荷	卸荷	99.3

从表 6.9 中可以看出，PD201 中的基础地质现象和地质构造识别较准确，对于断层构造，无论是正断层还是逆断层，模型都可以自动识别，且效果良好，同时对于卸荷也能够准确识别，两种地质结构识别准确率在 90% 左右，多数超过 95%，说明模型可以用于硐室内基础地质现象和地质结构的识别，可一定程度实现硐室内地质结构的自动化分析。

6.3.5　结论

在各个模型提取的特征中，除了 VGG19 提取的特征外，其余模型提取的特征均较为有效，在测试结果中均有良好表现，准确率均能达到 90% 以上，其结果也说明了深度学习模型可以有效提取硐室地质图像特征，而基于深度学习特征的迁移学习方法对于小数据集依然有效。

基于 Inception-resnet-v2 模型和 ResNet 模型提取的地质图像特征，均出现完全识别的结果，说明二者提取的特征效果较好，也说明了残差模块对于特征提取的重要性；另外通过五种模型的结果对比，可以发现 Inception-resnet-v2 模型性能最好，识别准确率最高，性能也最稳定，其提取的特征在不同的算法下具有良好效果，说明了模型的深度设计和广度设计对于地质图像的特征提取均有良好效果，同时采用不同的设计思想可以保证模型提取特征的鲁棒性，为之后的研究奠定基础。

6.4 基于对穿声波波速的岩体完整性多尺度智能评价

岩体质量评价与分级是岩土工程领域的一个基本问题，学者提出了许多指标用于岩体质量评价，这些指标都考虑了岩体完整性的影响，其代表单位体积岩体里面裂隙的发育程度以及块体化程度，这也是岩体质量评价的控制性因素之一。在实际工程应用过程中，所选取的岩体完整性参数往往存在误差大、耗时长、成本高、代表性差以及依赖工程师经验等问题。因此本研究基于岩体不同孔深对穿声波波速数据，采用加权随机森林（weighted random forest，WRF）算法，提出一种新的多尺度岩体完整性评价指标（multi-scale rock mass integrity index，MRMII）和相应的分析方法，做到对数据的充分使用和挖掘分析，以减少岩体完整性评价过程中的主观性，通过实际工程应用分析，结果更为精细，为工程岩体完整性评价分级提供了一种新的手段。

6.4.1 新指标计算与分析方法

针对常用指标存在的局限，基于对穿声波波速数据提出了一种岩体完整性多尺度评价新指标计算方法，其实现流程如图6.48所示，主要包括岩性分类、特征选取、建模计算、岩体参数和结果修正5项内容。

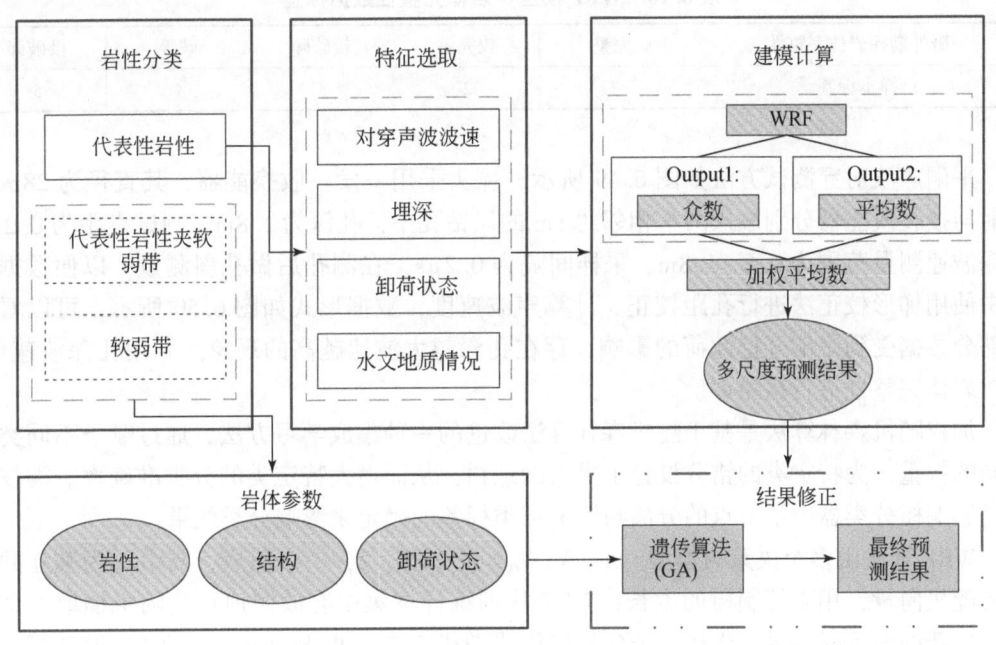

图 6.48 MRMII 总体流程图

实际工程中岩体往往会发育较为复杂的不良地质构造，如断层、节理裂隙、岩脉等。岩脉软弱带处的岩性与整体岩性不同，这是工程需要重点关注的地质体，而对穿声波波速数据是岩体完整性、岩性以及水文地质等因素的综合反映，因此需将对穿声波数据按岩性分为三类（代表性岩性、软弱带和代表性岩性夹软弱带）分别进行分析。利用代表性岩性数据训练加权随机森林模型，对于代表性岩性，输出结果即为完整性评价结果，对于软弱带和代表性岩性夹软弱带，该模型输出结果与野外勘探完整性会存在差异，难以直接适用于软弱带中异种岩性岩体完整性的分析。考虑岩性、卸荷情况和结构的影响，结合实测数据，在训练集中，利用遗传算法（genetic algorithm，GA）对加权随机森林模型输出结果进行适当修正，使修正后的完整性评价结果与野外勘探完整性最为相符，见式（6.21）：

$$R_M = R_E + \sum R_P \tag{6.21}$$

式中，R_M 为修正后的岩体完整性评价结果；R_E 为 WRF 模型输出的完整性评价结果；R_P 为考虑不同因素 WRF 模型输出结果修正值。

对于代表性岩性，在加权随机森林模型中选取岩体完整性作为样本标签，如表 6.10 所示。埋深通过影响地温和地压来影响对穿声波波速，岩体含水饱和程度的差异和卸荷状态直接影响对穿声波波速。为了更好地建立对穿声波波速与岩体完整性的关系，故选取 4 种孔深对穿声波数据（m/s）、埋深（m）以及卸荷状态（分为强卸荷、弱卸荷和无卸荷）6 个参数作为样本特征，将每个样品看成是一个 6 维行向量，考虑水文地质情况的影响，将对穿声波波速值修正后输入模型。

表 6.10 WRF 模型中岩体完整性数据标签

野外勘探岩体完整性	完整	较完整	较破碎	破碎	极破碎
样本标签	1	2	3	4	5

平硐声波对穿测试方法如图 6.49 所示，探头采用一发一收换能器，其直径为 28mm，发射与接收换能器分别放入两个相邻约 1m 的风钻孔中，孔深为 1.8m，测试点距为 0.2m，孔深波速测量范围为 0.6~1.8m，采样间隔为 0.2μs，在测孔后做孔斜测量，以便数据处理中使用梯形校正法进行孔距校正，计算声波速度，数据形式如图 6.50 所示，可以看出大部分数据受到平硐开挖卸荷的影响，存在孔深越大波速越高的现象。利用孔深波速值，可对岩体完整性进行粗略评价。

加权随机森林算法是基于随机森林算法改进的一种集成学习方法，通过赋予不同类以不同的权重，为特定类的错分设置了更大的惩罚，从而增大特定类的分类准确率。类权重通过影响树分类器中子节点的分离与终节点类标签的确定来影响分类效果。

WRF 算法由多个决策树模型 $\{h(X, L_k) \mid k=1, 2, \cdots\}$ 组成，其中 L_k 为独立同分布的随机向量，用来控制树的生长，WRF 从训练样本集中有放回地重复随机抽取 k 个样本形成新的训练样本集，生成 k 个分类树组成随机森林（即 bootstrap 取样），得到新的序列 $\{h_1(X, L_1), h_2(X, L_2), \cdots, h_k(X, L_k)\}$。

在树分类器的生长过程中，选择加权 Gini 不纯度 Δi 来寻找子节点的最佳分离值，Δi 越大，子节点分离效果越好。计算式为

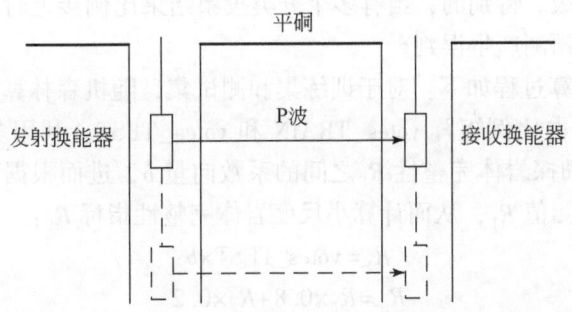

图 6.49　对穿声波测试中发射换能器与接收换能器布置图

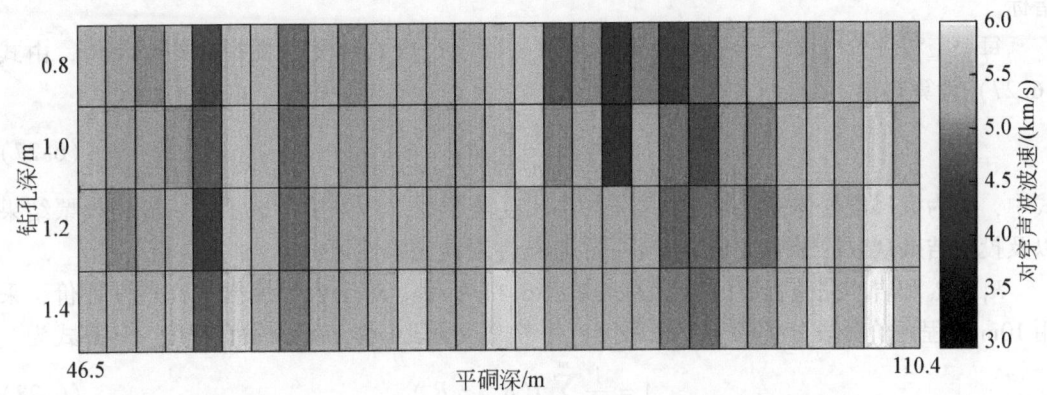

图 6.50　对穿声波波速数据示意图

$$i(N) = \frac{\sum_{i=1}^{s}(n_i W_i)^2}{\sum_{i=1}^{s} n_i W_i} \tag{6.22}$$

$$\Delta i = i(N) - i(N_L) - i(N_R) \tag{6.23}$$

式中，N 为分离的节点；N_L 和 N_R 分别为分离后的左侧和右侧节点；W_i 为 S 类样本的类权重；n_i 为节点内各类样本的数量。

对于给定的自变量 X，每棵树投票结果的众数即为最终分类结果，公式如下：

$$H(X) = \mathop{\arg\max}_{i}(W_i n_i) \tag{6.24}$$

式中，H 为加权随机森林模型输出。

所提出的岩体完整性多尺度指标包括小尺度岩体完整性指标 R_S 和大尺度岩体完整性指标 R_L。R_S 代表两个测试探头之间的岩体完整性，R_L 代表沿平硐方向 10m 岩体的完整性。

在 WRF 算法中，每棵树投票结果的众数即为最终分类结果，这是一系列离散的分类值，而实际工程中岩体质量和特性的变化非常复杂，岩体完整程度若采用更精确的连续性数据表示，这将有助于岩体完整程度的精细分析。此外，由小尺度岩体完整程度评价指标计算所得的大尺度岩体完整程度评价指标也将更为准确，最终能够将其更精确地定性划分为某个岩体完整性等级。特别的，当有多个分类投票结果比例接近时，众数给出的结果很有可能对岩体完整性预测产生误判。

MRMII 指标的计算过程如下：对于训练集和测试集，随机森林算法会分别输出预测结果中各完整性分类所占比例矩阵 votes_TRAIN 和 votes_TEST。利用多元线性回归，输出 votes_TRAIN 与野外勘探岩体完整性 R_F 之间的系数向量 b，进而根据下式求得测试集中考虑不同分类影响的预测值 R_1，从而计算小尺度岩体完整性指标 R_S：

$$R_1 = \text{votes\_TEST} \times b \tag{6.25}$$

$$R_S = R_1 \times 0.8 + R_2 \times 0.2 \tag{6.26}$$

式中，votes_TEST 为测试集中随机森林算法输出的各分类所占比例矩阵；R_1 为考虑不同分类影响的预测值；R_2 为随机森林算法输出的完整性分类众数；R_S 为小尺度岩体完整性指标。

每个工程评价分段岩体分级为该段中每一段小尺度岩体完整性指标的平均值，由式(6.27)计算得出：

$$R_L = \frac{1}{n} \sum R_S \tag{6.27}$$

式中，R_L 为大尺度岩体完整性指标；n 为小尺度段个数。该方法考虑了每一棵树投票结果以及投票结果众数的影响，并给出了一个连续性岩体完整性评价。

R_L、R_S 和岩体完整程度的对应关系如表 6.11 所示。对于大尺度岩体完整性评价，采用 10m 工程评价分段分类吻合率来评价，并考虑不同段岩体节理的发育程度，计算式为

$$A = \frac{1}{m} \sum_{i=1}^{m} I(R_L^i = R^i) \tag{6.28}$$

式中，A 为工程评价分段完整性评价吻合率；R_L^i 为第 i 段工程评价分段中 R_L 对应的岩体完整程度；R^i 为第 i 段工程评价分段的实际岩体完整程度；m 为工程评价分段的总段数；I 为示性函数，若 $R_L^i = R^i$，则 $I(R_L^i = R^i) = 1$，否则 $I(R_L^i = R^i) = 0$。

对于小尺度岩体完整性评价，利用段内 R_S 变化趋势是否与平硐展示图中断层、岩脉的分布以及 RQD 数据等相吻合来评价。

表 6.11　多尺度岩体完整性指标与岩体完整程度对应关系

R_L、R_S	1~1.5	1.5~2.5	2.5~3.5	3.5~4.5	4.5~5
岩体完整程度	完整	较完整	较破碎	破碎	极破碎

6.4.2　数据收集及预处理

为了验证 MRMII 指标在实际工程中的有效性，基于某水电站坝基岩体平硐勘探数据，分析了 MRMII 在岩体完整性评价中的适用性。数据集包括 11 个平硐，其被划分为 134 个工程评价分段，包含声波测试数据 1318 组，岩性包含花岗闪长岩、岩脉和花岗闪长岩夹岩脉。

目前已有最表层（孔深 0.6m）声波数据存在随机性过大且数据量较小的问题，难以

进行有效的分析，故选取孔深为 0.8m、1.0m、1.2m 和 1.4m 的对穿声波数据，数据较完整，少数缺省值采用相邻同孔深数据进行插值计算。工程数据存在完整、较完整、较破碎和破碎共 4 种完整性岩体，其中花岗闪长岩数据不含有破碎岩体。表 6.12 给出了部分工程勘探数据，除序号 5 数据岩性为花岗闪长岩夹岩脉外，其他数据岩性均为花岗闪长岩。在 WRF 模型中，对穿声波各孔深波速输入参数为各孔深波速值；埋深输入参数为测点部位岩体埋深；卸荷状态输入参数为各卸荷状态所对应的标签，无卸荷对应标签为 1，弱卸荷对应标签为 2，强卸荷对应标签为 3。

表 6.12　工程勘探数据

序号	完整性	埋深/m	卸荷状态	水文地质	岩体结构	对穿声波各孔深波速/(m·s^{-1})			
						0.8m	1.0m	1.2m	1.4m
1	较破碎	4.96	强卸荷（3）	干燥	裂隙块状	3731	3788	3937	4032
2	较破碎	23.91	强卸荷（3）	干燥	镶嵌碎裂	3303	3503	3755	3943
3	较完整	36.81	无卸荷（1）	干燥	块状	3983	3542	3754	4185
4	完整	64.24	无卸荷（1）	湿润，局部渗水	块状	5469	5337	5263	5406
5	较破碎	110.03	弱卸荷（2）	湿润，局部渗水	镶嵌碎裂	5679	6000	5728	5974

选取 8 个平硐（包含 101 个工程评价分段和 989 组声波测试数据）作为训练集；选取 3 个平硐（包含 33 个工程评价分段和 329 组声波测试数据）作为测试集。在 WRF 模型中，采用 10 折交叉验证对花岗闪长岩数据进行训练。算法分类模型通常需要不断调整改变参数，针对训练集不断实验从而增强分类能力。采用加权随机森林算法进行岩体完整性分类，为达到最佳分类效果，经多次验证与比较，决策树数目为 300，各标签权重如表 6.13 所示。

表 6.13　WRF 模型中岩体完整性标签权重

标签	权重
1	1
2	2
3	4

对于存在滴水现象的岩体，假设其已处于饱水条件下。经过多次比选，将其对应的声波波速乘以 0.95 输入模型中，对于岩脉和花岗闪长岩夹岩脉数据，GA 得到的模型输出结果修正值如表 6.14 所示。其中，修正值为正代表考虑该影响因素预测岩体完整性变差，修正值为负代表考虑该影响因素预测岩体完整性变好。

表 6.14 输出结果修正

影响因素	修正值
岩脉	+0.6330
夹岩脉	+0.4933
强卸荷	+0.5616
弱卸荷	−1.0346
镶嵌结构	+1.5335

6.4.3 工程实例分析

从整体上来看，对于不同完整性岩体，MRMII 评价结果与野外勘探结果吻合良好。对于大尺度岩体完整性指标 R_L，训练集吻合率为 94.1%，测试集吻合率为 93.9%，测试集混淆矩阵如图 6.51 所示。

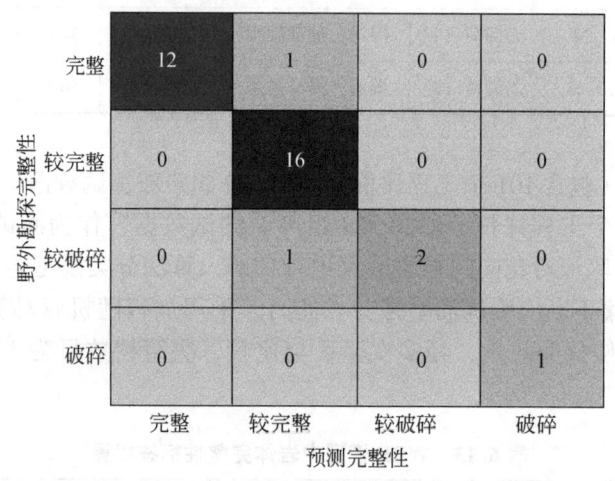

图 6.51　测试集混淆矩阵

表 6.15 列出了测试集平硐 PD201 中，两处分类结果与野外勘探结果不一致的工程评价分段（图 6.52）。具体分析如下：①桩号 55.1~69.1，可研设计阶段该处为新鲜岩体，节理面无锈染，节理较为密集，现场工程师依据个人经验，将其分类为完整岩体。然而，大尺度完整性指标计算结果为 1.63，将其分类为较完整岩体。其所处位置埋深较深，岩体在较高应力状态下大量结构面闭合导致所测得对穿声波波速较大，且其岩体体积节理数 J_v 为 3.7（$J_v<3$ 为完整岩体），因此并非完整岩体。相较可研设计阶段野外勘探评价结果，WRF 模型预测结果更准确反映了其裂隙发育的情况，并与岩体体积节理数统计结果相近，均判断其岩体完整性为较完整，但很接近完整。②桩号 31.7~40.7，大尺度完整性指标计算结果为 2.30，预测其完整程度处于较破碎岩体与较完整岩体的过渡阶段。而该段前一段为较破碎岩体，后一段为较完整岩体，该段裂隙发育程度正处于前后两段之间，岩体完整

程度预测结果与实际接近。

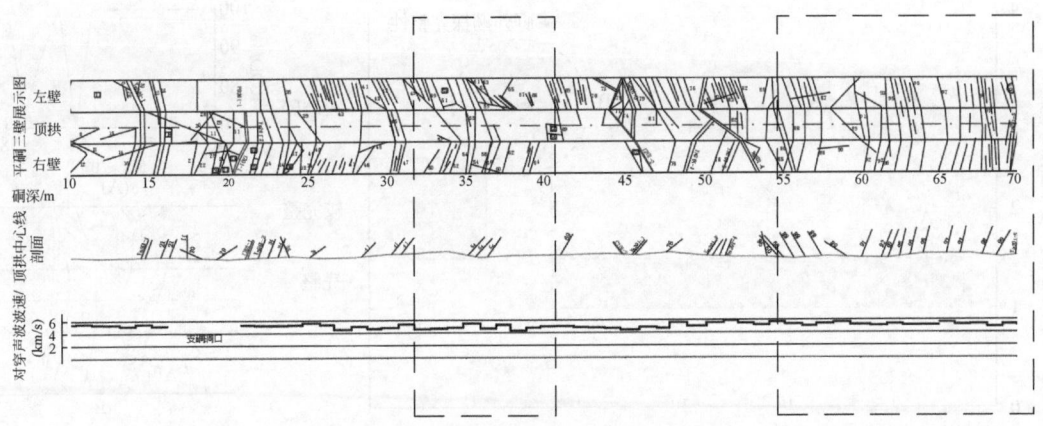

图 6.52 PD201 平硐局部展开图

表 6.15 工程评价分段岩体完整性评估结果

平硐	桩号	野外勘探完整性	大尺度完整性指标	MRMII 评价结果
PD201	55.1~69.1	完整	1.63	较完整
PD201	31.7~40.7	较破碎	2.30	较完整

对于小尺度岩体完整性评价结果，表 6.16 给出了在训练集和测试集中对于每组数据的小尺度岩体完整性指标 R_S 与工程岩体野外勘探完整程度的 Pearson 相关系数（r）和均方根误差（RMSE），准确度较高，MRMII 对于不同尺度的岩体完整性评估能快速提供精细客观的分析结果。

表 6.16 训练集和测试集评价结果的相关系数和均方根误差

统计参数	相关系数 r		均方根误差 RMSE	
	训练集	测试集	训练集	测试集
数值	0.9255	0.8800	0.3457	0.3614

图 6.53 比较了 PD105 平硐小尺度岩体完整性指标 R_S 与野外勘探岩体完整性的区别，可以看出对于大尺度工程评价分段岩体完整程度，二者结果一致，且在每一工程评价分段内，大部分岩体的预测岩体完整程度差异较小，与勘探结果相吻合。对于小尺度岩体完整程度，传统分类方法无法精细化区分不同完整性岩体，而该指标可以精细反映岩体内完整性变化，图 6.53 中 A 处 RQD 值偏低，B 处岩脉发育，这两处完整性较差，与实际相符，这也进一步表明了该模型的准确性。

从整体看，MRMII 指标的应用不仅可以克服传统勘探过程主观性过强与精细度不够等问题，并且可以对岩体做到多尺度完整性分析。对于大尺度岩体完整程度评价，MRMII 与野外勘探完整性吻合良好。对于小尺度岩体完整程度评价，MRMII 可以更好地反映局部岩

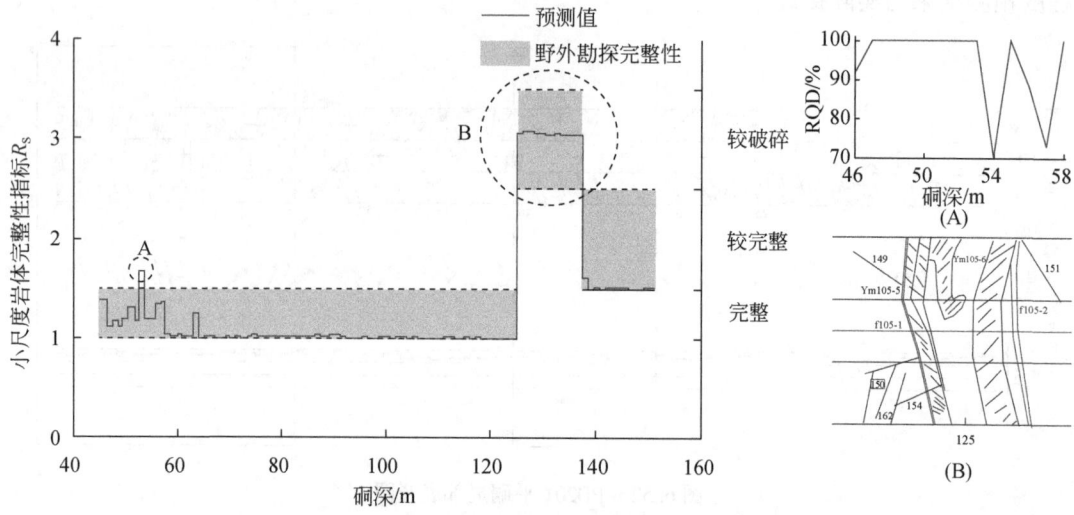

图 6.53　PD105 平硐 MRMII 评价结果与实勘数据的比较

体的特殊性，更客观地展示沿硐深岩体完整程度的变化。

传统工程实践中，常用不同孔深波速平均值计算得出的岩体完整性指数 K_v 评估岩体完整程度，从图 6.54 中可以看出，对于各个工程评价分段，段内孔深波速平均值变化波动性大，在难以获取相对应的岩石弹性纵波速度的情况，难以只依靠岩体对穿声波数据对岩体完整性进行评估，这也表明提出的方法相较于传统声波完整性评价方法更加方便与精细。

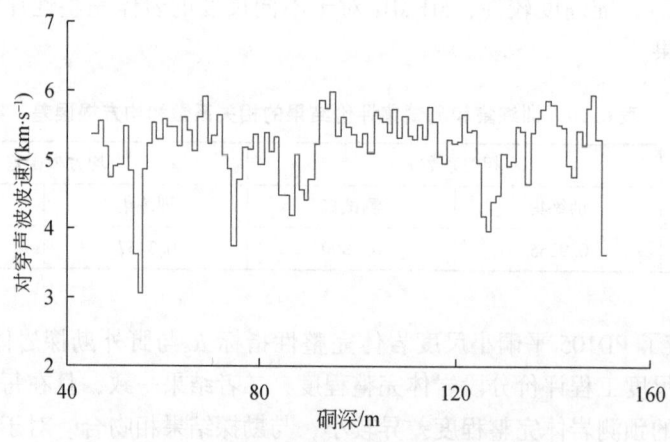

图 6.54　平硐 PD105 对穿声波波速平均值

6.4.4　结论

将加权随机森林算法应用于解决平硐岩体完整程度评价这一问题，所提出的岩体完整性多尺度指标能够客观反映多尺度岩体的真实完整性,并与野外勘探岩体完整性以及其他勘探数据相比较,结果表明该指标能够更好地对岩体完整性进行评价,主要体现如下。

(1) 对于大尺度工程评价分段,MRMII 可以给出一个精细化的岩体完整性评估结果,一方面可以使经验丰富的工程师和经验不足的工程师之间的最大判断差异减小到小于 6%;另一方面当岩体实际完整性接近任意两个完整性分类的边界时,连续性的 MRMII 评价结果更能真实准确反映岩体完整性。

(2) 对于两个测试探头之间的小尺度岩体,基于对大量勘探数据的充分利用,MRMII 结果与 RQD 以及平硐展开图相符合,能够精确反映岩体完整性,进一步证明了该方法的准确性。

(3) 与 K_v 相比,该方法避免了对岩石弹性纵波速度的测量,应用起来更加方便与准确。MRMII 在工程实践中应用方便、规避人为主观因素干扰、结果精细,便于工程岩体完整性评价分级应用。

6.5 本章小结

地质勘探在工程中有着举足轻重的地位,对于保障工程的正常进行具有重要意义。地质勘探的内容包括钻孔、平硐、探井、探槽等。勘探过程费时费力,且有一定的危险性;另外,地质勘查中的图像数据并没有得到充分利用。本章针对地质勘探中的图像和信号数据,利用深度学习及机器学习方法辅助评价工程地质条件,从不同的角度对这一问题进行阐释,使地质安全评价方法更加多样化;同时从不同的方面对结果进行验证,从而更准确地实现工程地质安全问题的分析,最终为地质工程初期勘查提供新的辅助手段。

首先综合利用传统图像处理技术与目标检测深度神经网络对钻孔摄影图像地质界线进行了研究,实现了钻孔摄影图像地质界线的智能检测;其次,分别采用传统的基于区域的图像分割方法和基于深度学习模型的图像分割方法对钻孔摄影进行进一步分析,实现了结构面几何形状的准确分割。对于硐室勘探数据,基于 Inception-resnet-v2 和 ResNet 提取的地质图像特征,实现了硐室内地质构造的识别;针对硐室围岩完整度评价问题,利用洞内对穿声波数据和加权随机森林算法,提出的岩体完整性多尺度指标(MRMII),能够更客观地反映多尺度岩体的真实完整性。

第7章 统计及标本尺度地质数据智能表征与判别

7.1 岩体结构裂隙多维参数不确定性表征与分析

国际岩石力学协会（international society for rock mechanics and rock engineering，ISRM，1978）针对岩体结构面建议了十项定量描述指标，包括产状、间距、连通性、粗糙度、开度、水流状况、充填状况、面壁抗压强度、组数和块体大小。其中产状、迹长、开度、组数、块体大小直接决定着结构面的几何形态，其余几个指标影响着结构面的力学性质，它们均是岩体结构不确定性分析与建模过程中需要重点考虑的对象。对于这些指标的不确定性，目前的研究方式大多是利用简单的统计学方法对其分布情况进行测定与描述，分析方式简单直观（Einstein and Baecher，1983；胡绍祥等，2001）。不过，这种研究方式将数据中所蕴含的规律过度简化，较少考虑各个指标之间的相关性，容易造成信息的缺失，从而使不确定性程度增大。本节从这一角度出发，基于Copula多维联合分布理论，探索结构面参数的不确定性表征与分析方法。

7.1.1 关键科学问题

裂隙多维参数不确定性表征的问题涉及内容较为庞杂，本节仅以下面两个较为经典结构面参数不确定性问题为切入点，深入剖析当前研究中所面临的困境。

1. 倾向与倾角的不确定性关系问题

在结构面分析过程中，通常需要借助不同的概率分布函数对产状分布进行描述，其中最常用的概率分布函数是Fisher分布（Fisher，1953；Wang et al.，2020）。除此之外，在以往的许多研究，有学者也推荐过使用二元正态分布（Zanbak，1977；Zhou et al.，2019）、Bingham分布（Bingham，1972；Kulatilake et al.，1993）以及正态半球分布（Arnold，1941；Kulatilake et al.，1990）等。然而，虽然这些分布函数都有着各自的优势，但它们都不可避免的面临着同一个问题，即它们都必须假定所要拟合的两个变量都遵循着相同类型的边缘分布。如当用二元正态分布拟合产状数据时，就已经默认该组倾向和倾角均服从正态分布。同样，当使用Fisher分布时，产状的分布就已经被假定是各向同性的了。由此可见，这些传统的产状分布描述方式存在着先天的缺陷，尤其是在倾角和倾向分布类型差异较大的情况下，这种描述方式将导致显著的系统性误差，并且这种现象是很有可能发生的。例如，Boadu和Long（1994）在研究中发现其倾向数据服从的是Weibull分布；Zhao等（2019）使用多种分布函数分析了倾角的分布类型，最终确定为对数正态分布。上述的这两组产状数据都不能用传统的二维分布函数进行拟合。此外，分布函数中的参数通常可用于描述变量之间的相关关系。但是由于受假定的边缘分布的影响，传统二元分布函数的参数（如二维正态分布的协方差）往往难以准确的描述倾向与倾角之间的相关性。而其他常用的统计指标，如皮尔逊相关系数 ρ（Gaziev and Tiden, 1979）和肯德尔秩相关系数 τ 所描述变量间的不确定性关系是也存在着不同程度的缺陷，比如 ρ 仅仅适用于描述变量间的线性关系，难以刻画变量间的非线性关系；而 τ 可反映变量的非线性相关程度，但是当 τ 值为 0 时，不能判断变量间的相关程度。

2. 迹长和开度之间的关系问题

迹长和开度是地质勘查中的重要研究对象。研究人员通过分析大量的工程数据，总结出迹长服从的分布类型一般包括指数分布、对数正态分布、伽马分布和正态分布（Robertson, 1970; McMahon, 1975; Dershowitz, 1979; Villaescusa and Brown, 1992; Hekmatnejad et al., 2018），其中对数正态分布在工程应用较多；裂隙的开度（通常指最大开度）则一般遵循对数正态分布（Snow, 1970; Bonnet et al., 2001; De Dreuzy et al., 2001; Zou et al., 2019）或幂律分布（De Dreuzy et al., 2002; Lei et al., 2017）。从统计的角度来看，上述的这些分布类型大多为重尾分布。大量勘查结果表明，迹长和开度之间是存在明显的正相关性的，即迹长越长，开度通常越大。一般来讲，二者之间满足如下的关系式（Schultz et al., 2008; Klimczak et al., 2010）：

$$a = \gamma l^n \tag{7.1}$$

式中，a 为开度；l 为迹长；γ 为一个与岩石的力学特性有关的系数，主要由岩石的剪切强度和弹性决定。当 $n=1$ 时，$\gamma = a/l$。但是这一关系式描述的仅仅是一个大致的规律，实际岩体裂隙开度和迹线长度是不可能严格遵循这一规律的。换句话说，在自然界中这种正相关是概率性的，是存在一定的不确定性的。然而目前鲜有学者对这种不确定关系进行深入的研究。

7.1.2 基本原理

倾角与倾向的关系，以及迹长与开度的关系属于二元变量的联合表征问题。根据第三章中的 Copula 原理，最为常用的二元 Copula 函数包括 Archimedes 族 Copula 函数以及二元高斯 Copula 函数。在应用过程中，可分别用不同的 Copula 函数对倾向与倾角以及迹长与开度的联合分布进行拟合，并利用 AIC 值对拟合结果进行评价，从而可以确定出相应的联合分布模型；利用联合分布模型，可实现对变量的联合模型随机模拟（采样）以及相关性分析。上述流程如图 7.1 所示。

问题 I：

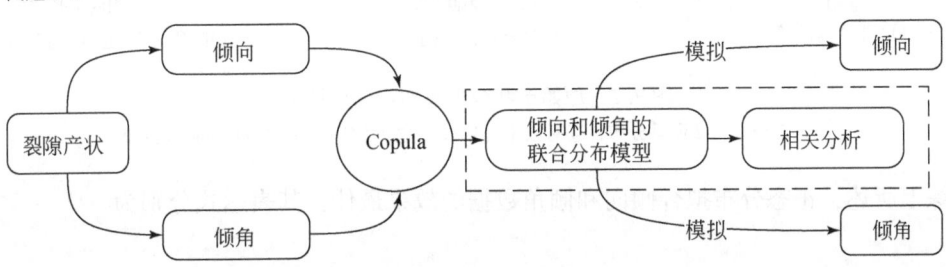

问题Ⅱ：

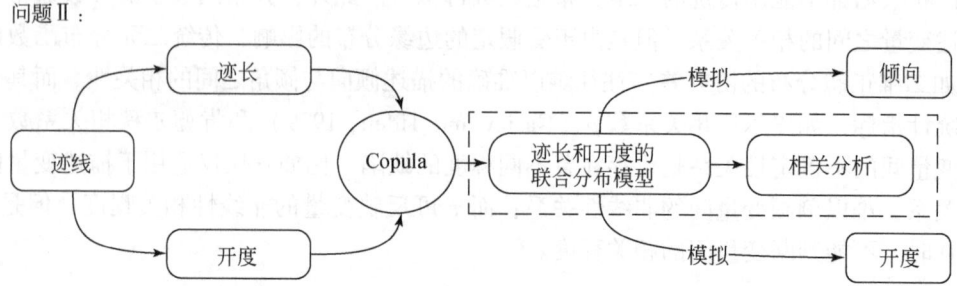

图 7.1　基于 Copula 理论的岩体参数联合表征流程图

7.1.3　工程案例分析

1. 倾向与倾角的联合分析

在工程案例中所使用的数据为一组来自中国西南部某水利水电工程边坡节理数据。节理的产状为 60°～100°∠40°～80°，如图 7.2（a）所示。倾向与倾角的皮尔逊相关系数为 0.826。分别选取正态分布、伽马分布、对数正态分布、指数分布和左偏 Gumbel 分布五个单变量分布函数进行拟合。第二到第四个分布是右偏的，最后一个分布是左偏的。利用 AIC 准则对上述五个概率密度函数（PDF）的拟合结果进行了评估，结果如表 7.1 和图 7.2（b）（c）所示。

表 7.1　五种概率密度函数对产状数据拟合的 AIC 值

AIC	正态分布	伽马分布	对数正态分布	指数分布	左偏 Gumbel 分布
倾向	850.73	666.29854.95	853.05	1056.61	857.54
倾角	856.05	858.04684.25	858.15	1022.36	883.66

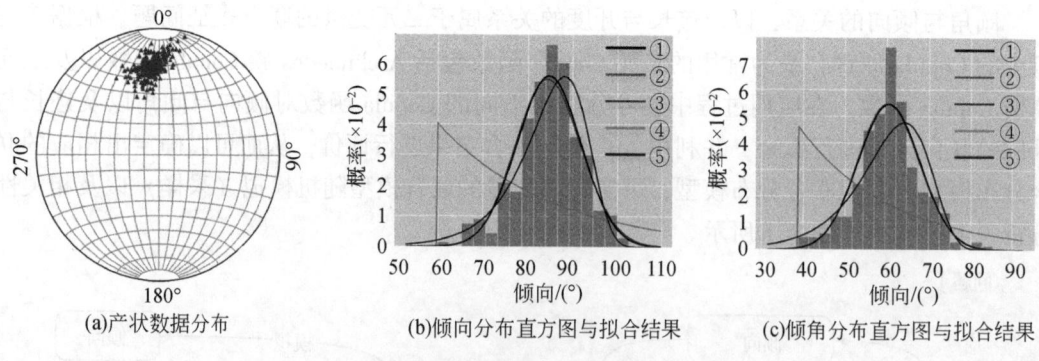

(a) 产状数据分布　　(b) 倾向分布直方图与拟合结果　　(c) 倾角分布直方图与拟合结果

图 7.2　原始产状数据及初步分析结果

①正态分布；②伽马分布；③对数正态分布；④指数分布；⑤左偏 Gumbel 分布

综上所述，正态分布拟合倾向和倾角数据的效果最佳，其表达式分别为

$$s \sim N(84.70, 7.16^2)$$
$$d \sim N(60.44, 7.31^2)$$
(7.2)

式中，s 为倾向；d 为倾角。经 K-S 方法的检验，倾向拟合结果的 D 值为 0.0519，p 值为 0.504；倾角拟合效果的 D 值为 0.0504，p 值为 0.542。根据该表达式进行产状数据的模拟，结果如图 7.3（b）所示。

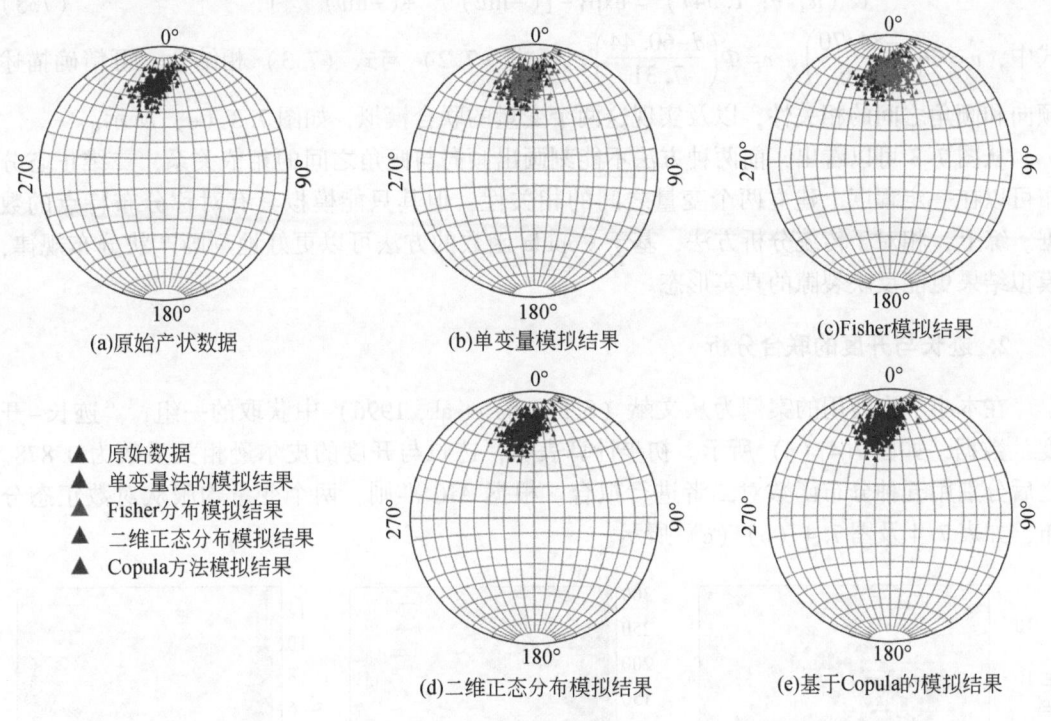

图 7.3 产状数据模拟结果

Fisher 分布和二维正态分布是另外两种拟合产状数据的常用的概率分布，表 7.2 为拟合结果。图 7.3（c）（d）分别为这两个分布的采样结果。

表 7.2 Fisher 分布和二维正态分布的参数

	Fisher 分布	二维正态分布
参数	$K=71.50$	$\mu_1=84.70$；$\sigma_1=7.16$；$\mu_2=60.44$；$\sigma_2=7.31$

以上三个结果均是基于传统方法的分析，接下来是基于 Copula 方法的分析。Copula 方法的目标是建立 s 和 d 的联合模型 $H(s,d)$，即倾向和倾角的联合分布函数。之后，分别结合 Gaussian Copula 函数、Gumbel Copula 函数、Frank Copula 函数和 Clayton Copula 函数对二元变量 (s,d) 进行拟合，并利用 AIC 准则对拟合效果进行评价，见表 7.3。可以看出，Gumbel Copula 函数所对应的 AIC 值最小，意味着 Gumbel Copula 函数是描述 s 和 d 联合分布最优的 Copula 函数，其具体表达式为式（7.3）。其中，Gumbel Copula 函数的参数 $\theta=1.547$，意味着这两个变量正相关；下尾相关系数 $\lambda_L=0$ 且上尾相关系数 $\lambda_U=3.131$，表明当倾向和倾角接近其下边界时，二者趋于相互独立，而当接近其值范围的上限时，二者

的依赖性较大。

表 7.3　不同 Copula 函数对方位数据的拟合效果

Copula 函数	Gaussian Copula 函数	Gumbel Copula 函数	Frank Copula 函数	Clayton Copula 函数
AIC	−34.64	−39.40	−33.16	−11.93

$$C(u, v; 1.547) = \exp\{-[(-\ln u)^{1.547}+(-\ln v)^{1.547}]^{1/1.547}\} \quad (7.3)$$

式中，$u=\Phi\left(\dfrac{s-84.70}{7.16}\right)$，$v=\Phi\left(\dfrac{d-60.44}{7.31}\right)$。将式（7.2）与式（7.3）相结合，可精确描述倾向和倾角之间的相关性，以及实现这两个变量的联合模拟，如图 7.3（e）所示。

从图 7.3 可以看出，前两种方法不能刻画出倾向与倾角之间的相依关系，二维正态分布可以在一定程度上建立两个变量之间的相关性，但其只能模拟具有对称分布特点的数据。综上，相对于传统分析方法，基于 Copula 函数的方法可以更好地刻画产状分布规律，模拟结果更能反映裂隙的真实形态。

2. 迹长与开度的联合分析

在本小节中使用的案例为从文献（Schlische et al., 1996）中获取的一组，"迹长–开度"数据，如图 7.4（a）所示。初步计算表明，迹长与开度的皮尔逊相关系数为 0.878。之后分别用五种分布函数对二者进行拟合。根据 AIC 准则，两个变量均服从对数正态分布，如表 7.4 及图 7.4（b）（c）所示。

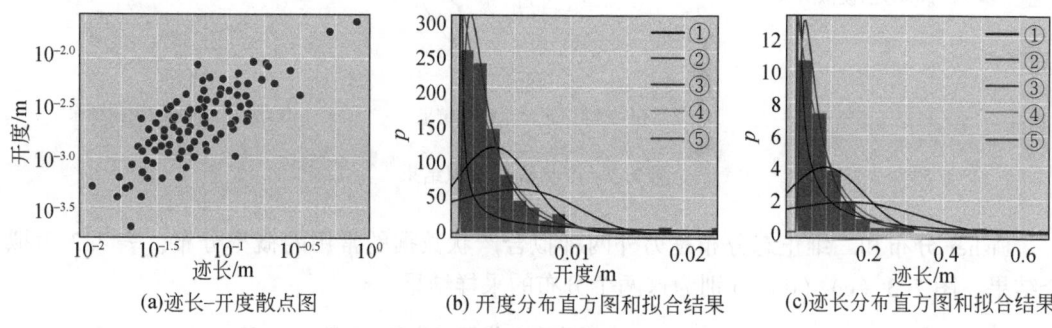

(a) 迹长–开度散点图　　(b) 开度分布直方图和拟合结果　　(c) 迹长分布直方图和拟合结果

图 7.4　迹长和开度的分布

①正态分布；②伽马分布；③对数正态分布；④指数分布；⑤左偏 Gumbel 分布

表 7.4　拟合迹线长度和开度过程中的五个 PDF 的 AIC

AIC	正态分布	伽马分布	对数正态分布	指数分布	左偏 Gumbel 分布
迹长	−79.44	−128.27	−153.23	−148.12	−132.17
开度	−401.85	−358.54	−454.74	−453.25	−441.35

迹长和开度的分布函数表达式如下：

$$\begin{aligned}\ln l &\sim N(-2.796, 0.756^2)\\ \ln a &\sim N(-6.119, 0.861^2)\end{aligned} \quad (7.4)$$

式中，l 为迹长；a 为开度。经 K-S 方法的检验，迹长的 D 值为 0.0456，p 值为 0.9888；

开度的 D 值为 0.0337，p 值为 0.9999。根据该表达式进行模拟见图 7.5（a）。

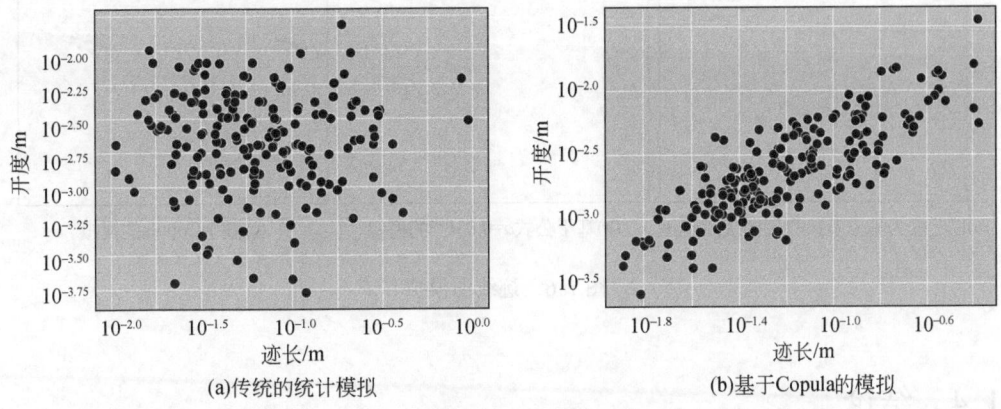

(a)传统的统计模拟　　　　　　　　　　(b)基于Copula的模拟

图 7.5　迹长和开度数据的模拟

以表达式（7.4）为边缘分布，分别利用四种 Copula 函数建立迹长和开度的联合分布函数 $H(l, a)$。根据表 7.5 所示的拟合效果，Gaussian Copula 是对 l 和 a 联合建模的最优 Copula 函数，其参数 $\theta = 0.787$，表明两个变量之间存在显著的正相关。此外，尾部相关系数 $\lambda_L = \lambda_U = 0$，表明当二者的值接近边界时，迹长和开度趋于相互独立，当它们的值接近中间范围时，则相关性较大。相应的 Copula 函数由式（7.5）给出。

表 7.5　不同 Copula 函数对迹长和开度数据拟合的 AIC 值

Copula 函数	Gaussian Copula 函数	Gumbel Copula 函数	Frank Copula 函数	Clayton Copula 函数
AIC	−44.025	−42.646	−35.388	−29.140

$$C(u, v; 0.787) = \int_{-\infty}^{\Phi^{-1}(u)} \int_{-\infty}^{\Phi^{-1}(v)} \frac{1}{2\pi\sqrt{1-0.787^2}} \exp\left[-\frac{u^2 - 2 \times 0.787 \times uv + v^2}{2(1-0.787^2)}\right] du dv \tag{7.5}$$

式中，$u = \Phi\left(\frac{\ln l + 2.796}{0.571}\right)$，$v = \Phi\left(\frac{\ln a + 6.119}{0.742}\right)$。基于上述方法的模拟结果见图 7.5（b）。经对比可见，图 7.5（b）比图 7.5（a）更接近实际分布。

为进一步比较不同方法的分析结果，依次生成了三幅二维离散裂隙网络（discrete fracture network, DFN）模型（迹线图），如图 7.6 所示。其中图 7.6（a）为使用图 7.5（a）中的数据生成的模型；图 7.6（b）为假定迹长和开度严格遵循式（7.1）规律的情况下生成的模型；图 7.6（c）为使用图 7.5（c）中的数据生成的模型，即基于 Copula 方法的模型。

在图 7.6（a）中，迹长和开度之间不存在相关关系，不能体现出"长迹线通常对应大开度"这一规律；在图 7.6（b）所展示出的相关性过于绝对，使得开度与迹长完全遵循严格的正相关关系，因此也不够贴合实际；在图 7.6（c）中所体现出的两个变量之间的依赖关系则正好与实际吻合。

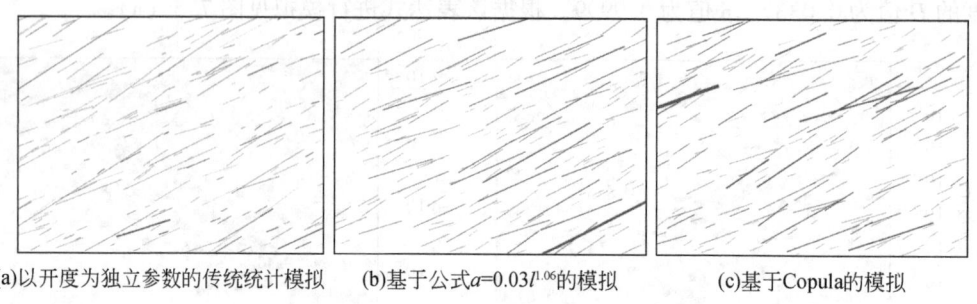

(a) 以开度为独立参数的传统统计模拟　　(b) 基于公式 $a=0.03l^{1.06}$ 的模拟　　(c) 基于Copula的模拟

图 7.6　迹线图模拟

7.1.4　结论

本节介绍了 Copula 理论在岩体裂隙不确定性表征方面的应用，并以该理论为基础为 DFN 建模过程中长期存在的一个难题——裂隙开度赋值问题提供了一个合理有效的解决方案。利用 Copula 理论建立分布模型的过程共分为两步：①确定边缘分布函数；②选择合适的 Copula 函数来连接所有边缘分布函数。Copula 函数允许我们拟合任意多维分布，并使用尾部相关系数精确地评估变量间的相关性。

Copula 理论作为统计理论中的一个重要分支，主要用于描述多变量之间的相依关系，在岩体裂隙不确定性分析中具有良好的应用前景。工程案例展示了这一理论在裂隙不确定性分析中的基本用法。图 7.3 和图 7.6 的结果表明，基于 Copula 函数的方法相较于传统统计方法有着显著的优势，可用于对产状的分布规律以及迹长和开度之间的关系的精确描述。此外，该方法可以扩展到其他类似的不确定性问题中，如建立迹长和产状之间的关系，研究特殊形态的迹线分布（如雁行节理和共轭节理）等。

7.2　岩土体高维参数智能模拟与不确定性分析

在上一节中，通过 Copula 函数方法实现了岩体裂隙多参数的分析，不过整个分析过程主要围绕的是二维 Copula 函数方法。然而，以岩体裂隙参数、土体力学参数为代表的岩土体参数一般具有维度较高、不确定性较强的特点。传统的基于统计学的单参数统计模型或双参数统计模型往往难以准确反映多维参数之间的联系。Copula 函数方法虽然能针对这一问题提供解决思路，但也存在着一定的局限性。应用最为广泛的高维 Copula 函数，诸如 Gaussian Copula 函数和 t Copula 函数，仅适用于解决一些对称性的问题；而其他最为常用的多维 Copula 方法，如 Vine Copula 函数，又存在着解析困难、拟合速度慢的缺陷，且建模过程也比较烦琐。

本节基于人工智能中的一类重要模型——生成式模型，提出了一套用于岩体裂隙高维参数联合分析的解决方案。实验证明，相较于传统方法，该方法具有精度高、非线性拟合能力强、智能化程度高的特点，在裂隙参数不确定性联合分析中有着广泛的应用前景。

7.2.1 总体流程

生成式模型可以刻画数据的分布规律，进而模拟与训练样本相似的数据，这一点为研究裂隙高维参数的不确定性带来了极大地启发。其实，维度的高低是相对的，在机器学习领域中，生成式模型的研究对象通常是图像、音频、文本等，严格来讲，这些数据的维度和复杂性是要远高于裂隙参数的。但在岩土工程领域中，尤其是在针对裂隙的研究中，同时精确的模拟二维三维的参数已经是比较困难的了，因此当参数的个数达到 4~5 个或以上时，便可姑且称之为高维数据了。

不过，虽然裂隙参数在复杂性方面低于图像、文本等非结构化数据，但工程对这些参数模拟精度的要求却是其他数据所不及的。例如，在生成人脸照片的过程中，模型可能没有很好地学习到某一个局部的特征，但观察者往往仍然能够从模拟结果中分辨出面部形态。而且，在构建岩土体参数的分布时，即便仅有一个参数没有得到充分的学习，也很有可能导致对工程的错误估计。此外，裂隙参数的样本一般最多只有几百个，而在生成式模型的研究中所使用的样本动辄几万个，如著名的 MNIST 手写数字数据集的样本量为 70000 个（LeCun et al., 1998），而 IMDB Wiki 人脸数据库的样本量高达 460000 以上（Rothe et al., 2015）。众所周知，如果数据量不足将很容易导致模型欠拟合。因此，生成式算法究竟能否用于裂隙高维参数的不确定性分析是一个需要深入探索的问题。

根据裂隙参数的特点，这里提出了一套基于生成式模型的不确定性分析方法。整个分析流程共分为三部分，包括数据预处理、模型构建和模型应用，如图 7.7 所示。

7.2.2 数据预处理方法

数据预处理是机器学习研究的前提，这直接影响着模型最终的训练效果。根据裂隙参数不确定性问题的特点，提出数据预处理的原则与方法如下。

（1）判断各参数类别及所对应的分布特点，并分别进行处理。这一点可分为两部分，其一是针对非正态分布的参数。岩体裂隙相关参数大部分都不是正态分布的，比如迹长常服从对数正态分布、裂隙的开度常服从指数分布等。在机器学习算法中，相对于正态分布和均匀分布，服从偏态分布的数据规律在处理起来是略有难度的。裂隙参数研究中常用的分布函数如图 7.8 所示。当参数的分布较为不均匀时，需要对其进行一定的处理，以充分提升模型的训练效果，具体方法包括对数化和指数化，见式 (7.6)。

$$x' = \begin{cases} \log_a x, & X \text{ 服从负偏态} \\ b^x, & X \text{ 服从正偏态} \end{cases} \tag{7.6}$$

式中，x 为 X 的样本；a 和 b 为可取自然常数 e。通过这种对数/指数化处理，可明显的改善数据正态性和对称性，如图 7.9 所示。其二是针对方向性的数据，主要是裂隙的产状。方向性的数据服从的是具有周期性的分布，其概率密度函数应满足如下等式：

$$f(\theta) = f(\theta + 2\pi), \quad \theta \in [0, 2\pi) \tag{7.7}$$

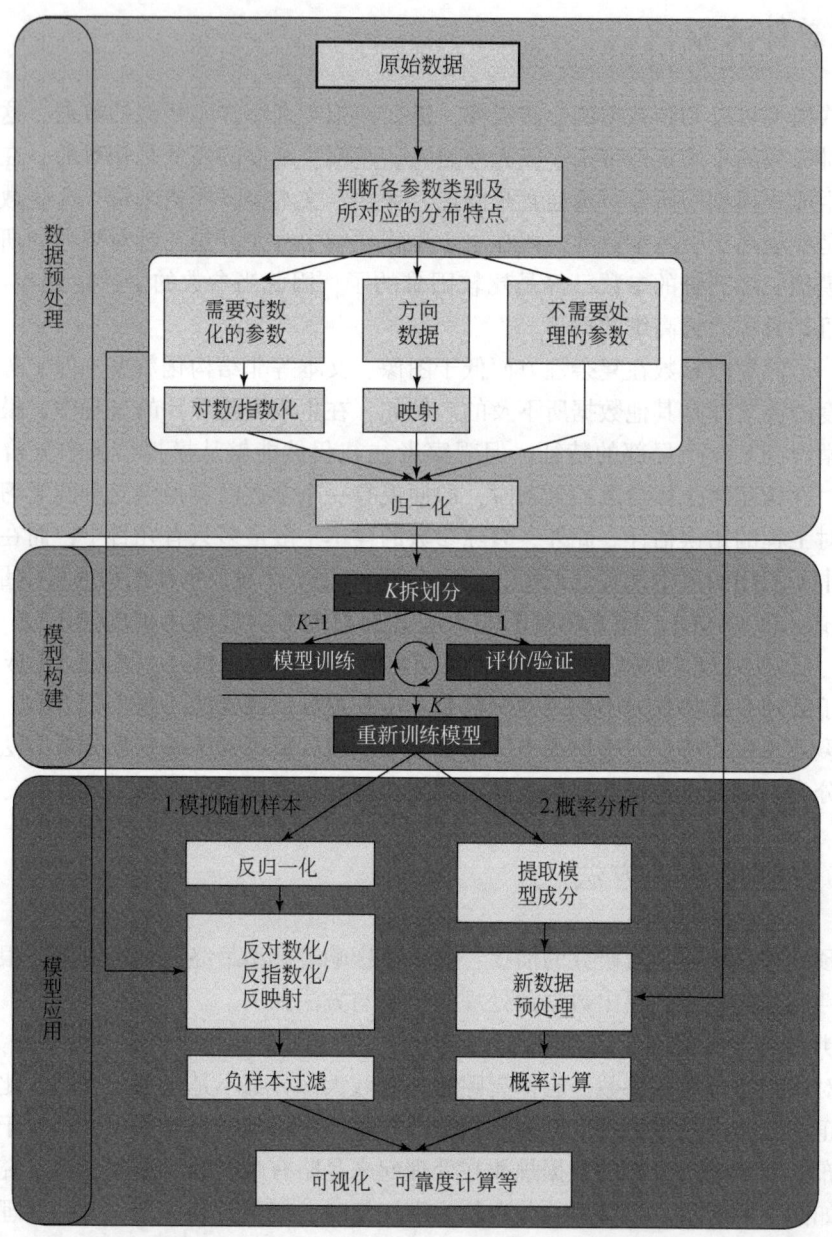

图 7.7 基于 GMM 算法的裂隙高维参数分析流程图

式中，f 为数据的概率密度函数。举例来讲，一个倾向为 1°的裂隙与一个倾向为 359°的裂隙的产状应该是相似的。但是，机器学习算法描述数据的方式一般都基于欧式距离，在这种框架下，1°和 359°差异巨大。为解决这一问题，可以将相应的方向数据映射到其他空间，如使用式（7.8）将（产状，倾角）映射成笛卡儿坐标系的 (x, y)：

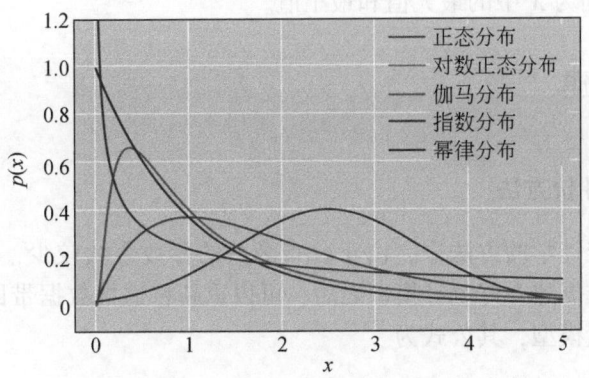

图 7.8　各种类型的分布曲线对比

$$\begin{cases} x = \sqrt{2}\sin\left(\dfrac{\beta}{2}\right)\sin\alpha \\ y = \sqrt{2}\sin\left(\dfrac{\beta}{2}\right)\cos\alpha \end{cases} \quad (7.8)$$

式中，α 为倾向；β 为倾角。此外，平移也是一种简单的映射，对于一组分布于 0°附近的方向型数据，将其统一进行平移以避开 0°区域，或将大于 0°的那部分数据统一加上 360°，也是可行的。

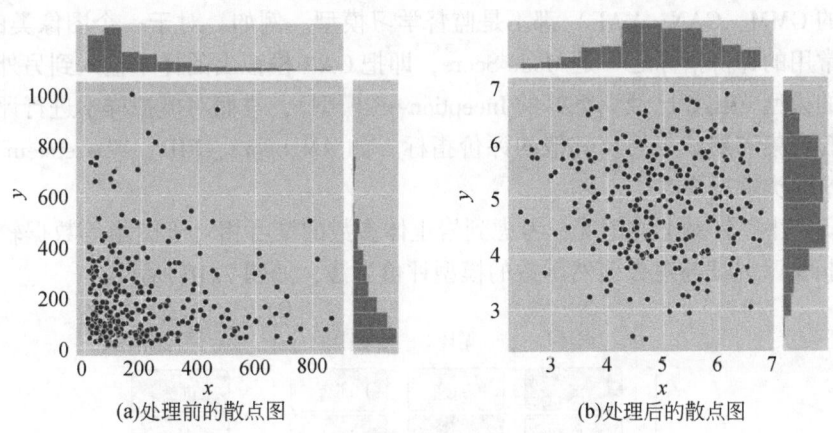

(a) 处理前的散点图　　　　　　　(b) 处理后的散点图

图 7.9　对数/指数化处理前后对比

（2）归一化处理。对于不同的裂隙参数，其单位及取值范围的跨度是不同的。然而，基于欧氏距离的机器学习算法，比如神经网络，对特征间尺度的差异是极其敏感的。因此，需要对数据进行归一化处理，以保证特征之间实现尺度无关、偏置无关以及长度无关。常用的归一化方法有两种，包括离差归一化方法和 Z-score 归一化方法。经实验，离差归一化方法的效果更佳，其公式为

$$x' = \dfrac{x - x_{\min}}{x_{\max} - x_{\min}} \quad (7.9)$$

式中，$x_{\min}$ 和 $x_{\max}$ 分别为 X 中的最大值和最小值。

7.2.3 模型构建

1. 模型训练与评价方法

在传统的基于统计学的方法中，由于分布函数的参数个数较少，不容易导致过拟合。因此，在使用一批数据建立好统计模型之后，可以重新将这批数据带回到模型中并计算对数似然值的方法衡量模型，其公式为

$$\ln L(\theta_1, \theta_2, \cdots, \theta_m) = \sum_{i=1}^{n} \ln f(x_i; \theta_1, \theta_2, \cdots, \theta_m) \quad (7.10)$$

式中，$\theta_1, \theta_2, \cdots, \theta_m$ 为统计模型的参数；f 为模型的概率密度函数。但是，机器学习算法的参数通常数量较多，在训练方法不合适的情况下容易导致过拟合。在这种情况下如果仍采用式（7.10）进行模型评价，评价结果将严重偏差。在统计学中的赤池信息准则将模型的参数作为一个重要的衡量指标，然而，对于以神经网络为代表的机器学习算法，参数量过于庞大，因此使用 AIC 作为评价指标也是不妥的。

在监督学习中，通常都需要事先将数据划分成训练集、验证集和测试集，其中验证集和测试集的作用是对模型的效果进行评价。然而，生成式模型中的绝大部分（尤其是本节将要用到的 GMM、GAN、VAE）都不是监督学习模型。例如，对于一个图像类的 GAN 模型，其最常用的评价指标之一是 Mode Score，即把 GAN 模拟出的样本输入到另外一个判别效果较好的模型（比如已经训练好的 Inception-v3 模型），进而对模拟样本进行评价，该过程是没有验证集和测试集的。其他的评价指标，如 AM Score、FID、Wasserstein 距离等也均不涉及这两类数据集。

在本研究中，针对上述情况，考虑到岩土体参数的维度相对于图像等数据较低，提出了基于 K 折交叉验证与对数似然函数的模型评价方法，如图 7.10 所示。

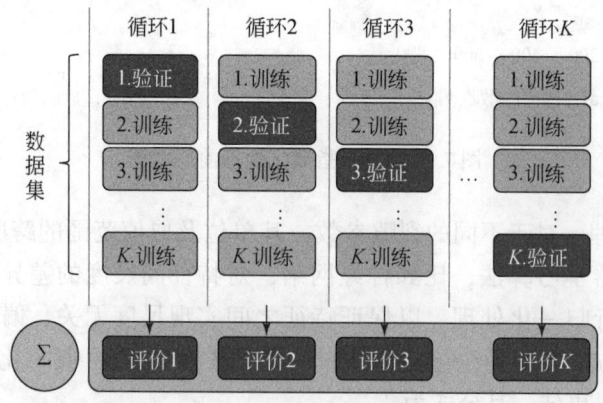

图 7.10 基于 K 折交叉验证的模型评价方法

首先，将数据集随机 K 等分。在第一次训练中，利用第 1 份子数据集作为验证集，利用其余 $K-1$ 份子数据集训练模型，并使用训练好的模型对验证集进行对数似然函数计算。之后，分别以第 2～第 K 份子数据集为验证集，重复上述操作，最终得出 K 个对数似然函数值。最后对所有的对数似然函数值求和，即可得到该模型的总体对数似然函数值，其数学表述如下：

$$S = \sum_{i=1}^{K} \ln L_i \tag{7.11}$$

式中，S 为模型的总体评分；L_i 为以第 i 个子数据集为验证集时的似然值。为方便与一般统计函数的比较，本研究给出了 S 值与 AIC 值的转换关系式：

$$\begin{cases} \text{AIC} = 2M - 2S \\ M = K\left[\dfrac{D(D-1)}{2} + D\right] + K - 1 \end{cases} \tag{7.12}$$

式中，K 为混合模型的个数；D 为样本参数的个数。实际上，M 就是 GMM 的自由参数量；M 中的第一项为 K 个 D 元高斯分布的协方差矩阵中的参数量，第二项 K 为各个混合矩阵权重 π 的个数；由于 π 的和为 1，当已知 $(K-1)$ 个 π 时便可直接求出最后一个的 π 值，因此该项的自由度需要减去 1。此外，考虑到 S 值是随着测试样本的数量增大的，AIC 值也是与样本数量有关的，因此采用平均对数似然函数值作为衡量指标，其计算公式如下：

$$S_m = \frac{S}{N_v} \tag{7.13}$$

式中，N_v 为验证集或测试集的数量。

在经过 K 折交叉验证确定模型的超参数的合理性之后，将所有的数据全部当作训练集，重新对 GMM 模型进行训练，以实现数据的充分利用。

2. 模型参数估计方法

在 GMM 模型中，参数会直接影响着模型训练的结果。尤其是超参数 K，当取值过大时，会出现某些高斯模型方差大的问题；而当 K 选取过小时，则容易出现奇异。贝叶斯变分推断是目前较为有效 GMM 参数估计的方法之一，具体过程如下。

对于数量为 N 的样本集 X，引入隐变量 Z 以表征每个样本来源于某个特定的高斯分布。Z 为一个 $N \times K$ 的矩阵，其中 z_{nk} 取 0 或 1，且当 $z_{nk} = 1$ 是代表 x_n 对应第 k 个高斯分量。

（1）假设高斯模型分量的系数 π 服从狄利克雷分布：

$$p(\pi) = \text{Dir}(\pi \mid \alpha_0) = C(\alpha_0) \prod_{k=1}^{K} \pi_k^{\alpha_0 - 1} \tag{7.14}$$

式中，Dir（·）为狄利克雷分布；α_0 为分布的参数，它是一个 K 维的向量，表示此混合分布在选择分量时的集中程度，且 $\alpha_0 = [\alpha_0, \cdots, \alpha_0]^T$。$C(\alpha_0)$ 为分布归一化系数。同时，假设 GMM 的均值向量 μ 和精度矩阵 Λ 服从高斯-Wishart 分布：

$$p(\mu, \Lambda) = p(\mu \mid \Lambda) p(\Lambda) = \prod_{k=1}^{K} N(\mu_k \mid m_0, (\beta_0 \Lambda_k)^{-1}) W(\Lambda_k \mid W_0, \nu_0) \tag{7.15}$$

式中，W 为控制精度的矩阵；ν_0 为计算均质分布所需的参数。

（2）初始化。包括：①α_0 为向量初始化为设定的值，或者默认为 1；②用来控制均值

分布的 m_0 均值向量，默认设置为 0；③控制精度矩阵分布的 W_0 矩阵，这个矩阵默认设置为对角阵，并且所有值为 1（或指定值）；④在给定 N 个数据点后，将其平均分配给各个分量中，即每个分量中数据点个数 $N_k = N/K$；⑤计算先验狄利克雷分布的参数 α 向量，设置为 $\alpha = [\alpha_0 + N_0, \cdots, \alpha_0 + N_k]$ 及 $q^*(\pi) = \text{Dir}(\pi \mid \alpha)$；⑥计算均值分布所需要的参数 $\beta_k = \beta_0 + N_k$（β_0 默认初始值为 1）；⑦初始化均值向量 μ，即随机从样本数据中选取 K 个值作为初始均值；⑧W 矩阵，令 $W_k = W_0$；⑨计算均值分布用到的参数 $\nu_k = \nu_0 + N_k$，其中，默认情况下 $\nu_0 = D$，D 为数据维度。

(3) 计算第 k 个混合模型对样本 x_n 的责任值：

$$r_{nk} \propto \tilde{\pi}_k \tilde{\Lambda}_k^{1/2} \exp\left\{-\frac{D}{2\beta_k} - \frac{\nu_k}{2}(x_n - m_k)^{\mathrm{T}} W_k (x_n - m_k)\right\} \tag{7.16}$$

其中，

$$\ln \tilde{\Lambda}_k \equiv E[\ln |\Lambda_k|] = \sum_{i=1}^{D} \psi\left(\frac{\nu_k + 1 - i}{2}\right) + D\ln 2 + \ln |W_k| \tag{7.17}$$

$$\ln \tilde{\pi}_k = E[\ln \pi_k] = \Psi(\alpha_k) - \Psi\left(\sum_{k=1}^{K} \alpha_k\right) \tag{7.18}$$

式中，Ψ 为双伽马函数。

(4) 计算 N_k、$\bar{x}_k$ 和 S_k

$$N_k = \sum_{n=1}^{N} r_{nk} \tag{7.19}$$

$$\bar{x}_k = \frac{1}{N_k} \sum_{n=1}^{N} r_{nk} x_n \tag{7.20}$$

$$S_k = \frac{1}{N_k} \sum_{n=1}^{N} r_{nk}(x_n - \bar{x}_k)(x_n - \bar{x}_k)^{\mathrm{T}} \tag{7.21}$$

在根据上述计算结果更新参数 β_k、m_k、W_k 和 ν_k

$$\beta_k = \beta_0 + N_k \tag{7.22}$$

$$m_k = \frac{1}{\beta_k}(\beta_0 m_0 + N_k \bar{x}_k) \tag{7.23}$$

$$W_k^{-1} = W_0^{-1} + N_k S_k + \frac{\beta_0 N_k}{\beta_0 + N_k}(\bar{x}_k - m_0)(\bar{x}_k - m_0)^{\mathrm{T}} \tag{7.24}$$

$$\nu_k = \nu_0 + N_k \tag{7.25}$$

(5) 计算 GMM 的变分推断下界：

$$\begin{aligned} L = &E[\ln p(Y \mid Z, \mu, \Lambda) + \ln p(\mu, \Lambda) + \ln p(Z \mid \pi) + \ln p(\pi)] \\ &- E[\ln q(\pi) + \ln q(Z) + \ln q(\mu, \Lambda)] \end{aligned} \tag{7.26}$$

(6) 重复迭代步骤（3）~（5），直至前后两次的到变分推断下界 L 低于预先设置的某个阈值时，可认为算法完成迭代。

3. 模型应用

1) 随机样本模拟

首先需要计算每个类需要生成的样本数量，假设为 N。根据之前求解的混合模型的混合系数，即可求出每个类需要生成的样本的数量，可以用式（7.27）表示第 k 个类需要生成的样本的数量。

$$N_k = N\pi_k \tag{7.27}$$

于是，可以得到 k 个单高斯模型 $N(\mu_k, \sum_k)$ 以及每个模型需要生成的样本的数量 N_k。之后随机生成一个 $[0,1]$ 区间内的随机数 δ，如果 $\delta \in [\sum_{c=1}^{k-1}\pi_c, \sum_{c=1}^{k}\pi_c]$，则对第 k 个当高斯模型进行采样。重复上述步骤 N 次，即可完成做种的随机样本模拟。

上述过程为 GMM 采样的基本流程。需要注意的是，在训练模型之前，数据经过了一系列的预处理，因此，需要对模拟出的数据进行"反处理"，其顺序为反归一化、反对数/反指数化、反映射。反归一化的公式为

$$x'_s = x_s(x_{\max} - x_{\min}) + x_{\min} \tag{7.28}$$

式中，x_s 为生成的数据；x'_s 为反归一化后的数据。反对数/指数化的公式为

$$x'_s = \begin{cases} a^{x_s}, & X \text{ 服从负负偏时} \\ \log_b x_s, & X \text{ 服从正偏态时} \end{cases} \tag{7.29}$$

反映射的公式为（当方向参数为产状时）：

$$\begin{cases} \alpha_s = 2\arcsin\left(\sqrt{\dfrac{x_s^2 + y_s^2}{2}}\right) \\ \beta_s = \arctan\left(\dfrac{x_s}{y_s}\right) \end{cases} \tag{7.30}$$

如果映射过程采用的是直接平移的方式，则可以直接通过加/减去相应值完成反映射。

最后，任何分布函数都有可能生成超出实际数据取值范围的样本，因此需要对这一类样本进行过滤，以保证最终模拟结果的合理性。

2）样本概率计算

GMM 的最终模型是由将若干高斯分布线性组合而成，因此对未知样本的概率过程实际上就是计算一种条件概率，其表达式如下：

$$p(x \mid \Pi, \Theta) = \sum_{j=0}^{m-1} \frac{\pi_j}{\sqrt{2\pi\sigma_j^2}} \exp\left[\frac{-1}{2\sigma_j^2}(x - \mu_j)^2\right] \tag{7.31}$$

式中，$\Theta = \{\theta_0, \cdots, \theta_{k-1}\}$ 为各个高斯分布的参数，每个 θ 包含一个 σ 和一个 μ。$\Pi = \{\pi_0, \cdots, \pi_{k-1}\}$ 为归一化的向量；k 为高斯分布的数量。

此外，可以通过线性叠加每一个混合分量模型的边缘分布，实现对参数边缘分布的求解，进而可以实现高维参数在一维、二维乃至三维空间上的可视化。

7.2.4 工程案例分析

1. 高维岩体裂隙参数的联合分析

1）数据收集与预处理

本研究所使用的资料来源于某水电站地下厂房区域的地质勘查资料。厂房长 388.5m，

宽31.5m，高71m。周围地层主要为新鲜砂岩地层及砂岩、硅橡胶泥灰岩、泥岩互层。复杂的地层形成了多个裂隙含水层，它们之间有着密切的水力联系。厂房上覆岩体厚度为120~240m，主要由RMR系统确定的一般岩体组成。数据采集处为岩体均质区，根据地质分析报告，优势方位有三组：①N10°~15°W/NE∠55°~75°；②N70°~85°W/SW∠50°~65°；③N55°~90°E/NW∠60°~80°，如图7.11所示。每组条裂隙的信息出了产状，还包含迹长和开度，其中倾向和倾角均服从正态分布，迹长和开度均服从对数正态分布。在本案例中，尝试使用生成式智能模型实现对裂隙"倾向-倾角-迹长-开度"的联合模拟。为简化起见，仅将第一组优势裂隙作为实验对象。

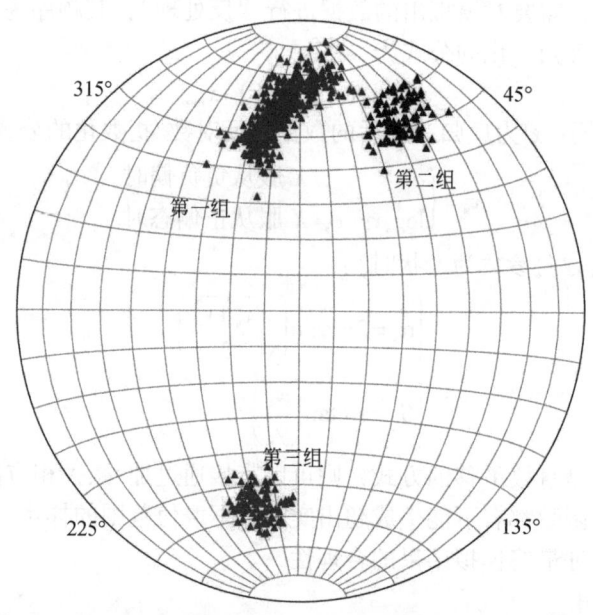

图7.11 裂隙产状分布图

该数据中共有280条裂隙，具体参数分布特征如表7.6所示。对于开度和迹长，由于这两个参数服从的是对数正态分布，根据数据预处理方法，需要将其进行对数化处理。对于产状数据，其倾向的分布范围并不在0°附近，因此可不予以处理。之后，将所有的参数重新组合并归一化，最后将数据中随机抽取出的80%划分训练集，剩余20%为测试集。

表7.6 裂隙参数分布特征

参数	分布类型	数值
倾向	正态分布	$\mu=84.03$，$\sigma=7.07$
倾角	正态分布	$\mu=59.66$，$\sigma=7.43$
开度	对数正态分布	$\mu=-2.60$，$\sigma=0.53$
迹长	对数正态分布	$\mu=1.46$，$\sigma=0.63$

2）联合模拟结果

本案例的分析过程全部采用 Python 语言进行编程，VAE 和 GAN 采用 PyTorch 深度学习框架搭建。

（1）VAE 模拟结果。VAE 模型由三层编码器和三层解码器组成，隐层维数为 8。具体结构如表 7.7 所示。在训练过程中，学习率设置为 0.001，采用 Adam 算法对网络进行优化，epoch 设为 10。训练完成时，损失函数的值收敛至 0.1255。之后，使用解码器随机生成 300 个样本。由于四个参数间的相关性很难通过高维图形表示，因此选择对各个参数两两组合，以二维图的方式呈现结果，如图 7.12 所示。其中，蓝色表示真实样本，绿色表示模拟出的样本。

表 7.7 VAE 模型结构

	编码器	解码器
第一层	全连接层：4×16	全连接层：8×24
第二层	全连接层：16×24	全连接层：24×16
第三层	全连接层：24×8（均值） 全连接层：24×8（方差）	全连接层：16×4

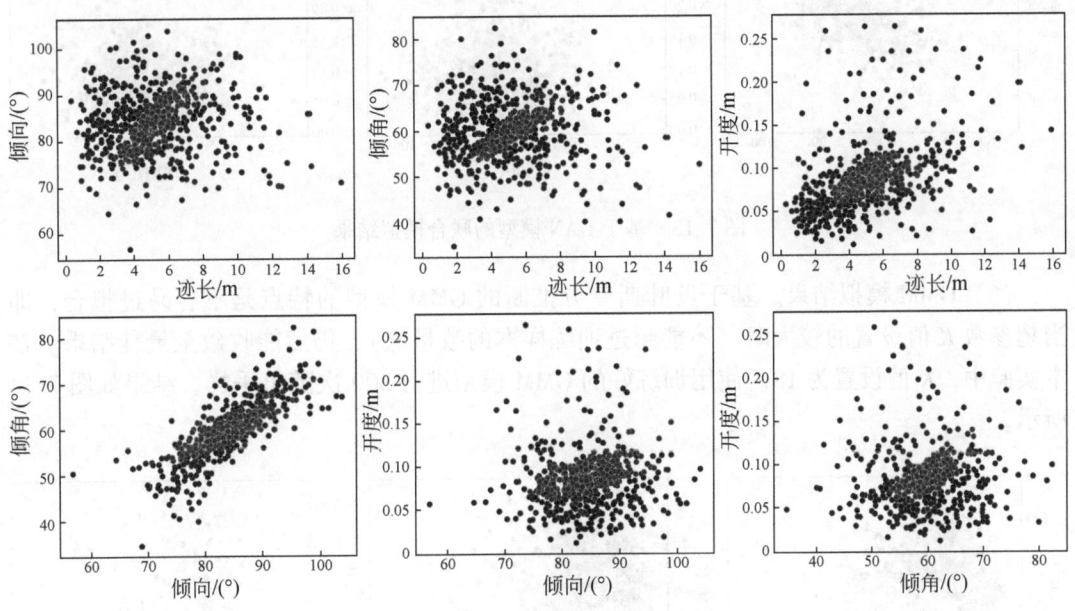

图 7.12 基于 VAE 模型的联合模拟结果

（2）GAN 模拟结果。GAN 模型的生成器和判别器的结构如表 7.8 所示。其中生成器的输入是一个 32 维的服从 $N(0,1)$ 正态分布的噪声向量，层间的激活函数全部使用参数为 0.2 的 LeakyRelu 函数，迭代步数为 8000 步，学习率为 0.0005，Batch size 直接设置为 1，优化算法采用 RMSProp 算法。使用训练好的模型进行 300 次样本模拟，结果如图 7.13 所示。

表7.8 GAN模型结构

	生成器	判别器
第一层	全连接层：32×32	全连接层：4×16
第二层	全连接层：32×16	全连接层：16×16
第三层	全连接层：16×4	全连接层：16×1

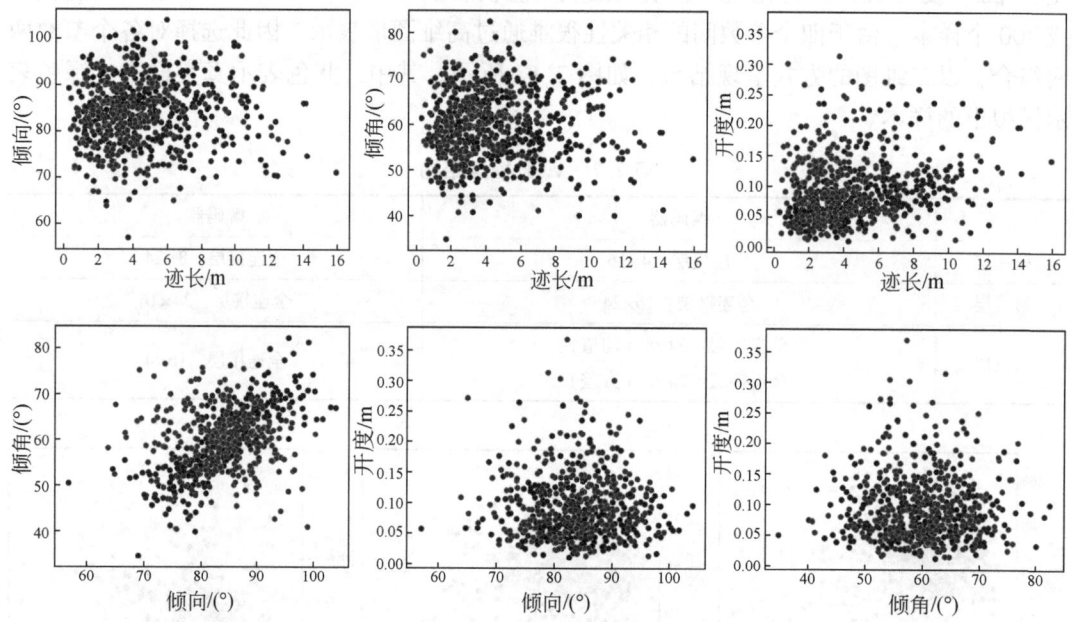

图7.13 基于GAN模型的联合模拟结果

（3）GMM模拟结果。基于贝叶斯变分推断的GMM模型的特点是不容易过拟合，即当超参数K值设置的较大时（不能超过训练样本的数量值），仍能收敛至最佳结果。在本实验中，K值设置为18。使用训练好的GMM模型进行300次随机采样，结果如图7.14所示。

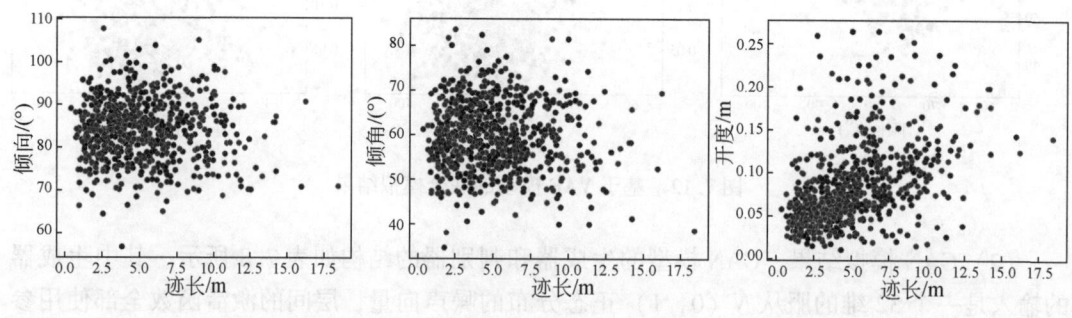

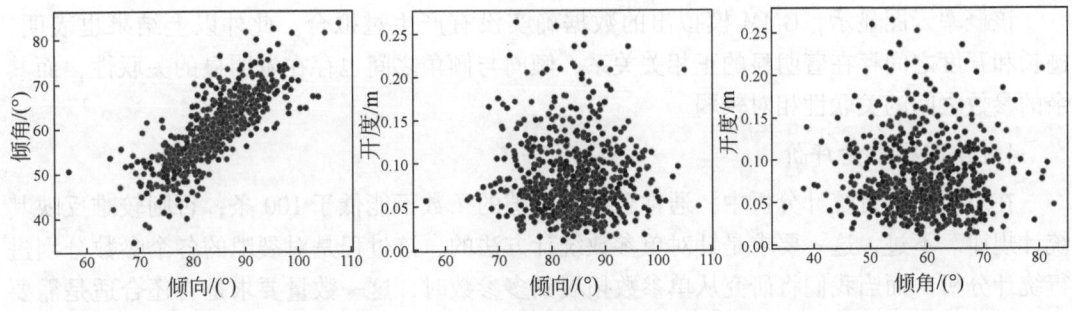

图 7.14 基于 GMM 的联合模拟结果

VAE 模型和 GAN 模型不能对未知样本进行概率计算,因此无法使用测试集对这两个模型进行评价。但是,从图 7.12～图 7.14 中以经可以明显看出,GMM 模型刻画裂隙参数的能力明显优于 VAE 模型和 GAN 模型。尤其是对于分布较为特殊的"倾向-倾角"组合,VAE 模型和 GAN 模型几乎都难以实现准确的拟合和模拟。其实,利用 Wasserstein 距离可以实现对上述两个模型所模拟出的样本进行评价,但是由于从图中已然能够看出 GMM 模型是具有明显优势的,因此该过程不再进一步深入。对于 GMM 模型,通过测试集进行评价,其对数似然值 S 为 152。

3) 概率计算与可视化

通过线性叠加 GMM 模型各个分量的边缘分布函数,可以求得裂隙各个参数一维、二维乃至三维层面的边缘分布。图 7.15 所示为在二维层面上对两两组合的参数进行边缘分布求解及可视化结果。

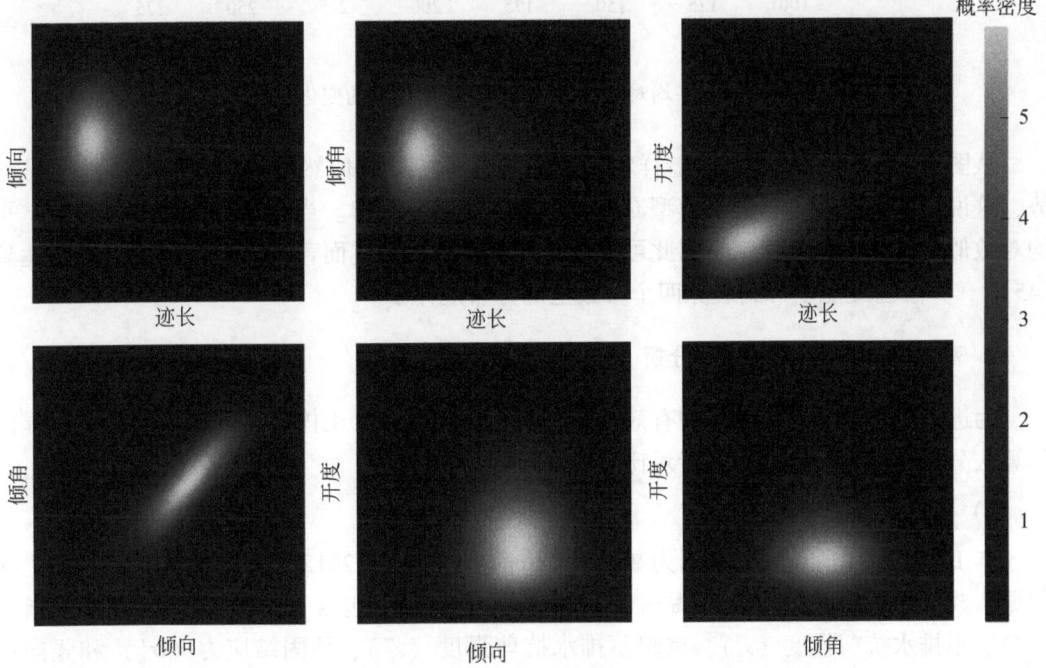

图 7.15 二维边缘分布的概率密度图

该概率云图显示，GMM 模拟出的数据确实没有产生过拟合。此外以上结果也表明，迹长和开度之间存在着明显的正相关关系，倾向与倾角之间也存在着明显的关联性，而其余的参数之间的关联性相对较弱。

4）合理样本量评价

在对裂隙进行统计分析中，通常会要求裂隙的条数不能低于 100 条，否则较难反映其统计规律。不过，这一要求是针对单参数统计方法的，该过程是对裂隙的各个参数分别进行统计分析。而当我们将研究从单参数拓展到多参数时，这一数量要求是否还合适是需要进一步探索的。

首先，在总样本集中随机抽取 100 个数据训练模型，并计算其平均对数似然值。之后，以 5 为步长，逐步增加样本的数量，训练并评估 GMM 模型，结果如图 7.16 所示。

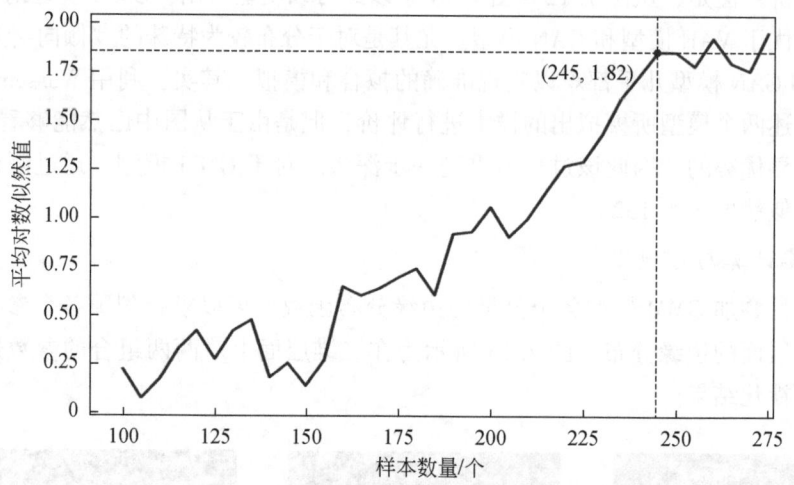

图 7.16　平均对数似然值随训练样本增加的变化情况

从图 7.16 中可以看出，随着样本量的增加，平均对数似然值的大小成明显的上升趋势，这说明增加样本量有助于模型充分学习样本的分布规律。当样本数量超过 245 时，平均对数似然值基本趋于稳定。因此可以认为，对于这一岩体而言，当裂隙样本的数量达到 245 时，算法已经能学习到裂隙四个参数全部分布规律了。

2. 高维岩土体参数的联合分析

为进一步验证所提出方法的有效性和普适性，以一组岩土体力学数据为例，对所提出的算法分析与传统分析方法进行对比分析。

1）数据收集

本工程案例中所使用的数据为文献（Ching and Phoon, 2012）中所提供的一组岩土体数据，数据集中共包含 345 条黏性土的样本，每条样本包含五个参数，包括液性指数（LI）、不排水抗剪强度（s_u）、重塑不排水抗剪强度（s_u^{re}）、预固结应力（σ_p'）和竖向有效应力（σ_v'）。数据的提供者 Ching 和 Phoon 指出实现参数间相关性分析的最有效的方法就是建立多维岩土体参数的联合概率分布函数。在该文献中,作者利用多元高斯分布实现了参数联合分布的拟合。之后,唐小松(2014)利用同一批数据,给出了一个基于Copula方法的解决方案,并取得了更好的效果。该组数据的统计特征如表7.9所示。

表7.9 黏性土参数统计特征

	LI	s_u/Pa	s_u^{re}/kPa	σ_p'/kPa	σ_v'/kPa
均值 μ	1.252	31.009	2.514	105.820	66.631
标准差 σ	0.608	29.484	3.811	103.210	53.484
变异系数 COV	0.486	0.951	1.516	0.975	0.803
分布类型	均为对数正态				

2) 联合模拟结果

利用Python语言建立GMM模型,将K设置为18,并使用全部345个五维参数(LI、s_u、s_u^{re}、σ_p'、σ_v')对模型进行训练。根据式(7.12)模型的自由参数量为377,S值为1495.65,进而可最终计算出模型的AIC值为-2417.3,S_m值为4.36。为充分验证方法的有效性与优势,用文献(唐小松,2014)中作者的计算结果进行对比。在文献中,作者使用了Gaussian Copula函数和t Copula函数两种方法进行了多维联合分析,并使用AIC值和BIC值作为表征值。通过对式(3.15)进行逆推,可以将文献中AIC值转换成S值和S_m值,最终三种方法的对比结果如表7.10所示。

表7.10 Copula方法与基于GMM的多维分析方法的对比

方法	AIC值	S值	S_m
Gaussian Copula (Malevergne and Sornette, 2003)	-1474.3	747.15	2.17
t Copula (Demarta and McNeil, 2005)	-1489.9	754.95	2.19
基于GMM的方法	-2417.3	1495.65	4.36

从上述结果中看出,基于GMM方法的AIC值要明显低于另外两种方法,而S值和S_m值高出传统方法的一倍。最后,利用最终的模型模拟出300个样本,如图7.17所示。从图7.17中可以看出,模拟结果与实测数据的分布是一致的。

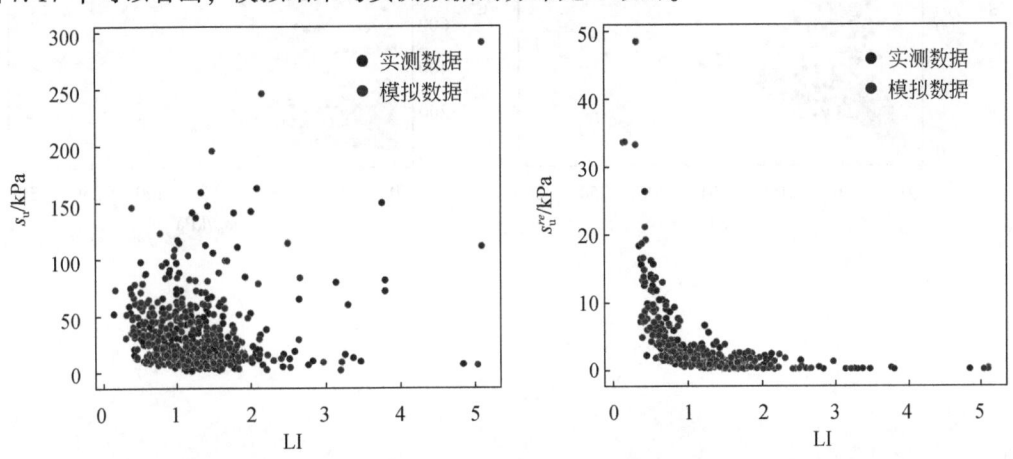

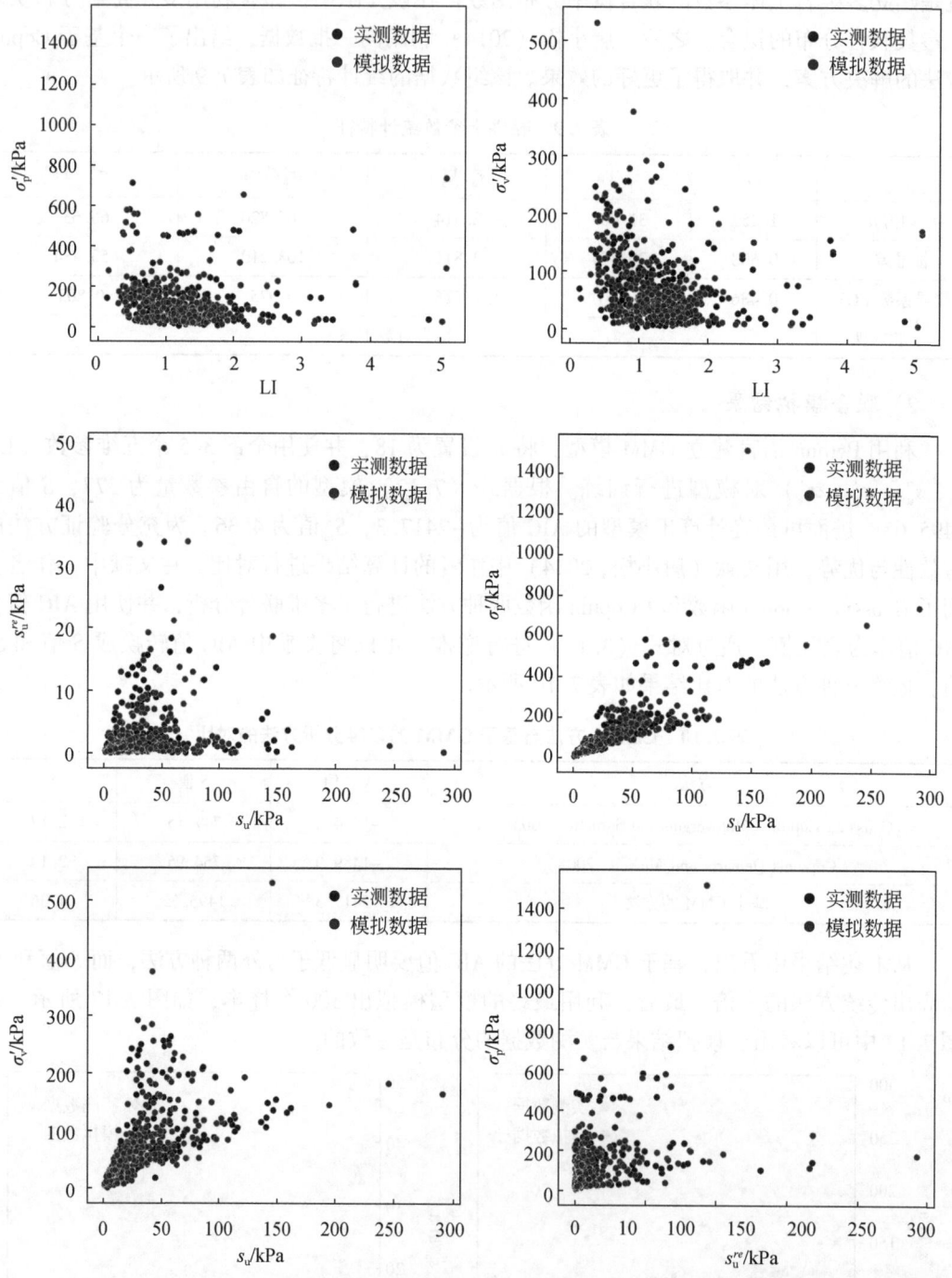

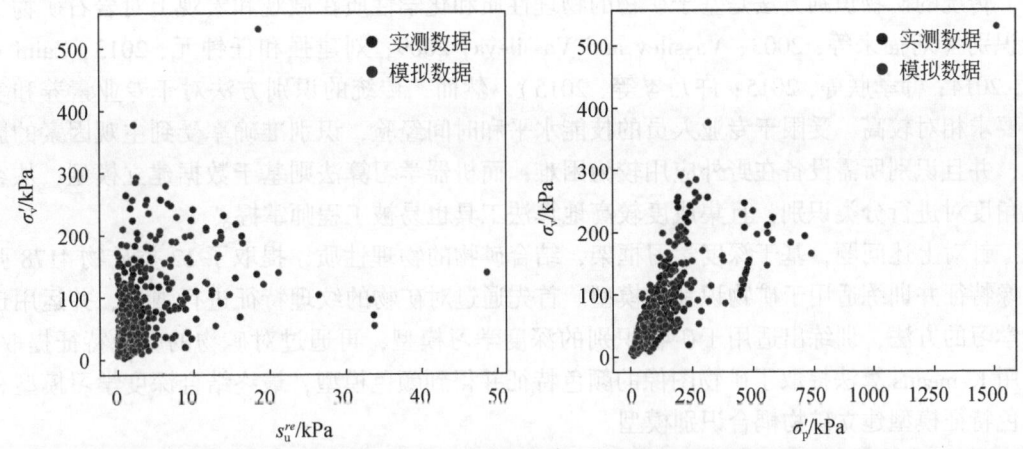

图 7.17 基于 GMM 方法的高维岩土体参数联合模拟结果

7.2.5 结论

本节讨论了生成式智能模型在裂隙高维参数不确定性分析中的适用性,并针对裂隙参数的特点,提出了一套基于 GMM 模型的高维参数联合分析方法。该方法的主要流程包括数据预处理、模型构建以及模型应用方法三部分。工程案例表明,所提出的方法能够很好地拟合并表征出参数间复杂的关系。在案例 1 中,通过对一组岩体裂隙参数进行分析,详细地展示了该方法在数据模拟、概率计算、可视化等方面的适用性与优势。在案例 2 中,通过与统计学的 Copula 方法进行对比,进一步表明了该方法在高维数据联合分析中的精准性;此外,在统计学方法中(如 Copula 等)均需要事先对高维参数的边缘分布做出假设,而基于 GMM 模型仅需要对数据的正态性或均衡性进行大致的判断与处理即可完成联合分析,从而极大程度地减少了分析过程的主观性,提高了智能化程度。

通过对另外两个经典的生成式模型(VAE 和 GAN)进行测试,结果表明,该两种模型较基于 GMM 的模型存在一定的差距。不过,VAE 和 GAN 是神经网络的模型,灵活性较强,在改良网络结构及调参等情况下,有可能实现更佳的效果。

7.3 耦合颜色和纹理特征的矿物图像识别

矿物的识别和记录是地质研究的主要内容之一,对矿物种类、位置、丰度的信息进行分析可对矿物情况进行预测。在野外地质勘探过程中,勘探人员通过对矿物颜色、光泽和条痕等特征的辨别,可以判断矿物所属类别,其结果的准确性受限于地勘人员的相关知识,且易受主观因素影响。传统的矿物识别方法需要较高的时间成本和人力成本,难以在野外勘探过程中广泛运用。而随着深度学习等智能算法的发展,通过提取矿物图像特征建立识别模型的方法开始应用于实践中,同时智能手机软硬件水平的提高也为模型搭载提供了可靠的平台,为野外实时识别矿物图像提供了便捷的方式。

传统的矿物识别方法是基于矿物的物理性质和化学性质在微观和宏观上对岩石矿物进行识别（刘福来等，2003；Vassilev and Vassileva，2009；刘建强和任钟元，2013；Zaini et al.，2014；韩孝朕等，2015；许乃岑等，2015）。然而，传统的识别方法对于专业素养和实验要求相对较高，受限于专业人员的技能水平和时间经验，识别准确率受到主观因素的影响，并且识别所需设备在野外应用较为困难；而机器学习算法则基于数据建立模型，从客观角度对进行分类识别，且集成度较高地算法工具也易被工程师掌握。

针对上述问题，基于深度学习框架，结合矿物的物理性质，提取了12类矿物4178张图像特征并训练适用于矿物识别的模型。首先通过对矿物的纹理特征进行强化，并运用迁移学习的方法，训练出适用于矿物识别的深度学习模型；再通过对矿物的颜色特征提取，运用 K-means 算法提取了矿物图像的颜色特征并得到颜色模型，最终结合深度学习模型和颜色特征模型建立矿物耦合识别模型。

7.3.1 基本原理

应用迁移学习方法，利用强化纹理特征的图像数据，对深度学习模型进行重训练，结合利用 K-means 建立矿物图像识别的颜色模型，最终建立矿物图像识别的耦合模型，其总体的方法结构如图 7.18 所示。矿物耦合模型由重训练的 Inception-v3 模型和颜色模型耦合而成。在识别过程中，首先利用重训练的 Inception-v3 模型对强化纹理的矿物图像进行分类，再将图像输入矿物颜色模型，从而将最终的识别结果按照耦合识别分析模型所得出的概率从大到小输出。

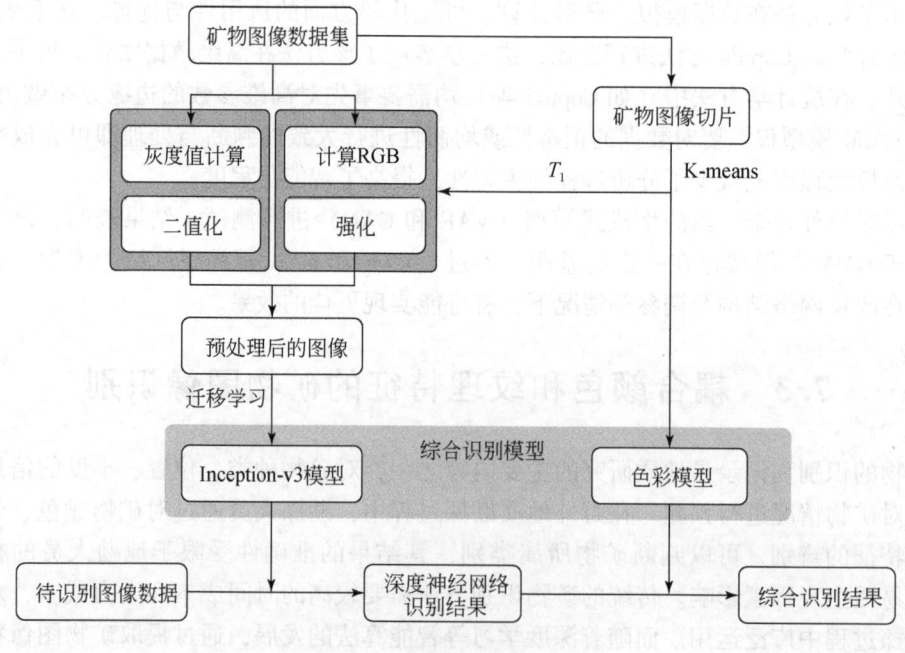

图 7.18 研究方法总体结构图

7.3.2 模型构建

1. 矿物图像颜色模型

矿物颜色是矿物识别的重要特征，根据矿物的成分不同可分为红色、白色、黄色、黑色、蓝色、绿色、灰色、褐色等。较为纯净的矿物往往具有单一的颜色，如辰砂为红色、孔雀石为绿色、方解石为白色、磁铁矿为黑色等。矿物颜色是区分矿物种类的重要参考指标。在正常光照条件下，矿物颜色亮度相对较为稳定，因此，在计算机视觉条件下，矿物表面的 RGB 值浮动较小。通过聚类方法即可计算得到矿物在正常光照条件下的 RGB 特征值。通过运用 K-means 算法和矿物颜色特征进行聚类，获取每种矿物特征 RGB 值。训练时，为了加快计算速度，将每类图片每步随机选取 10 张调入 K-means 算法，每次计算会得出一个 RBG 值。在循环计算过程中，每次计算均会将上一步计算得出的特征值作为初始输入量，从而达到随着数据量的增加，特征值将趋近于真实值。

在分类识别过程中，因为每类矿物都具有相对独特的颜色，因此通过矿物颜色可以在一定程度上区分矿物类别。根据计算机 RGB 颜色空间的性质，通过排列组合 R、G、B 三原色的数值，总共有 1677216 种颜色。R、G、B 中任何一种数值的变化，均导致颜色发生改变，所以可以根据矿物的颜色计算出矿物可能的种类：

$$\text{Score}_j = 1 - \frac{\min(\sqrt{(R_i - R_{ji})^2 + (G_i - G_{ji})^2 + (B_i - B_{ji})^2})}{\sum_{j=1}^{6} \min\{\sqrt{(R_i - R_{ji})^2 + (G_i - G_{ji})^2 + (B_i - B_{ji})^2}\}} \quad (7.32)$$

式中，R_i、G_i、B_i 分别为矿物图像中矿物 RGB 值的均值；R_{ji}、G_{ji}、B_{ji} 分别为强化纹理特征图像第 j 类矿物的第 i 种颜色的 RGB 特征值。根据式（7.32）可在 Inception-v3 模型识别结果中准确的识别出矿物图片类别。

2. 矿物识别耦合模型

每一种矿物都有相对独特的纹理特征，通过提取矿物图像的纹理特征我们可以更为准确的辨别矿物的种类，矿物纹理主要包括矿物的集合体形状和表面解理。矿物的纹理因物的种类不同而各具特性，辰砂集合体呈粒状，完全解理，断口为贝壳状；电气石集合体呈棒状、放射状等，无解理，断口呈球面三角形；闪锌矿集合体呈粒状，解理为棱形十二面体，断口不平坦等。

在光照条件下，不同的矿物解理对光线的反射程度也不相同并且同一解理面具有的规律性变化特征，因此亮度和颜色在图像中也呈现出相应的规律性的变化，从而可根据图像中解理面的亮度和颜色变化提取纹理特征。提取出图像中的亮度变化区域，并将其用线条描绘出来即可达到矿物特征提取的效果。矿物图像为彩色图像，因此基于颜色空间理论，可从图像中提取每个像素点的 RGB 值，每个像素点的灰度值由式（7.33）所示。

$$\text{gray} = 0.299 \times R + 0.587 \times G + 0.114 \times B \quad (7.33)$$

式中，gray 为像素点的灰度值；R、G、B 分别对应像素点的三原色值。在光照条件下，矿物纹理部分亮度变化会明显区别于其周围像素点亮度变化。在纹理部分，矿物图像的灰度值急剧变大或变小。因此，通过亮度变化即可提取矿物图像纹理信息，其公式如式（7.34）和式（7.35）所示。

$$\Delta Z_i = \text{gray}_i - \left(\sum_{i=1}^{n=9} \text{gray}_i - \text{gray}_{\max} - \text{gray}_{\min} \right) / 7 \quad (7.34)$$

式中，ΔZ 为像素点的亮度变化值；gray_i 为像素点的灰度值，由式（7.32）确定；为了消除可能存在的边界干扰，故而去掉灰度值中的最大值和最小值，$\text{gray}_{\max}$、$\text{gray}_{\min}$ 分别为最大和最小灰度值。

$$|\Delta Z_i|' = ||\Delta Z_i| - |\overline{\Delta Z}|| = \left| |\Delta Z_i| - \frac{1}{7} \sum_{k=1}^{7} |\Delta Z_k| \right| \quad (7.35)$$

式中，$|\Delta Z_i|'$ 为第 i 点的灰度值变化的变化量；取数 T 为阈值，取亮度值差值的绝对值的最大值。当像素点亮度变化值小于阈值时，不设为特征点；当亮度变化值大于阈值时设为特征点，经测试得，当 $T=15$ 时，图像特征提取效果良好，如图 7.19 所示。

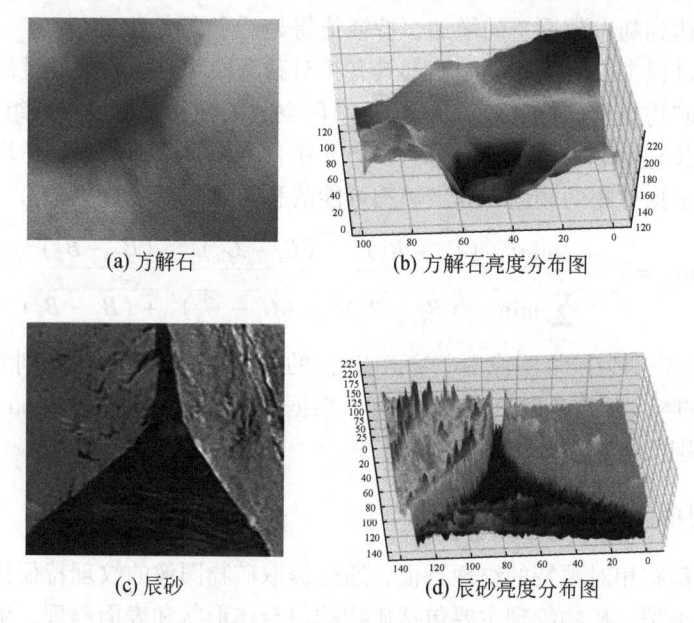

(a) 方解石　　　　　　(b) 方解石亮度分布图

(c) 辰砂　　　　　　(d) 辰砂亮度分布图

图 7.19　亮度特征提取图

另外，为了更准确地提取出矿物图像纹理，根据矿物表面的颜色变化也可提取纹理特征。在计算机视觉中，颜色一共可以分为 16777216 种，均可用三原色 RGB 值排列组合得到，所以判断矿物表面是否发生了颜色变化，只需要判断 RGB 值的比例是否发生了变化：

$$\Delta C = \max \left\{ \sqrt{\frac{R^4 B^2 + G^4 R^2 + B^4 G^2}{(R+\mu)^2 (G+\mu)^2 (B+\mu)^2}} - \sqrt{\frac{R_i^4 B_i^2 + G_i^4 R_i^2 + B_i^4 G_i^2}{(R_i+\mu)^2 (G_i+\mu)^2 (B_i+\mu)^2}} \right\} \quad (7.36)$$

式中，μ 为防止式（7.36）中各分母为 0，取 0.01；ΔC 为像素点与周围像素点的差值，设置阈值 T_1，当 T_1 小于 ΔC 时，像素点为纹理边界点；反之则不标记为纹理边界点，经试验得出 T_1 取 2.1 时，图像提取效果最好。结合亮度变化及颜色变化判定矿物纹理边界，即可在图像中勾勒突出矿物的纹理。

将强化纹理的图像数据输入，设置 Inceotion-v3 为预训练模型，即可训练得到矿物的分类识别模型。模型的原始输入图像长宽均设为 299，如若输入图像不满足要求，程序将自动裁剪、缩放以致图像长宽均为 299；彩色图像能够分解为 RGB 三色，因此模型的训练深度设为 3；模型瓶颈张量是 2048 维的矩阵，用以存储图像的特征，训练 Softmax 分类器；设置模型训练的迭代步数为 20000，学习率为 0.01。训练时，每次训练随机选择 100 张图像作为训练集，随机选取 10 张图像作为测试集。使用测试集验证训练结果时，训练集中的图像相互交叉验证，从而达到评价模型的目的。

在建立矿物颜色模型过程中，首先对矿物的颜色值进行计算，之后利用 K-means 对矿物图像中 RGB 三原色的变化值进行聚类分析，计算出矿物可能所属的种类。在耦合模型分类过程中，矿物图像先被 Inception-v3 模型初步划分为 6 个类别，接着将图像数据及 Inception-v3 的分类结果输入颜色模型做进一步判断，最终按概率大小排序输出分类结果。测试模型准确率时，在每类矿物随机选择未参与训练的 24 张图像对每类矿物的准确度做出评定。

7.3.3 实验与结果

1. 图像处理

数据集包括 12 种复杂岩石矿物的 4178 幅图像。表 7.11 显示了各类岩石矿物图像的相关信息。在每个类别中随机选择 20 幅图像作为测试数据集，剩余的图像用于重新训练 Inception-v3 模型。在建立模型时，包括岩石矿物图像的数量和清晰度、背景噪声以及矿物特征之间的差异等诸多因素都会影响模型的准确性。通常，准确度随着岩石矿物图像数量的增加而增加。然而，不同类型数量之间的不平衡可能会导致低精度。因此，我们收集了图像，并确保每个类别的总数至少为 150。然后将图像中岩石矿物的比例调整到至少 80%。最后，去除图像中的噪声，如复杂的背景和标签，使图像具有相同的大小。在训练的过程之前，先分别利用式（7.33）以及式（7.36）计算所有图像的亮度值以及 ΔC 值矩阵。

表 7.11 矿物种类及数量

种类	数量/张	种类	数量/张
辰砂	327	孔雀石	350
赤铁矿	324	蓝铜矿	323
辉钼矿	296	绿柱石	380
方解石	451	普通辉石	171
锡石	378	辉锑矿	432
磁铁矿	335	石膏	415

模型训练过程中共涉及 12 类矿物，矿物种类及每类的图像数量如表 7.11 所示。在模型训练过程中，选取图像的数量、清晰度、矿物图像的背景噪声和矿物的特征明显程度均对模型的准确率有影响。同时，模型的准确率会随着图像的数量的增加而增大；当图像数量达到一定程度时，准确率随着图像数量增加而趋于平缓。因此，保证图片数量和图像清

晰度能够提高模型识别准确率。

2. 模型训练

处理后的图像被用作原始数据。输入图像大小设置为299×299。所有的输入图像都经过预处理以进行训练。长度、宽度和颜色有三个输入通道。培训步骤设置为20000，学习率设置为0.01。在每个步骤中，将预测结果与真实标签进行比较，从而计算训练和验证精度，以更新模型中的权重。true 标签是数据集中的类名。用于评估培训有效性的主要措施是培训准确度、验证准确度和训练交叉熵，如图7.20所示。

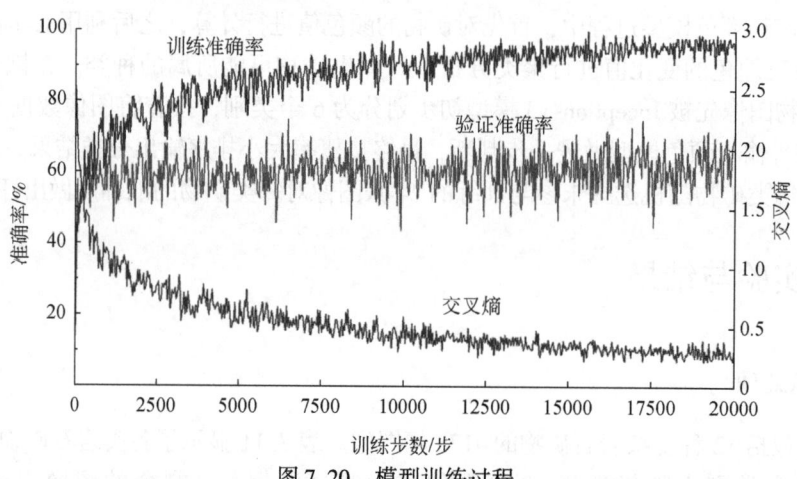

图7.20 模型训练过程

光照条件对图像的 RGB 值有影响。为了得到更好的颜色模型，采用基于轮廓系数优化的自适应 K-means 算法，对每个类别中不同光照条件下的 10 个图像切片（大小约为300×300）进行训练，其中每个类别共大约有 900000 个点。表 7.12 为颜色模型的计算结果，图 7.21 为颜色模型训练样本示例。

表7.12 颜色模型训练结果

矿物	颜色（R, G, B）		
	颜色1	颜色2	颜色3
辰砂	(142, 79, 69)	(105, 36, 31)	(184, 107, 102)
赤铁矿	(168, 96, 80)	(127, 157, 138)	—
辉钼矿	(121, 125, 126)	(93, 96, 98)	—
方解石	(193, 199, 193)	(175, 177, 167)	—
锡石	(44, 47, 53)	—	—
磁铁矿	(36, 33, 31)	—	—
孔雀石	(88, 168, 129)	(67, 144, 104)	(50, 108, 75)
蓝铜矿	(0, 19, 151)	(44, 77, 201)	—
绿柱石	(0, 95, 56)	(35, 159, 112)	—
普通辉石	(82, 80, 82)	(122, 120, 124)	—
辉锑矿	(92, 104, 115)	—	—
石膏	(161, 161, 163)	(230, 220, 192)	—

图 7.21 颜色模型训练样本

为了消除不同光照条件的影响，我们在不同光照条件下训练了大量图像。由于岩石矿物的反射不同，一些矿物的 RGB 值发生了显著变化，而一些矿物的 RGB 值没有发生显著变化，因此，颜色模型中这些矿物的 RGB 值种类的数量不同。

3. 模型测试

首先，从原始图像和纹理特征提取图像中重新训练两个 Inception-v3 模型。然后，将从纹理特征提取图像中提取的再训练模型与颜色模型相结合，创建一个综合模型。对三个模型进行比较，以找到一个精度最高的模型。为了确保准确性更具说服力，使用 440 幅图像对这些模型进行了测试，测试图像是从岩石矿物的图像数据集中随机选择的。这些测试图像将被用作综合模型和 Inception-v3 模型的输入数据，无论是否使用特征提取图像进行训练。同时，在对综合模型和 Inception-v3 模型进行测试时，程序将自动对图像进行处理，并用特征提取图像进行训练，结果如表 7.13 所示。

表 7.13 模型识别结果　　　　　　　　　　（单位:%）

算法	验证准确率	测试准确率	
		Top-1	Top-3
原始模型	73.1	64.1	96.0
纹理模型	77.4	67.5	98.3
综合模型	77.4	74.2	99.0

从表 7.13 中可以看出，基于原始图像的重新训练的 Inception-v3 模型能够达到 73.1% 的验证准确率，Top-1 和 Top-3 的准确率分别为 64.1% 和 96.0%；纹理模型的效果略高；而综合模型的效果最好，Top-1 和 Top-3 的测试准确率可高达 74.2% 和 99.0%。

7.3.4 结论

在本研究中，基于 Inception-v3 模型建立了三个模型：深度学习模型加上颜色模型分别达到了 74.2% 和 99.0% 的 Top-1 和 Top-3 精度；使用原始图像的再训练模型的 Top-1 和 Top-3 精度分别达到了 64.1% 和 96.0%；使用纹理提取图像的再训练模型达到 Top-1 和 Top-3 精度，分别为 67.5% 和 98.3%。三种模型的比较表明，综合模型是最好的。

深度学习算法为岩石矿物识别提供了新的思路。聚类算法还可以提高深度学习模型的性能。因此，深度学习算法和聚类算法的结合是岩石矿物识别的有效方法。同时，岩石矿物的颜色特征和纹理特征是识别的重要属性。通过纹理和颜色提取，可以大大提高 Inception-v3 模型的识别精度。此外，采用了精细的矿物图像，具有清晰的矿物特征。如果可以提取特征，如解理和光泽，则可以进一步测试综合模型，以用于矿物样本识别，甚至用于现场调查

7.4 本章小结

在统计尺度和标本尺度下，对地质对象的描述都是局部或微观的。在工程领域，这一尺度下研究人员所关注的地质对象主要在于岩体的裂隙；而在矿产、地球科学等领域，标本的矿物成分、化学特征则是研究的重点。本章从这一角度出发，首先利用 Copula 理论对岩体裂隙的多维特征进行了表征，深入探讨了裂隙产状参数的规律，以及裂隙开度与迹长的关系。之后，对基于生成式模型 GMM 的岩土体高维参数进行了联合表征，对比结果表明其效果要明显优于经典的生成式模型 VAE 和 GAN；除此之外，基于所提出的模型实现了概率密度云图计算与合理样本量的确定，丰富了模型的应用范围。最后，利用迁移学习原理训练了可识别矿物图像的深度神经网络模型，并提出色彩模型，从矿物纹理的角度对深度神经网络的识别效果进行了强化，全面提高了识别准确率与鲁棒性。

第8章 多尺度地质不确定性与参数化三维建模

8.1 随机扁椭球离散裂隙网络模型

基于蒙特卡罗的 DFN 建模是研究岩体结构不确定性的常用方法（周四宝，2015）。自 20 世纪 80 年代以来，地质工程师们围绕着随机 DFN 模型展开了大量的研究。目前流行的 DFN 建模方法包括：镶嵌模型（Santalo，1976）、Baecher 圆盘模型（Baecher et al.，1977）、Veneziano 多边形模型（Veneziano，1978）、Dershowitz 多边形模型（Dershowitz and Einstein，1988）、正交模型（Weiss，2013）等。其中，Baecher 圆盘模型由于其实现方法简单、理论体系完整、可扩展性强，在工程研究中更为普及。Baecher 圆盘模型虽然发展相对成熟，但仍存在一定的局限性，主要表现在裂隙参数的精确描述以及裂隙开度的赋值问题上。本节从这一角度出发，结合上一章中所提出的裂隙参数不确定性表征方法，提出了一种改进的 DFN 建模方法——随机扁椭球离散裂隙网络建模方法。

8.1.1 关键问题分析

1. 参数描述问题

Baecher 圆盘模型所需的基本参数包括裂隙密度、产状分布参数和裂隙尺寸分布参数（由迹长分布参数推断）。可以说，整个建模过程中最关键的任务就是确定参数的分布规律。但是目前用于研究裂隙的统计方法存在着明显的局限性。此外，在一些研究中，裂隙参数的分布规律以及多维参数间关系常常被进一步简化，致使模型难以与实际情况相匹配，不利于精细化建模。例如，研究人员有时甚至会对倾向和倾角分别进行拟合和采样，而忽略它们之间的相关性（Baecher，1983；Torabi and Berg，2011；Hekmatnejad et al.，2018），这类做法其实都是不够严谨的。

2. 开度取值问题

Baecher 圆盘模型的另一个难点在于对裂隙开度的表达。根据基本假设，裂隙的厚度为零。这种简化使得一些渗流分析、油气储量计算等相关问题难以得到很好的解决。然而，要实现对岩体裂隙开度进行合理的赋值是不容易的，因为要想实现合理赋值，就要充分考虑开度与其他参数之间的相关关系（比如开度与迹长间是存在着正相关关系）。但是迹长只是裂隙与出露面相交的结果，并不是裂隙的真正尺寸，三维 DFN 建模的过程中并没有对迹长的模拟，而是先通过迹长推求裂隙尺寸的分布规律，再用裂隙尺寸实现整个建模过程。由此一来，开度这一变量在三维 DFN 建模中便成了一个难以安置的独立角色。对于这一现状，目前的研究人员通常采取如下几种解决方式：①通过构建二维 DFN 模型而非三维模型（Sun and Schechter, 2015；Liu et al., 2018；Zou et al., 2019；Ma et al., 2019），以充分利用开度数据；②直接假设开度是一个与其他参数无关的变量，并进行独立随机的采样（Makedonska et al., 2016；Milad et al., 2018；Huang et al., 2019；Yao et al., 2019）；③假设开度和裂隙尺寸之间的关系与开度和迹长之间的关系是相同的（Tezuka and Watanabe, 2000；Karimzade et al., 2017；Yao et al., 2020），再将开度赋值给裂隙圆盘；④简单地将所有圆盘的开度设置为相同的常数（Liu et al., 2019）。不难看出，上述四种方法都没有实现对开度的合理表达。

8.1.2 SOE 法建模流程

1. 基本原理

在本节中，通过利用 Copula 方法对裂隙开度、迹长、空间尺寸进行联合分析，对传统的 Baecher 圆盘法进行了改进，提出了一种新的 DFN 建模方法——随机扁椭球法（stochastic oblate ellipsoid, SOE）。

SOE 的原理可参见图 8.1。该方法与传统的 Baecher 圆盘法的流程是基本一致的。在 Baecher 圆盘法中，需要先根据出露面的迹线数据分析裂隙的产状分布、迹长分布以及迹线密度，再进一步推求裂隙在空间上的密度以及尺寸分布，最终利用推得的这些空间上的参数进行 DFN 建模。相较于这一方法，SOE 主要的改进在于两点：①在对产状数据进行描述和随机采样的过程中，使用 Copula 函数以充分考虑倾向与倾角之间的相关关系；②在迹长数据采集的过程中，需要同时采集开度数据，之后再利用 Copula 函数建立开度与裂隙空间尺寸的联系，从而为每个裂隙赋以合理的开度值。对于第一点，利用 Copula 的基本原理不难实现；对于第二点，其具体方式如图 8.2 所示。

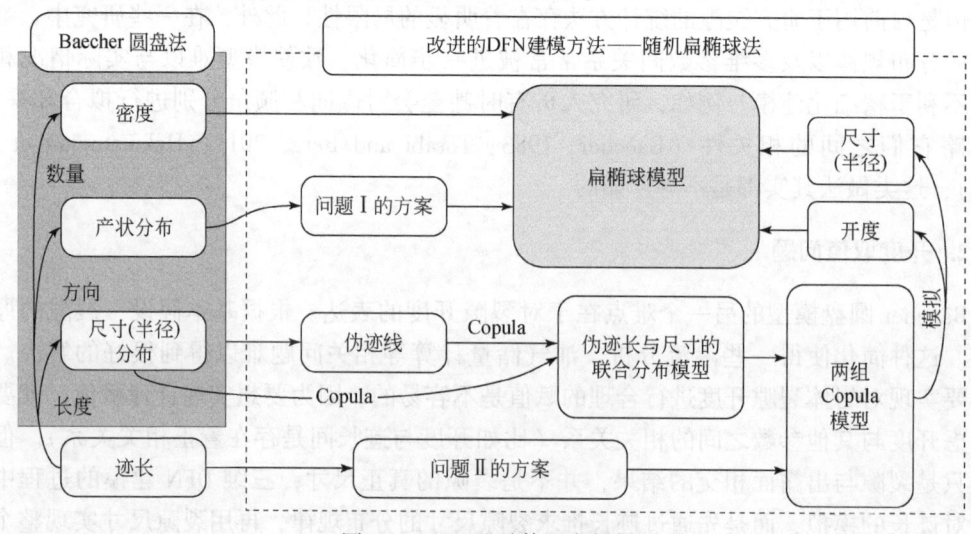

图 8.1 SOE 法总体研究框架

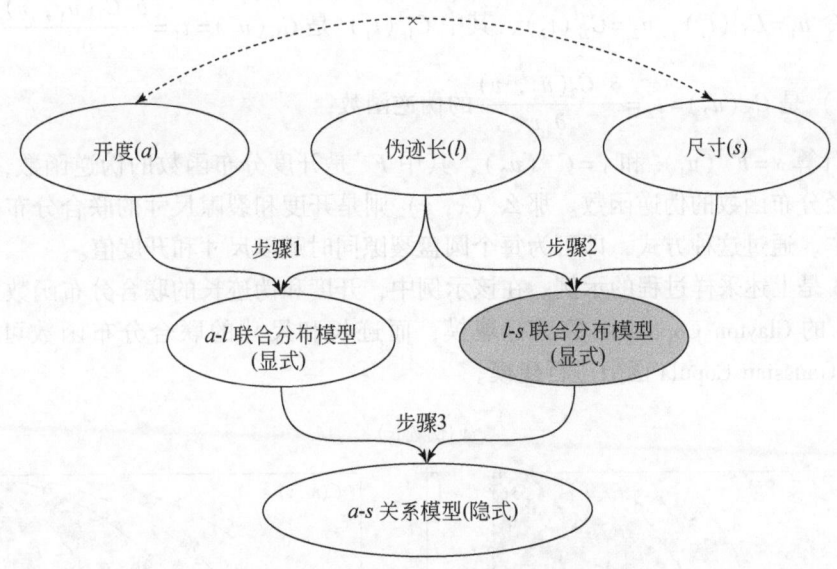

图 8.2 裂隙尺寸与开度关系的建模流程

裂隙处于岩体内部，其空间上的尺寸是不可知的，因此无法直接通过地质勘查的数据建立裂隙尺寸与开度之间的联系。不过，迹长是裂隙与出露面相交而得的，其长度是可以被直接测得的，因此可以直接对迹长与开度的关系进行建模。同时，迹长分布与裂隙尺寸分布之间是存在这相互转换的关系的。因此，迹长便成了开度与尺寸之间的纽带。该过程共分为 5 步。

（1）使用传统的 Baecher 圆盘法生成没有裂隙开度的 DFN 模型；

（2）生成一组平行于岩体出露面的测量平面，并提取这些测量平面上的迹线，由于这些迹长并非真实地质条件下的迹长，这里称之为"伪迹长"；同时记录这些迹长所对应的裂隙圆盘的尺寸（半径）；

（3）利用 Copula 方法建立实测的迹长与开度之间的关系；

（4）利用 Copula 方法建立伪迹长与裂隙尺寸之间的关系；

（5）由于伪迹长遵循着与真实迹长相同的分布，裂隙开度和尺寸之间的关系可通过联立步骤（3）和（4）所得的 Copula 函数组隐式地进行表达。下节则阐述了如何实现基于这种隐式的表达的随机采样。

2. 裂隙开度与尺寸的随机采样方法

由于裂隙的开度与尺寸之间的关系是隐式的，传统的 Copula 模拟方法无法直接实现变量的随机模拟，故提出如下策略。

（1）假设伪迹长和开度的联合分布函数可以用 $C_1(u_1, v)$ 来表示，伪迹长和裂隙尺寸的联合分布函数可以用 $C_2(u_2, v)$ 来表示，其中 v 对应伪迹长，u_1 对应开度，u_2 对应由 Baecher 圆盘法生成的裂隙尺寸。然后可以通过以下三个步骤随机模拟一对 (u_1, u_2)；

（2）分别对 $U(0, 1)$ 进行三次随机采样，得到一组样本 (t_0, t_1, t_2)；

(3) 令 $u_1 = C_{1v}^{-1}(t_1)$，$u_2 = C_{2v}^{-1}(t_2)$，其中 $C_{1v}^{-1}(t_1)$ 是 $C_{1v}(u_1) = t_1 = \dfrac{\partial C_1(u_1, v)}{\partial v}$ 的伪逆函数，$C_{2v}^{-1}(t_2)$ 是 $C_{2v}(u_2) = t_2 = \dfrac{\partial C_2(u_2, v)}{\partial v}$ 的伪逆函数；

(4) 计算 $x = F^{-1}(u_1)$ 和 $y = G^{-1}(u_2)$，其中 F^{-1} 是开度分布函数的伪逆函数，G^{-1} 是裂隙圆盘直径分布函数的伪逆函数。那么 (x, y) 则是开度和裂隙尺寸的联合分布函数的一个随机样本。通过这种方式，即可为每个圆盘裂隙同时赋以尺寸和开度值。

图 8.3 是上述采样过程的示例。在该示例中，开度和伪迹长的联合分布函数可以使用 $\theta = 4.8453$ 的 Clayton Copula 函数进行建模；而迹长和尺寸的联合分布函数可使用 $\rho = 0.7071$ 的 Gaussian Copula 函数进行建模。

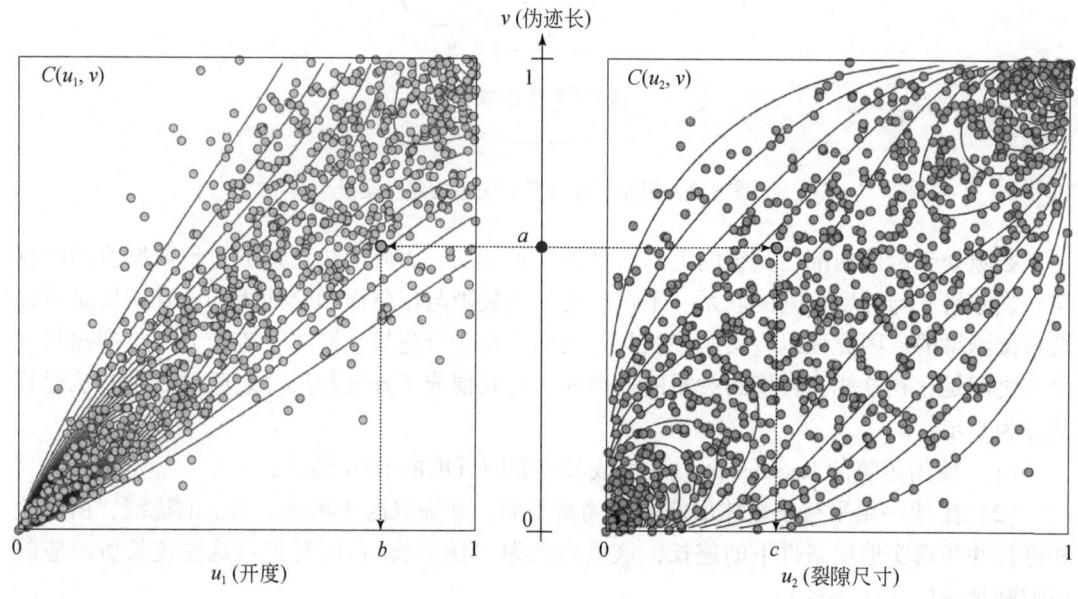

图 8.3 裂隙开度与尺寸联合采样过程

3. 裂隙的三维形态模型

这里需要简要地说明一下 Baecher 圆盘法中的裂隙形态。地质工程师 Robertson (1970) 的研究表明，岩体裂隙沿倾向方向的长度与沿倾角方向的长度在统计意义上是相等的。同时，Bridges (1975)、Barton (1983) 等学者也提出裂隙的形状应该是"等轴的"。因此，将裂隙假定为圆盘是有其合理性的。

至于开度，在裂隙的不同位置其大小是不同的。此外，由于裂隙产生时力学作用的机制不同，其开度的具体形态往往是不能一概而论的。不过，在绝大多数情况下，裂隙的中间部位的开度值通常是最大的。图 8.4 展示了为 Pollard 和 Aydin (1988) 描述的两种理想化的裂隙横截面，其中图 8.4 (a) 为岩体在受张力作用下的椭圆空腔形成的裂隙，图 8.4 (b) 为远程压缩应力下岩体内椭圆空腔形成的裂隙。从结构几何的观点来看，最大开度倾向于出现在裂隙的中间。因此，针对上述两类裂隙，提出裂隙形状的扁椭球表示法，如图 8.4（c）所示。在扁椭球模型中，r 是裂隙的半径，其计算方式与 Baecher 圆盘法相同（Zhang and Einstein, 2000），a 是开度。裂隙的三个轴分别是 $2r$、$2r$ 和 a。

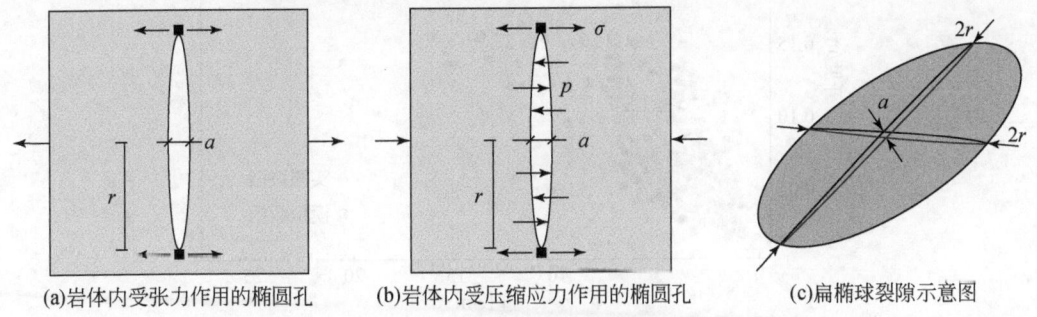

(a)岩体内受张力作用的椭圆孔　　(b)岩体内受压缩应力作用的椭圆孔　　(c)扁椭球裂隙示意图

图 8.4　裂隙的扁椭球模型

8.1.3　工程案例

该工程实例展示了 SOE 建模的完整过程。工程数据中包括三组裂隙，其产状分别为①60°~100°∠40°~80°；②10°~30°∠45°~65°；③120°~160°∠35°~70°。为简单起见，本例只对第一组裂隙的建模过程做详细介绍。

具体步骤可分为四步：①采用章节 7.1 中的方法分别建立倾向和倾角的联合分布函数以及迹长和开度的联合分布函数；②建立了伪迹长和裂隙尺寸的联合分布函数；③在前两步的基础上，建立了开度与裂隙尺寸的关系；④利用上述三步中所得的方程（组）生成裂隙的形状参数，并以扁椭球为裂隙的基本形态建立 DFN 模型。

1. 产状、迹长和开度

该工程案例中的产状数据与章节 7.1.3 中的数据相同，并可由式（7.2）和式（7.3）进行描述。迹长和开度的联合分布函数可由式（8.1）和式（8.2）描述：

$$\begin{matrix} \ln L \sim N(1.246, 0.665^2) \\ \ln a \sim N(-2.737, 0.534^2) \end{matrix} \tag{8.1}$$

$$C(u, v; 0.744) = \int_{-\infty}^{\Phi^{-1}(u)} \int_{-\infty}^{\Phi^{-1}(v)} \frac{1}{2\pi\sqrt{1-0.744^2}} \exp\left[-\frac{u^2 - 2 \times 0.744 \times uv + v^2}{2(1-0.744^2)}\right] du dv \tag{8.2}$$

式中，$u = \Phi\left(\dfrac{\ln L - 1.246}{0.442}\right)$，$v = \Phi\left(\dfrac{\ln a + 2.737}{0.285}\right)$。图 8.5 为"迹长-开度"数据的实测值和模拟值。

2. 迹长与裂隙尺寸关系分析

图 8.6（a）展示了伪迹长的生成过程。此外，考虑到长伪迹长总是对应于长半径，

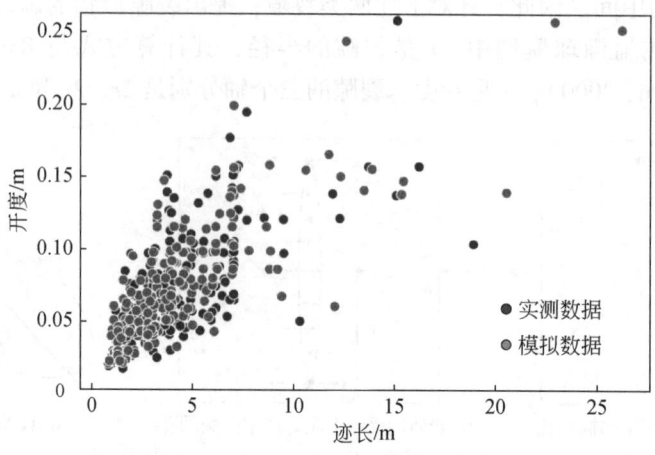

图 8.5　迹长和开度数据的实测值和模拟值

因此将伪迹长和半径投影在笛卡儿坐标上将导致一部分无效区域,如图 8.7（a）所示。为解决这一问题,将半径替换成伪迹长所对应的圆心角的一半,即图 8.6（b）所示的 $\angle \alpha$。图 8.7（b）展示了角度（α）和伪迹长（l）的联合分布。进一步计算表明:①l 服从对数正态分布,见式（8.3）,K-S 检验结果 D 值为 0.0323,p 值为 0.868;②α 服从一种难以通过常用的概率分布函数描述的特殊的左偏分布。经分析,该分布可通过构造一个分段函数进行拟合,见表达式（8.4）,经 K-S 检验,D 值为 0.0271,p 值为 0.963;③裂隙尺寸（圆心角的一半）与伪迹长的联合分布函数可以用 $\theta=1.088$ 的 Clayton Copula 描述,表达式为式（8.5）。此外,Copula 函数的 $\lambda_L=0.527$,$\lambda_U=0$,表明当两个变量的值较小时,这两个变量之间存在相关性;而随着数值的增大,相依性会有所下降。

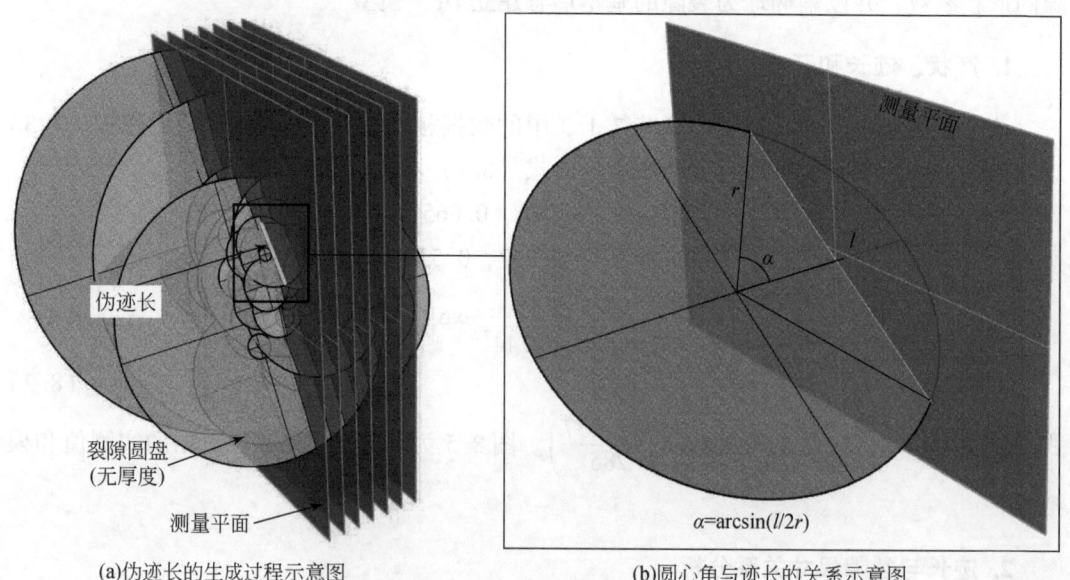

(a)伪迹长的生成过程示意图　　(b)圆心角与迹长的关系示意图

图 8.6　伪迹长生成过程

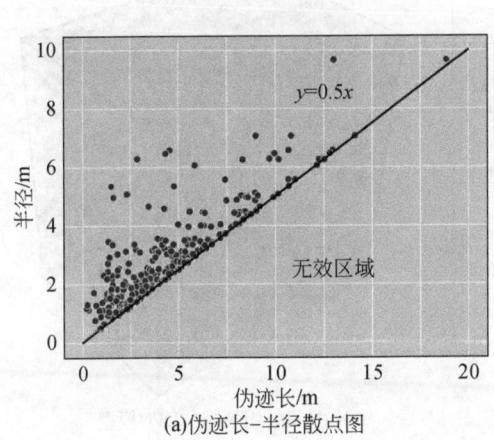
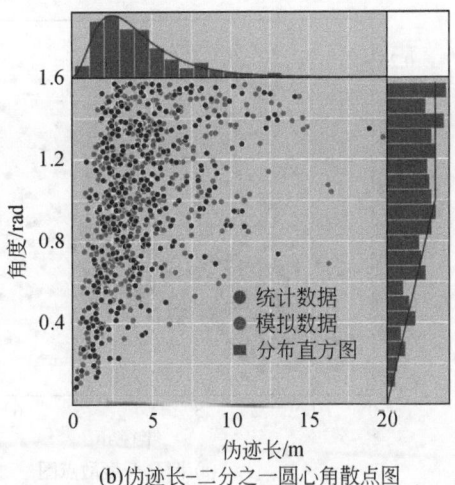

(a)伪迹长-半径散点图　　　　　　　　(b)伪迹长-二分之一圆心角散点图

图 8.7　伪迹长与裂隙尺寸的关系

$$\ln l \sim N(1.246, 0.666^2) \tag{8.3}$$

$$f(x) = \begin{cases} \dfrac{2}{\pi-1}x, & 0 \leqslant x < 1 \\ \dfrac{2}{\pi-1}, & 1 \leqslant x < \dfrac{\pi}{2} \\ 0, & \text{others} \end{cases} \tag{8.4}$$

$$C(u, v, 1.088) = \max\left[(u^{-1.088} + v^{-1.088} - 1)^{-1/1.088}, 0\right] \tag{8.5}$$

式中，$u = \Phi\left(\dfrac{\ln l - 1.246}{0.666}\right)$，$v = F^{-1}(\alpha)$，且 $F^{-1}(\cdot)$ 为式（8.4）的 CDF 的伪逆函数。

根据上述分析所模拟的"伪迹长-尺寸（圆心角的一般）"数据如图 8.7（b）所示。

3. DFN 建模

综合以上分析，式（8.1）和式（8.2）刻画了伪迹长和开度的关系，式（8.3）~式（8.5）描述了伪迹长度和裂隙尺度之间的关系。根据章节 8.1.2 中的方法，可模拟出裂隙尺寸和开度的随机样本，如图 8.8（a）所示。这样，DFN 中的每个圆盘都对应一个厚度（开度）。最后，可生成如图 8.8（b）所示的随机扁椭球模型。

用同样的方法对另外两组裂隙进行拟合和模拟，结果如图 8.7（c）所示。根据这一结果可直接计算出裂隙的总体积，结果为 199.68m³，占整个岩体体积的 0.416%，如图 8.7（d）所示。

8.1.4　讨论

在 DNF 建模中，如何确定裂隙的开度一直是一个难题。在以往的研究中，由于忽略了（或未能确定）开度与其他参数间的相关关系，难以对裂隙的三维形态进行准确的模

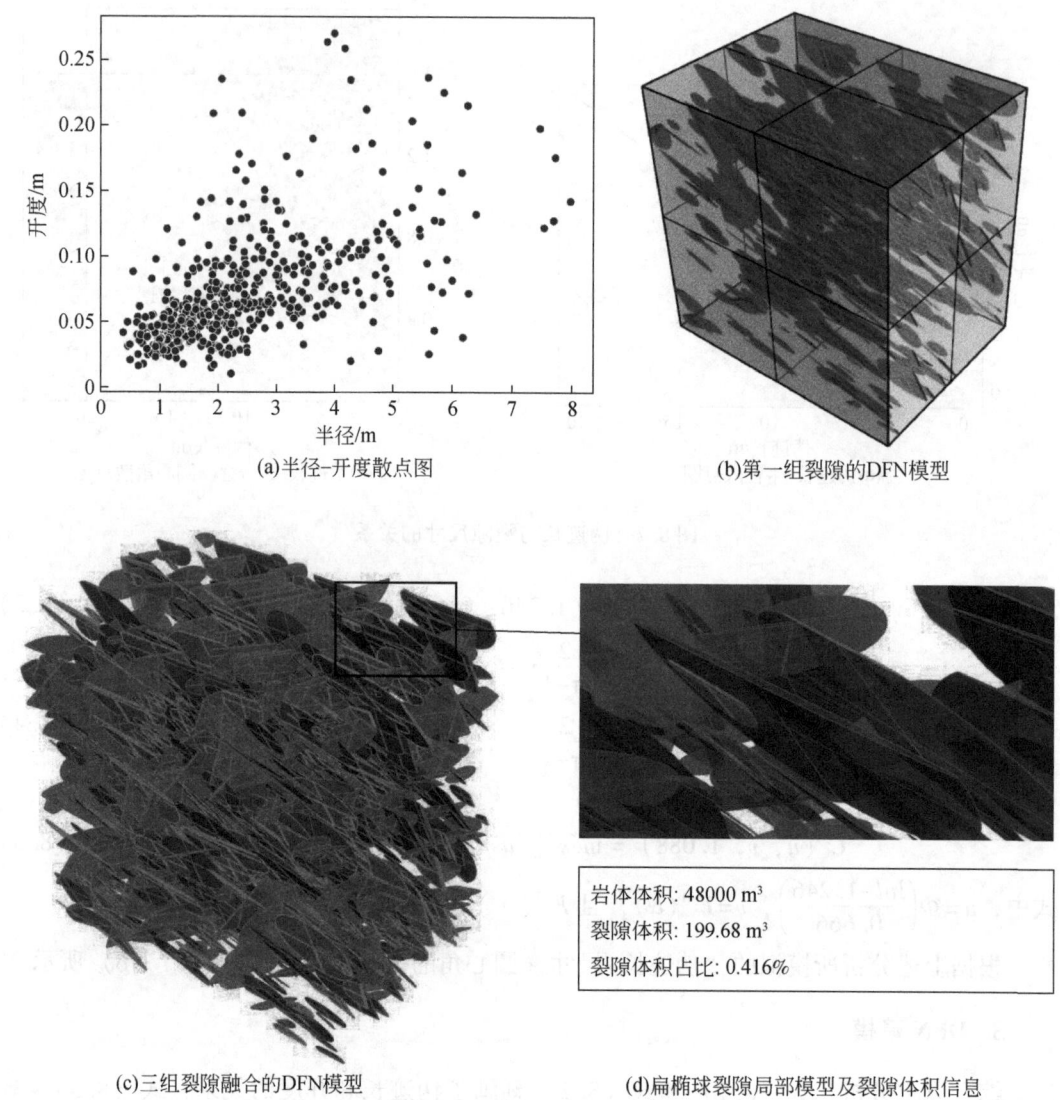

图 8.8 利用 SOE 法生成 DFN

拟。将开度作为一个独立变量考虑是不妥的，因为其数值至少应该是受裂隙尺度大小所限制的，即大裂隙通常应该有更大的开度。根据现有的研究成果，世界各地的学者已经充分讨论过了倾向与倾角、裂隙尺寸与迹长、开度与迹长，甚至倾向与迹长之间的关系。然而，几乎还没有人成功地将开度与裂隙三维层面上其他参数建立起联系（Schultz et al., 2008；Klimczak et al., 2010；Torabi and Berg, 2011）（迹长属于二维层面的参数）。

在第三个工程案例中，通过使用 Copula 理论联合分析开度、裂隙尺寸和迹长的分布，推求出了开度与裂隙尺寸之间的关系。这一解决方案的关键是以伪迹长作为纽带，实现开度和裂隙尺寸关系的表达，如图 8.2 所示（步骤 2）。由于伪迹长的分布与真实迹长的分布相同，可以通过原始的迹长数据直接确定开度和伪迹长度的联合分布；而伪迹长和裂隙尺寸的联合分布可根据实验中的多次采样结果建立。最后，综合这两组联合分布函数，可实现开度与裂隙尺寸关系的隐式表达，并可根据章节 8.1.2 的方法实现随机模拟。此外，图 8.8（a）所示的结果表明，开度和裂隙尺寸之间确实存在正相关关系，这一点也是符合人们的一般认知的。

SOE 建模法可以为许多岩体裂隙相关的分析提供基础性的工作。如图 8.8（c）所示，在合理地为圆盘分配好开度之后，可对岩体中的裂隙体积进行估计，从而可为地下储层开发等工作提供参考。同时，该模型还可进一步用于裂隙分形特征分析、渗流路径分析、岩体薄弱部位估计等方面的研究。

8.1.5 结论

在第三个工程案例中，基于 Copula 理论给出了为 DFN 模型进行合理开度赋值的方案，进而提出了一种改进的 DFN 建模方法——随机扁椭球方法。该方法的关键是用"伪迹长"和 Copula 函数来联系开度和裂隙尺寸这两个关键参数，再用扁椭球体代替裂隙圆盘，最终构建成 DFN 模型。需要注意的是，该方法的重点不是"椭球"这一裂隙形态，而是裂隙的开度。该方法可为研究裂隙间连通形式提供重要的参考，另外对其他不确定性问题诸如渗流分析、地热储层开发、煤层气开采、岩体完整性分析等也具有一定的参考价值。

8.2 岩体多边形随机离散裂隙网络建模方法

水利水电工程地质研究中最常用的离散裂隙网络建模方法——Baecher 圆盘模型将所有的结构面假定为圆盘形状。这一假设的主要依据是 Robertson（1970）通过大量现场调查得出的结构面的空间长度在其走向与倾角方向上基本相当的结论。这一假设使得建模过程涉及的诸多数学问题得以简化，如 Kulatilake and Wu（1986）在假定迹长分布为负指数的情况下对迹长分布与裂隙尺寸分布的关系进行了推导；Zhang 和 Einstein（2000）探索了当裂隙尺寸服从对数正态分布、负指数分布及 Γ 分布的情况下，迹长与裂隙尺寸的关系；此后，Zhang 等（2002）又对当裂隙为椭圆时的尺寸分布进行了推导。Tonon and Chen（2007）总结了已有的研究成果，并进一步推导出了一系列结论。张奇（2015）扩展了 Kulatilake 的公式，使得关系式更为通用且稳定。然而，将裂隙假设为圆形其实仅仅是一种简化的表达，更多的工程实例表明，岩体裂隙其实更接近于不规则多边形。从这一点出发，部分学者提出了以多边形替换圆盘的方法（Xu and Dowd, 2010；李明超等, 2018），在一定程度上使三维裂隙网络与实际更接近。但是，这种方法虽然使裂隙在形状上更符合实际，但由于裂隙形状不规则，难以确定其尺寸分布，因此相关的研究并没真正的从理论上论述这一做法的合理性。

为解决上述问题，提出了一种新的岩体三维离散裂隙网络的建模方法。首先介绍了该方法的基本假定、控制圆法和迭代反演算法的基本原理，再通过一个工程算例对该方法进行了验证。结果表明，当假定裂隙为圆盘时，该方法与 Baecher 法效果相同；当假定裂隙为多边形时，控制圆法能够快速有效地生成多边形裂隙，而迭代反演算法则避免了裂隙形状过于不规则所导致的难以进行数学推导的问题,从迭数值计算的角度对裂隙尺寸分布函数进行了逼近求解,证明了该方法的普适性和有效性。

8.2.1 总体建模思路

该方法是对传统 Baecher 圆盘模拟方法的改进,主要不同在于使用多边形裂隙代替圆盘裂隙。因此,该方法的基本假定也与 Baecher 圆盘法一致,具体如下所示。

(1) 所有裂隙为二维的;
(2) 裂隙中心点位置服从研究域内均匀分布;
(3) 裂隙产状(倾向和倾角)服从 Fisher 分布;
(4) 裂隙间距服从对数正态分布或负指数分布,结构面的条数依据其密度服从 Poisson 随机过程;
(5) 裂隙迹长根据工程实测数据服从对数正态分布,Γ 分布或者负指数分布。

方法中使用多边形裂隙代替圆盘裂隙,因此需确定多边形的边数。根据工程经验,多边形裂隙以四、五或六边形居多(Dershowitz and Einstein, 1988; Ivanova et al., 2014; Noroozi et al., 2015),在模拟过程中可根据实测数据,分别确定边数 $n=4$、5、6 的概率,如果实测数据不全,可假设三者概率相等。

所提出方法的建模流程与 Baecher 圆盘法基本一致,主要分为三部分:①生成一定数量的多边形裂隙;②移动并旋转多边形裂隙到指定空间;③检验模型的有效性。其中,步骤①为所提出的方法与 Baecher 圆盘法最主要的区别。在这一步中有两点重点问题需要考虑:如何确定多边形裂隙的尺寸以及如何确定多边形裂隙的形状。针对这两个问题,首先提出了一种"控制圆法"用于确定多边形裂隙的形状,之后又提出了一种基于迭代反演的多边形裂隙尺寸估计的方法。

8.2.2 基于控制圆法的裂隙形状确定方法

一个 DFN 由许多单个的裂隙组成,所以建模过程中最重要的就是要保证生成的单个裂隙形状与实际工程相吻合。传统的 Baecher 方法将裂隙假设圆盘实则是为了数学推导方便,而岩体的裂隙形状更接近多边形。因此,为达到更精确的建模效果,提出了用以生成多边形裂隙的控制圆法。

控制圆法分为四个步骤:①按照一定的直径生成一个圆(即控制圆),直径的确定方法参见章节 8.2.3;②据实际勘查数据,确定多边形的边数 n;③第①步中生成的圆上,采用蒙特卡罗方法随机选取 n 个点;④依次连接第③步中的 n 个点,生成多边形,如图 8.9(a)所示。

这里需要注意的是,由于在第③步中蒙特卡罗方法较强的随机性,可能导致生成的多边形出现畸形(即某些内角过大或过小,或形状过于细长的多边形),如图 8.9(b)所示,该五边形在 v_2 处的内角过大,而其他内角较小,导致其近似为一个细长的四边形,甚至有可能呈现出狭长三角形的形状。为避免这种情况的出现,采用"随机子区间占位法"

第 8 章 多尺度地质不确定性与参数化三维建模

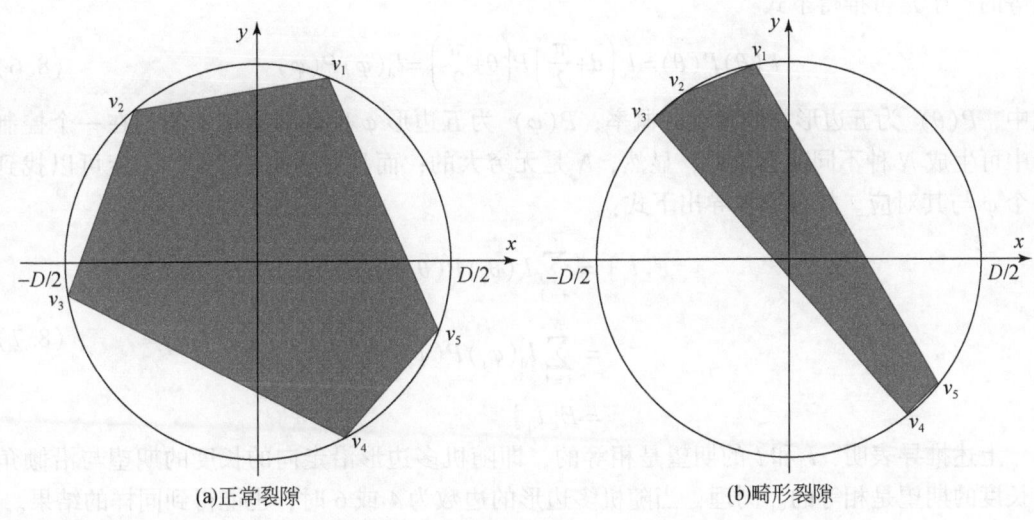

(a)正常裂隙　　　　　　　　　　　　(b)畸形裂隙

图 8.9　控制圆法生成多边形裂隙

修改第③步：假定多边形的边数为 n，那么在第①步生成的圆可被等分成 n 个圆弧，再在这 n 个圆弧上分别随机产生一个点，形成多边形的 n 个顶点。图 8.10（a）所示为用子区间占位法生成一个五边形的过程。接下来，我们通过简单的数学推导，证明该方法生成的多边形裂隙与 Robertson 的调查结论是一致的。

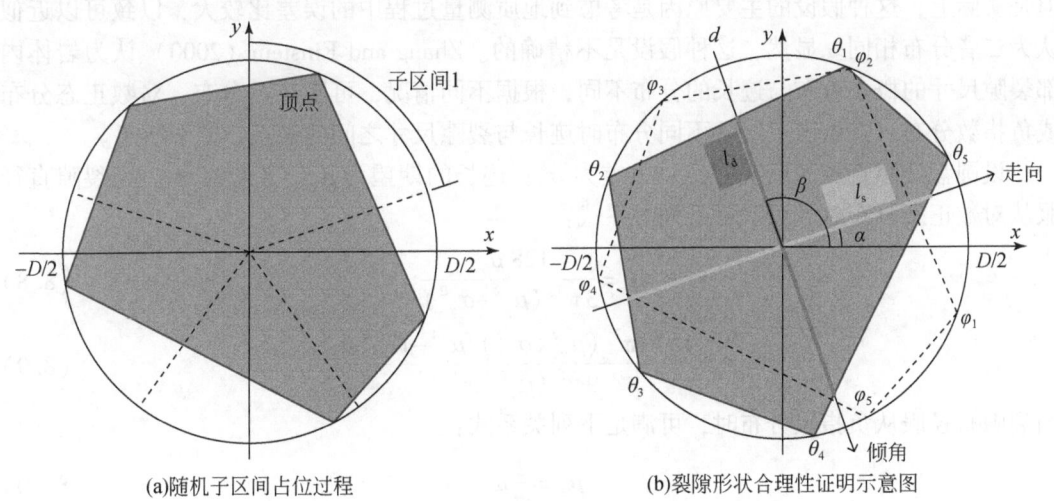

(a)随机子区间占位过程　　　　　　　(b)裂隙形状合理性证明示意图

图 8.10　随机子区间占位法

图 8.10（b）中，充填颜色的五边形 θ 可用其五个顶点（θ_1, θ_2, θ_3, θ_4, θ_5）表示。假定这个裂隙所属的裂隙组的走向和倾角都如图 8.10 中所示，其中走向线与 x 轴的夹角为 α，倾角与 x 轴的夹角为 β。同时，一定可以找到一个与它全等的多边形 φ，且 φ 的走向方向与 θ 的倾角方向一致，φ 的倾角方向与 θ 的走向方向一致。不难看出，这两个五边形的关系为：$\theta_i = \varphi_i + \pi/2$。又由于在随机模拟的过程中，$\theta$ 产生的概率与 φ 产生的概率是

相等的。于是可推得下式：

$$l_s(\theta)P(\theta)=l_d\left(\theta+\frac{\pi}{2}\right)P\left(\theta+\frac{\pi}{2}\right)=l_d(\varphi)P(\varphi) \quad (8.6)$$

式中，$P(\theta)$ 为五边形 θ 的出现的概率；$P(\varphi)$ 为五边形 φ 出现的概率。假设在一个控制圆中可生成 N 种不同的五边形，显然，N 是无穷大的；而且对于每一个 θ，一定可以找到一个 φ 与其对应。故可以推导出下式：

$$\begin{aligned} E[l_s] &= \sum_{i=1}^{N} l_s(\theta_i)P(\theta_i) \\ &= \sum_{i=1}^{N} l_d(\varphi_i)P(\varphi_i) \\ &= E[l_d] \end{aligned} \quad (8.7)$$

上述推导表明，l_d 和 l_s 的期望是相等的，即随机多边形沿走向的长度的期望与沿倾角的长度的期望是相等的。同理，当随机多边形的边数为 4 或 6 时，也能得到同样的结果。

8.2.3 迭代反演算法求解多边形裂隙

1. 多边形裂隙尺寸的分布

在一些研究中，裂隙尺寸被认为和迹长服从相同的分布（Kulatilake and Wu, 1986），但是实际上，这种假设的主要原因是考虑到地质测量过程中的误差比较大，以致可以近似认为二者分布相同。显然，这种假设是不精确的。Zhang and Einstein (2000) 认为岩体内部裂隙尺寸的概率分布与迹长的分布不同，根据不同情况，可服从 Γ 分布、对数正态分布或负指数分布，并给出了服从不同分布时迹长与裂隙尺寸之间的关系，如下所述。

设圆盘裂隙直径的期望为 μ_x，方差为 σ_x；迹长的期望为 μ_y，方差为 σ_y。当裂隙直径服从对数正态分布时，可满足下列关系式：

$$\mu_x = \frac{128\mu_y^3}{3\pi^3(\mu_y^2+\sigma_y^2)} \quad (8.8)$$

$$\sigma_x = \frac{1536\pi^2(\mu_y^2+\sigma_y^2)\mu_y^4 - 128^2\mu_y^6}{9\pi^6(\mu_y^2+\sigma_y^2)^2} \quad (8.9)$$

当裂隙直径服从负指数分布时，可满足下列关系式：

$$\mu_x = \frac{2}{\pi}\mu_y \quad (8.10)$$

$$\sigma_x = \left(\frac{2}{\pi}\mu_y\right)^2 \quad (8.11)$$

当裂隙直径服从 Γ 分布时，可满足下列关系式：

$$\mu_x = \frac{64\mu_y^2 - 3\pi^2(\mu_y^2+\sigma_y^2)}{8\pi\mu_y} \quad (8.12)$$

$$\sigma_x = \frac{1}{8\pi\mu_y^2}\left[64\mu_y^2 - 3\pi^2(\mu_y^2+\sigma_y^2)\right] \times \left[3\pi^2(\mu_y^2+\sigma_y^2) - 32\mu_y^2\right] \quad (8.13)$$

2. 迭代反演算法

迭代反演算法主要是为了估算裂隙的尺寸与分布，因此裂隙的密度与位置等分布沿用章节 8.2.1 中的基本假定，迭代反演算法的流程图如图 8.11 所示。

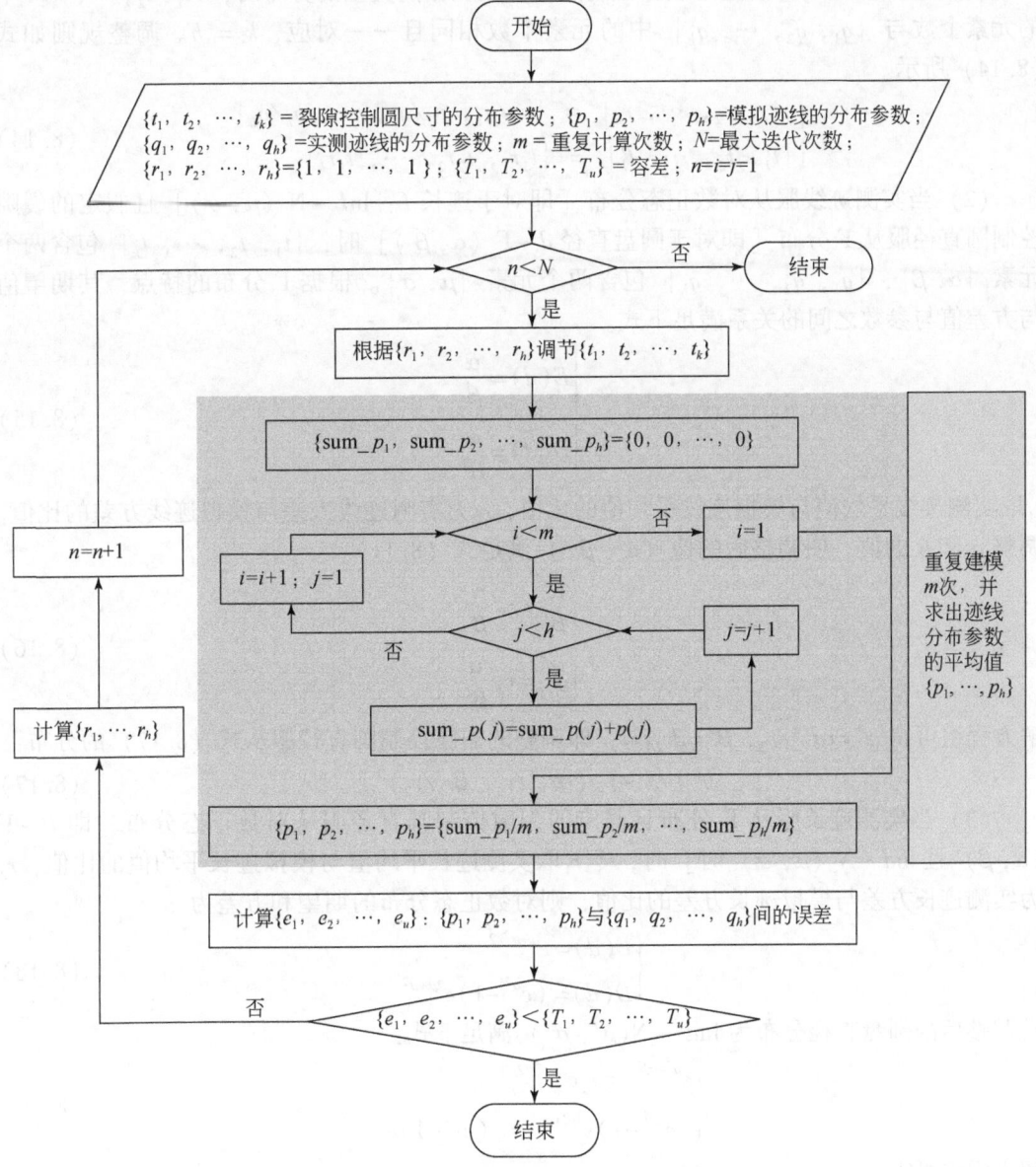

图 8.11 迭代反演算法流程图

首先以初始参数生成随机离散裂隙网络 m 次，并在模型中找到实测数据对应的地理位置，以实测迹长的分布函数类型拟合模拟迹长的分布。当多次模拟的迹长的分布参数的平均值与实际迹线的分布参数差别较大时，则相应增大或缩小裂隙控制圆的分布参数，重新进行裂隙的模拟,重复该步骤直到算法收敛或达到最大迭代次数,此时的裂隙对应的尺寸则为该实测迹长所对应的裂隙的尺寸。

在通过 $\{r_1, r_2, \cdots, r_h\}$ 调节裂隙控制圆尺寸分布参数 $\{t_1, t_2, \cdots, t_k\}$ 时,由于迹长的分布与裂隙尺寸的分布并不一定相同,这里提出一套调整规则如下。

(1) 当实测迹长与假定的裂隙控制圆直径服从相同类型的分布时,$\{t_1, t_2, \cdots, t_k\}$ 中的元素个数与 $\{q_1, q_2, \cdots, q_h\}$ 中的元素个数相同且一一对应,$k = h$。调整规则如式(8.14)所示。

$$\begin{cases} \{r_1, r_2, \cdots, r_h\} = \{p_1/q_1, p_2/q_2, \cdots, p_h/q_h\} \\ \{t_1', t_2', \cdots, t_k'\} = \{t_1 r_1, t_2 r_2, \cdots, t_k r_k\} \end{cases} \quad (8.14)$$

(2) 当实测迹线服从对数正态分布[即对于迹长 L: $\ln L \sim N(\mu, \sigma)$]且假定的裂隙控制圆直径服从 Γ 分布[即对于圆盘直径 $d \sim \Gamma(\alpha, \beta)$]时,$\{t_1, t_2, \cdots, t_k\}$ 包含两个元素 $\{\alpha, \beta\}$,$\{q_1, q_2, \cdots, q_h\}$ 包含两个元素 $\{\mu, \sigma\}$。根据 Γ 分布的特点,其期望值与方差值与参数之间的关系满足下式。

$$\begin{cases} E(d) = \dfrac{\alpha}{\beta} \\ D(d) = \dfrac{\alpha}{\beta^2} \end{cases} \quad (8.15)$$

r_1 取实测迹线平均值与模拟迹线平均值的比值,r_2 为实测迹线方差与模拟迹线方差的比值。调整 α 和 β 的值,使调整后的值 (α', β') 满足式(8.11)。

$$\begin{cases} \dfrac{\alpha'}{\beta'} = r_1 \dfrac{\alpha}{\beta} \\ \dfrac{\alpha'}{\beta'^2} = r_2 \dfrac{\alpha}{\beta^2} \end{cases} \quad (8.16)$$

解方程组可得 $\alpha' = \alpha r_1^2/r_2$,$\beta' = \beta r_1/r_2$,即调整的裂隙控制圆直径服从式(8.17)的分布:

$$d \sim \Gamma(\alpha r_1^2/r_2, \beta r_1/r_2) \quad (8.17)$$

(3) 当实测迹长服从 Γ 分布且假定的裂隙控制圆直径服从对数正态分布[即 $L \sim \Gamma(\alpha, \beta)$ 且 $\ln d \sim N(\mu, \sigma)$ 时]时,令 r_1 取实测迹长平均值与模拟迹长平均值的比值,r_2 为实测迹长方差与模拟迹长方差的比值,则对数正态分布的期望和方差为

$$\begin{cases} E(d) = e^{\mu + \sigma^2/2} \\ D(d) = (e^{\sigma^2} - 1) e^{2\mu + \sigma^2} \end{cases} \quad (8.18)$$

设调整后的圆盘直径分布为 $\ln d' \sim N(\mu', \sigma')$ 满足下式:

$$\begin{cases} e^{\mu' + \sigma'^2/2} = r_1 e^{\mu + \sigma^2/2} \\ (e^{\sigma'^2} - 1) e^{2\mu' + \sigma'^2} = r_2 (e^{\sigma^2} - 1) e^{2\mu + \sigma^2} \end{cases} \quad (8.19)$$

解方程组可得

$$\begin{cases} \mu' = \mu + \dfrac{\sigma^2}{2} + \ln \dfrac{r_1^2}{\sqrt{r_2 e^{\sigma^2} + r_1^2 - r_2}} \\ \sigma'^2 = \ln \left(\dfrac{r_2 e^{\sigma^2} + r_1^2 - r_2}{r_1^2} \right) \end{cases} \quad (8.20)$$

(4) 在传统的分析中,有学者认为迹长和裂隙尺寸可能服从负指数分布,但考虑负指数分布仅是 Γ 分布的一个特殊情况,此处不再将其算在考虑范围之内。

对于误差 $\{e_1, e_2, \cdots, e_u\}$ 的计算,由于所使用的对数正态分布和 Γ 分布都以期望和方差为最常用的指标,故此处 $u = 2$,e_1 即为期望的误差,e_2 为方差的误差。对于容差 $\{T_1, T_2, \cdots, T_u\}$,则对应 $\{e_1, e_2, \cdots, e_u\}$ 来设置。

由于岩体内部的裂隙是不可见的,很难确定其尺寸到底服从何种分布,可以先统计出实测迹线的分布,再分别假设内部裂隙尺寸服从对数正态分布和 Γ 分布,并迭代反演出两个最优的模型,将两个最优模型产生的迹线图与实测迹长进行对比,利用对数似然函数从中选出更接近实际的一个。

对于算法初始参数的设置,重点于如何设置控制圆的尺寸分布参数。这里我们提出将控制圆的初始尺寸分布设置为 Baecher 圆盘的尺寸分布,相关参数按式(8.8)~式(8.13)计算。另外需要注意的是,当假设裂隙为圆盘里,迭代反演算法依然适用,此时控制圆即为裂隙本身。

3. 模型检验

多边形 DFN 模型检验的主要分为数值检验和图形检验。其中数值检验包括 t 检验和 F 检验。假定 $(X_1, X_2, \cdots, X_i)$ 为模拟数据,$(Y_1, Y_2, \cdots, Y_i)$ 为实际的数据,t 检验则用于检验两组数据间均值的一致性,具体描述见式(8.20)~式(8.22)。

期望的检验假设为

$$H_0: d=0 \leftrightarrow H_1: d \neq 0 \quad (d=\mu_1-\mu_2) \tag{8.21}$$

期望的检验公式如下:

$$\begin{cases} T = \dfrac{\bar{Z}}{S}\sqrt{n_1} \sim t(n_1 - 1) \\ \bar{Z} = \dfrac{1}{n_1}\sum_{i=1}^{n_1} Z_i, \quad S^2 = \dfrac{1}{n_1 - 1}\sum_{i=1}^{n_1}(Z_i - \bar{Z})^2 \\ Z_i = X_i - \sqrt{\dfrac{n_1}{n_2}}Y_i + \dfrac{1}{\sqrt{n_1 \cdot n_2}}\sum_{j=1}^{n_1} Y_j - \dfrac{1}{n_2}\sum_{j=1}^{n_2} Y_j \\ i = 1, 2, \cdots, n_1 \quad j = 1, 2, \cdots, n_2 \end{cases} \tag{8.22}$$

对于给定的显著性水平 α(一般取 95%),拒绝域为

$$W = \left\{ |t| > t_{1-\frac{\alpha}{2}}(n_1-1) \right\} \tag{8.23}$$

F 检验用于检验两组样本之间方差的一致性,具体描述如下:

方差的假设检验为

$$H_0: \sigma_1^2 = \sigma_2^2 \leftrightarrow H_1: \sigma_1^2 \neq \sigma_2^2 \tag{8.24}$$

方差的检验公式为

$$\begin{cases} F = \dfrac{S_1^{\,2}}{S_2^{\,2}} \sim F(n_1-1,\ n_2-1) \\ S_1^{\,2} = \dfrac{1}{n_1-1}\sum_{i=1}^{n_1}(X_i-\bar{X})^2 \\ S_2^{\,2} = \dfrac{1}{n_2-1}\sum_{j=1}^{n_2}(Y_j-\bar{Y})^2 \\ \bar{X} = \dfrac{1}{n_1}\sum_{i=1}^{n_1}X_i,\ \bar{Y} = \dfrac{1}{n_2}\sum_{j=1}^{n_2}Y_j \end{cases} \tag{8.25}$$

对于给定的显著性水平 α（一般取 95%），拒绝域为

$$W = \{F > F_{\frac{\alpha}{2}}(n_1-1,\ n_2-1)\} \tag{8.26}$$

当 t 检验和 F 检验中有任意一个不满足时，则重新生成 DFN 模型，如果满足，则进一步进行图形检验。图形检验的方式较为简单，即把实际地勘数据中的迹线图与 DFN 模型生成的迹线图进行对比，如果相似则认为图形检验通过。

8.2.4 工程实验分析

某水电站右岸紧邻拱坝的上游坝肩边坡 1750~1870 m 高程内发育的裂隙主要有三组，产状分别为①N15°~60°E，NW∠30°~40°；②N40°~70°E，SE∠60°~80°；③N60°~90°W，NE（SW）∠65°~80°。

勘查数据中的迹线图如图 8.12 所示。为验证所提出方法的有效性，本算例先假定裂隙为圆盘，然后分别用传统的 Baecher 圆盘法与迭代反演算法计算圆盘尺寸的分布并建模，通过对比验证新方法的有效性。之后再假定裂隙为多边形，利用新方法进行多边形 DFN 建模。其中，为简化运算，仅取一组优势裂隙（蓝色线）进行分析。此处的迹长已经过了校正。经过 Goodness-of-fit（GOF）检验，迹长服从 Γ 分布：$L \sim \Gamma(4.50, 3.40)$，期望为 1.3235m，方差为 0.3893，迹长分布范围为 0.1~2.7m，迹长分布尺寸为 26m×18m，如图 8.12 所示。

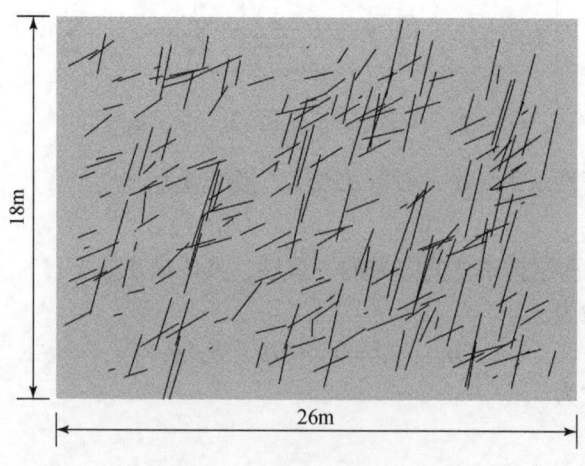

图 8.12 实测数据迹线图

1. 基于统计分析的圆盘尺寸分布

假定裂隙尺寸分别服从对数正态分布、负指数分布和 Γ 分布,根据章节 8.2.3 进行的换算(Zhang and Einstein,2000),得表 8.1 的结果。生成的 DFN 模型如图 8.13 所示。

表 8.1 圆盘裂隙尺寸分布试算结果

分布类型	μ_x	σ_x^2	判别等式左	判别等式右	差值
对数正态	1.489	0.2905	4.11	3.86	0.25
负指数	0.842	0.7090	8.51	3.86	4.65
Γ	1.464	0.3237	4.05	3.86	0.19

图 8.13 一组三维圆盘裂隙网络

Zhang 和 Einstein (2000) 指出,当岩体内部裂隙分别服从对数正态分布、负指数分布及 Γ 分布时,将分别满足等式 (8.26) ~式 (8.28)。

$$\frac{[(\mu_x)^2+(\sigma_x)^2]^5}{(\mu_x)^8}=\frac{4E(L^3)}{3E(L)} \tag{8.27}$$

$$12(\mu_x)^2=\frac{4E(L^3)}{3E(L)} \tag{8.28}$$

$$\frac{[(\mu_x)^2+2(\sigma_x)^2][(\mu_x)^2+3(\sigma_x)^2]}{(\mu_x)^2}=\frac{4E(L^3)}{3E(L)} \tag{8.29}$$

式中,L 为迹长;E 为期望;μ_x 和 σ_x 为圆盘裂隙直径的平均值和标准差。

计算结果见表 8.1 第 4~6 列所示。其中,Γ 分布所对应的差值最小,故认为该组圆盘裂隙的尺寸服从 Γ 分布,平均值为 1.464m,方差为 0.3237,计算得分布函数为 $d \sim \Gamma(6.63,4.5)$。

2. 基于迭代反演的圆盘尺寸分布

迭代反演算法通过结合 Python 和三维建模软件实现。首先设定算法的初始参数:

$N=10$,$m=5$,设置容差为:$\{T_1,T_2\}=\{0.05,0.05\}$。分别假定裂隙圆盘尺寸服从对数正态分布和$\Gamma$分布。

当假定的分布为Γ分布时,初始圆盘直径按式(8.12)和式(8.13)计算后的分布为:$d\sim\Gamma(6.63,4.5)$,期望为1.464 m,方差为0.3237。迭代过程见表8.2,裂隙圆盘的直径分布函数收敛于:$d\sim\Gamma(11.68,7.9)$,根据式(8.15)换算得,$E(d)=1.478$m,$D(d)=0.1871$。生成的DFN模型和迹线图如图8.14所示,此时的模拟迹长均值为1.342 m,方差为0.3440,计算可得分布函数为:$SL\sim\Gamma(5.24,3.9)$,对数似然函数值为-67.01,如图8.16(a)所示。

表8.2 反演迭代计算圆盘裂隙尺寸分布(1)

第n次迭代	控制圆尺寸分布		模拟迹长分布		参数调节率		误差	
	α	β	μ	σ_2	r_1	r_2	e_1	e_2
$n=1$	6.63	4.5	1.298	0.5086	1.02	0.77	0.026	-0.1193
$n=2$	8.96	6.0	1.214	0.3663	1.09	1.06	0.110	0.0230
$n=3$	10.34	6.4	1.313	0.4660	1.01	0.84	0.011	-0.0777
$n=4$	12.56	7.7	1.419	0.4291	0.93	0.91	-0.095	-0.0408
$n=5$	11.68	7.9	1.342	0.3440	—	—	-0.018	0.0453

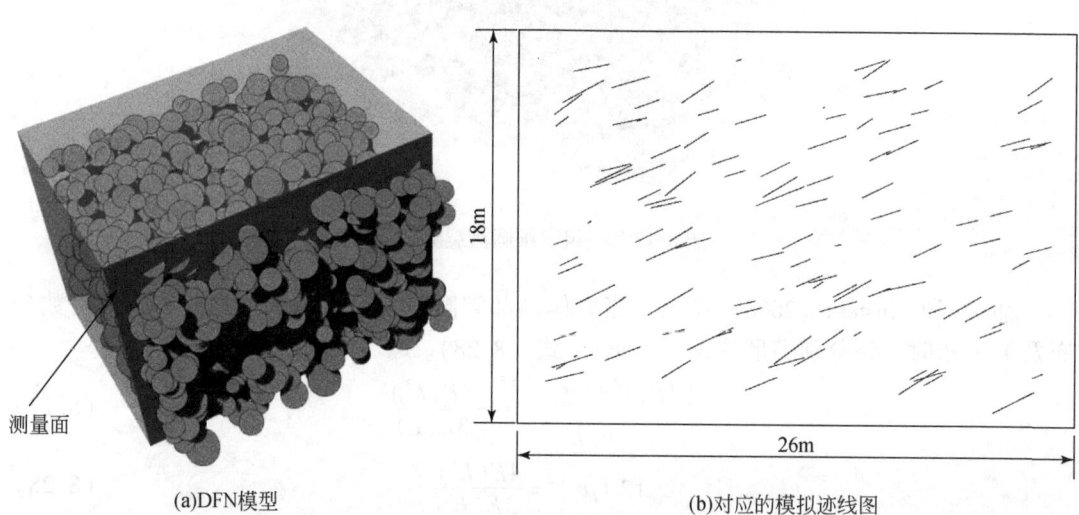

(a)DFN模型 (b)对应的模拟迹线图

图8.14 圆盘直径服从Γ分布时的DFN模型和迹线图

当假定裂隙圆盘尺寸服从对数正态分布时,初始圆盘直径按式(8.8)和式(8.9)换算后服从:$\ln d\sim N(0.3981,0.024)$。迭代过程如表8.3所示,裂隙圆盘的直径分布函数收敛于:$\ln d\sim N(0.5174,0.038)$。生成的DFN模型和迹线图如图8.15所示。此时的模拟迹长均值为1.356m,方差为0.4387,计算可得分布函数为$SL\sim\Gamma(4.19,3.09)$,对数似然函数值为-99.64,如图8.16(b)所示。

对比两种假设产生的结果,当认为裂隙圆盘的直径服从Γ分布时,寻得的最优结果的迹线分布的对数似然函数值更大，说明拟合效果更好，与实测迹线长度分布更为接近，故认为该岩体内部的裂隙尺寸服从分布为：$L \sim \Gamma$（5.24，3.9）。

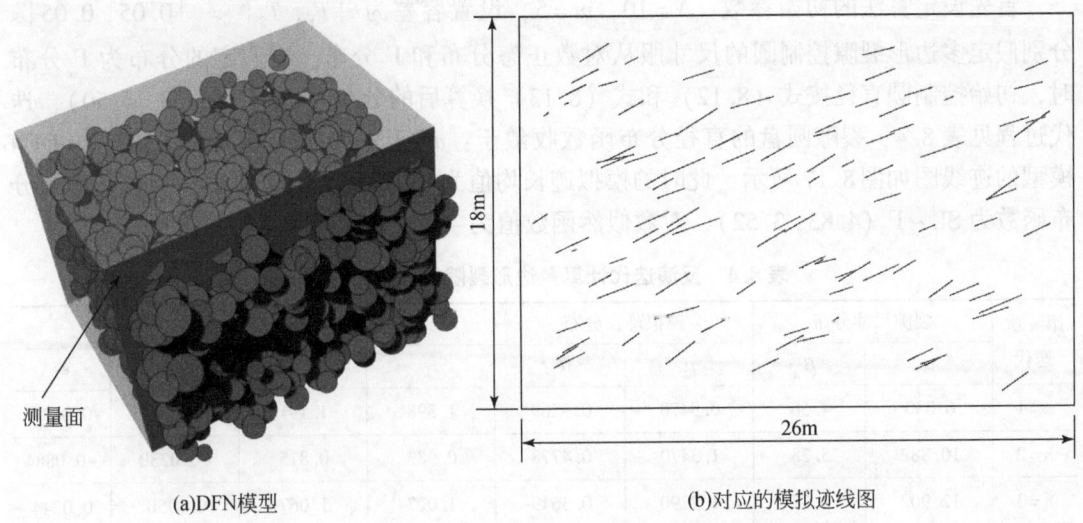

(a)DFN模型　　　　　　　　　　(b)对应的模拟迹线图

图 8.15　假定圆盘直径服从对数正态分布的 DFN 模型和迹线图

表 8.3　反演迭代计算圆盘裂隙尺寸分布（2）

第 n 次迭代	控制圆尺寸分布		模拟迹长的分布		参数调节率		误差	
	α	β	μ	σ_2	r_1	r_2	e_1	e_2
$n=1$	0.398 1	0.024	1.155	0.218 8	1.15	1.78	0.169	0.170 5
$n=2$	0.527 4	0.032	1.329	0.327 3	0.10	1.19	−0.005	0.062 3
$n=3$	0.517 4	0.038	1.356	0.438 7	—	—	−0.032	−0.049 4

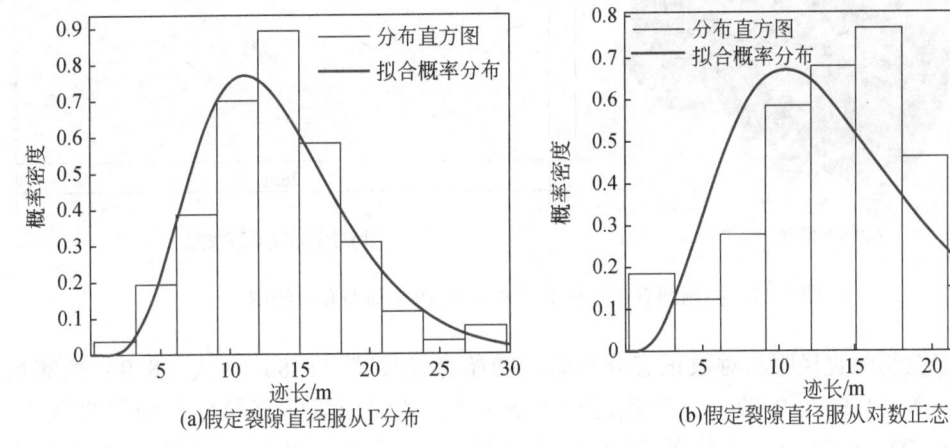

(a)假定裂隙直径服从Γ分布　　　　　　(b)假定裂隙直径服从对数正态分布

图 8.16　圆盘裂隙模型下的迹长分布结果

3. 基于迭代反演的多边形裂隙模拟

首先设定算法的初始参数：$N=10$，$m=5$，设置容差为 $\{T_1, T_2\} = \{0.05, 0.05\}$。分别假定多边形裂隙控制圆的尺寸服从对数正态分布和 Γ 分布。当假定的分布为 Γ 分布时，初始控制圆直径按式（8.12）和式（8.13）换算后的分布为 $d \sim \Gamma(6.63, 4.50)$，迭代过程见表8.4，裂隙圆盘的直径分布函数收敛于：$d \sim \Gamma(18.326, 8.53)$。生成的 DFN 模型的迹线图如图 8.17 所示，此时的模拟迹长均值为 1.373 m，方差为 0.3898，计算得分布函数为 $SL \sim \Gamma(4.83, 3.52)$，对数似然函数值为 -88.13，如图 8.19（a）所示。

表 8.4　反演迭代计算多边形裂隙尺寸分布（1）

第 n 次迭代	裂隙尺寸分布		模拟迹长分布		参数调节率		误差	
	α	β	μ	σ_2	r_1	r_2	e_1	e_2
$n=1$	6.630	4.50	0.9470	0.3269	1.398	1.191	0.3770	0.0624
$n=2$	10.882	5.28	1.3470	0.4778	0.983	0.815	-0.0230	-0.0884
$n=3$	12.902	6.37	1.2290	0.3649	1.077	1.067	0.0950	0.0244
$n=4$	14.035	6.43	1.3446	0.5243	0.985	0.743	-0.0206	-0.1350
$n=5$	18.326	8.53	1.3730	0.3898	—	—	-0.0490	-0.0005

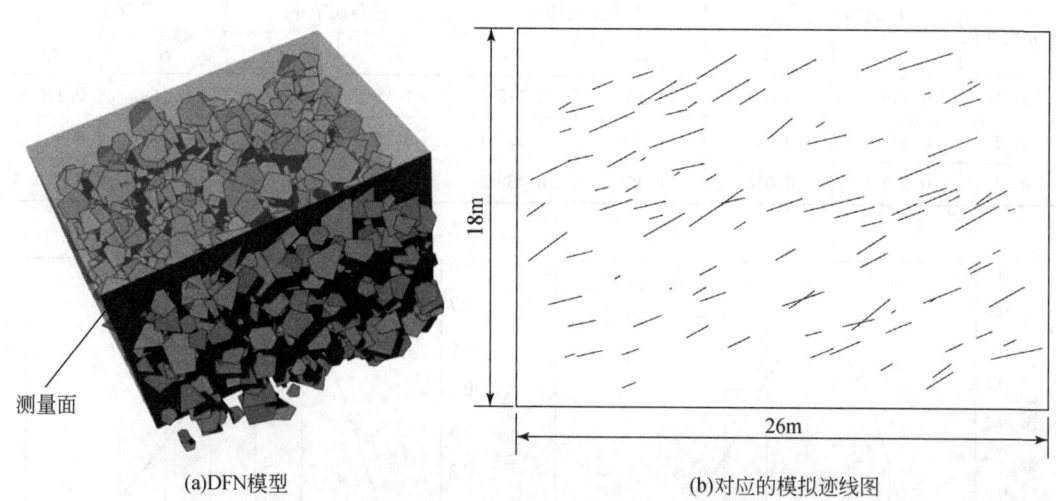

(a) DFN 模型　　　　　　　　(b) 对应的模拟迹线图

图 8.17　控制圆直径服从 Γ 分布时的 DFN 模型和迹线图

当假定控制圆直径服从对数正态分布时，初始直径按式（8.8）和式（8.9）换算后服从：$\ln d \sim N(1.997, 0.024)$；迭代过程见表 8.5，裂隙圆盘的直径分布函数收敛于：$\ln d \sim N(2.397, 0.017)$。生成的 DFN 模型如图 8.18 所示，此时的模拟迹长均值为 1.356 m，方差为 0.353，计算得分布函数为 $SL \sim \Gamma(5.209, 3.84)$，对数似然函数值为 -104.64，如图 8.19（b）所示。

表 8.5 反演迭代计算多边形裂隙尺寸分布（2）

第 n 次迭代	裂隙尺寸分布		模拟迹长分布		参数调节率		误差	
	α	β	μ	σ_2	r_1	r_2	e_1	e_2
$n=1$	1.997	0.024	0.8750	0.1644	1.513	2.368	0.4490	0.2249
$n=2$	2.411	0.025	1.3870	0.3705	0.955	1.051	−0.0630	0.0188
$n=3$	2.363	0.029	1.1568	0.4931	1.145	0.789	0.1672	−0.1038
$n=4$	2.504	0.017	1.4730	0.4823	0.899	0.807	−0.1490	−0.0930
$n=5$	2.397	0.017	1.3560	0.3530	—	—	−0.0320	0.0363

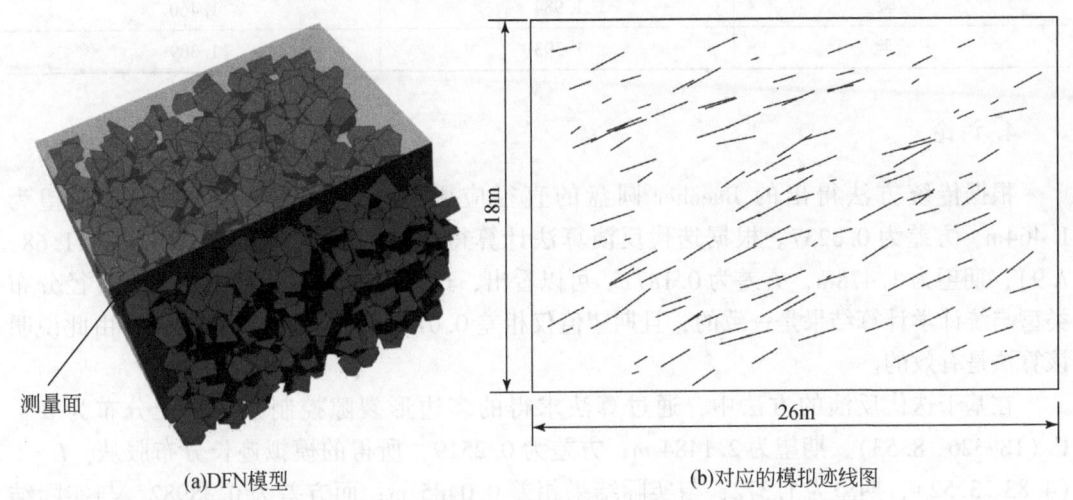

图 8.18 控制圆直径服从对数正态分布时的 DFN 模型和迹线图

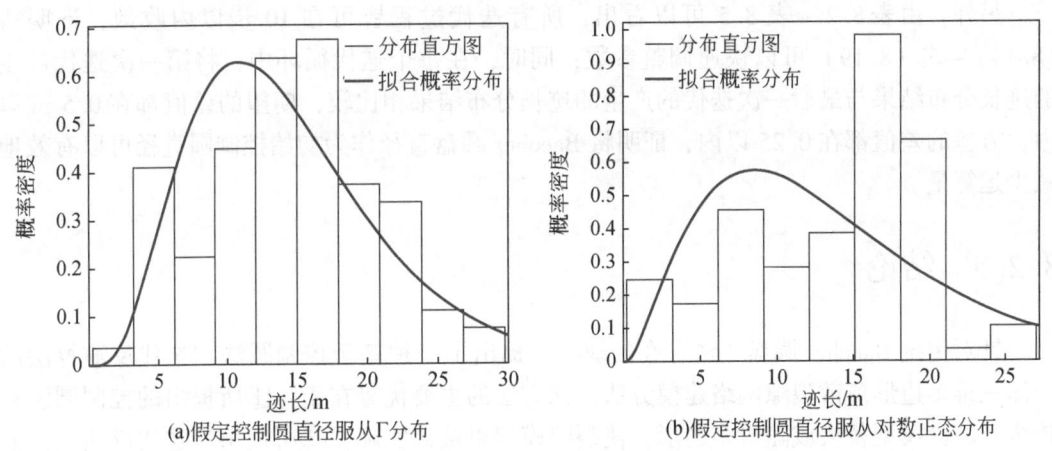

图 8.19 多边形裂隙下的迹长分布假定控制圆直径服从 Γ 分布和对数正态分布

对比两种假设产生的结果，当假设裂隙控制圆盘直径分布为 Γ 分布和对数正态分布时，算法都能收敛，但当认为服从的分布为 Γ 分布时，对数似然函数值更大，表明此时的模拟迹长与实测迹长更为接近，故认为该岩体内部的裂隙尺寸服从分布为 $d \sim \Gamma$ (18.326, 8.53)，期望为 2.1484 m，方差为 0.2519。

最后，我们分别采用 t 检验和 F 检验［式 (8.21) ~ 式 (8.26)］对该方法做进一步的验证。其中迹长的总数为 101，由模拟产生的迹线条数为 100，检验结果见表 8.6。可以看出两种检验的检验结果均比临界值小，代表模拟迹长的均值和方差与实际的迹长和方差一致。

表 8.6 模拟迹线的数值检验

检验类型	临界值	检验值
t 检验	1.984	1.460
F 检验	1.393	1.309

4. 讨论

根据传统方法得出的 Baecher 圆盘的直径应服从：$d \sim \Gamma$ (6.63, 4.5)，期望为 1.464m，方差为 0.3237。根据迭代反演算法计算得圆盘的直径应服从：$d \sim \Gamma$ (11.68, 7.9)，期望为 1.478m，方差为 0.1871。可以看出，迭代反演算法计算出的圆盘直径分布类型与统计学计算结果是一致的，且期望值仅相差 0.014 m，方差相差 0.1366。由此说明该算法是有效的。

在基于迭代反演的方法中，通过算法求得的多边形裂隙控制圆的直径分布为 $d \sim \Gamma$ (18.326, 8.53)，期望为 2.1484 m，方差为 0.2519，所得的模拟迹长分布服从：$L \sim \Gamma$ (4.83, 3.52)，期望为 1.372，与实际结果相差 0.0485 m；而方差为 0.38982，与实际结果相差 0.0005。这一结果比 Baecher 圆盘法的计算结果更为精确，更说明了将裂隙假定为多边形是更合理的。

另外，由表 8.2 ~ 表 8.5 可以看出，所有迭代过程皆可在 10 步以内收敛，证明式 (8.14) ~ 式 (8.19) 可以快速调整参数；同时，在每个迭代循环中，将第一次迭代产生的迹长分布结果与最后一次迭代的产生的迹长分布结果相比较，期望的差值都在 0.5 m 以内，方差的差值都在 0.25 以内，证明将 Baecher 圆盘直径作为初始控制圆直径可以有效地减少运算量。

8.2.5 结论

针对传统 Baecher 圆盘方法存在的缺陷，提出了一种基于控制圆法和迭代反演算法的岩体三维多边形离散裂隙网络建模方法。该方法的主要优势在于：①所提出的控制圆法将传统的圆盘模型替换成随机多边形，使裂隙模拟更接近实际；②所提出的迭代反演算法避免了复杂的数学推导，能够从迭代反演的角度对不规则裂隙尺寸分布函数进行逼近求解，有极强的普适性，为研究岩体内部结构提供了一个新思路。

该方法可分为四步：①分别假定岩体内部裂隙尺寸服从对数正态分布和 Γ 分布，并分别对裂隙网络进行模拟；②对于两组模拟，分别对比实测迹长与模型对应位置上的迹长，根据实测迹长分布与模拟迹长分布的不同，反向调节裂隙尺寸的分布参数，重新建模；③经过多次反向调节，最终可迭代出两个最优模型，即假定裂隙尺寸服从对数正态分布时的最优模型和假定裂隙尺寸服从 Γ 分布时的最优模型；④将两个最优模型产生的迹长与实测迹长比对，通过计算对数似然函数值，可选出二者之间最优的模型，并确定裂隙尺寸的分布。其中步骤②和③即为迭代反演的过程。

在算例中，将 Baecher 圆盘模型的数学推导结果与迭代反演结果进行对比，证明当假定裂隙为圆盘时，该算法的结果与数学推导的结果是一致的，进而将其推广至建立多边形 DFN 模型。结果显示，多边形 DFN 模型所产生的迹长与实测迹长分布一致，且比 Baecher 圆盘模型产生的迹长更精确，进一步验证了该算法。

8.3 岩体随机离散裂隙网络模型的图形检验算法

随机离散裂隙网络的关键技术是蒙特卡罗模拟，难以保证每次模拟结果都能真实的反映岩体裂隙的发育情况，因此在建模完成之后需要对其进行检验。图形检验是 DFN 模型检验过程中的一个必要环节，指的是在生成 DFN 模型之后，再建立裂隙数据采集时所对应岩体的出露面模型，通过将两个模型进行布尔运算可模拟出出露面的迹线图，最后通过观察实际迹线图与模拟迹线图的相似程度来判断 DFN 模型的有效性。相比于基于统计学的数值检验，图形检验更注重出露面这一最重要的局部信息，同时能够兼顾裂隙宏观和微观层面上空间分布的特点。然而，这种完全基于主观判断的图形检验方法可靠性较低。因此，从这一角度出发，利用计算机图像处理方法，在充分分析迹线图特征的基础上，提出了一种 DFN 模型图形检验算法，以辅助 DFN 模型的有效性检验。

8.3.1 迹线图特征分析与算法框架

模拟迹线图是由三维 DFN 模型与地形或地层模型切割而得的剖切图，实际迹线图即平硐内壁或边坡的裂隙素描图。为保证二者有相同的大小和分辨率，实际迹线图应以 CAD 格式或其他可导入 3D 建模软件的格式绘制。

首先要通过预处理对两个迹线图进行匹配，包括将灰度图转换、迹线清晰度增强、去除边界以及尺寸调整，如图 8.20 所示。图像的预处理是后续步骤的基础。接下来的步骤包含四个部分。

(1) 总体灰色分析。黑色像素的数量代表裂隙的总量。该步骤用于从宏观角度分析两个迹线图中裂隙总量的相似程度。

(2) 灰度级配曲线分析。所提出的"灰度级配"概念类似于土力学中的颗粒级配。首先，将两个预处理后的迹线图划分为 $n \times n$ 个网格，每个格子都相当于一个颗粒。同时，设计一组"筛网"，以计算两个图像的灰度级配曲线分析的相似度。

(3) 特征方向分析。考虑到裂隙的产状都是遵循一定的分布规律的，在 Radon 变换算法的基础上提出了密度拉东变换（D-Radon），以检测的优势裂隙特征产状。另外，利用 Bézier 曲线对分析结果进行后处理，以削弱 D-Radon 变换带来的边缘效应。

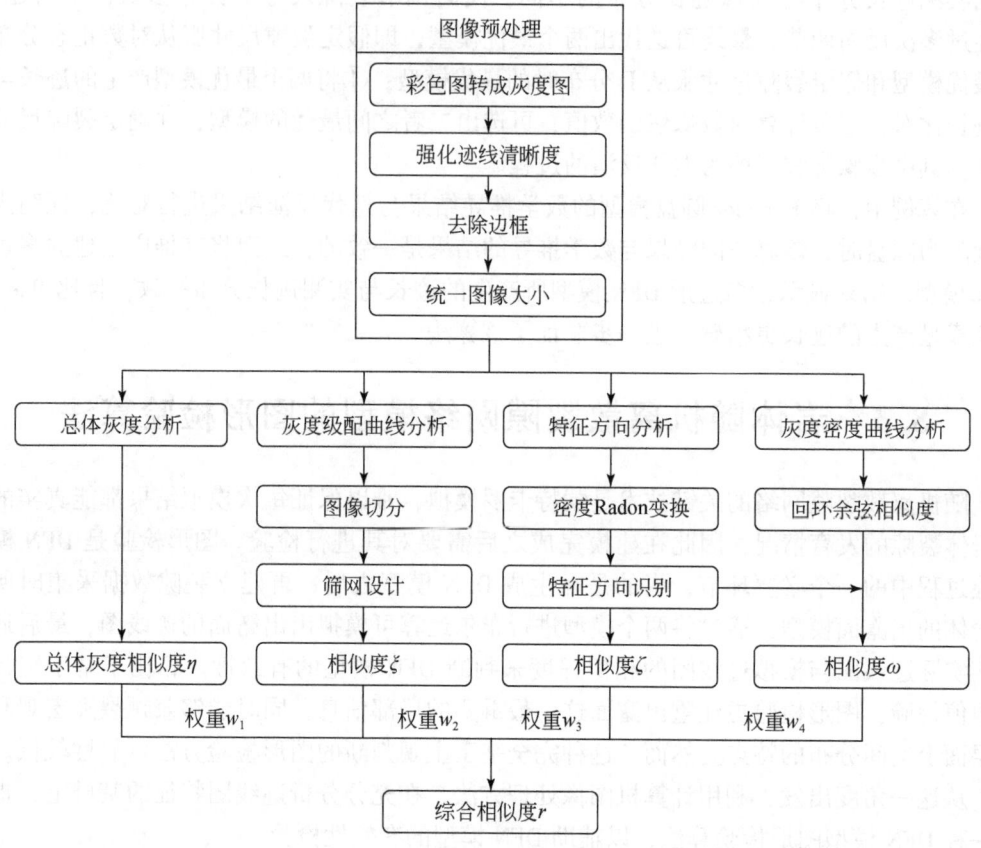

图 8.20 图形检验算法总体流程图

(4) 灰度密度分布曲线分析。基于余弦相似度,并结合迹线图的特点,提出回环余弦相似度及计算方法。在此基础上,依据步骤(3)确定的两个图像的特征方向,计算两个迹线图沿着相同特征方向的灰度密度分布曲线相似度。

(5) 以加权平均的方式综合步骤(1)~(4)的四个相似度,最终可确定从出两个迹线图的综合相似度。

8.3.2 算法原理与具体步骤

1. 迹线图预处理

迹线图预处理的主要步骤包括以下几点。

(1) 灰度转换。在迹线图绘制或 DFN 模拟的过程中,所有的裂隙通常会被划分成若干优势裂隙组,并可能对每组优势裂隙赋以不同的颜色(Li et al., 2018; Zhan et al., 2017a)。但是,真实平硐上的裂隙没有颜色,而且彩色的裂隙有时可能不够清晰,导致一些小的裂隙难以被识别。因此,需要将它们转换为灰度图像,并对其清晰度进行增强。

(2) 迹线清晰度增强。由于迹线图中有些裂隙不够清晰以致难以被检测到,通过划分阈值的方法对迹线图进行二值化处理,将小于阈值的灰度值直接设置为 0;大于阈值的灰度值直接设置为 255(其中 0 表示黑色,而 255 表示白色)。根据经验,一般可将阈值设置为 230($0.9 \times 255 \approx 230$)。另外需要注意的是,图像二值化处理方法中常用的 Otsu 法(Otsu,1979)在本研究中并不适用,因为裂隙的宽度一般很小,一部分裂隙通常会被 Otsu 识别为背景色,从而造成信息丢失。

(3) 去除边框。迹线图的边框属于干扰信息,因此有必要将其删除以确保图像的内容全部为迹线信息,防止算法的后续步骤将边界视为裂隙的一部分。具体过程如下:①从顶部边缘向底部逐行扫描迹线图的灰度矩阵,当某一行中的黑色像素明显少于上一行是,该行即为上边缘;②按上一步骤的方式分别找到迹线图下、左、右边缘,并裁剪迹线图。

(4) 统一图像大小。去除边框后的两幅迹线图的尺寸可能会有极微小的差别,需要通过进一步裁剪将两幅迹线图的大小统一。

2. 总体灰度值计算

预处理之后的迹线图为一幅白底黑线的图像。其中,黑线代表裂隙,而黑色像素的数量可以代表裂隙的总数。如果两个迹线图相似,则两个图像的黑色像素数将相似。根据下式可计算出两幅迹线图的总体灰度值相似度 η:

$$\eta = 1 - |S_A - S_B| / S_A \tag{8.30}$$

式中,η 为相似度值;S_A 和 S_B 分别表示迹线图 A 和 B 的黑色像素总量。

3. 灰度级配曲线分析

总体灰度值用于检查两个迹线图的裂隙总量的特征,但较难反映裂隙的分布特点。为此提出灰度级配曲线,以表征裂隙在全局范围内分布的疏密程度。灰度级配曲线的概念类似于土力学中的颗粒级配曲线(Tegen and Lacis,1996)。首先,将迹线图均匀地划分为 $n \times n$ 个网格。在每个网格中,黑色像素的数量是不同的,其中黑色像素含量较少的网格对应于直径较小的土壤颗粒,黑色像素含量较多的网格对应于直径较大的土壤颗粒。在常用的图像处理算法中,为方便运算以及推导,通常会将图像划分成 $2^m \times 2^m$ 的网格,如感知哈希算法和灰度共生矩阵算法等(Tahir et al.,2003;Monga and Evans,2006)。在本研究中,考虑到网格太少将导致灰度级配曲线分析的分辨率较低,因此建议将 m 设置为不小于 4,此时 n 不小于 16。

接下来是设计一系列不同孔径的"筛网"以筛分上述网格。对于每个网格,计算其黑色像素所占的比例 d_{ij},该数值相当于土壤颗粒的直径,其中 i 是网格的行号,j 是网格的列号,且该值的范围为 $[0, 1]$。计算出所有网格的 d_{ij} 并取其中的最大值 d_{max} 作为这筛网"孔径"的上限。最后,以 0.001 为步长,在 $[0, d_{max}]$ 范围内设计出一系列"孔径"递增的筛网,如当 d_{max} 等于 0.5 时,将有 500 个筛网。

分别利用这一系列筛网对网格进行筛分,即可得到一条级配曲线。对于两幅待比较的迹线图,假定其灰度级配曲线分别为 $[a_1, a_2, \cdots, a_n]$ 和 $[b_1, b_2, \cdots, b_n]$。$[a_1, a_2, \cdots, a_n]$ 对应于实际迹线图,而 a_i 是第 i 个筛网所过滤出的网格数。$[b_1, b_2, \cdots, b_n]$ 对应

于模拟迹线图,b_i 是第 i 个筛网所过滤出的网格数。然后,按照下式计算灰度级配曲线相似度 ξ:

$$\begin{cases} f(\xi) = \sum_{i=1}^{n} \sigma_i/n, & \sigma_i = \begin{cases} 1, & 1-|a_i-b_i| \geqslant \xi \\ 0, & 1-|a_i-b_i| < \xi \end{cases} \\ g(\xi) = \xi \end{cases} \quad (8.31)$$

可以看出,$f(\xi)$ 是 ξ 的非增函数,而 $g(\xi)$ 是 ξ 的增函数。令

$$f(\xi) = g(\xi) \quad (8.32)$$

可以计算出 ξ。显然,如果所有 a_i 都接近 b_i,则 ξ 将接近 1,代表两条灰度级配曲线是相似的。

4. 特征方向分析

迹线图与其他图像最大的不同在于由优势裂隙组导致的一定的规律性。由于优势裂隙组的存在,裂隙倾向于沿某几个方向定向排列,即迹线图的"特征方向",且两个相似的迹线图应该具有相似的特征方向。

1) Radon 变换

Radon 变换是由 Radon 提出的一种积分变换,该方法已广泛应用于模式识别和图像处理领域(Toft, 1996; Schultz and Gu, 2013)。Radon 变换的过程如图 8.21 所示,其数学描述如下:

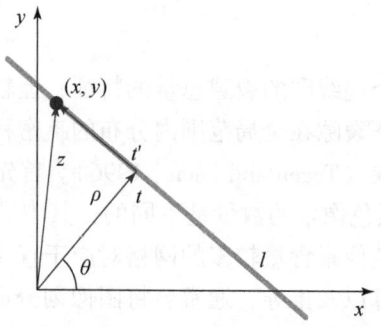

图 8.21 定义 Radon 变换的坐标系

$$R_f(\rho, \theta) = \int_{-\infty}^{\infty} f(x, y) \mathrm{d}L \quad (8.33)$$

式中,R_f 为 Radon 变换;ρ 为从坐标系原点到要检测的线的垂直距离;θ 为坐标系轴 x 和 ρ 之间的角度;$f(x, y)$ 为图像中像素 (x, y) 灰度值。L 可以描述为

$$L(p, \theta) = \{(x, y): x\cos\theta + y\sin\theta = \rho\} \quad (8.34)$$

借助 δ 函数,式(8.32)也可以描述为

$$R_f(\rho, \theta) = \iint_D f(x, y)\delta(\rho - x\cos\theta - y\sin\theta)\,\mathrm{d}x\mathrm{d}y \quad (8.35)$$

式中,D 为图像的面积;δ 为单位脉冲函数;

$$\delta = \begin{cases} 0, & \rho - x\cos\theta - y\sin\theta \neq 0 \\ 1, & \rho - x\cos\theta - y\sin\theta = 0 \end{cases} \tag{8.36}$$

图 8.22 为一迹线图示例，采用 Radon 变换对其进行处理，可用于识别迹线图的特征方向，结果如图 8.23 所示。

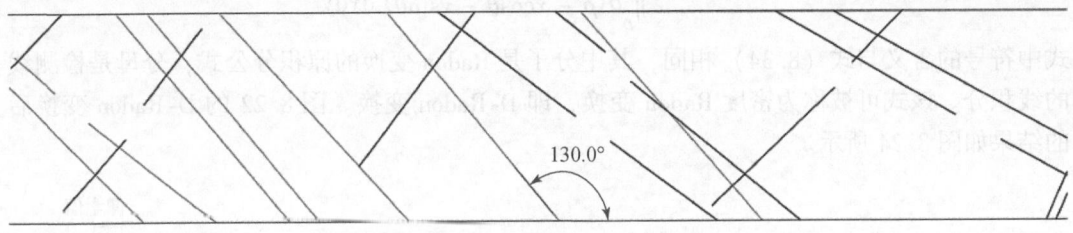

图 8.22　迹线图示例

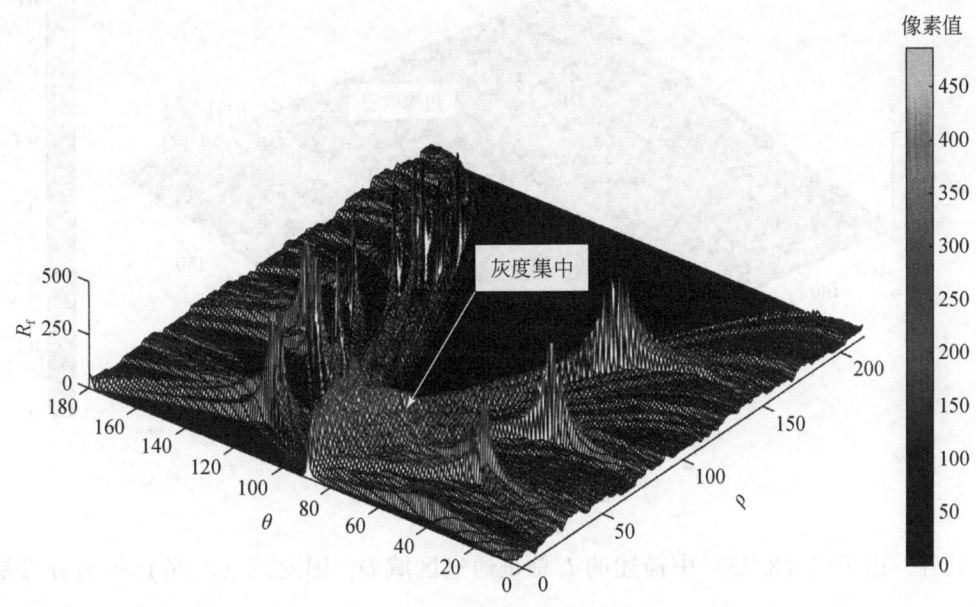

图 8.23　Radon 变换

2) D-Radon 变换

在图 8.22 中可以看到，被标记为橙色的裂隙为该迹线图中的一组优势裂隙，其与水平方向的夹角大约为 130°。同时，从图 8.23 可以发现，在 $\theta=130°$ 处，图形表面的波动最为剧烈。这意味着迹线图的特征方向与 Radon 变换后图形表面的波动之间存在明显的联系，即特征方向越明显，相应位置的表面波动越大。这种波动的程度可通过方差量化。

但是，传统的 Radon 变换算法存在着一定的局限性。如图 8.23 所示，在 $\theta=90°$ 处 Radon 变换的作用范围较为集中，而在两侧其作用范围较大。这种情况是由于迹线图的长宽比例过大引起的：当 Radon 变换的角度接近于水平时，积分的长度较大；而当角度接近于垂直时，积分的长度较小。这便使得上述的波动难以准确地反映出特征方向。这意味着传统 Radon 变换后图形表面的波动不仅受特征方向的影响，还受迹线图形状的影响。为了解决此问题，将 Radon 变换的核心公式进行如下式的修改：

$$R'_f(\rho, \theta) = \frac{\iint_D f(x, y)\delta(\rho - x\cos\theta - y\sin\theta)\,\mathrm{d}x\mathrm{d}y}{\iint_D \delta(\rho - x\cos\theta - y\sin\theta)\,\mathrm{d}x\mathrm{d}y} \tag{8.37}$$

式中符号的含义与式（8.34）相同，其中分子是 Radon 变换的原积分公式，分母是检测线的线积分。该式可被称为密度 Radon 变换，即 D-Radon 变换。图 8.22 的 D-Radon 变换后的结果如图 8.24 所示。

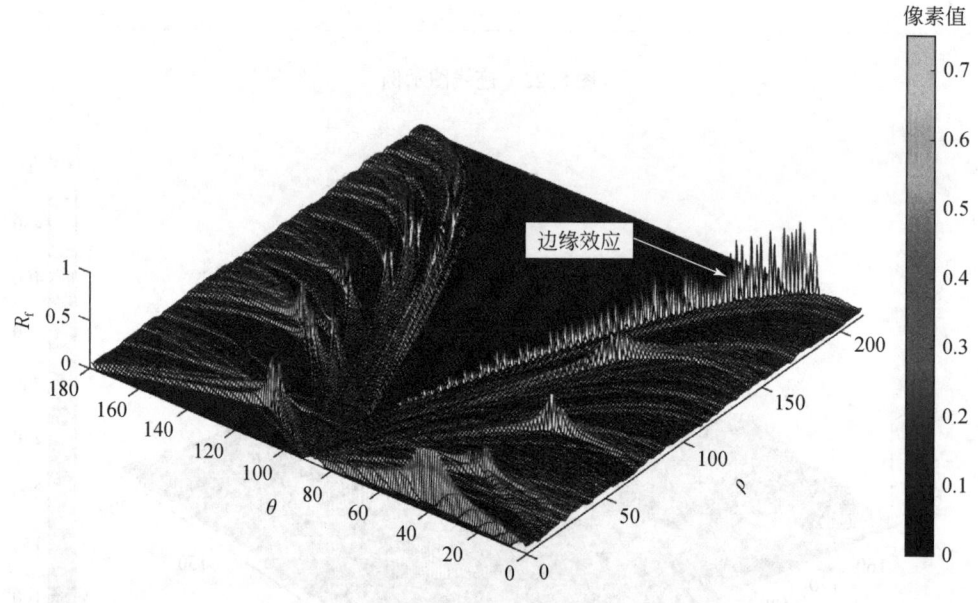

图 8.24 D-Radon 变换

此外，由于式（8.33）中描述的 L 总是通过区域 D，因此式（8.36）中的分母是非零的。

3) D-Radon 变换的对称性

Radon 变换的特点是具有对称性，而所提出的 D-Radon 变换同样具有这一性质，证明如下。

考虑式（8.37）：

$$R'_f(a\rho, at) = \frac{\iint_D f(x, y)\delta(a\rho - ax\cos\theta - ay\sin\theta)\,\mathrm{d}x\mathrm{d}y}{\iint_D \delta(a\rho - ax\cos\theta - ay\sin\theta)\,\mathrm{d}x\mathrm{d}y} \tag{8.38}$$

式中，a 为常数因子；$t = (\cos\theta, \sin\theta)$ 为垂直于 l 的单位向量。如果 $a = -1$，则根据等式（8.38）：

$$\delta(\rho - x\cos\theta - y\sin\theta) = \delta(-\rho + x\cos\theta + y\sin\theta) \tag{8.39}$$

这表明 D-Radon 变换是偶函数，即

$$R'_t(-\rho, -t) = R'_t(\rho, t) \tag{8.40}$$

由于对称性，在变换的过程中 θ 的范围可设置为 $(0°, 180°)$。

4）边缘效应与 Bézier 曲线

D-Radon 变换虽然可以克服传统 Radon 变换对处理长宽比例过大的图形的局限性，但同时也带来了另外一个问题——边缘效应，如图 8.24 中所示。这一现象的成因可通过图 8.25 进行说明：当 θ 既不水平也不垂直时，积分路径在移动的过程中必然会通过迹线图的两个角，由于此时的积分路径非常短，导致裂隙密度值可能非常大或非常小。很显然，此时的数值并不能真正反映该方向上岩体裂隙的密集程度。为解决这一问题，提出采用 Bézier 曲线来实现对边缘效应的弱化。

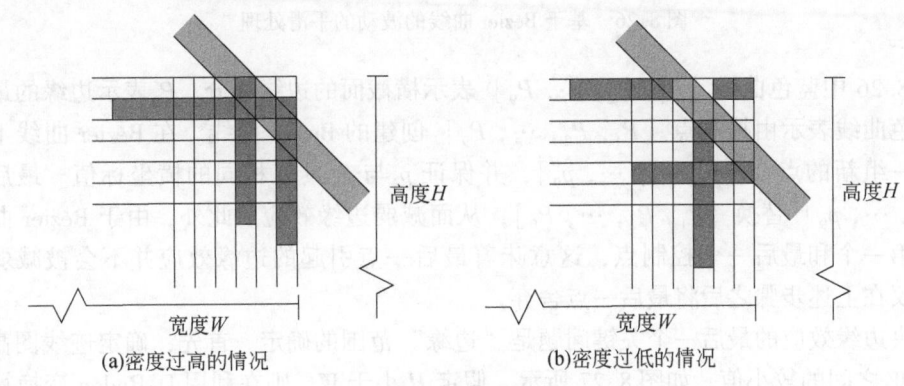

图 8.25　边缘效应成因示意图

Bézier 曲线于 1962 年由 Pierre Bézier 在车身造型设计中首次提出（Bézier, 1968），并在许多领域得到了广泛的应用。Bézier 曲线通常有几个控制点，不过曲线只通过第一个和最后一个点，而其他点负责控制曲线的形状。Bézier 曲线定义为

$$P(t) = \sum_{i=0}^{n} B_i^n(t) P_i, \quad t \in [0, 1] \tag{8.41}$$

式中，P_i 为第 i 个控制点；$B_i^n(t)$ 为 Bernstein 多项式，其定义如下：

$$B_i^n(t) = C_n^i t^i (1-t)^{n-i}, \quad i = 0, 1, \cdots, n \tag{8.42}$$

式中 C_n^i 为二项式系数：

$$C_n^i = \frac{n!}{(n-i)! \, i!} \tag{8.43}$$

Bézier 曲线最显著的特点之一为凸包性，即 Bézier 曲线总是位于控制点的凸包内，因此曲线的波动程度将总是小于控制点组成的折线的波动程度。对于图 8.24 中所示的三维图形，其可以看作是一系列 θ 值所对应的截面组成的图形，每个截面都是一条由大量的点组成的折线，且一些截面的尾部的点的数值存在异常高或异常低的现象，从而导致了边缘效应。因此，根据上述的 Bézier 曲线的这一特性，将截面尾部一定范围内的这点视为控制点生成 Bézier 曲线，并在曲线上的相应位置进行采样以替换截面尾部的点，如图 8.26 所示。

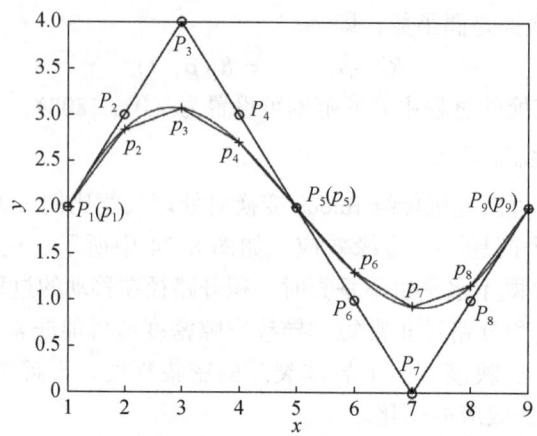

图 8.26　基于 Bézier 曲线的波动的平滑处理

图 8.26 中蓝色曲线 $[P_1, P_2, \cdots, P_9]$ 表示横截面的边缘部分，P_9 表示边缘的最后一点。绿色曲线表示由控制点 $[P_1, P_2, \cdots, P_9]$ 创建的 Bézier 曲线。在 Bézier 曲线上，可以计算一组新的点，$[p_1, p_2, \cdots, p_9]$，并保证 p_i 与 P_i 具有相同的横坐标值。最后，用 $[p_1, p_2, \cdots, p_9]$ 替换 $[P_1, P_2, \cdots, P_9]$，从而减弱边缘效应。此外，由于 Bézier 曲线总是经过第一个和最后一个控制点，这意味着最后一点引起的边缘效应并不会被减弱。因此，建议在上述步骤之后将最后一点舍弃。

解决边缘效应的最后一个关键问题是"边缘"范围的确定。首先，确定迹线图高度 H 和宽度 W 之间的较小值。如图 8.27 所示，假定 H 小于 W，则在利用 D-Radon 变换算法扫描迹线图时，长度 s 将随之改变，而当 $s=H$ 时，已扫描的范围就是边缘的范围。很明显，边缘总是成对出现的，另一个边缘可直接根据对称原理来确定。

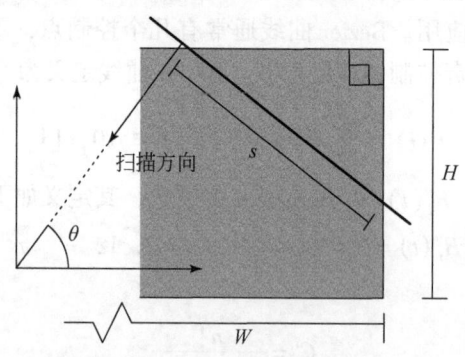

图 8.27　边缘效应影响范围

根据上述原理对图 8.24 进行处理，结果如图 8.28 所示。

5）特征方向识别

在进行野外勘查时，裂隙的优势产状不是一个具体的值，而是用一个范围来表示。因此，D-Radon 变换过程中不需要对 θ 的步长过于细化。考虑到在对优势产状描述的过程中

第8章 多尺度地质不确定性与参数化三维建模

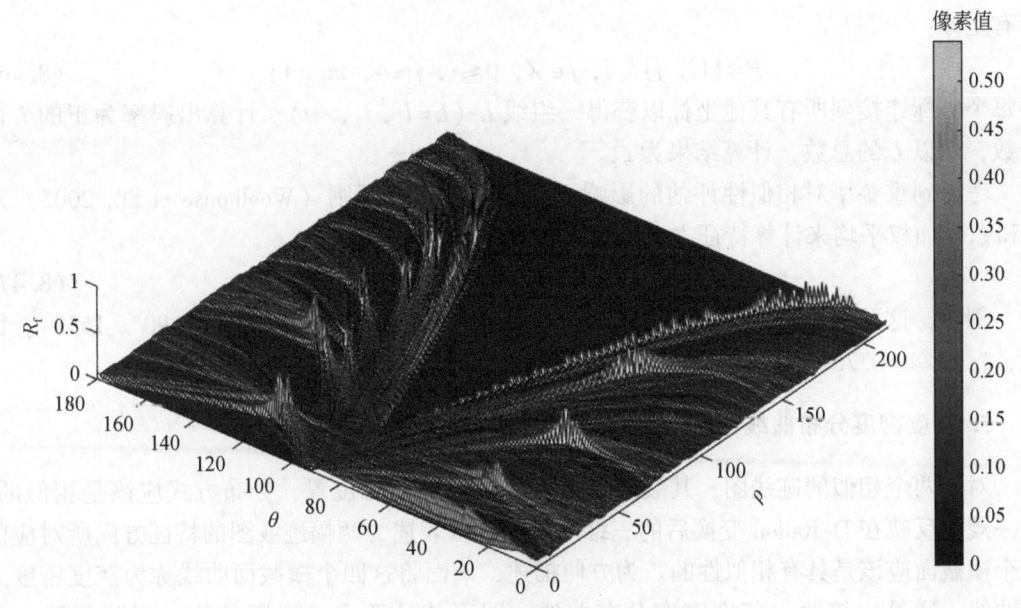

图 8.28 处理后的 D-Radon 变换结果

倾向或倾角的变化范围通常不小于 15°（Bejari and Hamidi, 2013；Wasantha et al., 2015），因此将 θ 的变化步长设置为 15°，因此每个迹线图共有 12 个波动值（方差）。此外，一个岩体中一般会有 2~5 组优势裂隙（Shanley and Mahtab, 1976；Zhan et al., 2017b）。因此，本研究将各个 θ 所对应的波动值由大到小排序，并取前四个最大波动值所对应的 θ 为迹线图的特征方向。

在分别计算出实际迹线图和模拟迹线图的特征方向，便可对两组特征方向进行相似度评价。评价的角度包含重叠率和顺序相似度两个方面，其中重叠率 ζ_1 表示两组特征方向中相同方向所占的比率，顺序相似度 ζ_2 为两组特征方向中存在的相同方向的排列顺序相似程度。具体可分为如下三个步骤。

(1) 假定 $[rd_1, rd_2, rd_3, rd_4]$ 表示实际迹线图的特征方向，$[sd_1, sd_2, sd_3, sd_4]$ 表示模拟迹线图的特征方向。rd_i 是第 i 个实际迹线图的特征方向，sd_j 是第 j 个模拟迹线图的特征方向。建立矩阵 $\boldsymbol{M}$：

$$\boldsymbol{M} = \begin{pmatrix} m_{11} & m_{12} & m_{13} & m_{14} \\ m_{21} & m_{22} & m_{23} & m_{24} \\ m_{31} & m_{32} & m_{33} & m_{34} \\ m_{41} & m_{42} & m_{43} & m_{44} \end{pmatrix}, \quad m_{ij} = \begin{cases} 1, & rd_i = sd_j \\ 0, & rd_i \neq sd_j \end{cases} \tag{8.44}$$

(2) ζ_1 可计算如下：

$$\zeta_1 = \frac{1}{4} \sum_{i=1}^{4} \sum_{j=1}^{4} m_{ij} \tag{8.45}$$

(3) 显然，等于 1 的 m_{ij} 的个数在 $[0, 4]$ 的范围内。通过以下公式提取 m_{ij} 等于 1 的所有坐标：
$$P=\{(i,j) \mid i,j \in Z, 0 \leq i,j \leq 4, m_{ij}=1\} \tag{8.46}$$

将每个坐标连接到所有其他坐标以获得一组线 L（$L=l_1, l_2, \cdots$）。计算出斜率为正的 L 的个数，除以 L 的总数，计算结果为 ζ_2。

考虑到重叠率对相似性评估的影响更大，采用二八原则（Woolhouse et al., 2005）对 ζ_1 和 ζ_2 做加权平均来计算特征方向的综合相似度 ζ：

$$\zeta = 0.8\zeta_1 + 0.2\zeta_2 \tag{8.47}$$

例如，这两组特征方向是 [135°, 15°, 60°, 160°] 和 [60°, 135°, 90°, 165°]。因此，$\zeta_1=3/4=0.75$，$\zeta_2=2/3=0.67$，$\zeta=0.8\times0.75+0.2\times0.67=0.73$。

5. 灰度密度分布曲线

对于两个相似的迹线图，其裂隙各组优势裂隙的相对位置、分布方式应该是相似的。这一规律反映在 D-Radon 变换后的三维图形中可以表述为两幅迹线图的特征方向所对应的四个横截面应该是具有相似性的。为方便描述，下面将这四个横截面曲线称为灰度密度分布曲线。通过比较两组灰度密度分布曲线，即可估计两个迹线图的相对裂隙位置的相似度。

1）灰度密度分布曲线的相似性

首先，计算实际迹线图的四个特征方向 [rd_1, rd_2, rd_3, rd_4] 和四个相应的灰度密度分布曲线 [rc_1, rc_2, rc_3, rc_4]。然后，在 [rd_1, rd_2, rd_3, rd_4] 处提取模拟迹线图的灰度密度分布曲线 [sc_1, sc_2, sc_3, sc_4]。对于每个 i，如果 rc_i 与 sc_i 相似，则意味着模拟迹线图与实际迹线图是相似的。灰色密度分布曲线的相似度计算为

$$\omega = \frac{1}{4}\sum_{i=1}^{4}\omega_i \tag{8.48}$$

式中，ω_i 为 rc_i 和 sc_i 之间的相似度。

2）回环余弦相似度

余弦相似度是比较两条曲线相似程度的常用指标，其通过计算两个向量的夹角的余弦值来衡量它们之间的距离（Dong et al., 2006；Ye, 2011）。因此，余弦相似度的取值范围在 [-1, 1] 之间，且值的大小由两个向量的方向确定，而与其大小无关。如果两个向量的方向相同，则值为 1；如果两个向量成 90°，则值为 0；如果两个向量的方向相反，则值为 -1。给定两个向量 [$x_1, x_2, \cdots, x_n$] 和 [$y_1, y_2, \cdots, y_n$]，二者的余弦相似度 $\cos\theta$ 表示如下：

$$\cos\theta = \frac{\sum_{i=1}^{n}(x_iy_i)}{\sqrt{\sum_{i=1}^{n}(x_i)^2}\sqrt{\sum_{i=1}^{n}(y_i)^2}} \tag{8.49}$$

但是，传统的余弦相似度方法并不能完全胜任对灰度密度曲线的相似性的度量。如在图 8.29 中，A 和 B 代表两条不同的曲线，其峰和谷反映了迹线的分布。这两条曲线在形

状上是有明显差异的,如果仅仅用余弦相似度作为度量,则二者的相似程度不高。但是,岩体裂隙的分布是具有统计学意义的、随机的,且不同组优势裂隙间的位置关系是相对的而不是绝对的。当从这个角度考虑时,也可以发现,A 和 B 之间有一些相似的段,尤其是当分别连接两条曲线的每条的首尾时,它们则变成了两个相同的锯齿环。这说明尽管两条曲线在整体上不是绝对相似的,但它们的峰和谷的相对位置相似,裂隙之间的相对位置是相似的。

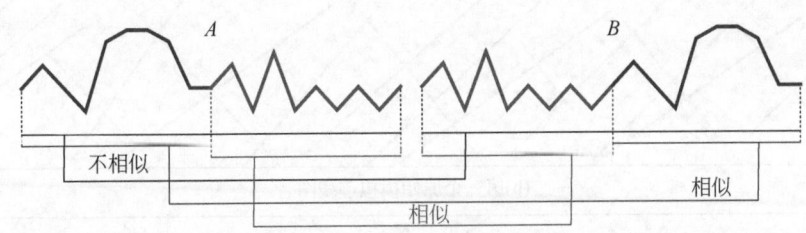

图 8.29 曲线的相对相似

根据上述原理,提出了"回环余弦相似度"及其计算方法,伪代码如下。

```
回环余弦相似度 LoopCosineSimilar:
A = [a₁, a₂, a₃, ···, aₙ]; B = [b₁, b₂, b₃, ···, bₙ];   //A 和 B 为两条曲线
Similar = 1×n vector;   // Similar 是一个 n 维的向量
fori = 1 to n
Btmp = [bᵢ, bᵢ₊₁, bᵢ₊₂, ···, bₙ, b₁, b₂, ···, bᵢ₋₁]
Similar (i) = CosineSimilar (A, Btmp)   // 计算 A 和 Btmp 之间的余弦相似度
end
LoopCosineSimilar=Maximum (Similar)
```

6. 综合相似度

在计算出 η、ξ、ζ 和 ω 之后,利用加权平均即可计算出综合相似度。

$$S = c_1\eta + c_2\xi + c_3\zeta + c_4\omega \tag{8.50}$$

式中,$[c_1, c_2, c_3, c_4]$ 为权重。考虑到 η 和 ξ 的计算方法相对粗糙,对其权重进行适当削弱。因此在本研究中,将四个权重分别设为 $[0.2, 0.2, 0.3, 0.3]$。

8.3.3 工程案例分析

1. 计算结果

下面通过一个实例验证该算法的有效性。图 8.30(a)是根据平硐中的实测数据绘制的迹线图,根据该工程中的实际地质勘查数据依次建立两个三维 DFN 模型,图 8.30(b)是从第一个 DFN 模型中获得的模拟迹线图,图 8.30(c)是从第二个 DFN 模型中获得的模拟迹线图。为方便表述,下面分别以 a、b 和 c 代表实际迹线图、第一个模拟迹线图和第二个模拟迹线图。图 8.31 展示了该平硐入口处的照片及两次的 DFN 模拟结果。

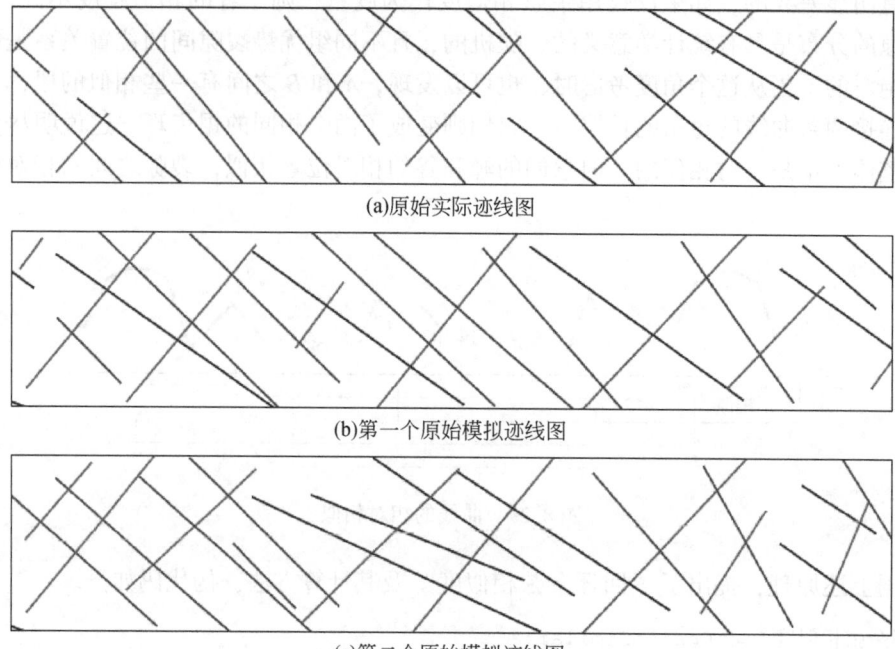

(a) 原始实际迹线图

(b) 第一个原始模拟迹线图

(c) 第二个原始模拟迹线图

图 8.30　原始迹线图

(a) 平硐照片　　　　　(b) 第一种平硐3D模型　　　　(c) 第二种平硐3D模型

图 8.31　平硐示例

利用 MATLAB 对算法进行编程。在预处理之后，原始的迹线图被转换成了如图 8.32 所示的图像。总体灰色分析结果如图 8.33 和图 8.34 所示。a、b、c 的总灰度可由图 8.32 中的红色区域、图 8.34（a）中的蓝色区域和图 8.34（b）中的蓝色区域表示，其中横轴 x 表示迹线图长。计算结果表明，a 的总灰度为 6527，b 的总灰度为 6932，c 的总灰度为 7544。因此，$\eta_{ab}=0.835$，$\eta_{ac}=0.838$。

图 8.35 为灰度级配曲线分析结果。其中，图 8.35（a）中为 a、b 的灰度级配曲线，图 8.35（b）中为 a、c 的灰度级配曲线，计算表明 $\xi_{ab}=0.863$，$\xi_{ac}=0.904$。

图 8.36 为特征方向分析结果，其中图 8.36（a）为 a 和 b 的对比结果，图 8.36（b）为 a 和 c 的对比结果，a 的四个特征方向为 [135°, 45°, 120°, 30°]，b 的特征方向为

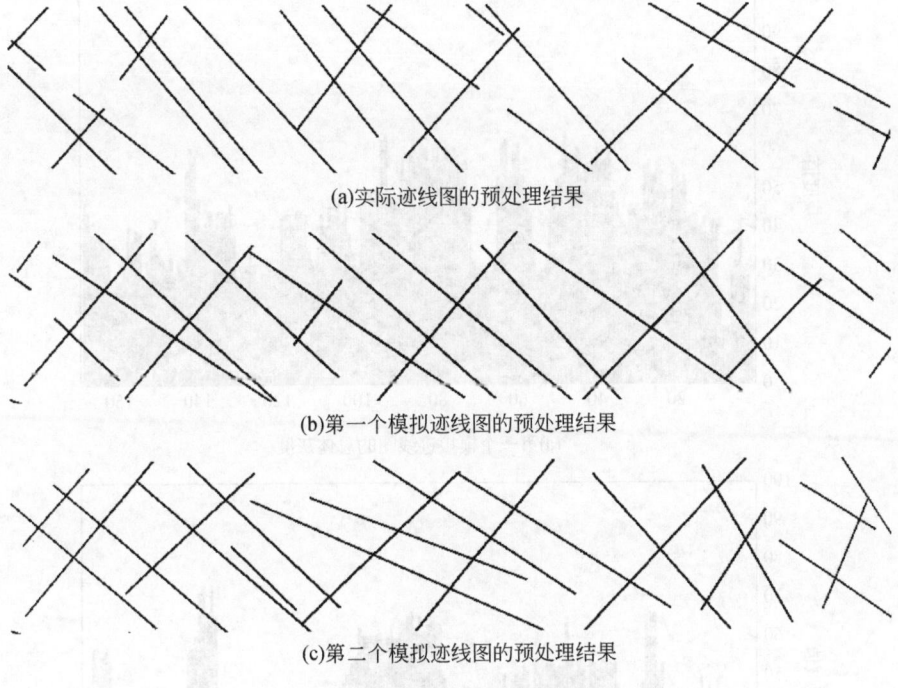

(a)实际迹线图的预处理结果

(b)第一个模拟迹线图的预处理结果

(c)第二个模拟迹线图的预处理结果

图 8.32 迹线图预处理结果

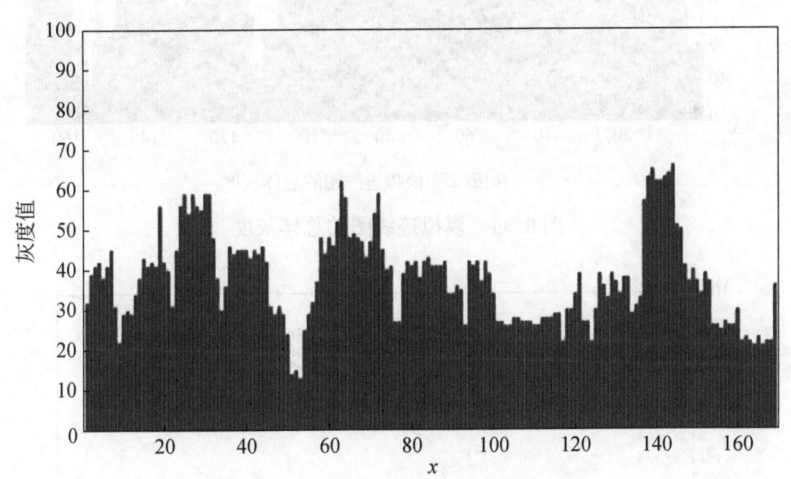

图 8.33 原始迹线图的总体灰度图

[135°, 45°, 120°, 30°],c 的特征方向为 [45°, 150°, 135°, 120°],则 a 和 b 的特征方向相似性为 $\zeta_{ab}=0.8\times1+0.2\times1=1$,$a$ 和 c 的特征方向相似性为 $\zeta_{ac}=0.8\times0.75+0.2\times0.667=0.733$。

根据实际迹线图的特征方向,可以计算出灰度密度分布相似性,见表 8.7,其中 ω_{ab} 是 a 和 b 之间的相似性,ω_{ac} 是 a 和 c 之间的相似性,ω_{ab} 和 ω_{ac} 的最终值分别为 0.710 和 0.709。

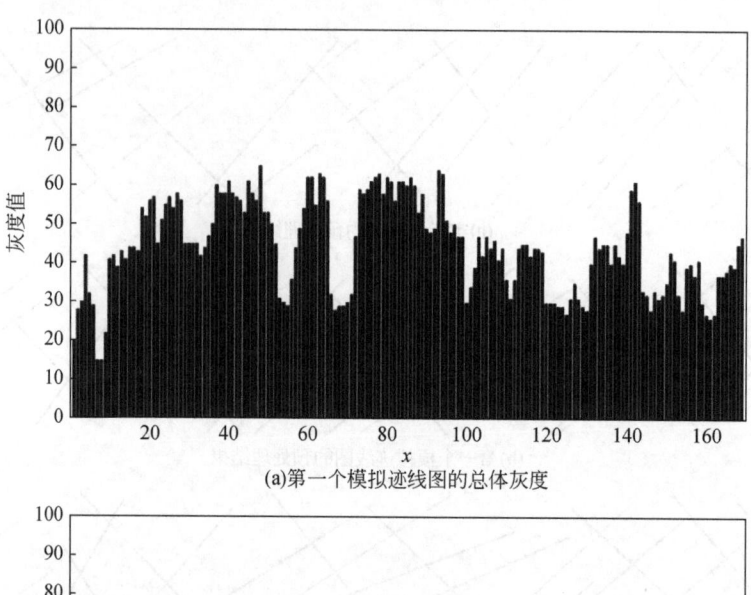

(a)第一个模拟迹线图的总体灰度

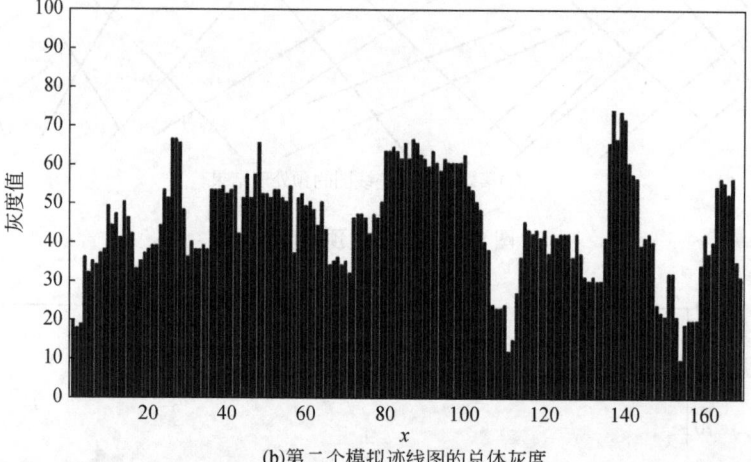

(b)第二个模拟迹线图的总体灰度

图 8.34 模拟迹线图的总体灰度

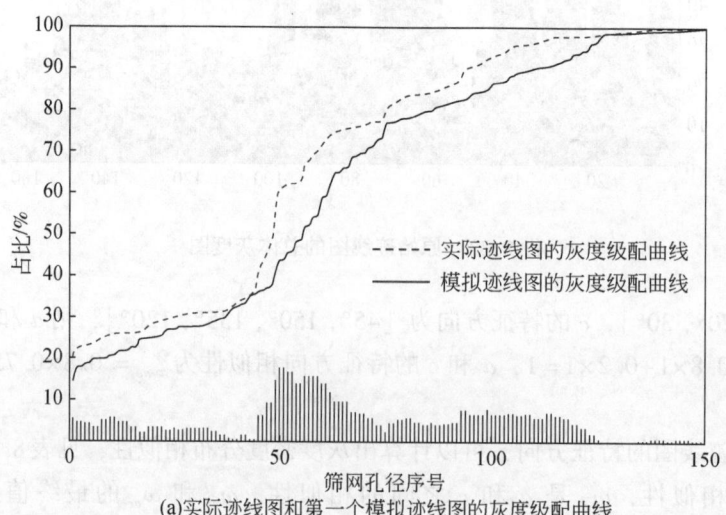

(a)实际迹线图和第一个模拟迹线图的灰度级配曲线

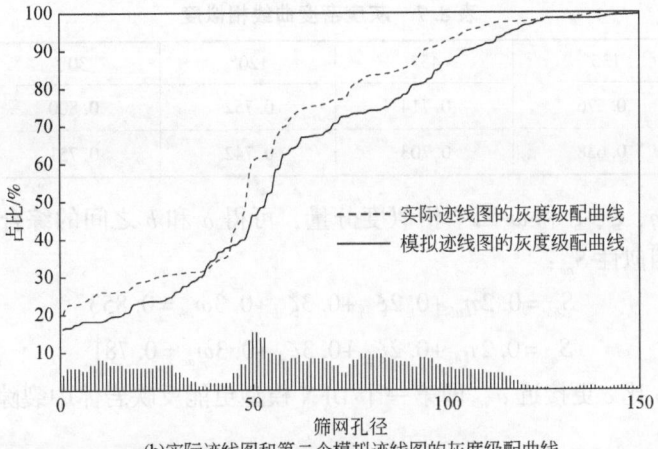
(b)实际迹线图和第二个模拟迹线图的灰度级配曲线

图 8.35　灰度级配曲线分析结果

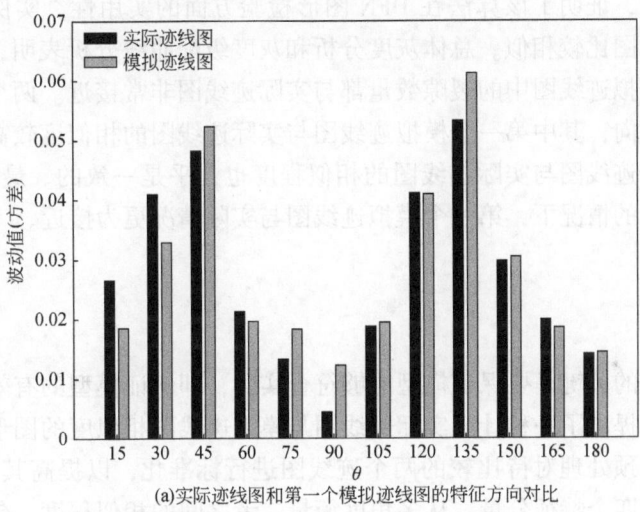
(a)实际迹线图和第一个模拟迹线图的特征方向对比

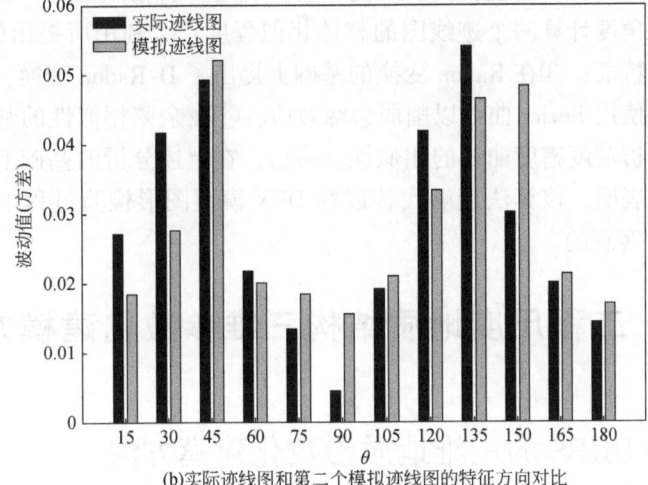
(b)实际迹线图和第二个模拟迹线图的特征方向对比

图 8.36　特征方向分析结果

表8.7 灰度密度曲线相似度

θ	135°	45°	120°	30°	平均值
ω_{ab}	0.576	0.714	0.752	0.800	0.710
ω_{ac}	0.638	0.703	0.742	0.751	0.709

最后，综合 η、ξ、ζ 和 ω 四个相似度分量，可得 a 和 b 之间的综合相似性 S_{ab} 以及 a 和 c 之间的综合相似性 S_{ac}：

$$S_{ab}=0.2\eta_{ab}+0.2\xi_{ab}+0.3\zeta_{ab}+0.3\omega_{ab}=0.853$$

$$S_{ac}=0.2\eta_{ac}+0.2\xi_{ac}+0.3\zeta_{ac}+0.3\omega_{ac}=0.781$$

该结果表明 b 比 c 更接近 a，即第一个 DFN 模型更能反映岩体中裂隙的分布规律。

2. 讨论

通过上述实例，证明了该算法在 DFN 图形检验方面的实用性。实例中两个模拟的迹线图都与实际迹线图比较相似。总体灰度分析和灰度级配曲线分析表明，无论从宏观还是微观角度，两种模拟迹线图中的裂隙数量都与实际迹线图非常接近。两个模拟结果的最大的区别在于特征方向，其中第一个模拟迹线图与实际迹线图的相似度较高。而在灰度密度曲线分析中，两个迹线图与实际迹线图的相似程度也几乎是一致的。最后综合分析表明，在考虑多方面特征的情况下，第一个模拟迹线图与实际情况更为接近。

8.3.4 结论

岩体裂隙建模的关键是要保证模型能够符合实际，即保证模型的有效性。为丰富模型验证的手段，本节提出了一种计算实际迹线图与模拟迹线图相似度的图形检验算法。该算法首先通过一系列预处理对待比较的两个迹线图进行标准化，以提高其可识别性。之后，通过计算迹线图的四个特征分量，从多角度衡量二者之间的相似程度，包括：①通过总体灰度分析，从宏观角度计算两个迹线图的整体相似程度；②利用所提出的灰度级配曲线，检测迹线图的局部特征；③在 Radon 变换的基础上提出了 D-Radon 变换，以检测两幅迹线图的特征方向，并使用 Bézier 曲线以削弱边缘效应；④在余弦相似性的基础上提出了回环余弦相似度，以分析灰度密度曲线的相似性。最后，在上述分析的基础上，提出了综合评价公式。实验结果表明，该算法能够代替以往 DFN 模型图形检验过程中的主观判断，为 DFN 验证提供更为客观的

8.4 工程尺度地质结构三维参数化建模方法

8.4.1 基于 NURBS 的三维地质参数化建模方法

非均匀有理 B 样条（non-uniform rational B-spline，NURBS）曲面是一种典型的参数化

曲面 (Piegl and Tiller, 1997), 其中的拓扑结构是在参数化空间中定义的, 自由曲面是在三维空间中进行分析计算的。参数化建模是指在模型元素与建模目标的参数化特征之间建立关联的一种建模方法, 用数学变量和算法实现对几何的控制和动态更新。NURBS 技术提供了自由曲线曲面的统一数学表达, 无论是解析形式还是自由格式的形状均有统一的表示参数, 本书基于 NURBS 技术通过参数化曲线曲面和参数化切割实现三维地质结构的参数化建模。

1. 曲线曲面的形变参数化

NURBS 曲线和曲面本质上是一个或者两个参数的控制函数。这些参数通过控制点和权因子描述形状。在三维地质建模中, 表达复杂的 NURBS 地层曲面、曲线是建模关键。在数学表达应用中 NURBS 曲线曲面的处理可分为两种方法: 一种是给出控制顶点数据求解过曲线曲面上的点信息, 称为正算法; 另一种是给出曲线上的型值点数据, 反算曲线曲面控制顶点信息, 再由顶点构造出通过型值点的 NURBS 曲线曲面, 称为反算法。在实际工程地质中, 不管是钻孔点数据还是剖面线数据都是各个地质结构面上实际的数据点集, 不能直接构造 NURBS 曲线曲面, 需要用到反算法求出控制顶点来拟合 NURBS 曲线曲面。

假设型值点 (地质数据点) 为 P_i, $(i=0, \cdots, n)$, 曲线控制顶点为 d_j, $(j=0, \cdots, n+k-1)$, 其中, 型值点依次与 NURBS 曲线定义域内 $[t_k, t_{k+1}]$ 的节点一一对应 (P_i 节点对应 t_{k+i}), $N_{j,k}(t)$ 为 B 样条基函数, 则可反求控制点的关系:

$$P(t_{k+i}) = \frac{\sum_{j=0}^{n+k-1} d_j \omega_i N_{j,k}(t_{k+i})}{\sum_{i=0}^{n+k-1} \omega_i N_{j,k}(t_{k+i})} = P_i \quad i = 0, \cdots, n \tag{8.51}$$

空间中的点具有三个维度, 且参数是曲线或曲面上点的唯一表示。曲面具有由曲线构成的两个内部维度, 分别是 u 方向和 v 方向 (长度和宽度), 曲面上的每个点都有 u 和 v 两个参数, 因此, 过曲面上每一点 $p(u_0, v_0)$, 总有一条 u 曲线 $p=p(u, v_0, \omega_{ij})$ 和 v 曲线 $p=p(u_0, v, \omega_{ij})$, 其中 ω_{ij} 为相应权因子。我们可以定义两种参数化曲线曲面的建模方法, 一种是通过参数化调整控制点的权值从而改变曲线曲面的形状, 属于内部参数化; 另外一种是通过参数化型值点数量或者位置从而改变控制点, 进而调整曲线曲面的形状, 属于外部参数化。内部参数化是基于 NURBS 的曲线曲面构成原理利用权因子改变控制点的位置, 从而改变曲线曲面的外部形状, 这是一种属于微调整的参数化, 造型的本质没变, 一般适用于对形状构造精细度要求较高的汽车、飞机、轮船等造型。外部参数化则是通过改变曲线曲面上的点数据来改变造型的控制点位置, 而弱化了形状参数权因子 ω_{ij} 的调节作用, 本质上改变了造型。对于地质构造自身的不确定性、测量的不确定性、数据分析处理的不确定性以及认知的局限性等本来就不能精确确定形状的建模具有参数化借鉴意义。地质建模是通过改变型值点 (地质数据点) 的疏密或者位置来调节模型的创建形状和精度。如图 8.37 所示, 通过可视化编程手段, 实现参数化改变两组处理好的钻孔地层数据点, 从而改变其控制点的位置以达到控制地质层面形状的改变, 改变后 $P_{1,1}$ 位置处曲面和曲线的缓和程度相对应。

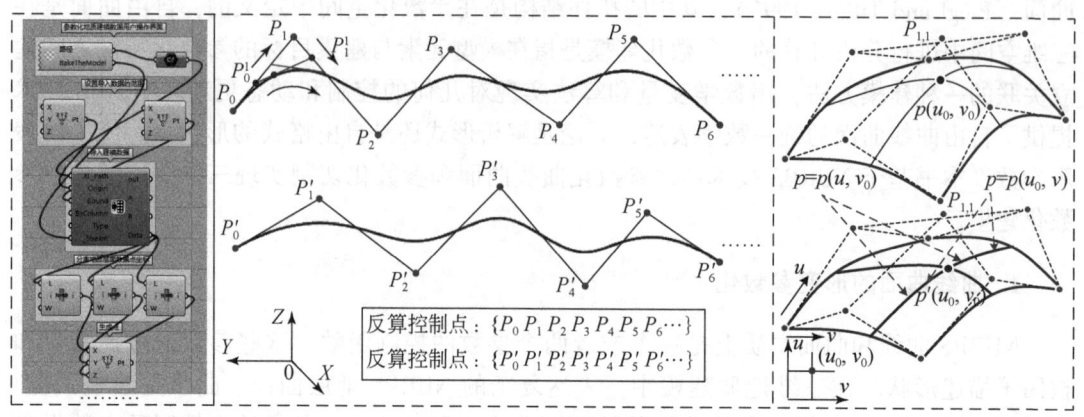

图 8.37 曲线曲面的外部参数可视化驱动过程

2. 曲线曲面的切割参数化

在岩体形成和存在的过程中,各种地质作用和构造力的影响使岩体内充满着各种各样的不连续面,诸如层理、节理、裂隙、褶皱、缺陷及接触带、剪切带等,表现为岩体的非线性、不连续性等物理特性(魏群和张国新,2008),势必会出现地层不整合、断层错断岩层、地层尖灭等情形,那么就必须解决地质曲面求交和切割问题。三维体结构是对面结构的形象表达,在形成参数化的 NURBS 地层曲面后,需要借助布尔集合运算进行切割组合,以形成地质体模型。假设两个对象 A 和 B,判断两者的位置关系,若相交,则交线 C 可由式(8.52)表达,并通过离散法求解交线集。获取交线后,利用交线将模型体和剖切面分割为两部分,如图 8.38 所示,模型和剖切面共被分割为四部分,各部分均为 NURBS 算法构造的边界表示类型,依据集合运算性质,如式(8.53)所示。

$$C_{\text{line}} = A_{3D} \cap B_{\text{Surface}} \qquad (8.52)$$

$$A_{3D} <\text{OP}> B_{\text{Surface}} = A_{3D}^{\vec{n}} + A_{3D}^{-\vec{n}} + B_{\text{Surface}}^{\text{in}} + B_{\text{Surface}}^{\text{out}} \qquad (8.53)$$

式中,$\vec{n}$ 为剖切面 B_{Surface} 的法线方向;$-\vec{n}$ 为其法线的反向;A_{3D} 为三维模型;C_{line} 为三维模型与剖切面的交线;$<\text{OP}>$ 为互切运算操作;$A_{3D}^{\vec{n}}$ 为 B_{Surface} 法线方向外侧的部分;$A_{3D}^{-\vec{n}}$ 为 B_{Surface} 法线反方向的外侧部分;$B_{\text{Surface}}^{\text{in}}$ 为交线的内侧部分;$B_{\text{Surface}}^{\text{out}}$ 为交线的外侧部分。

在参数化曲面的基础上,根据以上原理进行面线切割参数化。首先参数化导入并分离各地质层钻孔数据点的 X、Y、Z 坐标值,并搜索钻孔坐标数据点的两个最值点($X_{\min}$,$Y_{\min}$,$Z_{\min}$)和($X_{\max}$,$Y_{\max}$,$Z_{\max}$),通过编程手段,由两最值点生成将所有地质数据点都包含在内的切割轮廓体 B_{Body}。然后各地层 NURBS 曲面 B_{Surface}^{n} 都会延伸至地质轮廓体的外部,则通过封装好的程序对每一地层结构体上下地质界面之间和地质界面与地质轮廓体作自动切割及补面组合运算,得到相应地层结构体 GB_{Body}^{n},包括地质夹层、尖灭地质体等,循环上述操作则得到地层结构体集合 GB_{Body}。

3. 地质参数化数学模型及其数据结构

三维地质建模属于逆向建模的范畴,需采集已知实体结构数据创建模型。所要求的输

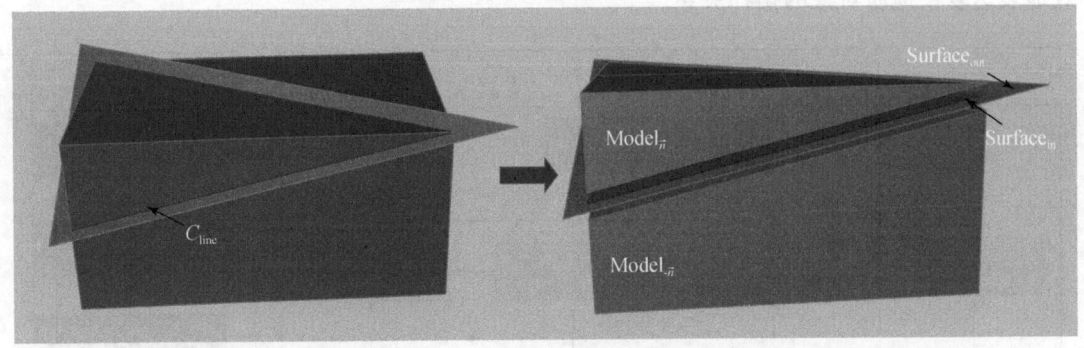

图 8.38 三维模型切割示意图

入数据集是指通过测量或者勘探的手段将地质结构面形状转化成离散几何坐标点的数据集合。相对于地表点云数据，地下各地层的数据较为隐蔽，提取更加困难和关键，构成了特征地质数据源，该数据源是能够表达真实工程地质结构信息的少量关键点云集。三维地质参数化建模方法与采用的三维空间数据结构密切相关。空间地质体的基本特征可由空间特征、属性特征、空间关系特征三者综合表达，往往构造复杂且蕴含信息丰富、分析精度要求高，同时又包含了地质体的几何、属性和拓扑信息等，因此，选择合适的三维数据结构极为关键。目前基于曲面和基于体元是两种最主要的实体数据结构表达方法，但前者在对几何元素可视化、几何变换、边界表达等方面具有相对的优势。

参数化地质建模实质上是参数化离散的控制点云集，由参数化的点云集控制线的走势，由曲线拟合成 NURBS 地质结构面，再通过参数化的外表面对不同结构层面参数化封闭剪切成体。任何动态复杂的地质构造都可抽象为点、线、面、体等几何元素的集合，从而可以在空间坐标系中对其进行三维形态的数学描述，假设参数化地质模型研究区域为 Ω，则基于离散点云集的整体参数化地质模型数学定义如下：

$$f_{GM\Omega}[x(t), y(t), z(t)] = \bigcup_{i=1}^{R} GM_{ci}$$
$$= \{\bigcup_{j=1}^{n} s[P(x_j, y_j, z_j)]\} \cup \sum_{j=1}^{n-1} \{\bigcup_{k=1}^{m_j} s'[v_{j,j+1,k}(x_k, y_k, z_k)]\} \quad (8.54)$$

式中，$f_{GM\Omega}[x(t), y(t), z(t)]$ 为研究区域 Ω 的整体 BRep 实体参数化地质模型，其中 $[x(t), y(t), z(t)]$ 表示不同地层曲面上的控制点云集（钻孔点、水深点等）或者是相邻曲面的边界角点；GM_{ci} 为 Ω 中 R 个地质结构单元 BRep 实体模型中的第 i 个模型；$s[P(x_j, y_j, z_j)]$ 为由控制点集通过 NURBS 拟合的地层曲面，其中有 n 层地层曲面；$v_{j,j+1,k}()$ 函数表示第 j 个和第 $j+1$ 个相邻地层面的边界点集；$s'[\ ]$ 函数为相邻两层地层面的封闭曲面，它是由边界角点集形成的简单 NURBS 曲面；m_j 为第 j 个两相邻地层面的封闭曲面数量。

三维地质参数化建模数据结构与对应拓扑关系模型如图 8.39 所示。该数据结构在能满足参数化建模的同时还可与 "顶点—曲线—三角网—多面体—多面体集合" 实现拓扑关系的对应表示，使得数据结构模型、地质拓扑对象和现实空间的地质实体特征相融合，有效地表达复杂地质对象的拓扑关系。

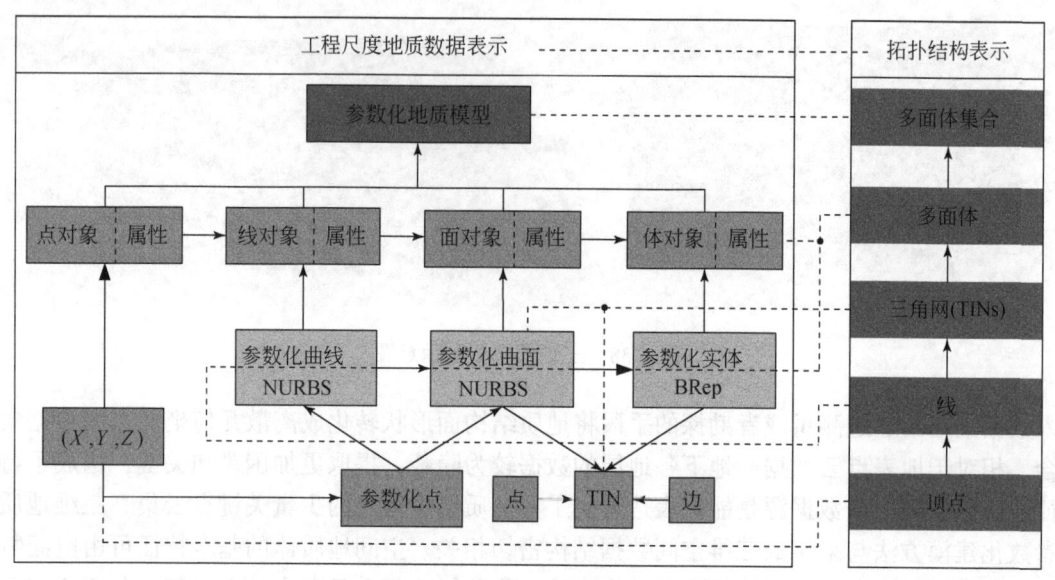

图 8.39 参数化地质建模数据结构与对应拓扑关系模型

参数化地质实体元素拆分如图 8.40 所示，其实质是由一系列参数化离散点控制地质层面的凸凹形状，并通过参数化切割控制地质体的外边缘形状，封面组合得到地质模型，整个过程是可闭环循环的。

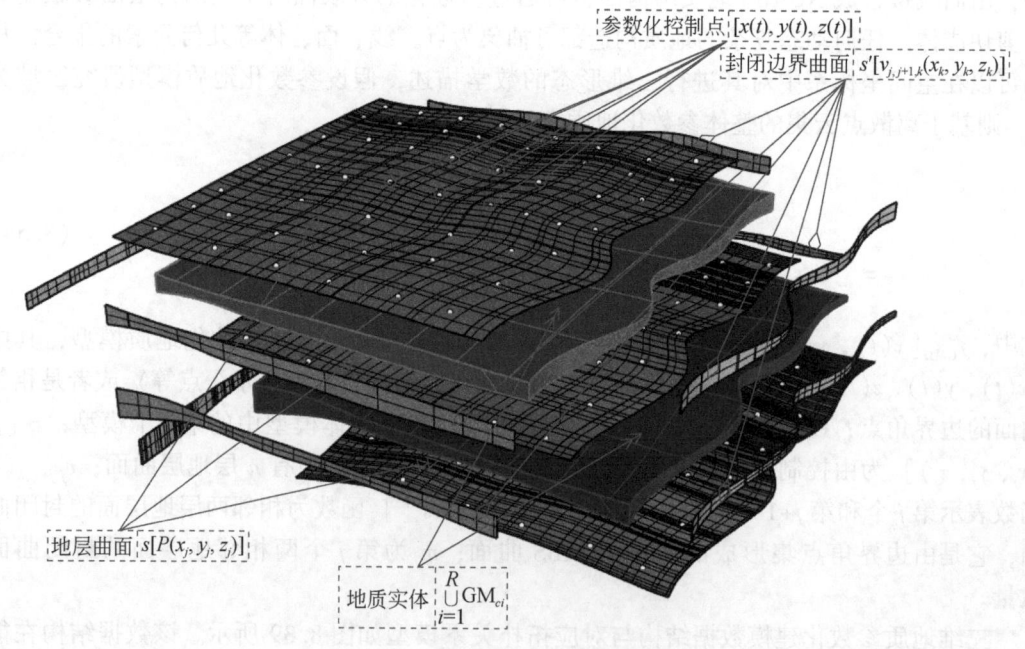

图 8.40 参数化地质模型组成元素示例

8.4.2 方法实现

1. 总体框架

Grasshopper（GH）（白云生和高云河，2018）是一款通过复杂逻辑编程使得方案逻辑与建模过程相关联的可视参数化建模工具，提供了强大的编辑、修改 NURBS 曲线曲面的功能，利用开源软件开发工具包以 GH "电池"和插件的形式来实现自定义参数化功能。

三维地质参数化建模实现的总体框架如图 8.41 所示，其主要步骤如下。

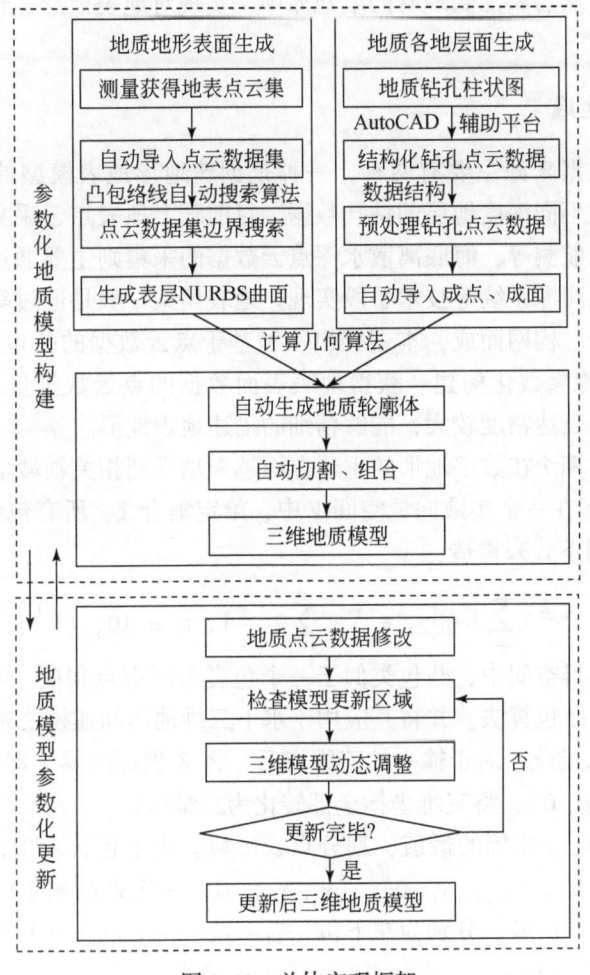

图 8.41 总体实现框架

（1）采用基于水深点云数据的凸包络线自动搜索算法，得到凸包络线，通过 NURBS 曲面拟合生成地质地表模型。

（2）利用采集的原始钻孔点云数据集，通过人工或者 AutoCAD 辅助平台处理成结构化的可输入的规则数据格式。

(3) 通过程序自动读取处理好的数据，生成不同土层的空间钻孔点，并通过开发的指令自动网格嵌面，生成地层面。

(4) 根据地质点云数据，通过计算几何算法参数化生成地质轮廓体，并通过一系列参数化切割、组合运算最终生成三维地质实体模型。

(5) 若有模型更新需求，只需重新读取或修改新的地质点云数据集，执行计算命令，自动进行地质层面、地质轮廓体等的动态调整，完成模型更新。

在 GH 提供的图形可视化编程环境下，利用预定义的功能"电池"以及"连接"各电池之间输入和输出数据的通道编写程序，通过直观的电池及其连线布置，可以快速地生成模型，并建立模型参数控制。当预定义"电池"功能不能满足要求时，可以通过二次开发来创建自定义电池，然后添加到现有的电池库中，实现对地表地形、地层和地质构造等地质对象的参数化建模。

2. 地表地形面生成

地表地形建模数据来源主要有两种，一种是创建地形地表模型的等高线或水深点数据，另外一种是创建不同深度地层的钻孔数据。目前陆上地表点云采集方法众多，如三维激光扫描仪、无人机航测等，海底离散水深点云数据的采集则主要通过回声测深系统、多波束测深系统、遥感测深系统等技术手段实现。地表模型一般是通过等高线或离散水深点数据进行内插、剖分、构网而成，本书提出一种基于点云数据的凸包络线自动搜索算法，通过 NURBS 曲面实现参数化构建。获得地表表面数据的点云数据量远大于钻孔数据量，因此其拟合的地形面表达精度较大，能够精细的描述地表地形。

目前，关于凸包算法在数字地形的重建方面越来越受到相关领域学者的关注（郑辑涛等，2015）。凸包是指在一个实数向量空间 V 中，给定集合 X，所有包含 X 的凸集的交集 S 称为 X 的凸包，可用下式来构造：

$$S = \left\{ \sum_{i=1}^{n} t_i x_i \,\middle|\, x_i \in X, \ \sum_{i=1}^{n} t_i = 1, \ t_i \in [0, 1] \right\} \tag{8.55}$$

而在二维欧几里得空间中，凸包类似于一个包裹着所有点集的"橡皮圈"，在这里将分而治之的思想融入凸包算法，并将其应用于水下三维地形面建模之中，具体如下。

(1) 三维点云二维化。对于输入的三维点云，将 Z 坐标归零，即将 (x_i, y_i, z_i) 坐标点全部转换为 $(x_i, y_i, 0)$，将三维坐标全部转化为二维坐标。

(2) 搜索 x 坐标、y 坐标的最值，划分点云区域。由于包含 x 坐标、y 坐标最值的四个点，即 $(x_{\max}, y_i, 0)$、$(x_{\min}, y_i, 0)$、$(x_i, y_{\min}, 0)$ 一定是凸包上的点，依据这四个点将所有点集划分为 4 个区域，分别为左下包、右下包、左上包、右上包，如图 8.42 所示。

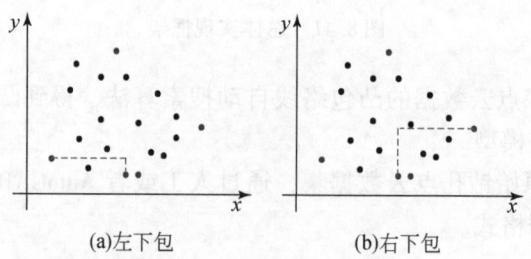

(a)左下包　　　　　(b)右下包

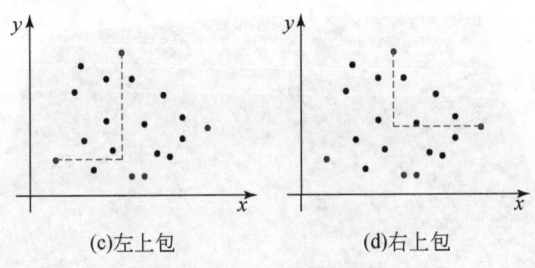

(c)左上包　　　　　　　(d)右上包

图 8.42　点云区域划分图

(3) 确定求解区域。任意选择一个求解区域，然后顺时针或者逆时针进行凸包点求解，这里以右下包为起始区域，进行逆时针求解。

(4) 区域内部凸包点求解。以右下包为例，如图 8.43 所示，首先，确定求解基点，若有两个 $(x_i, y_{\min}, 0)$ 的点，则以 x_i 为较小值的点为基点，即以 P_0 为基点。按式 (8.56) 和式 (8.57) 分别求解基点和右下包内所有点连线，并与坐标轴（右下包区域是 x 轴）的夹角 α_i。

$$\frac{y-y_i}{y_0-y_i}=\frac{x-x_i}{x_0-x_i} \tag{8.56}$$

$$a_i = \arccos\left|\frac{x_0-x_i}{\sqrt{(x_0-x_i)^2+(y_0-y_i)^2}}\right| \tag{8.57}$$

式中，(x_0, y_0) 为 P_0 的点坐标；(x_i, y_i) 为右下包区域任意点 P_i 的坐标。然后，搜索 α_i 的最小值，对应 $\alpha_{\min}$ 的点坐标存入栈中，即完成第一个凸包点（点 P_1）的寻找。

再以 P_1 点为基点，重复上述步骤，完成右下包区域内所有凸包点的搜索。根据搜索结果，右下包所有凸包点的结果为 P_0、P_1、P_5。

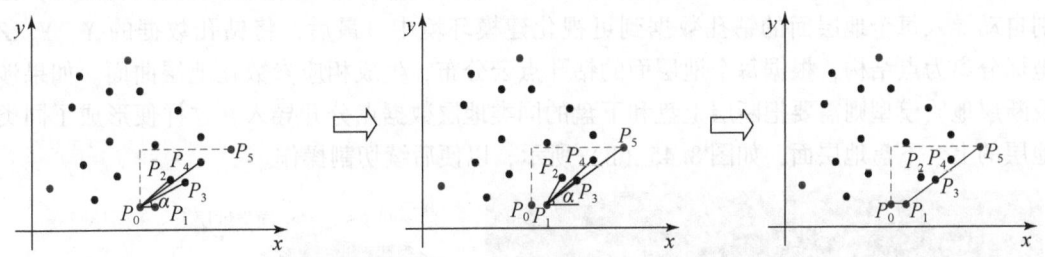

图 8.43　凸包络线求解流程——以右下包为例

(5) 下一个区域求解。按照上述的区域求解顺序，重复步骤 (4)，依次将求解的凸包点存入栈中，直至完成所有区域的求解，至此，所有的二维凸包点完成求解。

(6) 生成凸包络线。将步骤 (5) 存于栈中的所有凸包点进行三维化还原，得到相应的三维凸包点。根据三维凸包点，绘制多段线，即生成水深点云数据的最终凸包络线。

(7) 最后，根据自动搜索的水深点云凸包络线完成水深点 NURBS 曲面拟合，作为地质模型的表面，如图 8.44 所示。

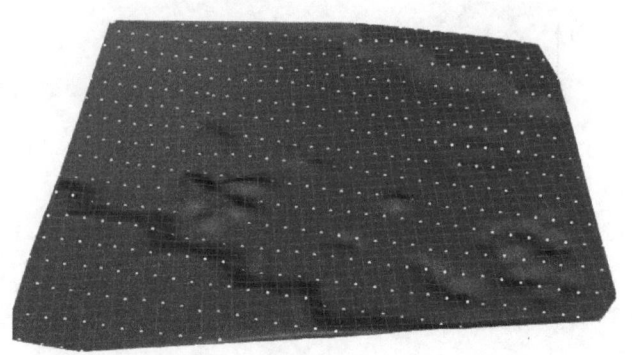

图 8.44　地表面点云数据搜索包络线并成面

3. 地质构造面的参数化建模

地下地层、断层等地质构造结构相对于地形地表具有分界面的隐蔽性、数据获取的局限性、层面表达的抽象性,一般根据有限的钻孔数据来模拟层面形状。地层钻孔数据首先需要经过预处理,包括对钻孔空间位置信息(孔口坐标和钻孔长度)的提取和钻孔内地层的划分与排序。

断层的基本组成要素可包含断层面、断层带、端盘等,其中断层面是岩块或地层断开成两部分并借以滑动的破裂面,包含了走向、倾向、倾角、方向等属性。由于破裂面原始数据的类型多样、数量稀疏、分布零散及获取艰难等特性,则需要把这些数据以断层断点坐标 (x,y,z) 的形式整理,以建立对断层曲面的控制。

在地质模型构建中孔口坐标、钻孔内各地层分界面高程数据控制着模型的构建形态。如图 8.45(a)所示,首先,明确钻孔、断点数据所在路径和所在表单的范围,然后,分别自动导入每个地层面的钻孔数据到可视化建模环境中。最后,将钻孔数据的 X、Y、Z 坐标分离为点结构,根据每个地层面的钻孔点云分布,生成相应参数化地层曲面。如果涉及断层地质模型则需要把断层上盘和下盘的同类地层数据点分开导入,这样便形成了同类地层的上、下盘地层面,如图 8.45(b)所示,以便后续切割操作。

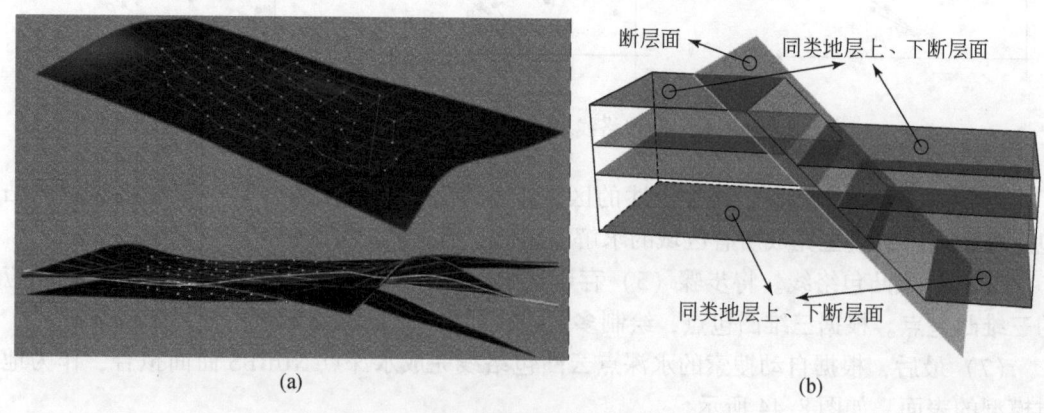

图 8.45　钻孔点云数据参数化成面及断层地质层面

4. 地质结构参数化切割

地质轮廓体创建是地质结构参数化切割的前提，是将所有地质数据点包络起来的限定地质建模区域的界体，可根据点云数据参数化生成。首先导入并分离每个地层面钻孔数据的 X、Y、Z 坐标值，将其转换其为列表格式；然后分别求得 X、Y、Z 坐标值列表的 6 个最值，即 X_{min}、Y_{min}、Z_{min}、X_{max}、Y_{max}、Z_{max}，并将最值点在的可视化建模环境中生成两个点作为界体模型的对角点；最后通过求得的两个最值点参数化生成包络所有钻孔点的地质轮廓体。

地质结构参数化切割是指地质轮廓体和各地层及各地层面之间的自动切割。首先，是地层面之间的相互切割，岩体内各种不同成因、不同特性的结构面依产状彼此组合将岩体切割成形态不一、大小不等以及成分各异的岩块，形成虚拟结构面切割下的割裂结构。地质轮廓体是基于所有地质数据的坐标点最值参数化生成的，而对应地层面的 NURBS 曲面会延伸至地质轮廓体的外部，需用地质轮廓体切割外伸的地层曲面，并对切割后的地质轮廓体及地层曲面进行自动组合以形成对应的地质体，从而参数化构建相应的三维地质模型。

5. 三维地质模型参数化更新

工程地质建模是基于有限的地质数据，对未知的地质现象、地质成分及地质体的"先验"刻画。在工程的不同时期，为获取更精细的数据勘探工作会逐步深入，或经过模型对比分析发现部分原始数据存在漏错，需要对原始构建模型进行更新调整，来精确表达地下物质组成。通过一系列的可视化编程手段，对地质体数据进行参数化调配以及面、体的切割重计算，从而实现模型空间位置、几何形态、拓扑关系的更新表达，以更真实反映岩土分布规律。地质模型的参数化更新对比如图 8.46 所示。

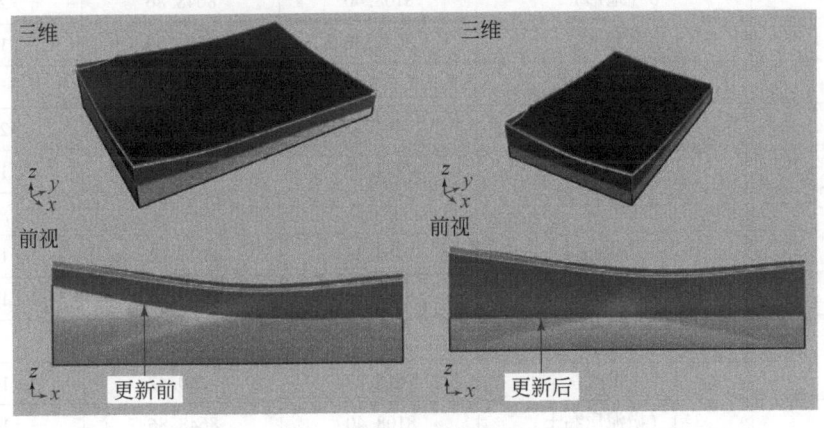

图 8.46　地质模型的参数化更新对比

8.4.3 工程应用实例

某水利疏浚工程通过现场多波束测量及勘探取样，水下地质地层分布明显，主要包括地形面、淤泥质黏土夹砂、黏土、粉质黏土和粉土等，各地层之间的物理化学性质差异性明显。现以该工程的水深点（图8.47）和钻孔点数据集（表8.8）为例，对该工程进行三维地质参数化建模与分析。

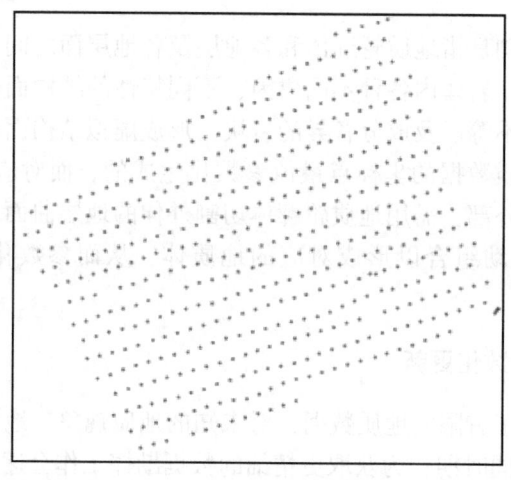

图 8.47 多波束水深点

表 8.8 钻孔点数据集

钻孔编号	地层	坐标 X/m	坐标 Y/m	层底高程/m
W1	0（地形）	8108.40	8648.86	20.65
W2	0（地形）	8048.36	8568.89	19.65
…	…	…	…	…
W38	0（地形）	7464.33	8011.06	21.77
W4	1（杂填土）	7934.99	8404.41	19.31
…	…	…	…	…
W38	1（杂填土）	7464.33	8011.06	19.37
W1	2（淤泥）	8108.40	8648.86	18.65
…	…	…	…	…
W37	2（淤泥）	7615.27	8260.42	19.47
W1	3-1（淤泥质黏土）	8108.40	8648.86	16.25
…	…	…	…	…
W38	3-1（淤泥质黏土）	7464.33	8011.06	18.67
W1	3-2（黏土）	8108.40	8648.86	14.85
…	…	…	…	…

续表

钻孔编号	地层	坐标 X/m	坐标 Y/m	层底高程/m
W38	3-2（黏土）	7464.33	8011.06	14.37
W1	4（粉质黏土）	8108.40	8648.86	13.25
…	…	…	…	…
W38	4（粉质黏土）	7464.33	8011.06	11.77
W1	5（粉土）	8108.40	8648.86	12.25
…	…	…	…	…
W38	5（粉土）	7464.33	8011.06	10.77

整理上述地质数据源，通过所开发的参数化建模工具自动读取多波束水深点数据集，系统会自动搜寻水深点的凸包络线，将水深点云拟合成 NURBS 曲面。依次自动导入各地层的钻孔点数据，经过成点、成面、地质轮廓体生成、切割、组合等一系列操作，完成三维参数化地质模型的创建，如图 8.48（a）所示；若后期有新的数据加入或修改后需要进行模型更新，导入修改过的数据执行重计算命令，可快速自动完成模型的更新，如图 8.48（b）所示。

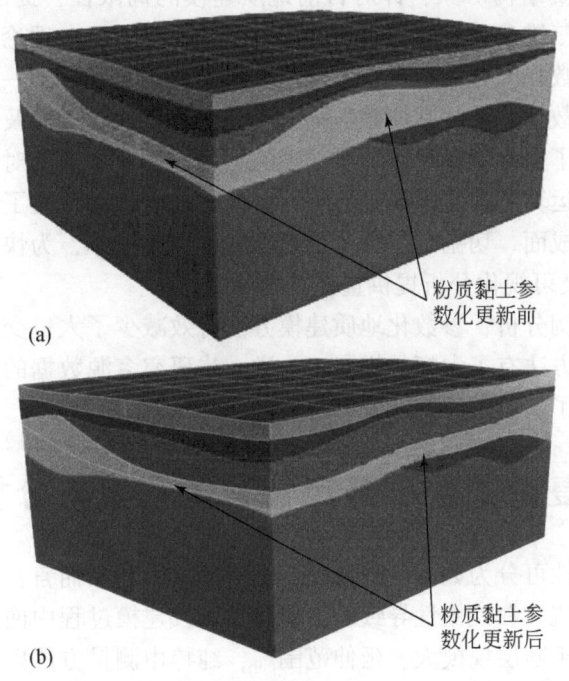

图 8.48 三维地质模型的参数化构建与更新

对比传统人机交互地质建模方式，参数化建模方法更具灵活性，简化了各个建模步骤的操作。在建模时间方面，整理了参数化建模和人机交互式建模各步骤所用的时间关系，如图 8.49 所示。在每个操作步骤上本研究所提的方法都更具时间效率优势，特别在参数化切割组合方面时间效率优势更明显，整个过程节省约 85% 的建模时间；且该方法还实现了模型的参数化更新，也大大提高了已建模型修改重建的效率。

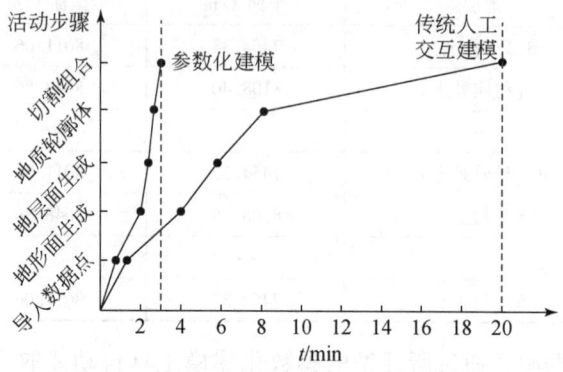

图 8.49　参数化建模与传统建模效率对比

8.4.4　结论

面向工程尺度地质结构对象，针对目前地质建模的局限性，提出了一种基于 NURBS 的工程尺度地质结构三维参数化建模方法并进行系统的描述，在理论方面提出了曲线曲面形变参数化、切割参数化的方法原理，为地质建模参数化实现找到一种可行途径；提出了基于点云数据地质参数化模型的整体数学描述，为参数化地质建模及更新的可闭环循环性提供理论依据；提出了适合工程尺度地质建模的数据结构模型及其对应拓扑关系，有助于空间几何地质模型的运算和表达。通过 GH 可视化编程语言，开发了三维地质参数化建模工具，实现了成点、成面、切割、组合、更新等的参数化操作，为快速创建复杂地质模型（如尖灭、夹层等）及可视化分析提供重要技术保障。

结合实际工程实例分析，参数化地质建模方法有效减少了人机交互工作，使得整个过程的建模效率比传统方法有了大幅的提高，为进一步研究多源数据的复杂多尺度地质结构三维参数化建模提供了新的思路。

8.5　复杂断层不确定性智能建模与分析方法

断层模型不确定性可分为如下两种情况：①对于单个断层而言，包括勘查数据本身的误差、描述信息的稀疏性和模糊性导致的不确定性以及建模过程中曲面拟合或插值造成的不确定性。其中，由于断层规模大、延伸范围广，纯粹由测量方法以及曲面构建方法导致的模型不确定性是很小的，而信息的稀疏和模糊是导致的断层模型不确定性的最主要的原因。②对于断层网络而言，其不确定性来源主要包括拓扑关系的不确定性和位置不确定性，其中前者属于认知上的不确定性，因理清断层网络拓扑关系的过程所涉及的内容较多，情况复杂且难以一概而论，此处暂不讨论；后者则属于随机性导致的不确定性。本节内容从上述角度出发，结合机器学习手段，建立了单个断层不确定性形态智能感知方法，并在此基础上实现了复杂断层网络的不确定性建模与分析。

8.5.1 断层不确定性形态的智能感知与建模方法

大尺度断层形态智能感知与不确定性建模方法以混合密度神经网络（MDN）为核心，具体步骤如下。

（1）断层原始数据预处理。断层的原始勘查数据主要有三类，包括钻孔中获得的点位数据、物探方法获得的剖面线数以及野外勘查中采集的断层迹线参数（包括迹线的形态、断层的产状、规模等）。其中，多数数据通常是以二维的方式记录的，如迹长一般记录在二维 CAD 文件中。三维数据（如钻孔点位数据）可以在三维建模软件直接绘制；对于二维数据，需要先根据等高线、DEM 等数据将其投影至三维空间，再展示在三维建模软件中。该过程如图 8.50（a）（b）所示。

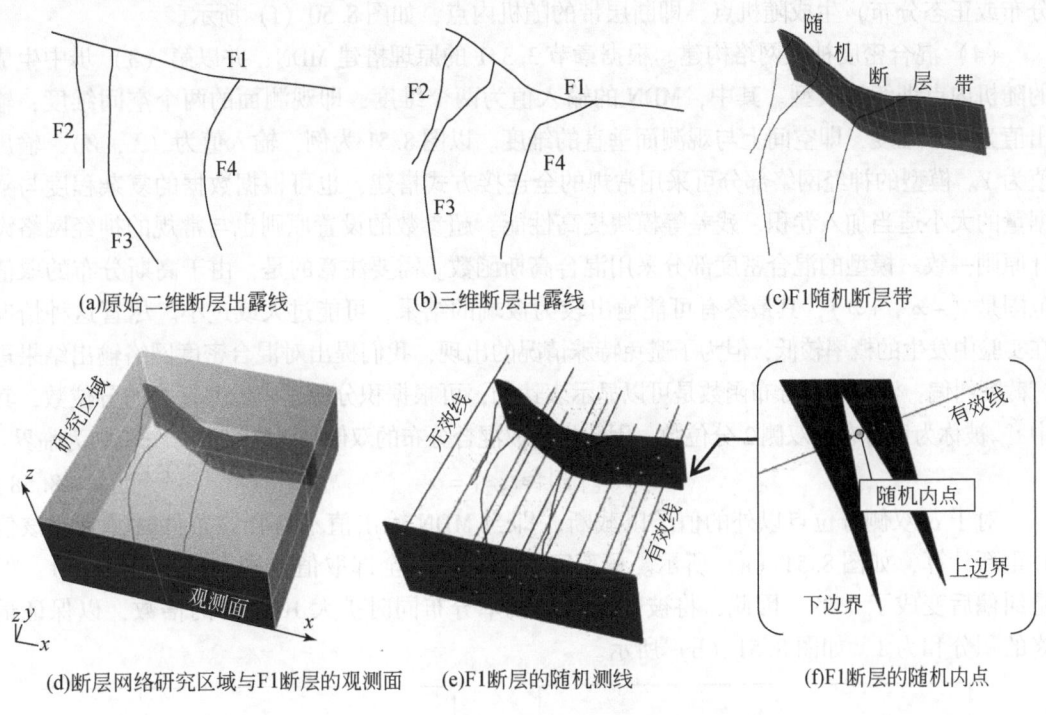

图 8.50 随机断层建模与内点随机采样流程

（2）生成随机断层带。通过上面分析可知，影响断层模型不确定性的最主要的因素源于对断层信息的模糊描述。根据这些描述对断层进行随机建模，可生成一系列随机断层模型。例如，对于一条倾向为 N52°~70°E，倾角为 65°~70°的断层，可先假设这两个参数在区间内服从某一中分布（如均匀分布），并对这两个参数进行随机采样。根据随机生成的产状数据将断层的出露线拉伸成面，即可生成一个断层面。之后，对断层的宽度进行随机采样，假设采样结果为 D。沿断层面的倾向和负倾向（与倾向呈180°的方位）分别移动 $D/2$ 的距离，可确定出该断层带的两条边界，并可据此生成一个有厚度的随机断层带。如果勘查资料中还包含其他钻孔点位等数据，可在上述基础上对模型的形态进行相应的约束,从而减小模型的随机性。上述过程如图 8.50 (b) (c) 所示。

(3) 断层带内点随机采样。重复步骤 (2) 多次生成多个随机断层带,这些随机模型的分布情况则反映了断层的不确定性。针对每一个断层带,在其空间内部随机生成坐标点:①确定出能容下研究区域的最小长方体,如图 8.50 (d) 所示。②根据断层的走向,确定断层的观测面。如果断层的走向接近于东西方向,则以 XZ 为观测面;如果走向更接近南北走向,则以 YZ 为观测面。这样做的目的是使观测范围尽可能大,有利于提升混合密度神经网络模型的性能,同时也可以提高算法的运算速度。图 8.50 (d) 所示为东西向断层 F1 的观测面。③在观测面内随机生成点,并以这些随机点为源点生成垂直于观测面且指向断层带的测线,并保证这些测线的长度在俯视图中均能穿过该断层。④在这些测线中,区分出与断层带相交的"有效线"以及不与断层带相交的"无效线",如图 8.50 (e) 所示。⑤计算每一条有效线与断层带两个边界面的交点,并在这两个交点之间的线段上以一定概率分布(如均匀分布或正态分布)生成随机点,即断层带的随机内点,如图 8.50 (f) 所示。

(4) 混合密度神经网络构建。根据章节 3.3.1 的原理搭建 MDN,并以第 (3) 步中生成的随机内点训练该模型。其中,MDN 的输入值为两个维度,即观测面的两个空间维度;输出值为一个维度,即空间上与观测面垂直的维度。以图 8.51 为例,输入值为 (X, Z),输出值为 Y。模型的神经网络部分可采用常规的全连接方式搭建,也可根据数据的复杂程度与数据量的大小适当加入卷积、残差等模块提高性能。超参数的设置原则也与常规的神经网络设计原则一致。模型的混合密度部分采用混合高斯函数。需要注意的是,由于高斯分布的取值范围是 $(-\infty, +\infty)$,其最终有可能输出较为极端的结果,可能过大或过小。尽管这种情况在实验中发生的概率较低,但为了避免特殊情况的出现,我们提出对混合密度网络输出结果进行截断纠偏:混合高斯分布函数是可以显示表达的,可根据积分原理求出其任意的分位数,其中 $t_{\alpha/2}$ 被称为该分布的双侧 2 分位数,因此规定取混合分布的双侧 α(取 0.99)分位数为临界:

$$P\{|T| \geq t_{\alpha/2}\} = \alpha \tag{8.58}$$

对于 α 双侧分位点以外的值予以截断,即当 MDN 输出值不符合该条件时,舍弃该值并重新计算,如图 8.51 (a) 所示。概率密度函数在其全部取值范围内的积分和为 1,但是纠偏后变成了 0.99。因此,将被截断后的概率分布同时扩大 100/99 的倍数,以保证最终的积分和为 1,如图 8.51 (b) 所示。

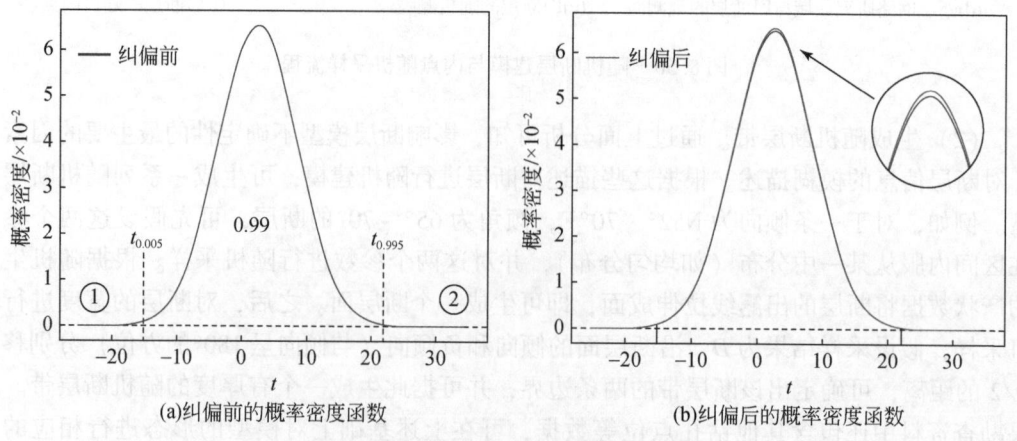

(a) 纠偏前的概率密度函数　　　　(b) 纠偏后的概率密度函数

图 8.51　MDN 混合密度层纠偏示意图

(5) 混合密度神经网络验证。MDN 模型的训练过程一般通过损失函数的变化值来评价，但是，这一指标难以客观的反映该模型是否能真正的描述断层带在空间范围的分布规律。为此，提出基于卡方检验的 MDN 模型的有效性验证方法。具体步骤如下：①在测平面上设置一定数量的关键点，在图 8.52（a）的实例中，将测平面划分成了 8×8 的网格，并将网格的交点作为关键点；②以每个关键点为源点，生成垂直于测平面且指向断层带的测线，如图 8.52（b）所示；③多次生成随机的断层带，并针对每一个测线，在断层带内进行随机内点采样，最终，每一条测线会对应以系列随机内点；④将每一条测线的两个空间分量（在实例中为 X 和 Z）输入已训练好的 MDN 模型，可得出一组混合高斯模型；⑤利用卡方检验，检测每一条测线所对应的混合高斯分布与随机测点的分布，当所有的测线都能通过检验时，证明模型是有效的。卡方检验的公式如下：

$$\chi^2 = \sum_{i=1}^{k} \frac{(O_i - E_i)^2}{E_i} \tag{8.59}$$

式中，O_i 为实际观察频次，对应的是随机内点直方图的频次；E_i 为理论值，可根据 MDN 的输出计算而得。

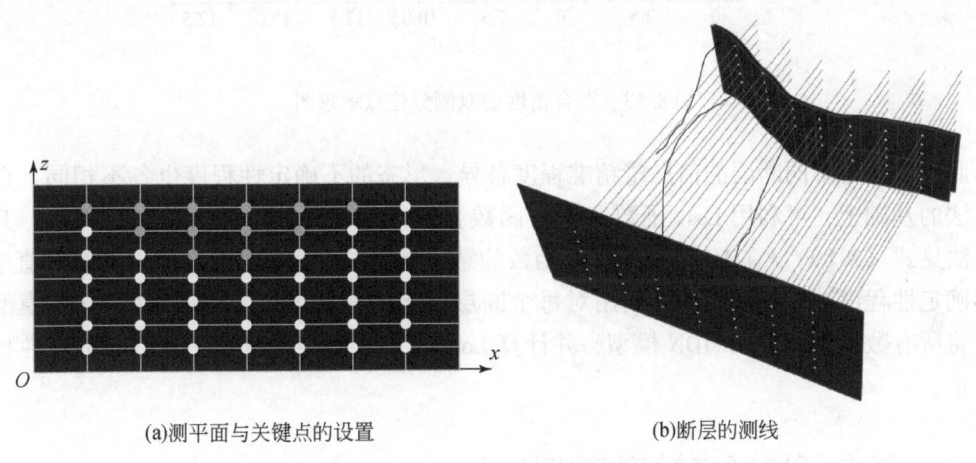

(a)测平面与关键点的设置   (b)断层的测线

图 8.52 关键点与关键测线示例

(6) 断层模型的定量生成。在测平面上生成 $n×n$ 的网格点，将这些点的坐标点 XZ 坐标（偏东西走向的断层）或 YZ 坐标（偏南北向的断层）输入到已训练好的 MDN 中，输出值则为空间上的第三个坐标值。最终，输入值和输出值共同组成断层面上的点的三维坐标。将这些坐标点拟合成面，可形成随机断层。不过，以这种方式生成的曲面没有厚度，本节给出以"定量"的方式生成有厚度的断层带模型的方案。这里的"定量"指的是概率，比如，当概率设定为 85% 时，生成的模型的可靠性为 85%，此时对于第（3）步中生成的随机内点，其中的 80% 被包络在了该断层模型中。这一过程的实现方法如下：①设定概率值 a；②在将测平面上的点输入到 MDN 后，MDN 将输出一组混合参数，这组参数构成的概率分布基本该点出 Y 值（偏东西走向的断层）或 X 值（偏南北向的断层）的取值的可能性；③根据混合概率分布计算出混合累计概率分布函数，公式如下：

$$F(t;\boldsymbol{\mu},\boldsymbol{\sigma}) = \frac{100}{99}\sum_{i=1}^{m}\frac{\alpha_i}{\sigma_i\sqrt{2\pi}}\int_{t_{0.005}}^{t}\exp\left(-\frac{(t-\mu_i)^2}{2\sigma_i^2}\right)\mathrm{d}t \tag{8.60}$$

式中 t 为 Y 值或 X 值；④根据上述表达式，找到 t 值的双侧 α 分位点，当设定的概率为 85%时，双侧分位点分别为 $t_{0.075}$ 和 $t_{0.925}$，如图 8.53 所示，该两个分位点即为此处断层模型两个边界的取值；⑤依据上述过程生成每个网格点所对应的断层模型的两个边界点，在分别对两个边界拟合成面，即可生成最终定量化的断层带模型。

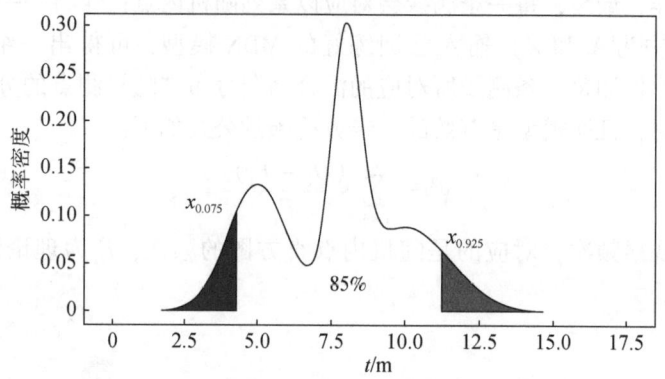

图 8.53 混合密度的双侧分位点示意图

此外，考虑不同断层的信息量精准程度各异，形态的不确定性程度也各不相同，在上述方法的基础上，可利用 Loss 函数（损失函数）对模型的整体不确定性进行评价，其计算方法见式（3.89）。在 MDN 中，损失函数的意义是样本的负似然函数的平均值，值越小则不确定性程度越低。因此，在利用对每个断层模型的随机内点分别训练好 MDN 模型之后，将所有数据重新带入 MDN 模型，并计算 Loss 值，从而实现对整个模型不确定性程度的评价。

8.5.2 复杂断层网络模型建模方法

1. 复杂断层网络的二叉树表示法

水利水电工程的规模往往比较大，因此在相应的地质区域内一般同时存在多条由多期地质构造活动引起的断层，它们共同组成了工程区域内复杂的断层网络。由于断层之间相互交叉、截断，其拓扑关系较难表达。在传统的建模过程中常用的断层网络建模方法包括路径切割法和二叉树法，其中，二叉树法不仅能反映断裂出的空间位置关系，还能表示断层的时代关系（张俊安等，2007；Cherpeau et al.，2010），因此该方法在实际工程中得到广泛应用。

根据断层空间关系的二叉树表示法，断层面以及其两侧的区域均抽象成树的节点，子节点与父节点之间相互连接从而构成依赖关系。假设每一条断层带均为一个函数的零等值面，则其两侧的区域可被表示为

$$\begin{cases} B^- = \{f(x, y, z) < 0\} \\ B^+ = \{f(x, y, z) > 0\} \end{cases} \tag{8.61}$$

首先，需要找到研究区域中的主断层 f，并将其设置为树的根节点，其两侧的区域为 B^- 和 B^+。在这两个区域中可能会有其他断层存在，则分别在这两个区域找到第二级主断层对这两个区域分别进行划分，并将这两个断层作为上一级主断层的子节点。以此类推，直至所有的断层都被划分完毕。

图 8.54 是一个断层网络的二叉树结构示意图。在该断层网络中共存在三条断层，即 F1、F2 和 F3。F1 将整个地层划分为两部分，这两部分又分别被 F2 和 F3 进一步切合成 B1~B4 四个区域。从年代上看，断层 F1 发生于 F2 和 F3 之后。

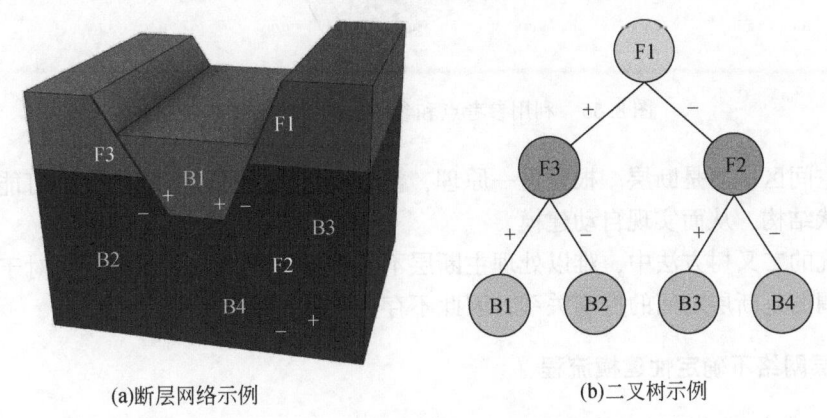

(a)断层网络示例　　　　　　(b)二叉树示例

图 8.54　断层网络的二叉树表示法

2. 链状断层网络表示法

二叉树表示法为实现断层的快速建模、自动化建模奠定了基础。但是，该方法的要求是要先找到区域内的主断层，再依次根据主辅关系对其余断层进行划分。因此，当主辅关系不明确时，难以使用该方法建模（李兆亮等，2015）。此外，传统二叉树方法不易于模型的更新，因此其应用常常受到限制。为实现复杂断层网络的不确定性建模，借鉴二叉树方法的思想，提出了一种用链状表示法。

该方法的关键是确定每一个断层的参照点。参照点的目的是为了辅助判定一个未知点的位置处于当前断层的哪一侧。如图 8.55 所示，点 P_a 为断层 F 的参考点，对于未知点 P_b，其与 P_a 的连线成为"参考线"。参考线与断层面的关系只存在"相交"与"不相交"两种情况，据此可对整个研究区域进行二分。

参照点的选取需要通过人工分析，且不要求过于精确，只要保证其余空间位置中的点能通过参考线与断层面的相交状态得以划分成两类即可。这样做的目的是通过前期的断层限制后期断层随机内点的分布区域。当一个点所对应的参考线与断层带相交时，定义该点与断层的关系为"+"，否则为"-"。二叉树表示法强调的是断层对空间的划分，因此其叶子节点是空间区域；但链状方法强调的是断层之间的相互控制（或切削）关系，即前期的断层会控制下一期断层的随机内点的分布范围，而不是子空间的区域，其最终的叶子节

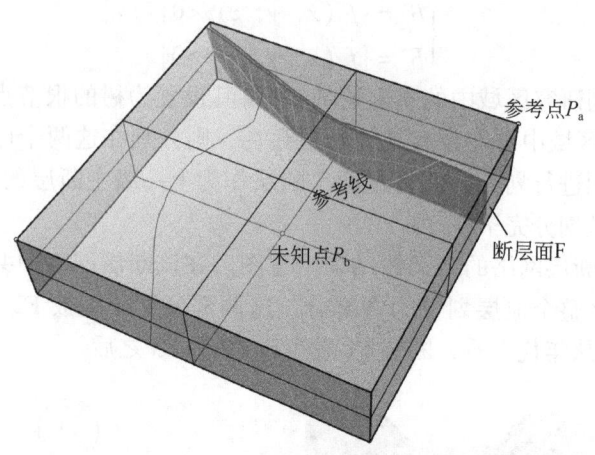

图 8.55　利用参考点和参考线的空间区域划分

点也不是空间区域而是断层。根据这一原理，整个断层网络可以呈现出一个可能带有部分分叉的链状结构，从而实现自动建模。

在传统的二叉树方法中，难以处理主断层不能贯穿研究区域的情况。而对于链状表示法，其强调的是断层之间的控制关系，因此不存在该种困境。

3. 断层网络不确定性建模流程

将 MDN 与链式表示法结合，可以实现复杂断层网络的不确定性建模。

(1) 找到每个断层的参照点，并根据链式表示法理清断层网络之间的逻辑关系，形成链状结构。

(2) 按照章节 8.5.1 中的步骤 (1)~(3) 依次建立各个断层的随机内点。在该过程中，根据断层链的逻辑，对随机内点的有效性进行判断，即随机内点所对应的参照线，应与比当前断层更早期的断层面都是相交的。断层的时代关系也是通过链的传播方向来判断。

(3) 按照章节 8.5.1 中步骤 (4)~(5)，分别建立 MDN 模型对各个断层的随机内点进行学习，最后每个断层对应一个 MDN 模型。

(4) 依次使用 MDN 模型生成对应的随机断层，并依据链的逻辑限制随机点的有效性，即可形成离散化的随机断层。断层的随机程度可利用章节 8.5.1 中步骤 (6) 的方法进行控制。通过对这些离散点进行拟合，可形成连续化的断层面，通过将这些断层进行进一步的布尔运算，可形成最终的断层网络。

8.5.3　多尺度结构面统一建模方法

综合第 7 章以及章节 8.1~8.4 所提出的方法，可实现多尺度结构面网络模型的融合。岩体多尺度结构面融合的数学模型如式 (8.62) 所示，该模型的曲线、曲面拟合过程采用 NURBS 方法，对三维实体的表达采用边界表示法 (boundary representation, BRep)

(Cervera and Trevelyan, 2005)。

$$\begin{cases} M_T = C(M_{F_1}, M_{F_2}, \cdots, M_{F_i}, \cdots, M_{F_n}) \cup (\bigcup_{j=1}^{m} M_{f_j}) \cup M_R \cup M_S \\ M_{F_i} = \Omega_F(S_i^1, S_i^2, \bigcup_{k=1}^{p} J_i^k) \\ S_i^1, S_i^2 = F_{\text{fault}}(O_{F_i}, c, 1) + \varepsilon, F_{\text{fault}}(O_{F_i}, c, 2) + \varepsilon \\ M_{f_j} = \Omega_f(L_j, \alpha_j, \beta_j, P_j, A_j) - C(M_{F_1}, M_{F_2}, \cdots, M_{F_i}, \cdots, M_{F_n}) \\ P_j = F_{\text{circle}}(R_j) \oplus F_{\text{inversion}}(\bigcup_{r=1}^{t} T_r) \\ \alpha_j, \beta_j, R_j, A_j - F_{\text{simu}}(\bigcup_{r=1}^{t} T_r) \end{cases} \quad (8.62)$$

式中，M_T 代表最终的目标三维多尺度结构面模型；C 为所提出的断层网络的链式表示法；M_{F_i} 为第 i 个大尺度结构面模型，即第 i 个断层模型；n 为断层总个数；M_{f_j} 为第 j 个小尺度裂隙模型；m 为裂隙总个数；M_R 为研究区域模型；M_S 为地层模型，可通过参数化方法进行构建；Ω_F 为三维断层带模型内部的空间；S_i^1 和 S_i^2 分别为该模型个体的第一、二个主要断层边界面；J_i^k 为连接两个主要断层边界面的侧面；p 为连接面总个数；F_{fault} 为断层不确定性建模方法；O_{F_i} 为第 i 个断层的原始数据；c 为对断层模型指定的置信度；"1" 和 "2" 分别为 c 置信度下概率的上、下分位数的标志；ε 为在定量生成断层过程中由于离散采样造成的误差；Ω_f 为单个裂隙内的空间，该空间由五个参数控制，包括空间位置向量 L_j、倾向 α_j、倾角 β_j、多边形裂隙的形状向量 P_j 和开度 A_j；F_{circle} 和 $F_{\text{inversion}}$ 分别为第四章中提出的控制圆法和反演迭代算法；$\oplus$ 为两种方法的结合；R_j 为第 j 个裂隙的控制圆的半径；T_r 为第 r 条迹线数据向量；t 为迹线总条数；F_{simu} 为多维/高维结构面参数模拟方法，可根据不同情况表示为基于 Copula 的方法或基于生成式智能模型的方法。

最终的多尺度结构面模型由大尺度的断层网络、小尺度的 DFN 以及研究区域空间共同组成；其中断层网络是通过单个断层模型的不确定性建模与链式法则构建；DFN 的建模过程以多边形为裂隙形状的基本假设，并通过迭代迭演的方法推算其尺寸分布；对于 DFN 模型中裂隙参数的分布，须根据 Copula 方法或生成式智能算法进行联合表征。

8.5.4　工程案例分析

1. 工程区概况

坝址区域位于我国云南省境内，工程场地处于北东向断裂构造带与北西向大旧地断裂构造带内，褶皱构造不发育，断裂发育十分强烈，场区内北东、北西、北北西和近南北向断裂或节理相当密集，层间挤压断层亦十分发育，断裂带内岩体动力变质作用较强，岩体多片理化，且片理方向与断裂构造线一致。经历多期的强烈构造变动，库区地质构造十分复杂，两岸地层破碎，产状凌乱、陡立。

研究区域内共有 11 条断层，以 NE 向及 NW 向断裂为主，且沿层面多有层间挤压破碎带。断层的分布如图 8.56 所示，各个断层的性质见表 8.9。

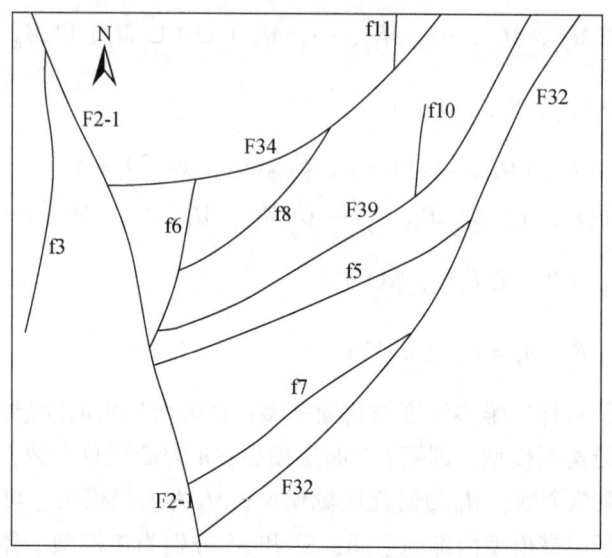

图 8.56　研究区域内断层分布图

表 8.9　坝址区 NE 向断层概况统计表

编号	出露部位	产状	延伸/km	宽度/m	构造岩特征	性质
F2-1	坝轴线下游垂直河床	N10°~20°W, SE∠85°	1.5~3.5	8~14	压碎岩/糜棱岩	不明
F32	左岸坡及河床	N25°E, SE∠66°	2.5~3	8~12	角砾岩/糜棱岩	正断层
F34	右岸	N52°~70°E, SE∠46°~65°	2~2.3	10~13	角砾岩/糜棱岩	逆断层
F39	右岸及河床	N48°~73°E, SE∠65°~70°	1.2~1.5	2~4	糜棱岩/压碎岩	逆断层
f3	右岸	N10°~15°E, SE∠85°	0.3~0.4	0.2~0.3	角砾岩/擦痕	正断层
f5	右岸及河床	N45°E, SE∠62°	0.55~0.7	4~7	糜棱岩/压碎岩	逆断层
f6	右岸	N10°~15°E, SE∠55°~60°	0.2~0.3	1.5~2.5	糜棱岩/压碎岩	逆断层
f7	左岸	N60°E, SE∠80°~90°	0.4~0.6	3~6	碎裂岩/强烈片理化	逆断层
f8	右岸	N58°E, SE∠58°	0.3~0.5	1.5~2.0	角砾岩/糜棱岩	正断层
f10	右岸	N15°E, SE∠55°	0.1~0.15	0.1~0.2	糜棱岩/擦痕	正断层
f11	右岸	N13°E, SE∠45°~50°	0.1~0.3	0.2~0.3	糜棱岩/压碎岩	正断层

根据《水利水电工程地质测绘规程（SL/T299—2020）》对工程区断裂进行构造分级，分类标准见表 8.10。

表 8.10　电站工程区断裂构造分级统计表

分级	分级名称	延伸规模	断裂类型
Ⅰ	区域性或地区性断层	>20km	大断裂带、区域性或地区性断层

续表

分级	分级名称	延伸规模	断裂类型
Ⅱ	大型断层	1~20km	贯穿工程区的断层
Ⅲ	中型断层	100~1000m	断层,层间剪切带
Ⅳ	小断层	10~100m	小断层、延伸较长的节理、裂隙

对比表8.9可看出工程区断裂可分为两级：包括Ⅱ级（大型断层）：F2-1（大旧地断裂分支）、F32、F34、F39（北东向断层）；Ⅲ级（中型断层）：f3、f5、f6、f7、f8、f10、f11。

2. 断层形态不确定性建模

1) 断层数据预处理与随机内点生成

为便于说明，本小节仅以大型断层F34为例，详细介绍单个断层不确定性建模与分析流程。首先，依据等高线等地形数据将二维的断层升至三维，如图8.57所示。

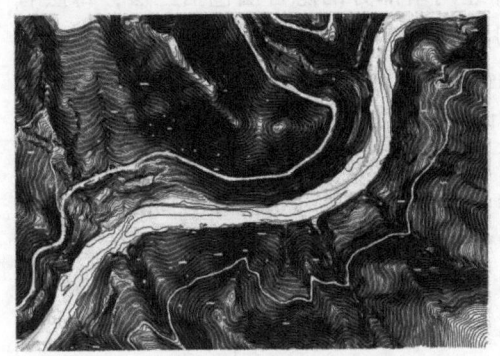 

(a)研究区域等高线图　　　　　　　(b)研究区域三维地形图

图8.57　根据地形图提取三维断层出露线

根据表8.8的描述，该断层的产状和宽度的不确定性均较大。由于没有其余资料辅助判断参数的分布情况，假设该断层的倾向、倾角、宽度均服从均匀分布，具体分布函数为

$$\begin{cases} \alpha \sim U(142, 160) \\ \beta \sim U(46, 65) \\ d \sim U(10, 13) \end{cases} \tag{8.63}$$

式中，α为倾向；β为倾角；d为宽度。根据章节8.5.1对三个参数进行随机采样，并根据断层的出露线，生成随机断层带以及内点。其中，该断层共被随机模拟了100次，每次从中随机抽取50个内点，共得到5000个随机内点，结果如图8.58所示。

2) 混合密度神经网络构建

断层几何形态存在一定非线性特征，同时数据形式不复杂，因此在设计MDN模型的

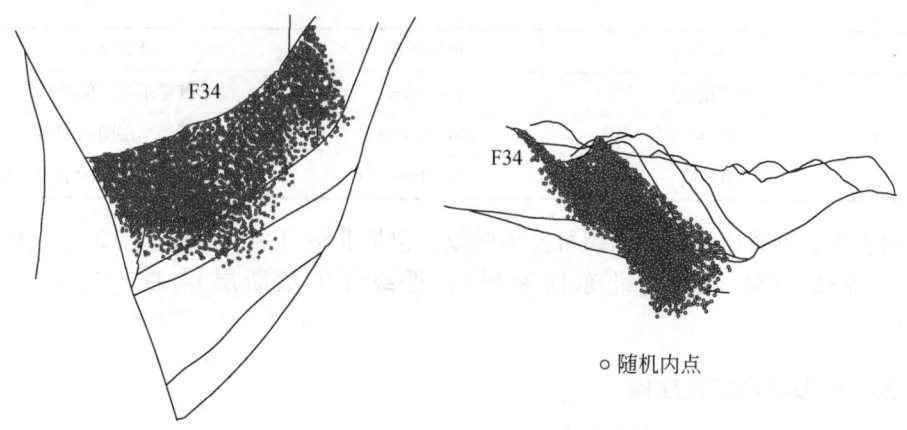

图 8.58　F34 断层带内点随机采样结果

结构时要注意防范过拟合现象的发生。在本实验中，利用 Python 语言在 PyTorch 深度学习框架的基础上设计 MDN 模型，具体结构如下：神经网络部分的隐含层包括三层，每层有 16 个神经元，层与层之间采用全连接形式，且使用参数为 0.1 的 LeakyReLu 激活函数；在最后一层的混合函数部分，采用 20 个高斯分布函数。训练前须将数据的顺序打乱，并对特征进行归一化处理。模型训练过程中，Batch size 设置为 32，优化算法采用自适应矩估计（adaptive moment estimation）算法，epoch 设置为 5，其余参数采用 PyTorch 的默认设置。

图 8.59 为训练过程，从损失值的变化趋势看，MDN 模型得到了良好的训练结果：在前 200 步，损失值下降明显，此后有缓慢下降的趋势；到第 600 步之后，损失值基本稳定，代表模型达到收敛。

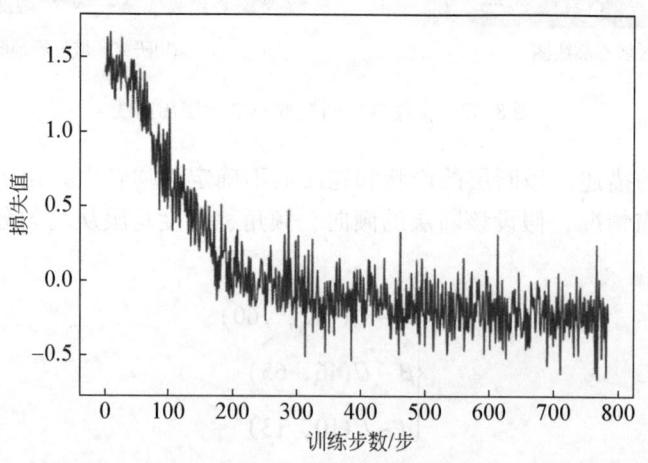

图 8.59　训练过程

3）MDN 模型的验证

根据章节 8.5.1 中的步骤（5），关键点的位置可根据地形或断层的特点人工挑选，或者在研究区域中 F34 所对应的观测面上按照 6×6 等间距生成,最后得到相应的关键测线,如图 8.60 所示。在这 36 条关键测线中有 15 条穿过断层 F34。重复建模 500 次,对每条测线随机采样出 500 个内点,并统计出各自的 Y 值的分布特征。

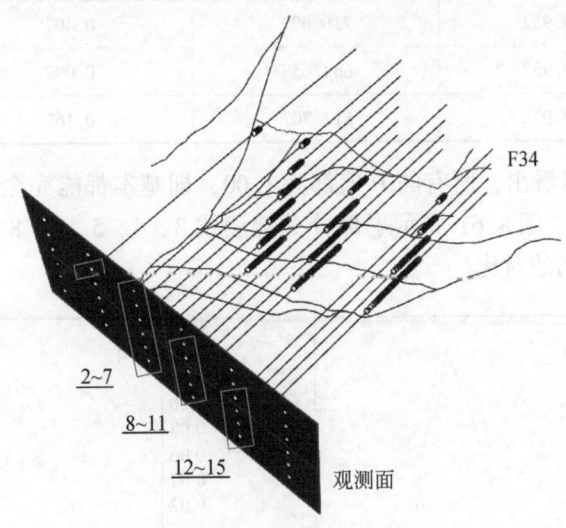

图 8.60　关键测线及随机内点的生成

使用训练好的 MDN 模型对各个关键点出的 F34 断层 Y 值分布特征进行计算,并与随机采样结果进行对比以及卡方检验。检验的零假设和备择假设如下:

$$H_0: O-T=0 \leftrightarrow H_1: O-T\neq 0 \tag{8.64}$$

式中,O 为观测频数,即实际的随机内点;T 为理论频数。根据检验原理,当 $P<0.05$ 时拒绝零假设,检验的结果见表 8.11。

表 8.11　MDN 模型在关键测线处的分布检测结果

序号	X	Z	检验值	P 值
1	8771.896	820.510	1.080	1.00
2	8917.914	872.461	0.334	1.00
3	8917.914	820.51	0.117	1.00
4	8917.914	768.559	0.070	1.00
5	8917.914	716.609	0.087	1.00
6	8917.914	664.658	0.060	1.00
7	8917.914	612.707	0.159	1.00
8	9063.933	820.51	0.323	1.00
9	9063.933	768.559	0.344	1.00
10	9063.933	716.609	0.332	1.00
11	9063.933	664.658	0.207	1.00

续表

序号	X	Z	检验值	P 值
12	9209.952	768.559	1.183	1.00
13	9209.952	716.609	0.407	1.00
14	9209.952	664.658	0.097	1.00
15	9209.952	612.707	0.162	1.00

从表 8.11 总可以看出，所有的 P 值都为 1.00，即基本都能完全表征各个关键测线处随机内点的分布形态。图 8.61 展示了部分关键测线 3、4、5、6、8、15 处实际内点分布与 MDN 计算结果之间的对比。

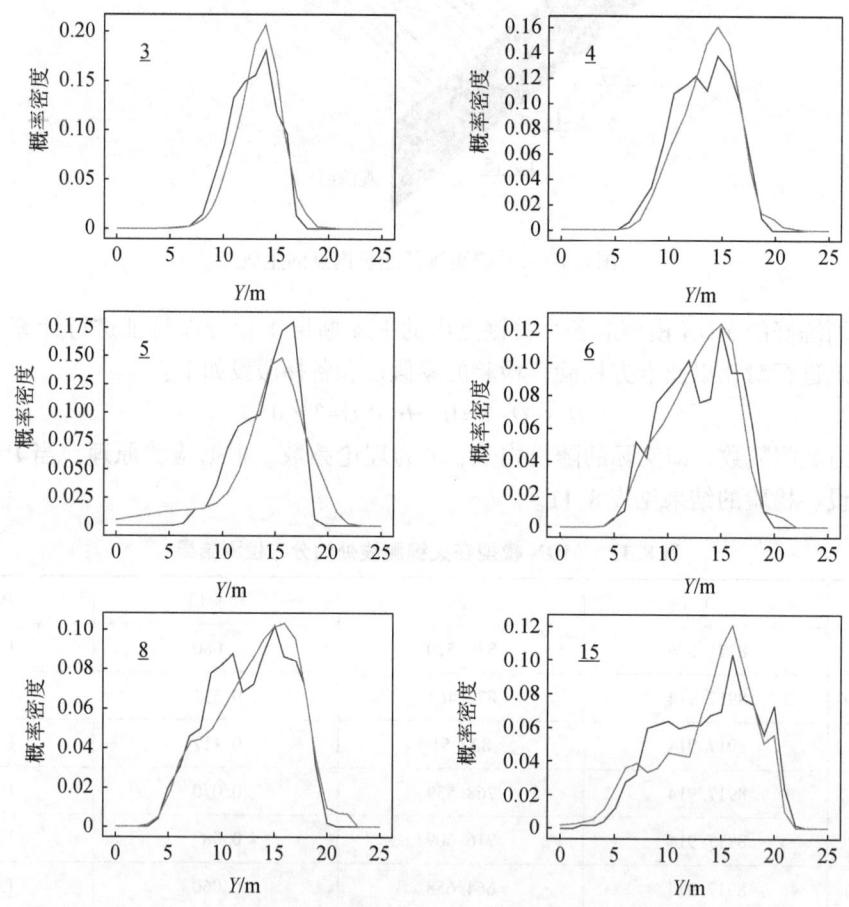

图 8.61 关键测线实际内点分布与 MDN 计算结果对比
(——为实际分布，——为 MDN 计算结果)

上述结果表明，所训练的 MDN 模型可以有效地感知不同位置出断层的形态，从而能够对整个断层形态的不确定性进行智能化的表征。

4) 断层带的定量化模拟

基于 MDN 模型的智能感知，可进一步实现断层带的定量模拟。根据章节 8.5.1 中步骤（6）所示的方法，以 0.85 的置信度对断层 F34 进行模拟，结果如图 8.62 所示。图 8.62（c）中的红色点即图 8.46 中所示的随机内点，浅蓝色和深蓝色的断层面分别为 F34 断层带的两个边界，该两个边界将绝大部分（约 85%）随机内点均包含在内。两条断层边界的间距从地表至岩体内部成逐渐扩大的趋势，说明越深入地下，断层范围的不确定性越大。

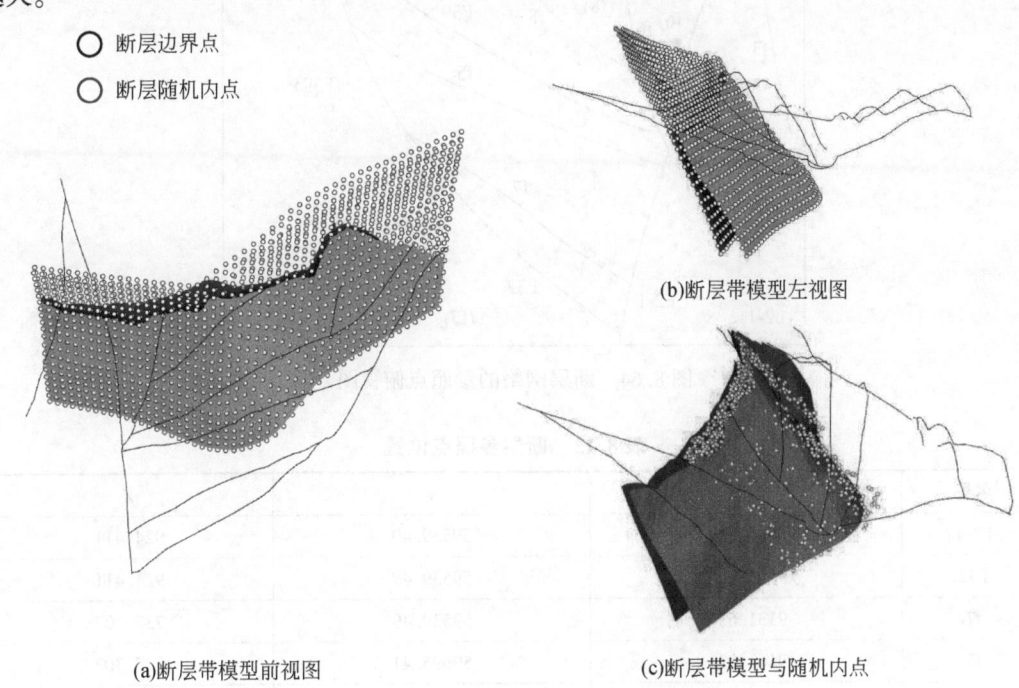

图 8.62　定量化生成断层带

3. 复杂断层网络不确定性建模

1）参照点设置与断层网络的链式结构

根据章节 8.5.2 的原理，对工程区域中 11 条断层进行链状描述，如图 8.63 所示。该链式结构表明：F2-1 断层为主断层，控制着后期所有断层的形成；而 f10 为最末期的断层，其形态受主链上 8 个断层的限制；f11 和 f3 为两个分支断层，对其余断层的形态均没有控制作用。

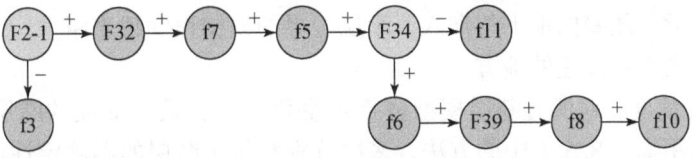

图 8.63　工程区域内断层网络的链式结构

由于 f3、f10 和 f11 并不涉及下一级的节点，因此无须对该三个点设置参照点。其余断层的参照点的位置应与断层位置接近，如图 8.64 所示，其具体位置数值见表 8.12。

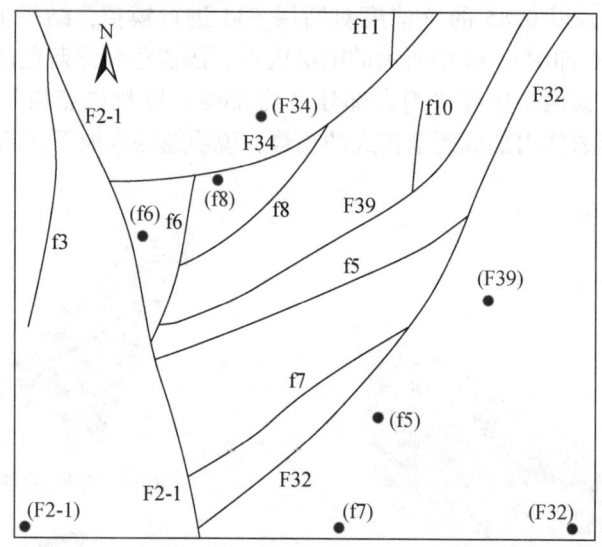

图 8.64 断层网络的参照点俯视图

表 8.12 断层参照点位置

名称	X	Y	Z
F2-1	8625.877	59539.49	924.411
F32	9501.990	59539.49	924.411
f7	9131.634	59539.49	737.707
f5	9163.322	59695.41	737.707
F34	8999.538	60184.43	845.796
f6	8813.301	60005.06	924.411
F39	9367.654	59908.36	924.411
f8	8921.64	60089.74	884.927

2) 断层网络的随机内点模拟

断层带的边界采用 85% 的置信度生成，用以控制随机内点。最终生成的随机内点如图 8.65 所示。

在研究区域内，可固定高程值生成随机内点，可得到断层在不同高程处的分布，从而实现按不同高程剖切的效果，如图 8.66 所示。可以看出在红圈标记处三条断层的随机内点的分布十分接近，随着向地下的深入，断层边界的模糊程度越来越大。因此该部分为地质勘查过程中需要重点关注的地方。

以 85% 的置信度，对所有断层模型进行定量化生成，最终形成的断层网络如图 8.68 所示。此外，利用章节 8.5.1 中的方法，多次分别对每个断层的不确定性进行评价，可得到各个模型不确定性程度的大概区间。模型不确定性的程度在 0 到 1 之间，数值越大说明

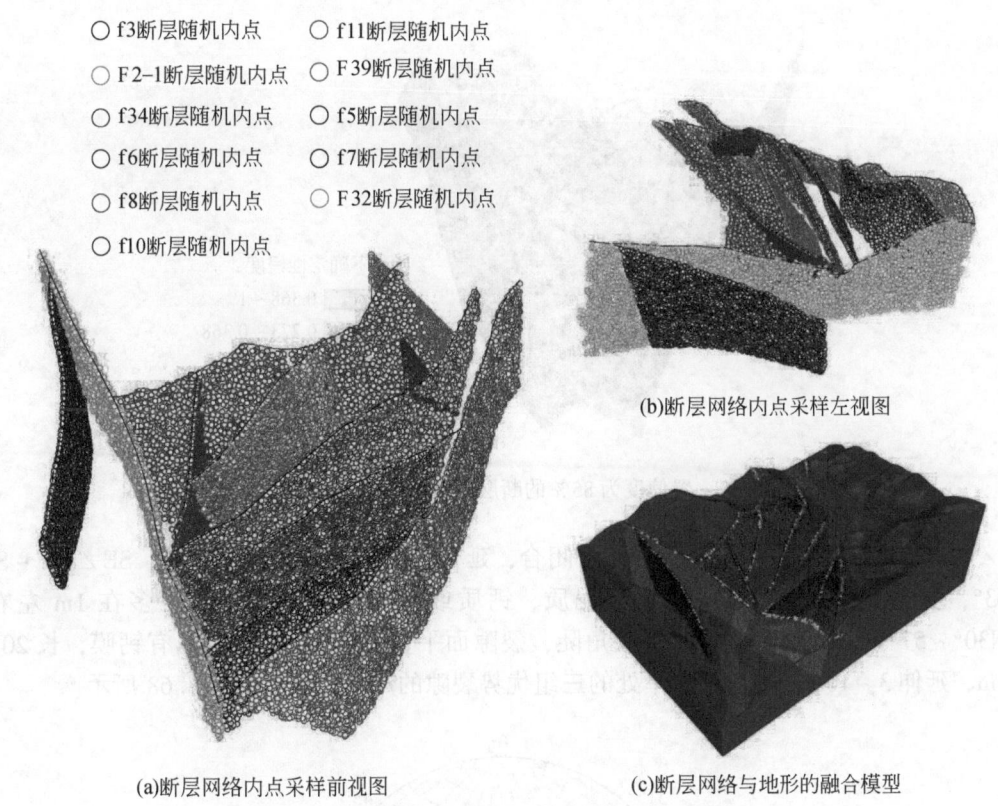

(a) 断层网络内点采样前视图 (b) 断层网络内点采样左视图 (c) 断层网络与地形的融合模型

图 8.65　断层网络随机内点

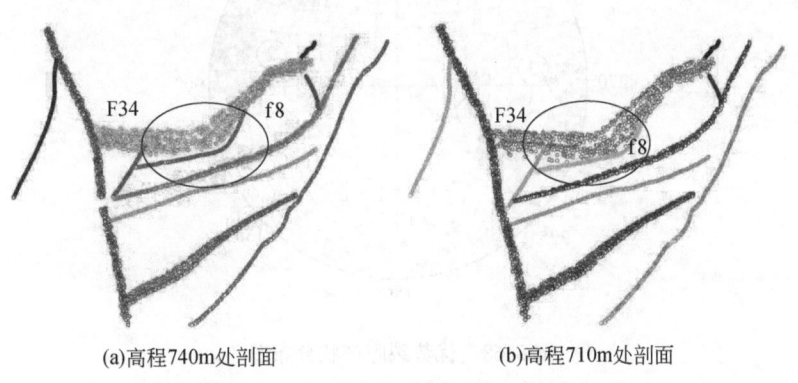

(a) 高程740m处剖面　　(b) 高程710m处剖面

图 8.66　固定高程处断层网络随机内点生成

不确定性越大。根据图 8.66 与图 8.67，F34 的不确定性程度最为明显，其次是 f7、F2-1 以及 F39。其余断层由于描述信息较为精确，不确定程度均比较低。

4. 多尺度结构面模型融合

1）裂隙产状参数联合分析

根据地质资料中提供的部分工程部位的裂隙数据，可建立局部地区的随机裂隙离散网络，实现精细化建模。根据工程资料，在坝址区右岸存在着三组优势裂隙：①N31°~34°W，

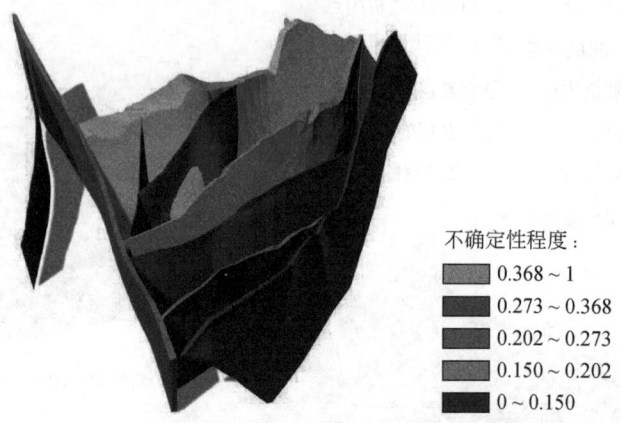

图 8.67 置信度为 85% 的断层网络及断层不确定性评价

NE∠49°~53°，面平直~锯齿状，光滑闭合，延伸较短；②S37°E~S8°W，SE∠73°~SW∠63°，多为张开裂隙，倾角较陡，泥质、钙质或硅质充填，裂隙间距多在 1m 左右；③N30°~57°W，SW∠53°~75°，倾角陡，裂隙面平直，微张-闭合，见有钙膜，长 20~50cm，延伸 3~10m。坝址区右岸处的三组优势裂隙的产状的分布如图 8.68 所示。

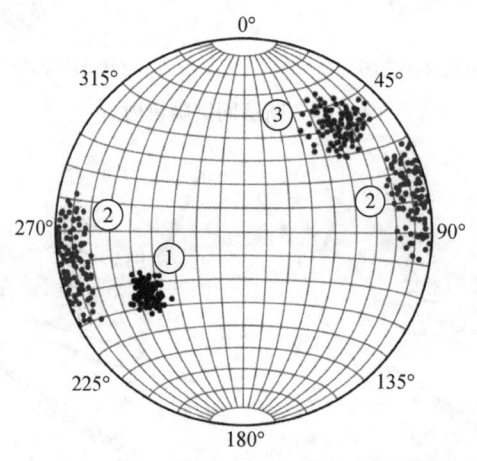

图 8.68 优势裂隙产状分布图

对于第二组优势裂隙，其产状在等密度图中的投影被分成了两部分。为方便 Copula 函数的使用，先根据"右手法则"对这两部分分别进行描述，即①323°~8°∠73°~90°和②143°~188°∠63°~90°；再对第一组数据进行如下式的处理：

$$\begin{cases} \alpha' = \alpha + 180 \\ \beta' = 180 - \beta \end{cases} \quad (8.65)$$

之后再根据倾向的周期性，将数值统一到 0°~360°以内；最终该组产状的分布区间为走向 143°~188°（右手法则），倾角 63°~107°。注意，此处对倾角的表述超出了 90°，这是式（8.65）换算的结果，在使用 Copula 函数计算完成之后，可通过式（8.65）将超出

90°的值换算会0°~90°的区间。经 Copula 分析，三组产状的边缘分布均服从正态分布，相应的表达式和参数见表 8.13。

表 8.13 优势裂隙产状参数相关性的 Copula 描述

序号	Copula 函数	参数
第一组		$\theta = 0.33$
第二组	$C(u, v; \theta) = \int_{-\infty}^{\Phi^{-1}(u)} \int_{-\infty}^{\Phi^{-1}(v)} \dfrac{1}{2\pi\sqrt{1-\theta^2}} \exp\left[-\dfrac{u^2 - 2\theta uv + v^2}{2(1-\theta^2)}\right] du dv$	$\theta = 0.59$
第三组		$\theta = 0.53$

2) 多边形裂隙网络建模

利用控制圆与迭代反演算法生成多边形离散裂隙网络，裂隙形状假定为四、五、六边形。图 8.69（a）所示为实际迹线图，图 8.69（b）为三维模型的相应位置处的迹线图。图 8.70（a）为三维离散裂隙网络与地形的融合结果，图 8.70（b）为模型的透视图。

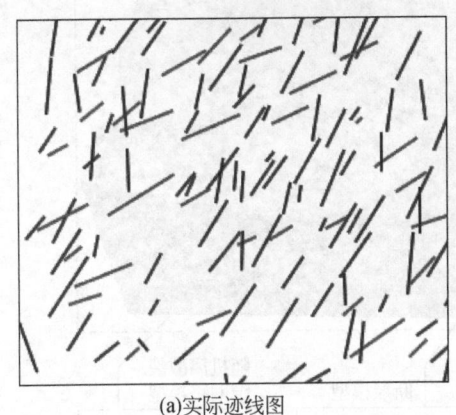
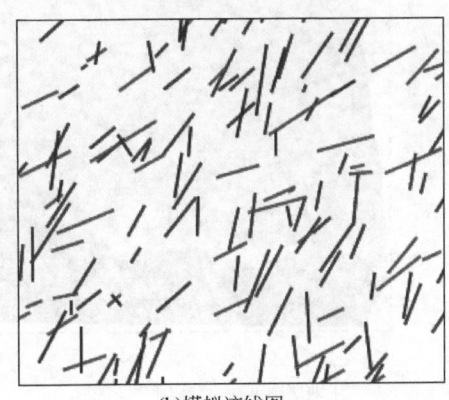

(a) 实际迹线图　　　　　　　　　　　(b) 模拟迹线图

图 8.69　迹线图对比

(a) 着色模型　　　　　　　　　　　(b) 透视模型

图 8.70　随机离散裂隙网络

3）模型融合成果展示

在水利水电工程中，结构面的大小可以从几厘米到数千米，大尺度的断层与小尺度的裂隙共同组成了整个研究区域内的结构面网络。

为综合反映各类结构面在相应的观察尺度上的不确定性，将复杂断层网络模型与随机离散裂隙网络模型融合，最终建立三维多尺度结构面网络模型。此外，为真实反映地质状况，根据地勘资料建立了地层模型，并根据设计资料构建了坝体模型，最终成果如图8.71所示。

图8.71　多尺度结构面模型融合成果展示

8.5.5　结论

断层是水利水电地质勘查工作中最为重要的研究对象之一，准确的评价断层的形态对工程安全稳定至关重要。然而，勘查技术及成本的限制、信息表述的模糊，导致人们难以对断层的形态以及断层网络之间的拓扑关系进行完全准确的解译。

本节从这一点出发，充分分析了导致断层模型的不确定性的主要因素，提出了一套复杂断层模型的不确定性建模与分析方法。首先，结合混合密度神经网络模型，实现了单一断层形态的智能感知，并提出了在一定置信度下的断层带定量模拟方法以及断层形态的不确定性评价方法。在此基础上，提出了复杂断层网络的链式表达方法及建模流程。工程案例分析结果表明，基于混合密度神经网络的方法对断层的几何形态有着很强的刻画能力，卡方检验的数值明显高出检验的临界值。对于断层网络建模而言，由于这种智能方法属于一种半隐式表达，因此相比于传统的显示建模方法自动化程度较高，对断层的表达也更为准确。此外，根据工程局部的详细地勘数据建立了小尺度的结构面随机网络模型，实现了多尺度结构面模型的融合，为水工岩体结构面建模与分析提供重要的参考。

8.6 本章小结

随着计算机与可视化技术的发展，三维地质建模在地质研究中发挥出了越来越重要的作用。虽然目前的三维地质建模技术已趋于成熟，但整体上其偏重于确定性的建模方式，大量的依赖于人工解译。不确定性建模方法是研究地质结构分布规律，挖掘地质空间属性的重要手段，本章从这一点出发，结合智能算法，探索了多尺度下的三维地质不确定性建模方法。

首先，基于 Copula 理论，提出了改进的岩体离散裂隙网络模型——随机扁椭球模型，实现了对二维的圆盘形裂隙进行开度赋值，从而转换成三维的扁椭球裂隙。考虑到传统的将裂隙形状假定为圆形的方式与实际不符，提出了以多边形表示裂隙的形状方式，并给出了求解裂隙尺寸的迭代反演算法，从而更好地反映了裂隙的形态。三维离散裂隙网络模型的有效性是其是否能服务于后续分析计算的关键，由此提出了一种模型图形检验算法，从裂隙密度、分布规律、优势方向等角度对岩体出露面的真实迹线分布与模型的迹线图之间的相似性，使评价结果更科学客观。在大尺度方面，提出了适用于地层结构的参数化建模方法；针对复杂断层网络的不确定性问题，提出了基于混合密度神经网络的断层不确定性形态表征方法，以及一种断层网络拓扑结构的链式表示法。最后，将多尺度下地质对象的模型进行融合，提炼总结了多尺度地质模型统一建模方法。

第9章 应用技术研发与工程实践

9.1 地质大数据智能挖掘与分析平台

为推动数据挖掘与人工智能技术在地质研究领域的发展,在前 3~8 章的理论基础之上,结合 GIS、数据库、三维建模等技术方法,研发了地质大数据智能挖掘与分析平台。该平台目前主要集成了两大部分,共六个子系统或实用工具,如图 9.1 所示,具体包括以下内容。

图 9.1 地质大数据智能挖掘与分析平台主界面

1. 地质数据采集

该模块主要针对野外地质勘查工作,包含四个子模块。其中,FieldGeo3D 为 Windows 端系统,主要用于地质勘查工作前期的任务布置、外业数据采集与现场分析以及后期的数据分析整理与入库。FieldGeo 为 Android 端应用程序,用于地质勘查外业工作中的数据采集,配合 FieldGeo3D 系统使用,以全面提升地质勘查的质量与效率。岩体表面强度检测模块集成了深度神经网络模型、最新版本参数、迁移学习脚本以及相关数据集,其中模型和参数可写入智能地质锤,以辅助野外地质勘查工作。石事求石为 Android 端应用程序,可通过岩石图像识别岩石种类。

2. 数据分析

该部分共包含两个子模块,其中,多维参数模拟程序用于对裂隙多维参数进行拟合、评价与随机模拟,该程序既提供了传统的统计学模拟方式,同时嵌入了基于机器学习的参数模拟模型。构造背景判别子模块以机器学习算法为核心,通过岩石的化学成分对其构造背景进行判别。

本章节分别针对平台中的各个子系统或实用工具进行详细介绍。

9.2 水利水电工程地质三维实景野外编录填图系统研发

在水利工程的现场工作中,实际工程人员通常手工记录地质信息。虽然目前已有一些基于 GIS 的地质数字化工具,但它们并不完全适用于水利工程。因此,当前的工作模式效率低下,难以管理,容易出错,不利于后续的分析。针对这一问题,我们开发了一种基于水电工程现场三维真实场景的地质记录和快速建模的数字工具。在地面工具中有三个模块,如物体记录、图像解释和现场分析。对象记录模块是在 3D 场景中标记地质点(如钻头、竖井)、线(如断层、地层边界)和面(如斜坡、堆场),然后将其存储到数据库中。图像解译是将图像中的 2D 信息解译为 3D 模型,加载到 3D 软件中进行进一步研究,如 GOCAD。现场分析包括面拟合、块体稳定性分析、产状计算、岩石识别、绘图等。该工具有助于地质调查中记录数据、绘制地质边界和建立初步模型。

9.2.1 总体方案

水利水电工程地质勘查包含内业工作环节和外业工作环节。在内业工作中,地质工程师根据勘探任务规划具体的线路以及勘查对象,并将工作布置于图纸上;在外业工作中,地质工程师通过定位设备采集勘查对象的位置信息,然后在表单上记录属性信息;完成外业任务后,需要将所有的勘查成果带回营地进行整理与分析。这一工作方式可概括为"内业—外业—再内业"的过程。针对这种工作方式,水利水电工程地质三维实景野外编录填图的总体方案设计如图 9.2 所示。

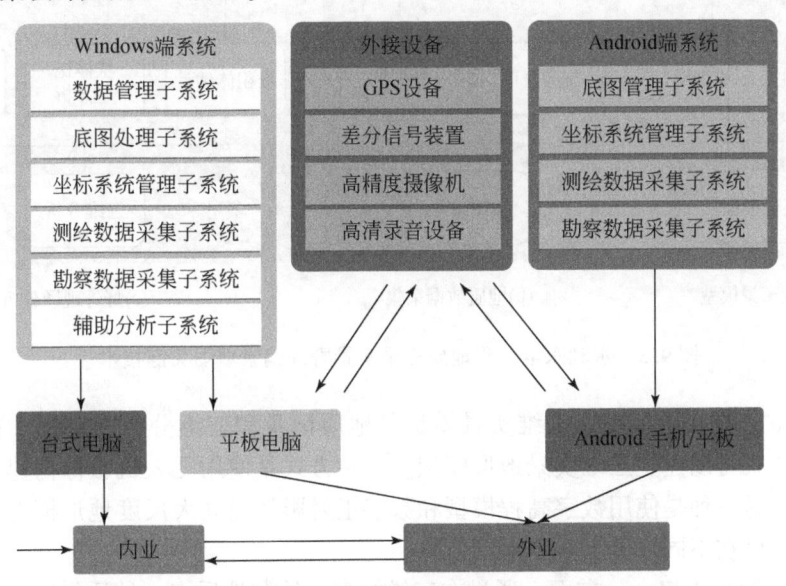

图 9.2 水利水电工程地质三维实景野外编录填图系统总体方案

在软件操作上，考虑内业工作的复杂性，需要研发 Windows 端的应用程序，用于创建服务于勘查工作工程文件，并能够满足内业布置和管理数据工作；考虑到外业工作的便携性，可将程序部署于 Windows 平板电脑，在外业工作中，系统需要能提供坐标管理、测绘与勘查数据采集、现场辅助分析等功能。同时，平板电脑需要具备三防功能，以适应野外复杂的环境。

Windows 端的应用程序可覆盖内外业数字勘查一体化的全部流程，但对于外业工作而言，其对便捷性、灵活性与可推广性的要求更高，因此有必要研发针对外业工作的、简化版的手机端数字填图系统。该系统仅需配备外业工作所必需的功能模块，包括底图管理、坐标转换、测绘及勘查数据采集子系统。当前流行的手机端操作系统包括 IOS 系统和 Android 系统。相比于 IOS 系统，Android 系统的开放度更大，普及率更高，是我们移动端系统研发的首选平台。Android 端应用程序需要和 Windows 端应用程序实现数据的共享。

精确定位是地质勘查工作的关键，而 Windows 平板和 Android 手机提供的定位通常为误差较大的单点定位，因此，需要在应用程序中外接高精定位装置。此外，考虑到多媒体编录的需求，可能需要配备高精度摄像机和高清录音设备。

9.2.2 关键技术理论

该技术方案在实现过程中主要涉及 GIS、GPS、数据库、三维建模等技术的融合，其中大部分属于既有理论方法的集成。考虑水利水电地质勘查工作的特点，还需要进行如下几点技术研发，如图 9.3 所示。

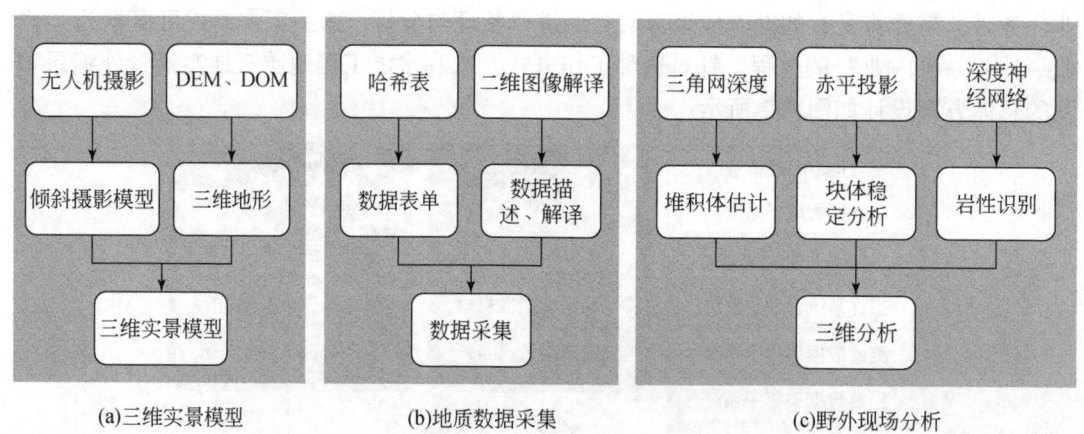

图 9.3 水利水电工程地质三维实景野外编录填图关键技术

（1）建立三维实景模型。三维实景模型是地质记录和三维分析的基础。在 GIS 平台上，有两种方式可以建立三维实景地形模型。一种方式是使用无人机影像构建精细化的倾斜摄影模型；另一种是使用数字高程模型和数字正射影像建立大尺度地形模型。通过将两种模型叠加，可在不同尺度上显示地形信息。

（2）地质数据采集。一方面，通过在三维模型上绘制地质点、地质界线、地质区域等几何图形，获取地质对象的几何信息，并通过电子表单记录地质对象的属性信息，从而实现地质数据的采集；另一方面，通过对地质对象进行拍照，再对照片进行纠偏和三维解译，可提取照片中地质对象的真实三维信息，并关联其属性列表完成数据采集。

（3）野外现场分析。在已记录的信息的基础上，可以进行三维分析，进而辅助后续的勘查工作。该部分是对多种技术的集成，如堆积体体积的估计和块状稳定分析；此外，还需集成基于深度人工神经网络的智能方法，以提升分析的效率和质量。

1. 无人机倾斜摄影建模

目前，无人机倾斜摄影技术已广泛应用于精细化的地表建模中。在无人机航拍过程中，通过在同一飞行平台上搭载多台传感器，同时从一个垂直、四个倾斜这五个不同的角度采集影像，获取到丰富的建筑物顶面及侧视的高分辨率纹理，如图9.4所示。倾斜摄影不仅能够真实地反映地物情况，高精度地获取物方纹理信息，还可通过先进的定位、融合、建模等技术，生成真实的三维地表模型。

图9.4　无人机斜向摄影

倾斜摄影三维实景建模流程如图9.5所示。首先对获得的大量地表影像数据进行数据特征点匹配、空中三角测量和多基线多视匹配，之后建立三角网，并对其赋予纹理，最终生成三维模型的过程。

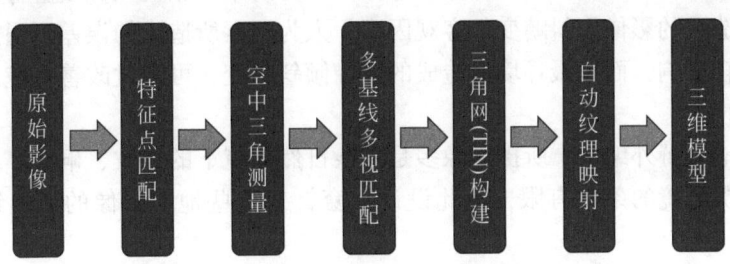

图9.5　倾斜摄影三维地形建模过程

2. 数据采集

数据采集是整个技术的核心。在这一过程中，地质数据基于多维哈希表设计的分层数据模型进行结构化的存储，地质对象的 ID 是哈希表中的键，如图 9.6 所示。该方式可存储地质数据的完整属性，并实现快速的搜索和访问。此外，地质对象的几何信息和属性信息绑定，以方便建模和进一步分析。

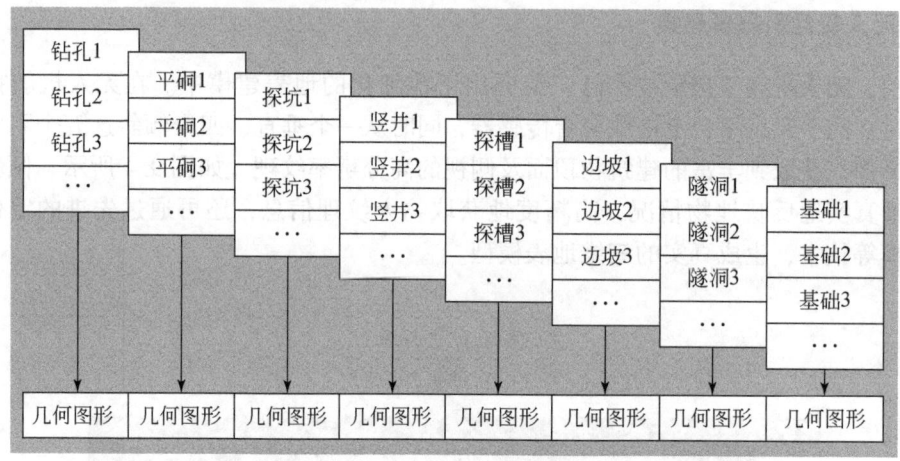

图 9.6　数据记录架构

3. 二维图像的三维解译

1）地质影像的纠偏

在实现二维地质影像三维解译的过程，首先需要对影像进行纠偏。

在工程地质野外编录过程中，通过现场获取地质影像来代替传统的地质素描已成为趋势。地质影像记录着地质对象的空间位置、产状、延伸方位等一系列几何信息，这些信息对地质对象的确定起着至关重要的作用，更是基于地质影像解译建模的数据基础，因此，地质影像的获取质量问题不容忽视。

影响地质影像质量的因素很多，如影像大小、分辨率、相机取像设置等一系列人为因素和拍摄环境造成的影像倾斜畸变等客观因素。人为因素所造成的误差可通过适当操作指导和培训来减轻影响，而拍摄环境所造成的影像倾斜畸变，可通过改善环境或拍摄后期的纠偏算法来减轻。

针对工程地质野外编录，所摄影像多是复杂自然环境下的边坡、硐室、基坑等地质对象，其改善拍摄环境的条件有限，因此设计一套针对这些地质影像的后期纠偏算法很有必要。

工程地质现场所获取的地质影像属于近景摄影范畴，其影像畸变主要是由外方位元素引起的。外方位元素指的是地质影像摄取时，相机的位置（X、Y、Z）和姿态角（φ、ω、κ）。当这些元素相对标准位置产生变动时就会使得影像产生畸变。对共线方程以外方位元素为自变量进行微分,并设在垂直摄影条件下姿态角元素 $\varphi=\omega=\kappa=0$,则共线方程中姿态角函数矩阵如下:

$$A = \begin{bmatrix} 1 & -\kappa & -\varphi \\ \kappa & 1 & -\omega \\ \varphi & \omega & 1 \end{bmatrix} \tag{9.1}$$

则外方位元素所造成的像点位移表达式为

$$\begin{cases} dx = -\left(\dfrac{f}{H}\right)dX_s - \left(\dfrac{x}{H}\right)dZ_s - \left[f\left(1+\dfrac{x^2}{f^2}\right)\right]d\varphi - \left(\dfrac{xy}{f}\right)d\omega + yd\kappa \\ dy = -\left(\dfrac{f}{H}\right)dY_s - \left(\dfrac{y}{H}\right)dZ_s - \left(\dfrac{xy}{f}\right)d\varphi - \left[f\left(1+\dfrac{y^2}{f^2}\right)\right]d\omega + xd\kappa \end{cases} \tag{9.2}$$

式中,f 为焦距。

对于畸变的光学系统及其所获取的倾斜畸变影像,畸变空间中的直线在像空间中一般不再是直线,而只有通过基线的直线是例外。因此在进行倾斜畸变校正时须找出基线,再进行通用的几何畸变校正过程。其一般步骤如下:①获取倾斜畸变图的基线,将畸变图代表的像素坐标空间关系转换为以基线为水平轴的空间关系;②空间变换,对畸变图上的像素重新排列以恢复原空间关系,即利用像素-物方映射关系为校正图空间上的每一个点找到他们在畸变图空间上的对应点;③灰度插值,对空间变换后的像素赋予相应的灰度值。

2) 基于三维虚平面的插值模型

在工程地质野外编录现场获取了 n 个控制点对,分别对应像平面点 P_1,P_2,…,P_n 与地质对象点 Q_1,Q_2,…,Q_n 之间的关系。若视地质对象点 $Q(x,y,z)$ 的三个坐标分量 x,y,z 分别为三个插值模型的因变量函数值,视像平面点 $P(u,v,w)$ 为三个插值模型的共同自变量,则可构造三个插值模型:

(u,v,w):x 插值模型;

(u,v,w):y 插值模型;

(u,v,w):z 插值模型;

其中,像平面上的点已在 xOy 平面上,其 w 值为 0,则进一步简化插值模型:

(u,v):x 插值模型;

(u,v):y 插值模型;

(u,v):z 插值模型;

不难发现,简化后的插值模型由两个插值自变量 (u,v) 和一个插值因变量 value (取 x、y 或 z) 组成,即一个二维插值模型。

由于已通过图像畸变纠偏技术消除了地质对象编录面与像平面之间的非线性关系,地质对象上所记录的点都近似处在同一编录平面内,可采用拟合平面插值模型来描述像点和地质对象点之间的关系,即 n 个控制点对 $(n \geq 3)$,可构造 $3n$ 个三维空间虚点 $(u,v,$ value$)$;对于所有 value 取 x 的虚点,采用最小二乘逼近法,构造一个以 x 为高程值的三维虚平面;同理,对于所有 value 取 y 或 z 的虚点,分别构造以 y 或 z 为高程值的三维虚平面。

在像平面上任取一点 $P(u,v,w)$,其在地质对象上对应的点 $Q(x,y,z)$ 上的每一个坐标分量,都可通过上述三个基于虚平面的插值模型获得。

该方法的本质是将目标点的三个坐标分量分别作为三个虚平面的高程值,采用最小二乘逼近的方法通过 n 个点确定虚平面,最后以虚平面作为插值模型,分别获得像平面上任意点所对应的地质对象点的三个坐标分量。该方法能够充分利用工程地质野外编录过程中的所获得的 n 个控制点对,并以此来确定对应的虚平面模型,保证了整体精确度,满足二维地质图件的编录要求。

4. 堆积体深度计算方法

堆积体地面可以用 Delaunay 三角法的坐标和个点的深度来估计,如图 9.7 中,控制点 M 的深度是已知的,其他的深度可以通过内插法计算。

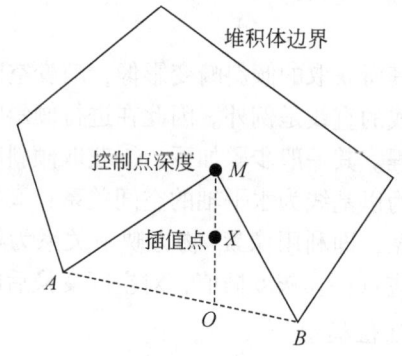

图 9.7 Delaunay 三角法的深度计算

在计算过程中 A、B、M 和 X 的坐标是已知的。直线 MX 和 AB 的方程可以用式(9.3)和式(9.4)得到。

$$Ax_1+By_1+C=0 \tag{9.3}$$

$$A'x_2+B'y_2+C'=0 \tag{9.4}$$

$O(x_0, y_0)$ 的计算方式为

$$\begin{cases} Ax_0+By_0+C=0 \\ A'x_0+B'y_0+C'=0 \end{cases} \tag{9.5}$$

堆积体中心点的深度为其最大深度,其他点的深度可通过下式插值计算:

$$z_0 = z + \sqrt{1-D_1/D_m} \times H_{max} \tag{9.6}$$

式中,z_0 为堆积体中待插值点的高程;z 为 M 点的高程;D_1 为 x 到 O 的长度;D_m 为 M 到 O 的长度;H_{max} 为堆积体的最大深度值,即中心点的深度值。通过平滑曲线连接各个插值点,即可拟合成最终的堆积体曲面。

9.2.3 FieldGeo3D 系统研发

1. 开发环境与基本配置

FieldGeo3D 系统基于 WinForm 设计系统界面,并利用 Microsoft Visual Studio

(community edition) 进行软件开发。开发过程中涉及的框架与组件如表 9.1 所示。

表 9.1　系统研发所涉及的框架和组件

平台和组件	详细内容
平台	Windows
框架	Net Framework
核心 GIS 平台	Skyline
数值分析组件	Math.Net
深度学习组件	TensorFlowSharp
计算机视觉组件	EmguCV
几何分析组件	MIConvexHull
地理信息分析组件	CGAL

通过将上述理论方法集成，研发适用于水利水电工程地质勘查工作的地质信息数字化采集系统。考虑到用于野外工作的设备需要有较高的便捷性，我们选择了一台装有 Windows 系统的平板电脑，其配置如表 9.2 所示。

表 9.2　平板电脑的具体配置

硬件名称	规格
CPU	英特尔®酷睿™ M-5Y10c 处理器
缓存	4GB LPDDR3
显示屏	1920×1080
定位系统	A-GPS
摄像机	后置：500 万像素；前置：200 万像素
陀螺仪	3 轴陀螺仪

2. 模块集成

FieldGeo3D 系统可按照功能分为四个子模块，包括基础功能、地质对象记录、标记与解译以及野外现场分析，如图 9.8 所示。在基础功能中，GIS 的基本操作模块是指对地图场景的平移、缩放、旋转、量算等；底图处理包括对多源多格式底图数据的叠加显示与图层管理；坐标/通信管理包括连接外部定位设备的功能以及工程坐标系参数解算、参数转换以及坐标校正等；数据/字典管理包括对已编录数据统计功能、对编录过程中字典的编辑与管理、对 Android 数据的融合以及与后端数据库的衔接。地质对象记录模块按照地质对象的几何属性划分成点、线、面三种编录模式，其中点类型包括地质点、钻孔、平硐、竖井和探槽；线类型包括地层界线、岩性界线、断裂出露线、大裂隙、褶皱轴线、阶地界线、物理地质现象范围线以及料场范围线；面类型主要针对滑坡、堆积体等地质对象。标记与解译模块包括电子地质素描图功能以及对二维影像解译。在野外现场分析模中，堆积体范围估算功能可根据前堆积体的边缘界线以及工程师所设定的下陷深度拟合出大致的堆积体模型；块体稳定分析用于对边坡进行稳定分析；产状分析包括基于模型的产状测量，以及通过地质点或地质界线推求产状平面（簇）；深度学习分析指一些基于深度神经网络的辅助分析功能。

下面仅针对该系统中较有代表性的几项功能进行重点介绍。

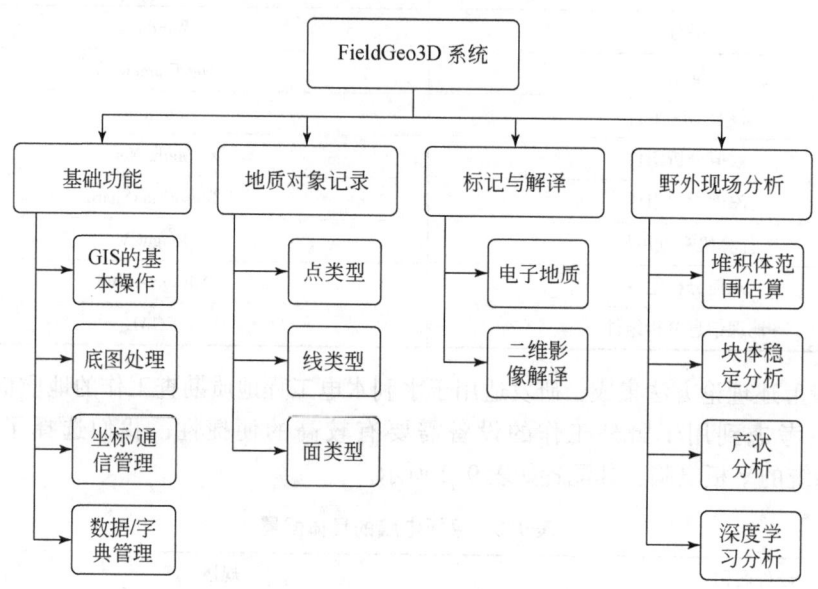

图 9.8　FieldGeo3D 系统模块组成

1）底图处理

实现数字化地质勘查的基础是构建高精度的三维实景模型。在该系统中，三维实景包括大尺度三维地形以及小尺度精细化的倾斜摄影模型，如图 9.9 所示。所有的地质对象编录工作均基于三维实景。针对三维场景，系统提供一系列三维量算功能，如直线距离测量、水平距离测量、垂直距离测量、平面面积及地表面积测量、方位角测量等。

(a)大尺度三维地形

(b)小尺度精细化倾斜摄影模型

图 9.9　三维实景地形

此外，系统中提供对多种栅格图件及矢量图件的加载以及叠加显示功能，如 .tiff、.dwg、.dxf、.kml、.bmp、.jpg、.png、.txt、.shp 等格式的文件。同时，系统提供对底图的配准功能，如图 9.10 所示。

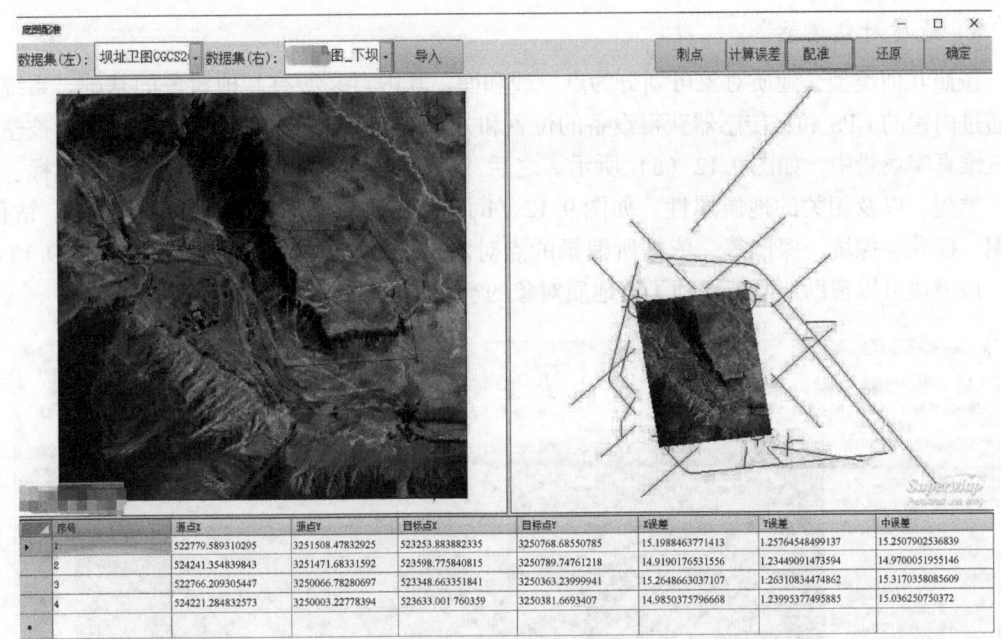

图 9.10　栅格图配准过程

2) 坐标/通信管理

在我国，常用的椭球坐标系包括北京 1954、西安 1980 以及国家 2000，而定位设备所发射的信号通常是基于目前国际最为通用的 WGS1984 椭球坐标系；此外，工程中还需要将椭球坐标转化为工程坐标系。因此，该系统中必须要具有完整配套的坐标系转换及投影转换功能。在该系统中，集成了上述四个最为常用的椭球坐标系，以及高斯投影转换、UTM 投影转换和平面无参数投影三种投影方式，并集成了四参数与七参数转换两种坐标系转换方法，能够满足国内绝大部分的工程需求。

在通信连接方面，出于对便携性的考虑，研发了如图 9.11 所示的信号传输模式。在该模式中，移动设备（包括平板或手机）通过蓝牙与手簿连接，手簿接受卫星信号和差分信号从而实现精确定位。卫星信号可以为 GPS、北斗、GLONASS、Galileo，而差分信号的来源可以为两种：在有网络差分信号的环境下，可以直接接受 CORS 基站的信号；在野外没有网络差分信号的情况下，可通过电台连接基站，然后发射差分信号到手簿，实现高精度定位。

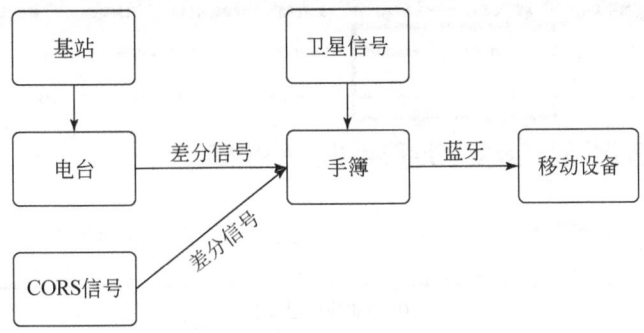

图 9.11　通信连接模式

3)地质对象记录

按照几何类型,地质对象可划分为点、线和面,其中点是所有其他对象的基础。系统可以通过内置的 GPS 和磁传感器获得设备的位置和方向信息,同时地质数据的位置可以被整合到三维真实场景中,如图 9.12(a)所示。之后,通过填写电子表单,可记录点的坐标、深度、类型,以及相关的地质属性,如图 9.12(b)所示。点类型的对象包括地质点、钻孔、平硐、探井、探坑、探槽等。依据所编录的点对象,可绘制地质界线和曲面,如图 9.13 所示。该模块可以帮助地质工程师了解地质对象的空间结构,进而指导后续勘探工作。

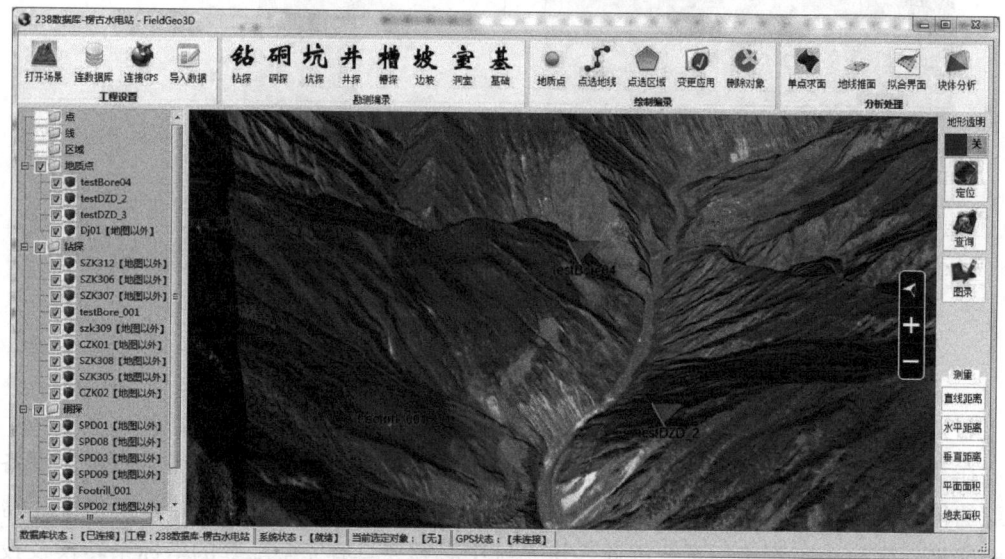

(a)地图地形上的记录点

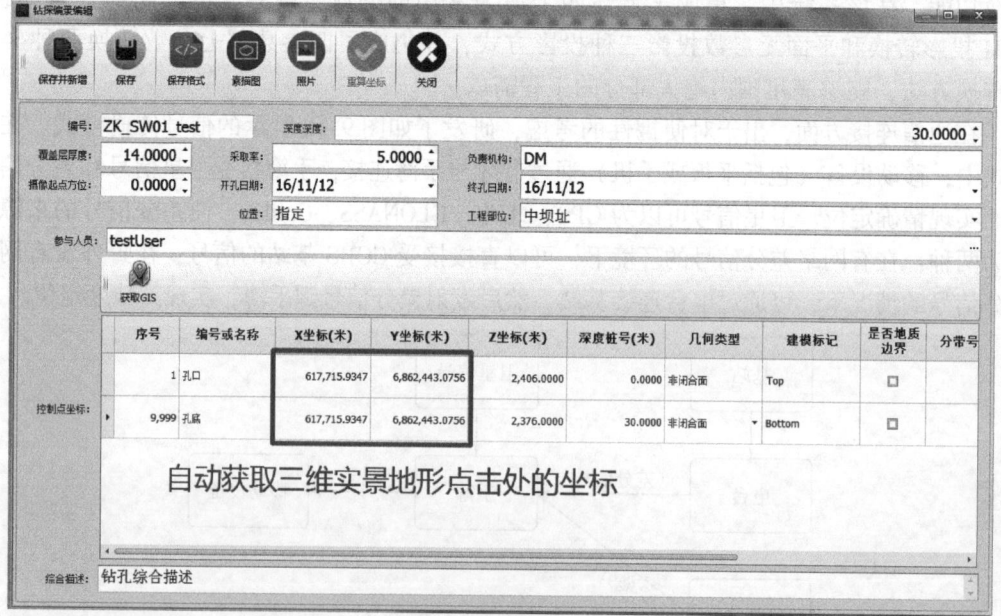

(b)地质数据记录卡

图 9.12 地质数据记录

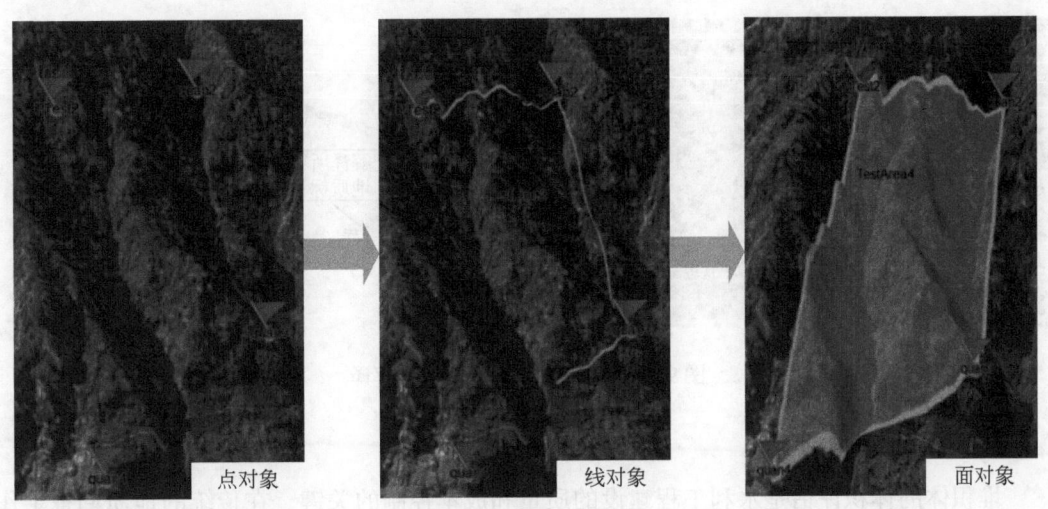

点对象　　　　　　　　　　线对象　　　　　　　　　　面对象

图9.13　物体记录

4）图像解译

边坡是野外地质工作中的重要勘查对象，由于其通常坡度较大且地质环境比较复杂，边坡编录工作常常存在着一定的危险性。以照片的形式记录边坡，并从中提取出有用的地质信息，可以极大地提高边坡地质勘查的效率和安全性。为实现这一目标，我们设计研发了一种图像解译方法，其流程如图9.14所示。首先，加载边坡地质图像，并利用式（9.1）和式（9.2）进行图像纠偏和校正，在根据章节9.2.2所提出的虚平面插值法将图像的坐标系映射到三维空间。在此基础上，工程师可以在图像上进行地质界线的绘制，绘制好的地质界线会根据其对应的像素坐标信息转换成三维几何对象。

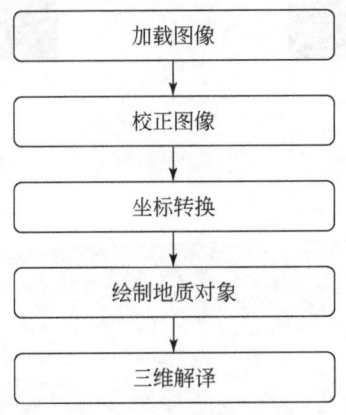

图9.14　图像解译的过程

图9.15为二维图像三维解译的实例，其中不同的地质界线可以用不同的颜色记录，解释后的三维地质信息被保存在数据库中，同时也可以加载到三维建模软件中做进一步分析。

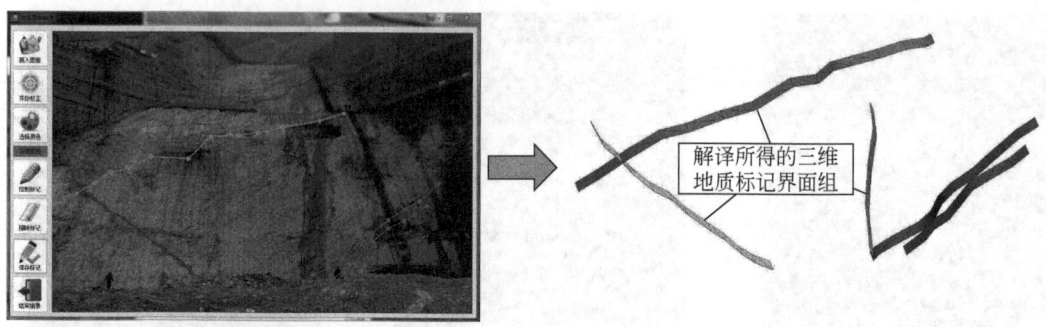

图 9.15　边坡二维图像的三维解译

5) 堆积体范围估算

堆积体的体积评估是水利工程建设的质量和成本控制的关键。在传统的地质勘查工作中，由于地质信息有限，难以估算出堆积体的大小。图 9.16 展示了基于章节 9.2.2 的方法计算堆积体建模的过程。以在三维地形上绘制的堆积体范围封闭线为边界，根据设定的中心深度，建立 Delaunay 三角模型作为堆积体的底面。该底面模型也可以加载到三维建模软件中做进一步分析。

图 9.16　堆积体的建模

6) 块体稳定性分析

边坡块体稳定性分析是工程选址和设计的重要环节。在该系统中，集成了基于极射赤平投影的块体稳定性分析方法。极射赤平投影法是一种几何学方法，可以对边坡块体的稳定性进行定性的判断。在现场勘查的过程中，先框选出边坡的范围，系统会自动捕捉该范围内已编录的产状信息；之后，系统通过赤平投影法对产状的组合进行空间分析，并给出分析报告，如图 9.17 所示。

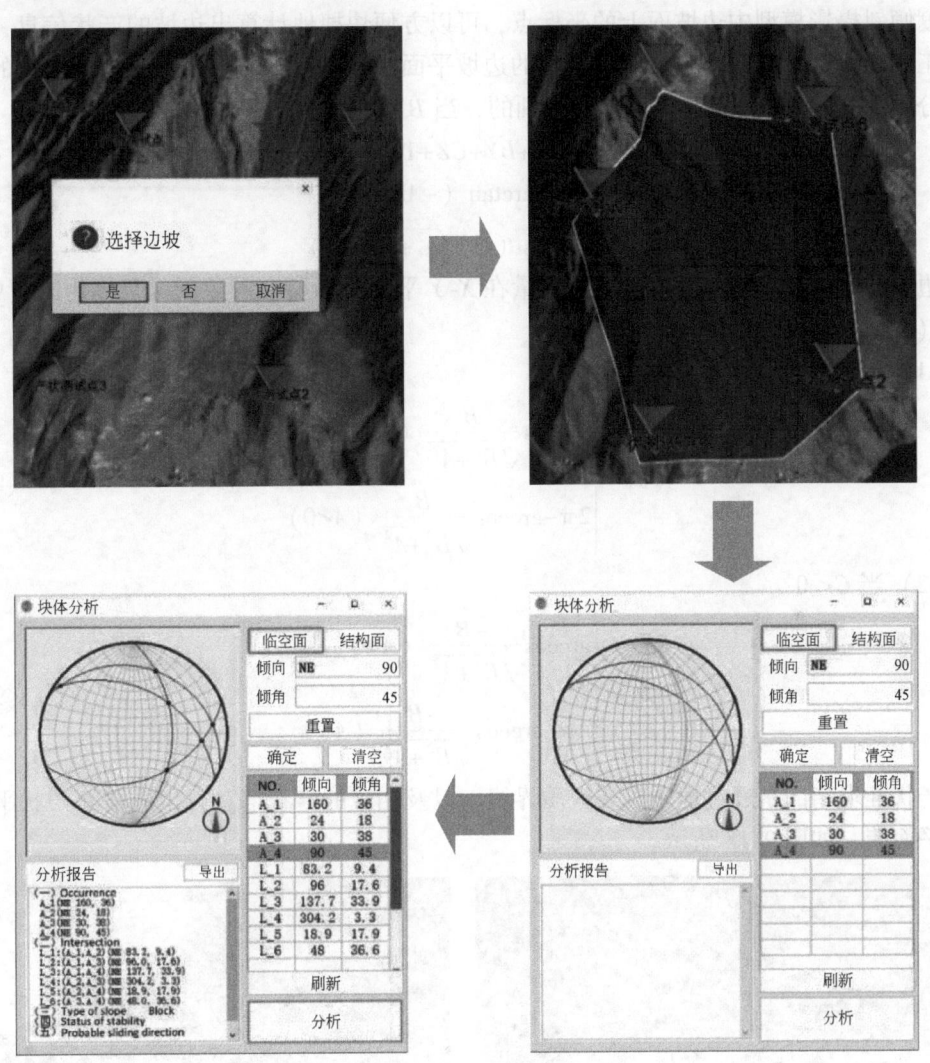

图 9.17　块体稳定性分析

7) 基于深度学习分析的岩石识别

在野外地质勘查中常常需要对岩石的种类进行判别，传统的方法主要依赖于工程师的经验。为提高识别过程的客观性和准确率，将该系统中集成 TensorFlow 框架，并根据章节 5.1 的方法建立和训练了岩石识别的深度学习模型：首先搭建了谷歌提出的著名的深度卷积神经网络 Inception-v3 模型,并使用开源数据集 ImageNet 数据集对网络进行预训练;之后,用包含 20 种岩石的 3000 张图片对模型进行微调。实验证明,该模型的验证准确率为 0.955,交叉熵为 0.434。

8) 产状分析

产状分析包括产状计算与产状平面(簇)的推求。

在野外地质勘查中,测量高陡边坡的产状是一项危险的工作。在该系统中,通过获取高精度倾斜摄影模型中边坡面上的坐标点,可以方便快捷地计算出边坡的产状信息,从而提高工作的安全性与效率。假定拟合出的边坡平面为式 (9.7),则边坡走向和倾角的计算公式分别为式 (9.8) 和式 (9.9)。特别的,当 $B=0$ 时,走向为 90°。

$$AX+BY+CZ+1=0 \tag{9.7}$$

$$\alpha = \arctan(-A/B) \tag{9.8}$$

$$\beta = \arccos(C/\sqrt{A^2+B^2+C^2}) \tag{9.9}$$

边坡的倾向计算需要考虑坡面法向量在 X-Y 平面投影所在的象限,具体为式 (9.10) 和式 (9.11):

(1) 当 $C>0$:

$$\theta_3 = \begin{cases} \arccos\dfrac{B}{\sqrt{B^2+A^2}} & (A>0) \\ 2\pi - \arccos\dfrac{B}{\sqrt{B^2+A^2}} & (A<0) \end{cases} \tag{9.10}$$

(2) 当 $C<0$:

$$\theta_3 = \begin{cases} \arccos\dfrac{-B}{\sqrt{B^2+A^2}} & (A<0) \\ 2\pi - \arccos\dfrac{-B}{\sqrt{B^2+A^2}} & (A>0) \end{cases} \tag{9.11}$$

产状推求指的是通过地质点或地质界线,以及相应的产状信息,生成空间产状平面或产状平面簇,如图 9.18 所示。

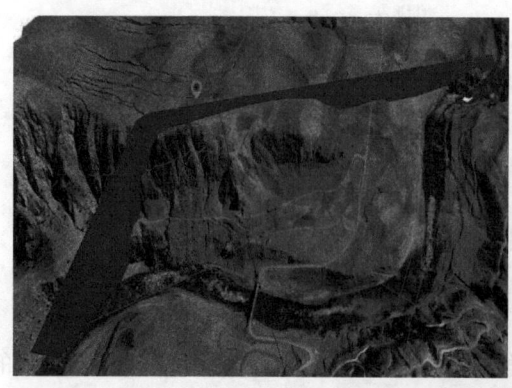 

图 9.18 产状平面(簇)的推求

9.2.4 FieldGeo 系统研发

1. 开发环境与基本配置

开发 FieldGeo 系统的环境配置见表 9.3，实际应用过程中搭载 FieldGeo 系统的手机具体配置见表 9.4。

表 9.3 Android 端系统研发所涉及的框架和组件

平台和组件	详细内容
平台	Android
框架	Application Framework
深度学习框架	TensorFlow
矩阵运算包	Jama

表 9.4 Android 手机具体配置

硬件名称	规格
处理器	高通骁龙 870
内存	12+256
Android 版本	Android 11
分辨率	2400×1080
屏幕尺寸	6.67 英寸
电池容量	4520mAh
后置镜头	5000 万像素

2. 模块集成

FieldGeo 系统在架构上与 FieldGeo3D 系统基本一致，如图 9.19 所示。在具体功能上，FieldGeo 进行了较大幅度的简化，主要表现在：①全部采用二维编录模式，所涉及的 GIS 操作及底图也全部是二维的形式；②数据管理模块仅保留对已编录数据的浏览与统计功能；③地质编录对象保留点类型和线类型编录模式，但相应的编录表单与 FieldGeo3D 保持完全一致；④标记与解译模块中仅保留素描图功能；⑤去除野外现场分析涉及的三维分析功能，仅保留深度学习分析功能，同时增加电子罗盘、点线放样功能。

9.2.5 工程案例分析

该系统已被成功应用于多项水电工程地质勘查工作中。在本工程案例中，选取坝址区作为测试区域。该地区地质条件复杂，边坡较为陡峭（30°~90°），多处发现泥石流、滑坡和土地塌陷等地质现象。这些不良地质条件对整个工程有着较大的威胁。此外，随着后

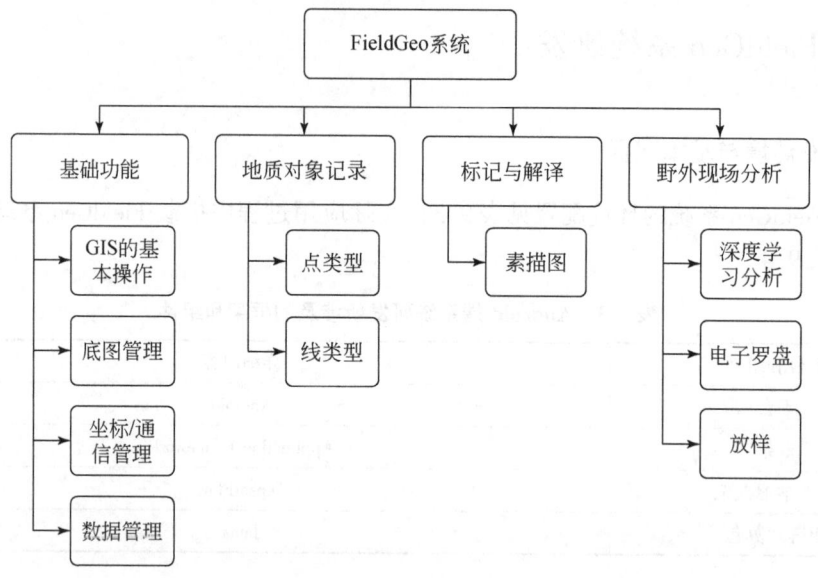

图 9.19　FieldGeo 系统模块组成

期水位的上升，可能会出现新的地质灾害，因此有必要对潜在的不稳定区域进行评估。图 9.20 所示为传统的地质勘查模式。

图 9.20　水利工程中的传统现场工作

相比于传统的作业模式，利用所研发的水利水电工程地质三维实景野外编录填图系统可极大地提升工作效率。首先，利用无人机对工程区域进行实地飞行，并利用图形工作站将地形信息加载到系统中；此外，将卫星正射影像、CAD 数据、DEM 数据一同加载到 FieldGeo3D 系统中，并叠加显示。之后，将外接 RTK 定位设备接入系统，进而实现对地质点、钻孔、平硐、竖井、探槽以及地质界线等对象的数字化编录，如图 9.21 所示。图 9.22 所示为根据已编录的地质对象所进行的以堆积体估算为主的空间分析。

图 9.23 所示为对二维地质图像的三维解译。其中，图 9.23（a）和（b）所展示的分

第 9 章 应用技术研发与工程实践

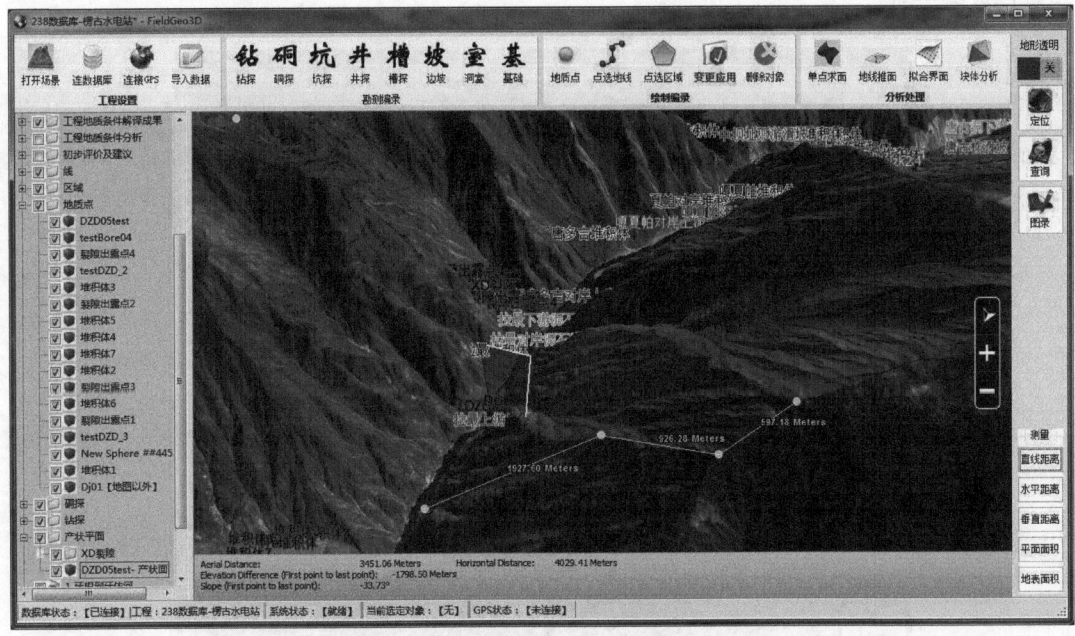

图 9.21 FieldGeo3D 地质编录成果

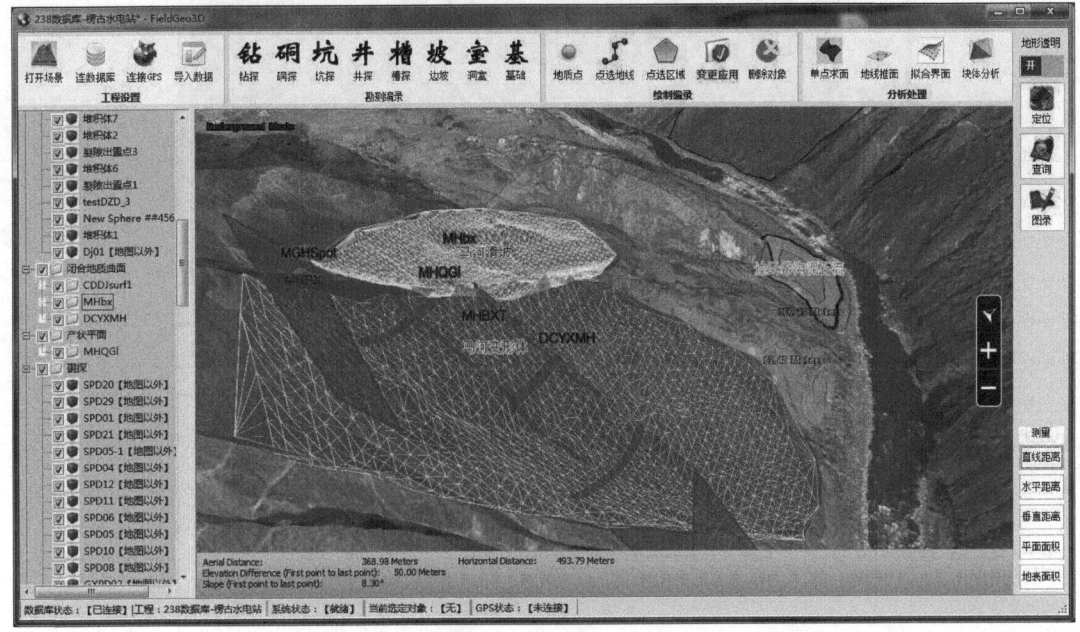

图 9.22 堆积体估算分析

别为地层Ⅰ和地层Ⅱ；在解译完成之后，两个模型被同时加载到三维建模软件中，如图 9.23（c）所示。图 9.23（d）展示了两个地层的真实相对位置，可以发现，该位置关系与解译成果一致。

(a)地层Ⅰ

(b)地层Ⅱ

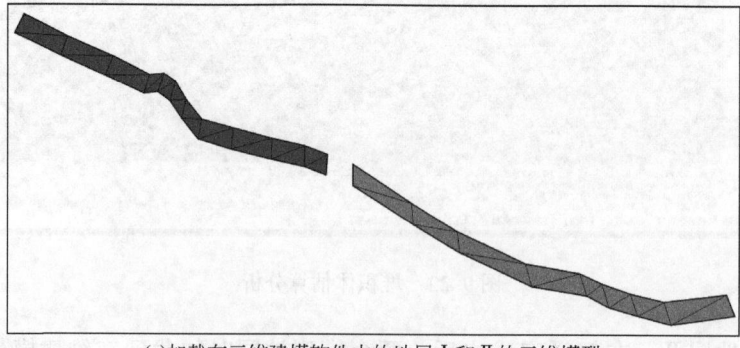

(c)加载在三维建模软件中的地层Ⅰ和Ⅱ的三维模型

第9章 应用技术研发与工程实践 ·305·

(d)地层Ⅰ和Ⅱ的图像拼接成果

图 9.23 二维图像的三维解译

利用 FieldGeo 系统的部分应用效果如图 9.24 所示。

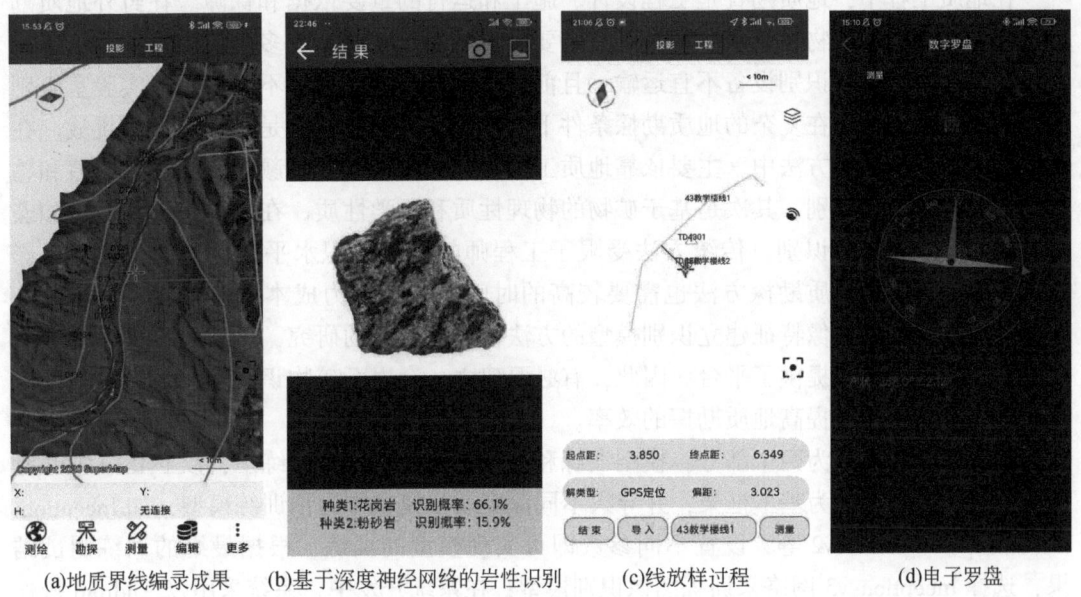

(a)地质界线编录成果　(b)基于深度神经网络的岩性识别　(c)线放样过程　(d)电子罗盘

图 9.24 FieldGeo 系统应用

9.2.6 结论

在水利水电工程地质勘查工作中，传统的数据采集方式效率低下、野外分析手段落后、数据管理方法也不够完善。本研究提出了水利水电工程野外工作数字化的三项基本技术，包括数字数据记录、二维图像解释和地质现象的计算机辅助分析，涉及的具体方法包括：①三维实景建模；②地质数据结构化存储；③从二维图像到三维信息的解释；④堆积体评价；⑤块体稳定性分析；⑥地质数据智能分析。

为了实现上述解决方案，我们提出了以下几点：①基于倾斜摄影的三维实景地形建模方案；②地质数据分层存储模型；③二维图像的三维解译方法；④基于 Delaunay 三角网技术的堆积体快速评价方法。此外，在做研发的系统中还集成基于赤平投影的边坡块体稳定分析功能，以及基于深度神经网络的岩石图像识别算法。最后，综合上述所有理论方法以及 GIS、GPS、三维建模技术，集成研发了水利水电工程地质三维实景野外编录填图系统。

该系统被成功应用于我国西北某水利工程的地质勘查工作中。工程师利用该系统详细地采集了影响大坝安全的地质信息，并根据现场信息进行了初步的三维地质分析。

9.3 "石事求石"

9.3.1 系统介绍

在地质工程中，地质勘查是工程设计、施工和运行的重要依据和保障。在野外地质勘探过程中，对岩石矿物的识别和记录是其主要内容之一。水电工程多处深山之中，河谷切变，地势险峻，大型识别设备不宜运输，且前期的勘探环境恶劣，不便于进行实验室级别的岩石分类。因此，在复杂的地质勘探条件下，准确识别岩石矿物是一个很大的挑战。在传统的岩石矿物识别方法中，主要依靠地质工程师通过对岩石矿物颜色、光泽、条痕和物理构造等特征进行辨别，其次是基于矿物的物理性质和化学性质，在实验室中从微观和宏观上对岩石矿物进行识别。传统方法受限于工程师的理论知识水平，且易受主观因素影响，同时，传统的地质勘探方法也需要较高的时间成本和人力成本。随着智能算法的发展，提取岩石矿物图像特征建立识别模型的方法得到了广泛的研究，而智能手机硬件水平的提高也为模型搭载提供了平台。因此，有必要建立一套岩石矿物识别系统辅助地质勘探移动应用系统，从而提高地质勘探的效率。

系统开发主要分为两个部分：模型训练和系统开发。在模型训练中，以 Python 为开发语言，以 TensorFlow 为基本框架，并导入不同深度学习模型作为预训练模型，如 Inception-v3、Inception-resnet-v2 等，设置不同参数即可实现模型的训练，根据最终的训练测试结果，选择 Inception-v3 网络来训练图像识别模型；在系统开发中，系统采用以 Android 操作系统为工作平台，采用相机与图库实现图像的摄取；利用 Android SDK 和 NDK 编译 TensorFlow 代码，并对配置文件进行修改，利用 JDK 提供运行环境与工具包，编译 Java 代码文件。根据所要开发的系统版本确定所需的 API，系统的主要开发工具为 Android Studio，整个编译过程在 Android Studio 中完成。

本系统的主要工作环境为野外地质勘探现场，要求设备操作简单、携带方便，因此以搭载 Android 操作系统的触控移动设备为主要硬件设备，但是模型训练和系统开发则需要使用高性能计算机。本研究中使用的是图形工作站，处理器为 E5 2630，内存 64G，显卡为 P4000 专业图形显卡，显存 8G；在深度学习中配置 CUDA 加速功能可有效发挥 P4000 显卡的计算能力，可缩短模型训练时间。

9.3.2 软件功能模块

1. 功能模块介绍

岩石智能识别分类系统可以依据图像对岩石矿物进行分析，对于岩石来说，是从宏观角度进行分析；对于矿物来说，是从微观角度进行岩石成分分析。二者的分类识别的功能和过程是相似的，但所依赖的模型不同。通过从不同尺度对岩石和矿物进行分析，可以加深对勘探中岩石矿物的了解，提高地质安全评价的客观性和准确性。

岩石智能识别分类系统主界面如图 9.25 所示，主要包括三个模块，即知识模块、识别模块和资料存储模块。

图 9.25 岩石智能识别分类系统主界面

岩石智能识别分类系统可分为岩石知识模块、岩石识别模块和岩石资料存储模块。其中岩石知识模块包括岩石的性质，如岩石类别和所含矿物等，作为岩石分类的辅助模块；岩石识别模块分为实时拍照识别和本地图库识别两部分，可用于岩石种类的识别；岩石资料存储模块分为岩石图像基本信息存储和附加信息储存两部分，可将勘探中产生的有关岩石的信息进行保存，方便后期的整理与记录。

矿物分类识别应用系统与岩石分类识别系统相互独立。矿物分类识别系统也有三个模块，即矿物知识模块、矿物识别模块和矿物资料存储模块。其中矿物知识模块包括矿物化学组成、物理性质及用途；矿物识别模块分为实时拍照识别和本地图库识别两部分；矿物资料存储模块分为矿物图像基本信息储存和附加信息储存两部分。利用这三个模块可以辅助矿物分类识别。

2. 岩石矿物知识模块

单击移动设备中的应用,首先进入欢迎界面,之后自动跳转到岩石矿物识别的主界面,可以看到"知识简介"、"岩石识别"和"矿物识别"三个底部控件,如图9.26 (a)所示。主页为"知识卡"界面,为岩石与矿物知识简介,单击某一种矿物或岩石,即可打开相应的矿物或岩石知识界面,可以看到其具体的分类、成分及物理性质。

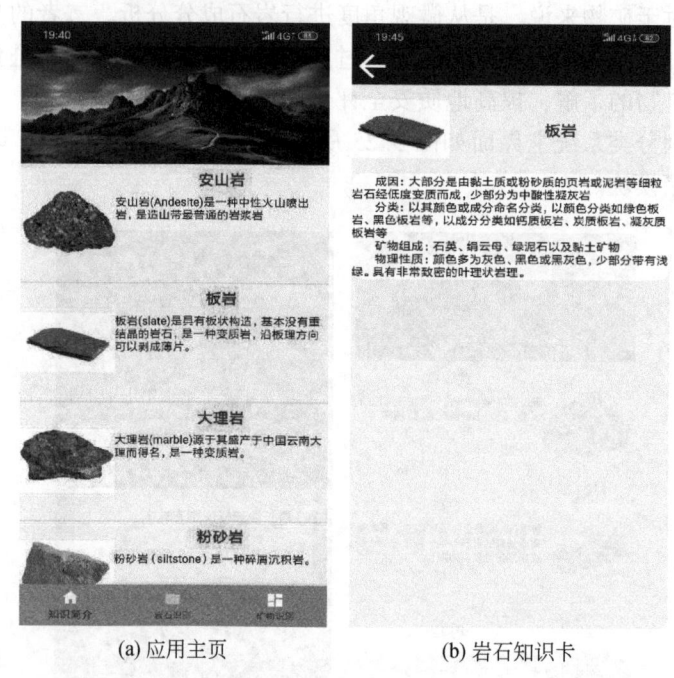

(a) 应用主页 (b) 岩石知识卡

图9.26 岩石知识模块

单击"板岩",即可查询其一般矿物组成,同时也显示典型板岩的图像,如图9.26 (b) 所示。岩石知识模块的主要功能是辅助岩石识别。知识模块中收录了不同岩石的相关信息。在工程领域,工程师主要关注岩石的组成和力学性质,所以在知识模块中主要包含岩石的组成,而力学性质作为附加信息可以在地质勘探的过程中逐渐完善,同时也包含岩石物理性质及其分类情况。在野外条件下,知识卡提供的岩石力学性质可以作为识别矿物的第二重手段,通过将应用识别结果与知识卡中记录的岩石的力学性质相对比,野外工作人员可以更为准确地判断出岩石的种类。

进入应用知识界面,向下滑动到矿物部分,如图9.27 (a) 所示。单击"赤铁矿",即可查询赤铁矿的颜色、成分、含铁率等基本信息,同时也显示典型赤铁矿的图像,如图9.27 (b) 所示。矿物知识模块的主要功能是辅助矿物识别。知识模块中收录了不同的矿物相关的基本信息,单击图中任意一项,均可得到相关的矿物信息。矿物信息包含了矿物的物理性质、化学性质及一些其他的重要用途。物理性质包含矿物的颜色、矿物的硬度、比重、形状及晶体形态等,可以作为矿物的辅助判别条件;化学性质包含矿物的化学组成、主要成分的一般含量、矿物的形成条件等,根据矿物的化学性质及其环境可以简略地判断出可能的伴生矿物、化学活性等；矿物的用途主要是指矿物在冶炼领域、建筑领域等用途。在野外条件下，知识卡提供的物理化学性质可以作为识别矿物的第二重手段，通过将应用识别结果与知识卡中记录的矿物的物理性质相对比，野外工作人员可以更为准确地判断出矿物的种类。

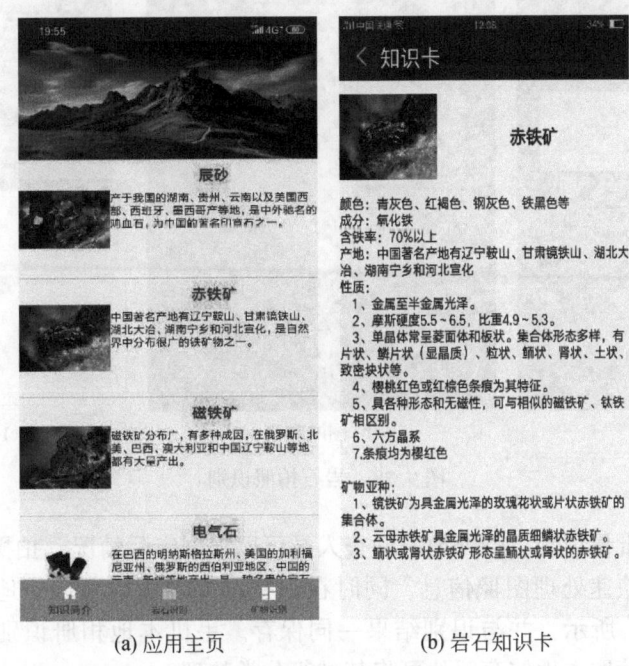

(a) 应用主页　　　　　(b) 岩石知识卡

图 9.27　矿物知识模块

3. 岩石矿物识别模块

1) 岩石识别模块

岩石识别模块可以分成两个子模块：拍照识别和图库识别。单击主界面的岩石识别，弹出识别方式的选择对话框，可以选择相机识别或相册识别。在相机识别中，勘探人员通过调用相机获取岩石图像并识别，最终获取岩石的种类。如图 9.28（a）所示，首先单击"相机"，则岩石拍照识别模块启动，相机随之打开；将所要识别的岩石进行拍摄，如图 9.28（b）所示；之后内置模型即可对拍摄图像进行识别，识别结果如图 9.28（c）所示。相机识别为实时识别，野外地质勘查人员可以根据自己的需求和岩石的颜色、纹理等来调整相机的焦距和自身所在位置，从而对同一岩石得出多次识别结果。同时在识别结果界面也增加实时记录的功能，如图 9.28（c）所示，野外工作人员可以将拍照时岩石所处环境和应力状态等信息实时记录，并与识别结果一同保存。单击顶部相机或图库按钮，即可打开相应的识别模式进行岩石识别。

在图库识别中，其过程和相机识别的过程基本一致，如图 9.29（a）所示。首先单击"相册"，系统打开相机中的相册图库，选择将要进行分类识别的岩石图像，如图 9.29（b）所示，之后内置模型即可对选中的图库图像进行分类识别，识别结果如图 9.29（c）

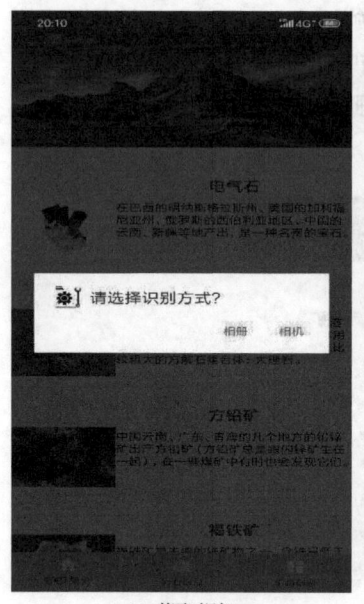
(a) 获取相机

(b) 图像确认

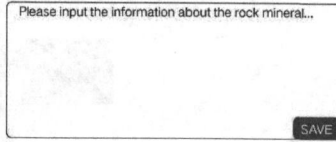
(c) 识别并保存

图 9.28　岩石拍照识别

所示。图库识别为批量识别，野外地质勘查人员可以根据实际情况，拍摄大量照片后统一进行识别，有利于快速处理图像信息，同时在识别结果界面也可记录地质图像的相关信息，如图 9.29（c）所示，并与识别结果一同保存。手机本地相册识别可以防止识别遗漏。应用程序通过读取本地储存照片可将其进行分类整理。

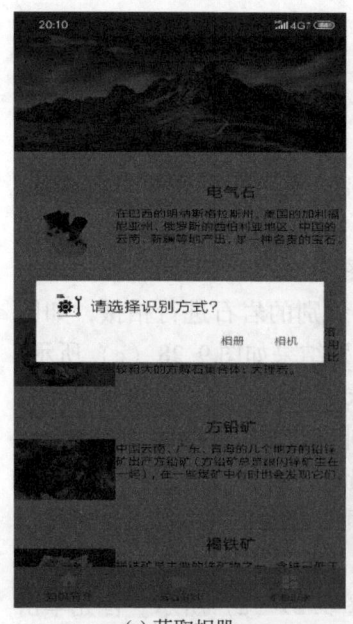
(a) 获取相册

(b) 选择图片

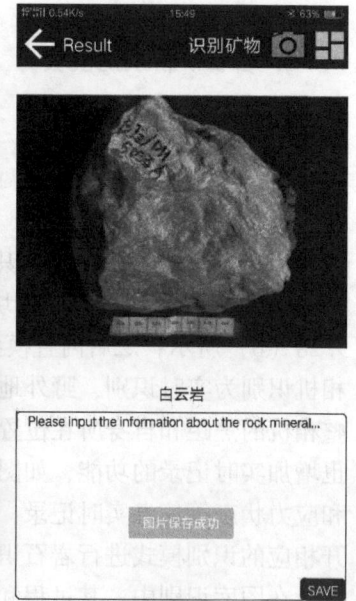
(c) 识别并保存

图 9.29　岩石图库识别

2) 矿物识别模块

矿物识别模块同样分成两个子模块：拍照识别和图库识别。单击主界面的矿物识别，弹出识别方式的选择对话框，可以选择相机识别或相册识别。勘探人员通过调用相机获取矿物图像并识别，最终获取矿物的种类。如图9.30（a）所示，首先单击"相机"，则矿物拍照识别模块启动，打开相机；将所要识别的矿物进行拍摄并确认，如图9.30（b）所示；之后内置模型即可对拍摄图像进行识别，识别结果如图9.30（c）所示。相机识别为实时识别，野外地质勘查人员可以根据自己的需求和矿物的形状等来调整相机的焦距和自身所在位置，从而对同一矿物得出多次识别结果。同时在识别结果界面也增加实时记录的功能，如图9.30（c）所示，可与识别结果一同保存。

(a) 获取相机　　　　　　(b) 图像确认　　　　　　(c) 识别并保存

图 9.30　矿物拍照识别流程

在相册识别中，其过程和相机识别的过程基本一致。如图9.31（a）所示，首先单击"相册"，系统打开相机中的相册图库，选择将要进行分类识别的矿物图像，如图9.31（b）所示，之后内置模型即可对选中的图库图像进行分类识别，识别结果如图9.31（c）所示。相册识别为批量识别，野外地质勘查人员可以根据实际情况，拍摄大量照片后统一进行识别，这对于地质图像后期的电子化保存十分有利，同时在识别结果界面也可记录地质图像的相关信息，如图9.31（c）所示，并与识别结果一同保存。手机本地相册识别可以防止识别遗漏。应用程序通过读取本地储存照片可将其进行分类整理。

4. 岩石矿物资料存储模块

资料存储模块以识别模块为基础，其储存方式以时间线和识别结果为依据，共分为三个层次。根目录以拍照日期命名，在根目录下的次级目录以岩石识别的种类命名，所有同

(a) 获取相册　　　　　　　(b) 选择图片　　　　　　　(c) 识别并保存

图 9.31　矿物图库识别流程图

类的识别结果都在此次级目录下，最后图像与包含附加信息的文本文档储存在次级目录中并以小时和分秒命名，便于后期对数据进行整理与统计。随着存储图像数量的增加，可以导出存储图片，并用其扩大模型训练集，重新利用新数据集再训练识别分类模型，最终可以提高模型精度和识别准确率。

1）岩石资料存储模块

储存的主要过程为在岩石识别完成之后，可以在识别结果中记录岩石的一些其他信息，如位置、风化程度、初步判定的强度、构造环境等，将这些信息与每一张岩石图像相链接并将其保存，使得野外勘探更加方便；附加信息可以为空，仅仅保存岩石图像。当对识别结果产生怀疑时，可以不保存此次识别，重新单击页面顶部的图库或相机按钮进行二次识别进行验证，最终多次识别后保留最终的识别结果。

2）矿物资料存储模块

储存的主要过程为在矿物识别完成之后，可以在识别结果上记录矿物的一些其他信息，如位置、矿物量、伴生矿物等，将这些信息与每一张矿物图像相链接，保存更多的矿物信息。在矿物识别完成之后，系统将自动把矿物图像根据识别结果分类储存，并且在识别结果下方可以添加矿物说明，并将矿物信息与矿物图像一同保存。

9.4　岩体表面强度无损检测与智能地质锤

地质锤是地质工作者的"三宝"（地质锤、罗盘和放大镜）之一，也是从事工程地质勘查野外作业的基本工具之一，其锤头通常一端呈长方形或正方形，另一端呈尖棱形或扁楔形。野外使用地质锤时，一般先用方头一端敲击岩石，使之破碎成块；然后用尖棱或扁楔形一端沿岩层层面敲击，可以进行岩层剥离，有利于寻找化石和采集样本；也可以用来整修岩石、矿石等标本，使之规格化，便于包装、试验。此外，在完整岩石露头上，将尖头或扁楔形一端作为楔，用另一把地质锤敲击，在岩石表面开凿成槽，便于采取岩矿、化石样品等；还可以利用尖头或扁楔形一端进行浅处挖掘，除去表面风化物、覆盖层等。地质锤除却具备上述基础性功能外，还可以作为一种估计岩石强度和岩石组分的物理装置。

一直以来，岩石强度和岩石类别都是开展地质学相关研究的基础性参数。工程地质勘查野外作业中，地质工程师主要通过监听锤击声判定岩石强度，通过观察岩石颜色、纹理、构造、矿物成分及其含量等区分岩石类别，但上述方法主观性较强，且受诸多因素影响，如经验缺乏、人为疏忽等，容易导致判别错误。随着国内工程建设的迅猛发展，对岩石强度测定和岩石种类鉴别提出了更高的要求，经验判别法难以满足部分工程应用需求，如何利用简便方法测定岩石强度和判断岩石种类已然成为地质、采矿等行业人员所面临的共同难题。多年来，诸多学者对岩石强度测定和岩石种类判别的物理装置进行了深入研究，虽然取得较多成果，但大部分仅仅是停留在实验室阶段，其工程实际应用效果欠佳。目前，尽管部分科研成果已经实现产业化，市场上也相继出现一些手持地质勘探设备，如手持式矿石分析仪等，但由于携带不便且操作烦琐，未能彻底解决上述难题。

9.4.1 智能地质锤设计方案

智能地质锤包括锤头和锤柄，具体结构如下。
（1）锤头具有一平突端，该平突端内设置有压力传感器。
（2）锤柄的结构包括：①设置有嵌入式显示屏，其下方设置有降噪麦克风，用于记录岩石锤击声；②其内部为中空腔体，空腔内设有主控电路板，其与显示屏电性连接，主控电路板上设置有传感器处理芯片组、CPU 处理芯片、存储模组、传感器模组，该储存模组用于储存岩石锤击声，该传感器模组包括陀螺仪和加速度传感器，CPU 处理芯片用于对传感器模组芯片处理后的各传感器信号以及存储模组存储的岩石锤击声进行运算，分析出岩石强度，并传入嵌入式显示屏；③锤柄上设置有负责模式切换的控制按键，用于将功能转换至"岩石强度判定"模式，自动触发降噪麦克风；④锤柄内置 GPS 模块，用于记录岩石坐标位置；⑤锤柄上还设置有摄像头，用于拍摄岩石图像，该摄像头与所述传感器模组电性连接；⑥主控电路板还包括图像分析处理器，其与 CPU 处理芯片用于通过神经网络模型对所述图像进行分析判断；⑦设置有闪光灯和环境光传感器，用于辅助所述摄像头进行拍摄；⑧设置有可翻转式触控显示屏，与图像分析处理器和 CPU 处理芯片电性连接，用于接收所述判断结果并显示；⑨锤柄末端设置有锂离子充电电池、SIM 卡槽、TF 卡槽和 Micro-USB 接口。
（3）锤头、锤柄壁均选用合金钢锻造，且二者组成的地质锤本体空腔内及接缝处设置有橡胶密封条，配合防震耐磨橡胶保护套，使其具备防尘、防水和防震功能。
（4）锤头的平突端、所述锤柄的末端均为可拆卸式结构，拆卸部位接口内侧设置有橡胶垫圈。

(5) 可翻转式触控显示屏是通过转动卡槽安装在所述锤柄一侧，且所述可翻转式触控显示屏的显示区域底部设置有转动支架。

(6) 摄像头设置有镜头保护盖，镜头保护盖与摄像头的孔口过盈配合；和/或所述镜头保护盖通过细绳与挂环相连接；所述镜头保护盖的材质为橡胶。

(7) 主控电路板分为上主控电路板和下主控电路板，上主电路板包括CPU处理芯片和图像分析处理器，下主控电路板包括传感器处理芯片组和锂离子充电电池上均粘贴有石墨散热片。

(8) 传感器模组还包括GPS模块、蓝牙模块、磁力传感器、气压传感器、温度传感器以及湿度传感器；所述锤柄上还设置有振动马达，所述压力传感器、摄像头、闪光灯、环境光传感器、降噪麦克风和振动马达均与所述传感器模组电性连接。

(9) 控制按键包括开关按键、录音按键、SOS按键和模式切换按键，各按键均为二段式按钮开关，且都与所述触发器模组电性连接；所述SOS按键具有对监控中心远程发送求救信息的功能；所述模式切换按键可以任意切换岩石强度判定和岩石种类识别两种主要功能。

(10) 主控电路板还包括通信模组，所述SIM卡槽、通信模组、蓝牙模块和CPU处理芯片共同构成无线数据传输装置，实现与手机、电脑以及云端数据同步。

(11) 摄像头适配有"鱼眼"镜头，对观察对象具有放大作用；所述闪光灯具有夜间照明功能，且可通过触控操作可翻转式触控显示屏手动调节亮度。

(12) GPS模块、磁力传感器和气压传感器共同构成数字指南针，陀螺仪和加速度传感器共同构成数字水平仪。

(13) 嵌入式显示屏用于显示岩石强度、岩石类别、经纬度、海拔高度、温度和/或湿度信息。

图9.32~图9.38为该智能地质锤的结构图。其中，1为锤头，2为锤柄，3为压力传感器，4为摄像头，5为闪光灯，6为环境光传感器，7为嵌入式微型显示屏，8为可翻转式触控显示屏，9为防震耐磨橡胶保护套，10为传感器处理芯片组，11为CPU处理芯片，12为图像分析处理器，13为存储模组，14为通信模组，15为锂离子充电电池，16为振动马达，17为SIM卡槽，18为降噪麦克风，19为控制按键，20为主控电路板，21为触发器模组，22为传感器模组，23为TF卡槽，24为Micro-USB接口，25为转动卡槽，26为转动支架，27为显示区域，28为石墨散热片，401为镜头保护盖，402为挂环，1901为开关按键，1902为录音按键，1903为SOS按键，1904为模式切换按键，2001为上主控电路板，2002为下主控电路板，2201为GPS模块，2202为陀螺仪，2203为Bluetooth模块，2204为加速度传感器，2205为磁力传感器，2206为气压传感器，2207为温度传感器，2208为湿度传感器。

9.4.2 智能地质锤应用实例

1. 通过监听岩石锤击声自动测定岩石强度

将声音识别算法嵌入系统底层，其主要包括声音增强、声音切片以及声音识别三个环

第 9 章 应用技术研发与工程实践

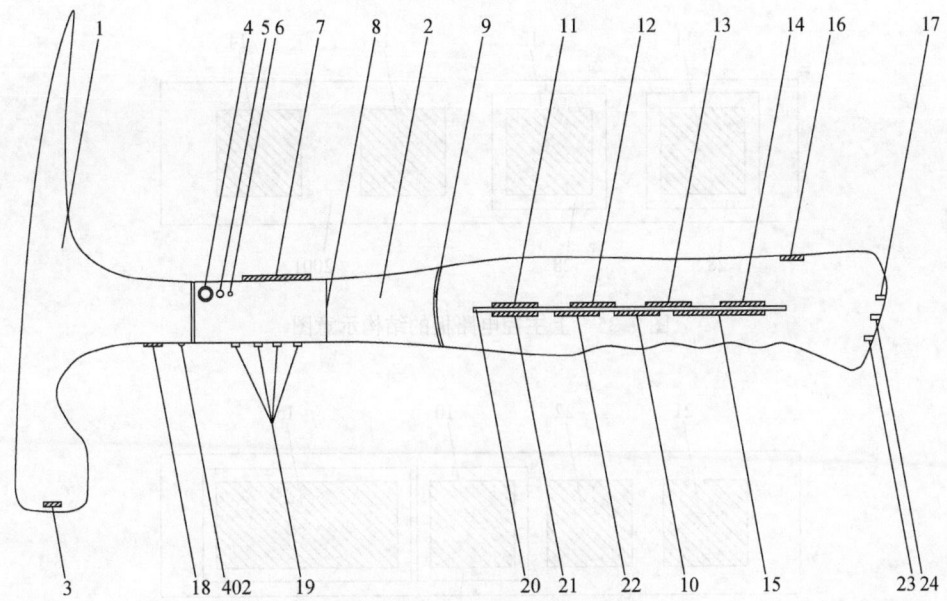

图 9.32 智能地质锤结构图

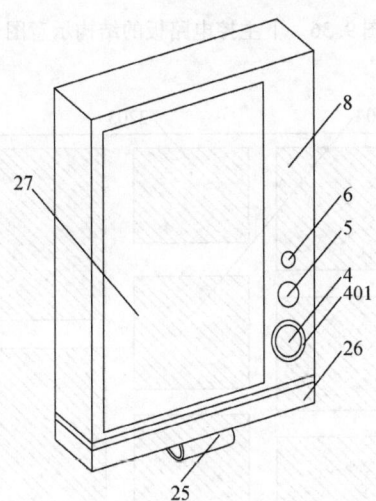

图 9.33 可翻转式触控显示屏的结构示意图

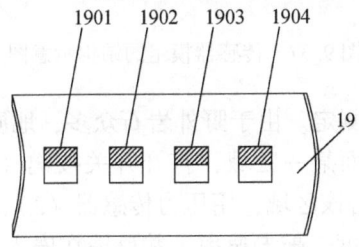

图 9.34 控制按键的结构示意图

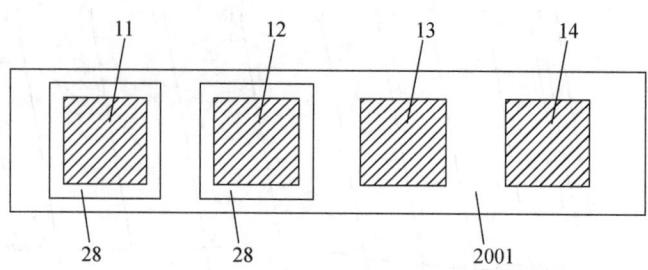

图 9.35 上主控电路板的结构示意图

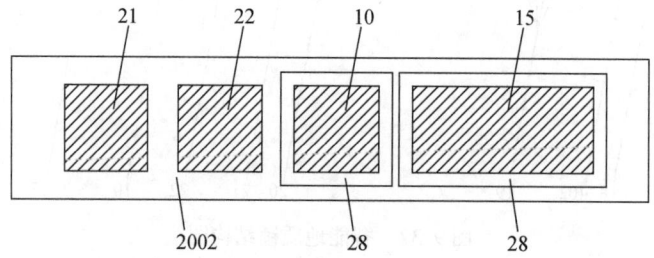

图 9.36 下主控电路板的结构示意图

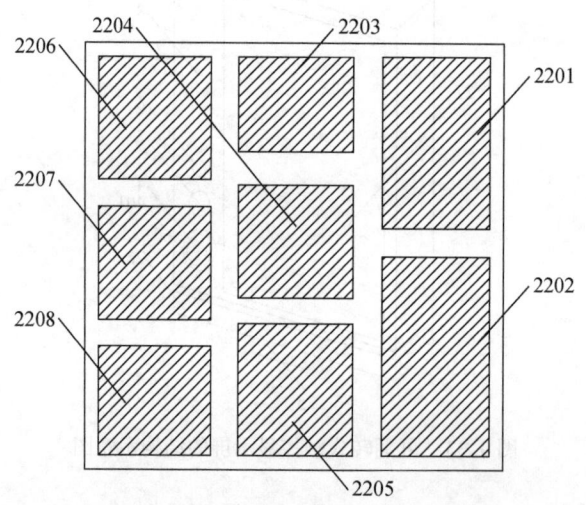

图 9.37 传感器模组的结构示意图

节，从而实现岩石强度的快速测定。由于野外岩石众多，地质工作者难以记忆每类岩石的准确强度。此时，选取岩石表面某一区域，打开开关按键（1901），操纵由锤头（1）和锤柄（2）组成的地质锤来敲击该区域，用压力传感器（3）、陀螺仪（2202）和加速度传感器（2204）实时监测敲击力度、敲击速率，并反馈在嵌入式微型显示屏（7）上，届时若敲击状态不合要求，振动马达（16）将产生振动提醒，方便调整至适合的敲击状态。同时，按下控制按键（19）中的模式切换按键（1904），将功能转换至"岩石强度判定"模

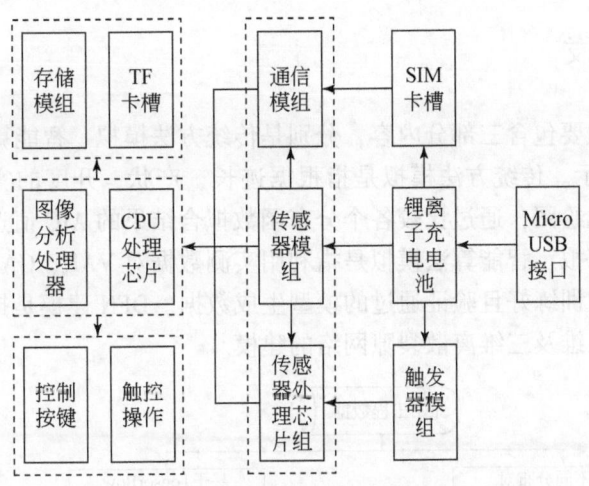

图 9.38 电路框架示意图

式,自动触发降噪麦克风 18,将记录的岩石锤击声储存在存储模组 13 中,同时 GPS 模块 2201 记录岩石坐标位置。系统读取岩石锤击声信号,经由传感器处理芯片组(10)传入 CPU 处理芯片(11)通过声音识别算法自行处理识别,岩石强度测试结果会显示在嵌入式微型显示屏(7)上。

2. 通过识别岩石图像自动判别岩石种类

图像分析处理器(12)内置基于 Inception-v3 深度卷积神经网络模型的岩石图像识别模型,其运用迁移学习方法实现岩石岩性的自动识别与分类。在野外地质勘查过程中,当遇到岩性不明的岩石,打开开关按键(1901),调整锤头(1)及锤柄(2)的方向以对准岩石,取下镜头保护盖(401),利用与传感器模组(22)电性连接的摄像头(4),如高清摄像头,辅以闪光灯(5)、环境光传感器(6),拍摄出该岩石的清晰图像,并储存在存储模组(13)中,同时 GPS 模块(2201)记录岩石坐标位置。在可翻转式触控显示屏(8)上查看确认后,按下控制按键(19)中的模式切换按键(1904),将功能转换至"岩石种类识别"模式,图像信息被传送到主控电路板(20)上的 CPU 处理芯片(11)、图像分析处理器(12)中,经过深层神经网络模型分析判别,岩石种类识别结果会显示在嵌入式微型显示屏(7)上。

9.5 岩体裂隙多维参数联合模拟程序

裂隙参数模拟是建立离散裂隙网络模型,进而建立构建精细化地质模型的关键。传统的裂隙参数模拟软件都是基于单参数的,即将裂隙的各个参数视为相互没有关联的变量,再利用概率密度函数进行拟合和模拟。这种模拟方式忽略了裂隙参数间的相关关系,难以真正反映出岩体内部裂隙的发育情况。为解决这一问题,在章节 7.1 和 7.2 研究内容的基础上,研发了裂隙多维参数联合模拟程序。

9.5.1 程序开发

该程序的结构主要包含三部分内容，分别是传统方法模拟、智能算法模拟、以及 DFN 建模，如图 9.39 所示。传统方法模拟是指根据迹长、产状、开度的实测数据，对各个参数进行拟合及可视化绘图，通过比较各个分布函数拟合结果的 AIC 值选择最合适的分布类型，并进行数据的模拟。智能算法模拟是指利用实测数据对 VAE、GAN 和 GMM 模型进行训练和验证，并利用训练好且验证通过的模型生成数据。DFN 建模是指根据上述两类方法生成的数据，进行二维及三维离散裂隙网络的建模。

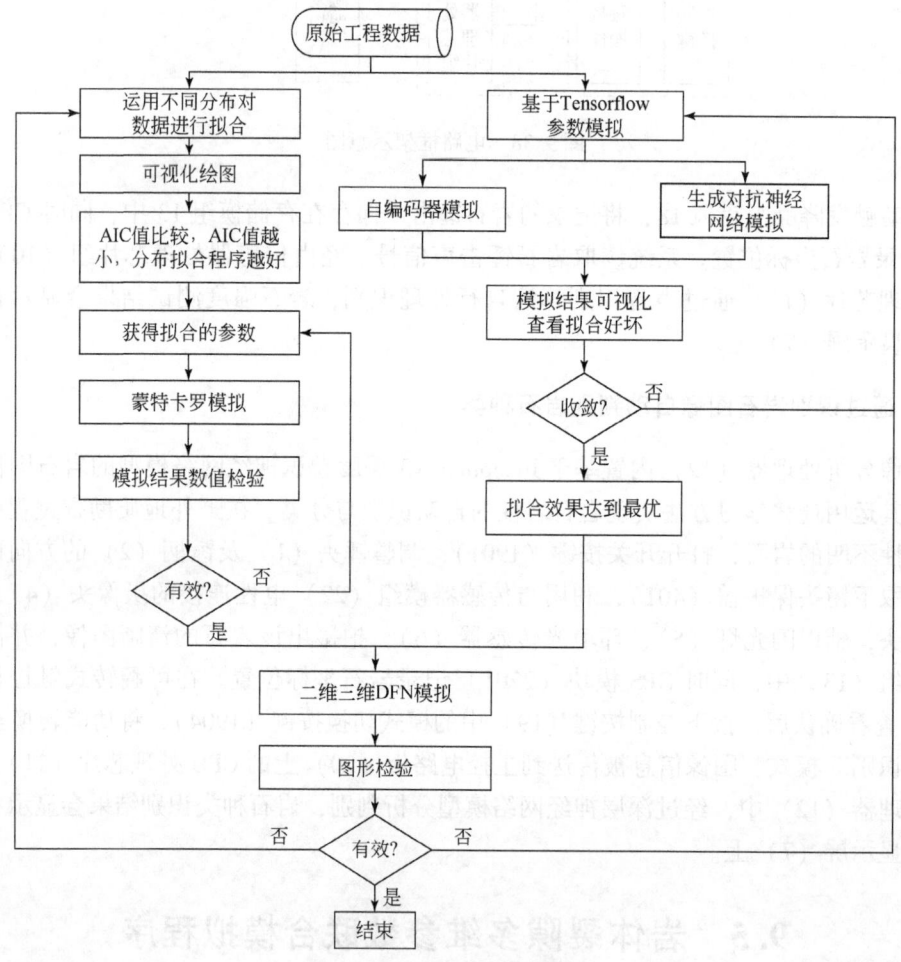

图 9.39 多维参数模拟系统

9.5.2 应用实例

图 9.40 为传统方法与智能算法对实测数据进行模拟的程序界面。在利用传统方法的

模拟过程中，首先利用传统方法分别计算出迹长、开度、产状的最优概率密度分布函数，再分别利用这些函数进行数据生成，输出的结果包括各个概率密度函数和 AIC 值。利用智能算法的模拟过程无须过多的人为操作，程序会根据输入的原始数据直接模拟出样本，输出的结果为 AIC 值（仅当使用 GMM 算法模拟时）。

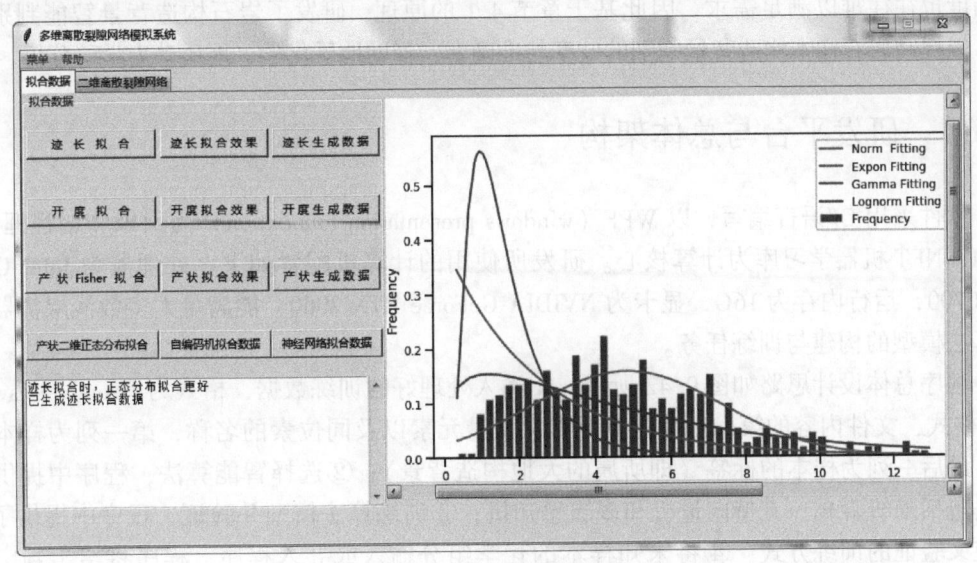

图 9.40 拟合数据界面

图 9.41 为生成迹线图的程序界面，其中两个输入参数为测平面的倾向倾角。程序会自动读取上一步中模拟出的裂隙参数，并根据测平面的空间形态直接模拟出二维的离散裂隙网络模型。

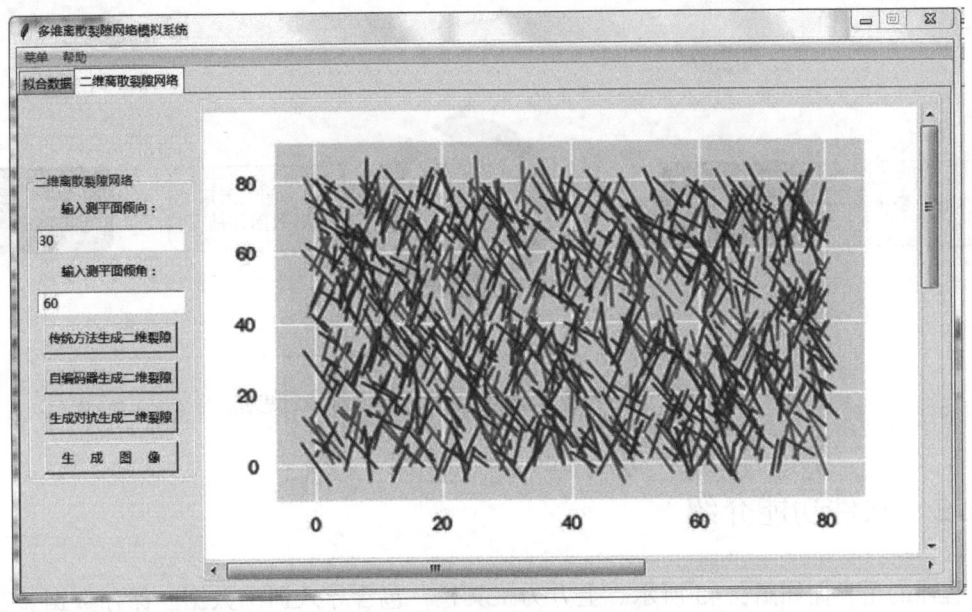

图 9.41 生成迹线图程序界面

9.6 岩石构造背景智能判别程序

目前,岩石构造背景主要通过判别图法进行判别,判别图法的适用范围有限,精准度和可信度也往往难以满足需求。因此基于章节 4.1 的原理,研发了岩石构造背景智能判别程序,以提高岩石样本构造背景判别的效率与准确率,辅助地质化学、地质动力学的分析。

9.6.1 研发平台与总体架构

软件采用 C#语言编写,以 WPF(windows presentation foundation)为引擎和编程框架,以 ML. NET 机器学习库为计算核心。研发所使用的计算机配置如下:处理器为 Inter Core i7-10700,运行内存为 16G,显卡为 NVIDIA GeForce RTX 2060,能满足大多数浅层机器学习算法模型的构建与训练任务。

程序总体设计思路如图 9.42 所示:①输入处理好的训练数据,格式为 . excel、. csv 或 . txt 格式,文件内容的第一行为主量元素、微量元素以及同位素的名称,第一列为样本序号,最后一列为样本的标签(即所属的大地构造背景);②选择智能算法,程序中提供的算法包括随机森林、支持向量机和多层感知机;③训练算法模型并验证,程序中提供了 K 折交叉验证的训练方式;④将未知样本的化学组分输入或导入程序,程序将给出判定结果;⑤结合算法模型,程序可给出判定的准确率,以及对判定结果贡献比较大的元素。

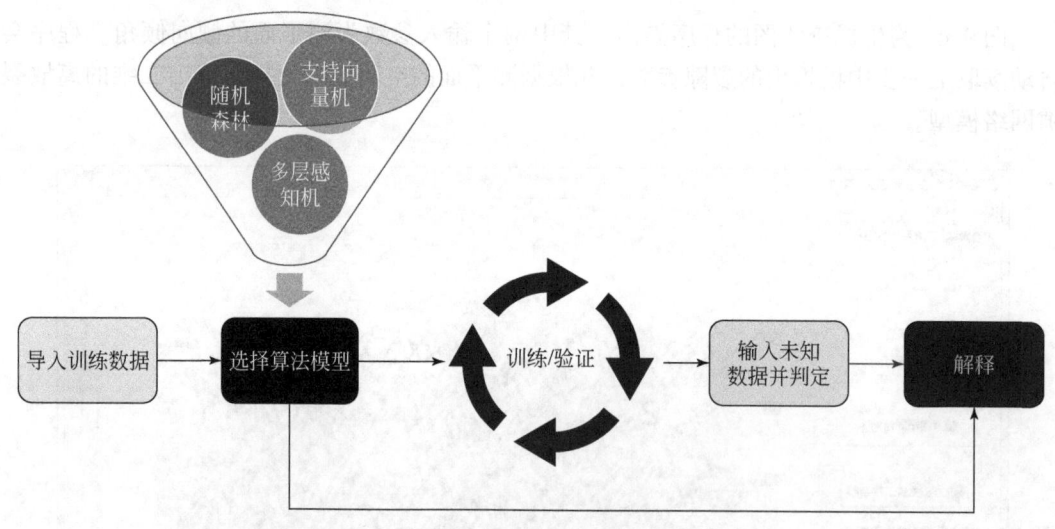

图 9.42 岩石构造背景智能判别程序总体设计思路

9.6.2 软件功能介绍

程序的主界面如图 9.43 所示。上方为工具栏,包含导入训练数据、保存数据、选择算法模型、训练算法模型等功能；左下方为导入未知数据（待判定数据）文件；右下方为判别和重置按钮，判别按钮触发对未知数据的构造背景的判别功能，重置按钮用以清空未知样本。

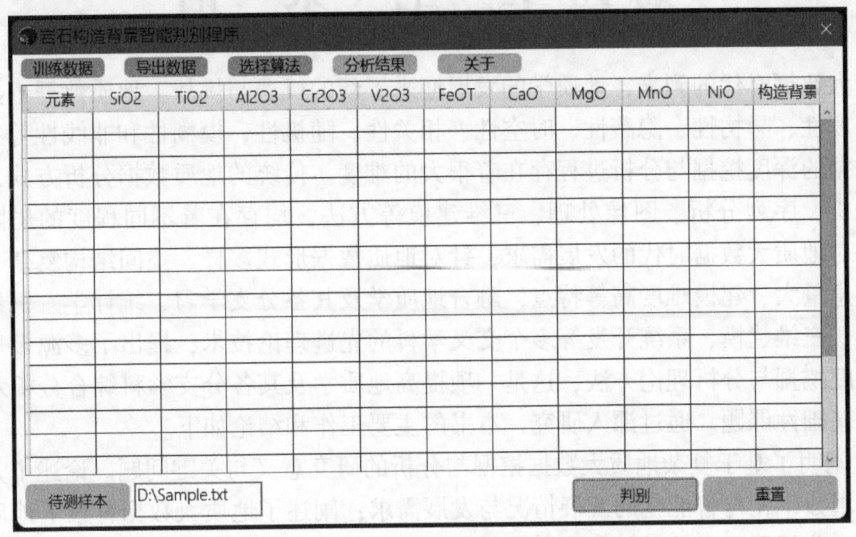

图 9.43 岩石构造背景智能判别界面

9.7 本章小结

本章以 3~8 章中所涉及的理论方法为核心，初步研发了地质大数据智能挖掘与分析平台。该平台集成了多项服务于地质科学的软件系统、硬件设备研究方案及其相关程序，具体包括：①针对水利水电工程地质勘查工作进行了技术创新和系统研发，提出了包含基础功能模块、地质对象记录模块、标记与解译模块以及现场辅助分析模块的基本系统架构；具体又分为 Windows 端的 FieldGeo3D 系统和 Android 端的 FieldGeo 系统两部分，二者相互配合使用，共同完成水利水电工程地质勘查内外业数字一体化工作。②针对岩石与矿物识别任务研发了"石事求石"Android 端应用程序，该程序分为知识模块、识别模块以及资料存储模块。其中，识别模块集成了深度卷积神经网络，可对常见的岩石和矿物进行高精度的识别；知识模块用于向用户展示常见岩石矿物的基本属性；资料存储模块用于存储识别记录以及扩充数据集、提升模型准确率。③针对野外岩体强度评估问题，研发了智能地质锤，该发明将微处理器和微型麦克风嵌入到地质锤中，可通过分析敲击岩石表面产生的敲击声判断岩体表面的强度，实现无损检测。④针对现有地质统计方法在裂隙发育情况表征问题上的局限性，研发了裂隙多维参数联合模拟程序。该程序集成了传统的统计分析方法以及基于智能算法的计算模型，可实现对岩土体多维（甚至高维）参数联合表征与模拟。⑤针对地质化学中所重点关注的构造判别问题，研发了岩石构造背景智能判别程序。该程序嵌入了包括 SVM、RF 在内的分类模型以及从开源数据 GEOROC 和 PetDB 收集的全球岩石样本数据，可通过岩石样本的化学成分判别其构造背景。

第 10 章 结 束 语

随着大数据时代的到来，地质学的发展迎来了新的机遇与挑战。地质数据本身的多源性、多尺度性、异构性、隐蔽性、时空性、相关性、随机性、模糊性和非线性等特征，导致地质数据的深度挖掘与分析过程存在着很大的难度。传统的地质数据分析方式，诸如数理统计分析、序列分析、图像处理、三维建模等方法，均存在着不同程度的局限性。因此，为应对地质大数据时代的发展需求，针对地质数据形式多样、空间结构复杂、不确定性强、信息量大、建模难度高等特点，融合地质学及其各分支学习、统计学、机器学习与深度学习、三维建模、系统开发等多个交叉学科的先进理论技术，提出了多源多尺度地质大数据深度挖掘与分析理论方法，这是一项提高地质学及其各分支学科综合分析水平及理论程度的基础性课题。通过深入研究，本书的主要工作和结论如下：

（1）阐明了基于复杂地质大数据挖掘与分析的研究意义与关键问题。论述了大数据时代地质领域数字化与智能化的发展情况与发展需求；阐述了地质大数据背景下地质学所遇到的瓶颈；分析了国内外对复杂地质数据挖掘分析方法的研究现状及局限性。从数据角度对多源多尺度地质对象的形式及相关的理论方法进行了提炼；并对当前地质数据深度挖掘过程所存在的难点进行了全面的剖析；提出了"统计分析—经典机器学习—深度学习—地质建模"四位一体的地质大数据智能分析方案与总体结构，并对其中所涉及的关键问题进行了总结。

（2）系统地阐述了地质大数据深度挖掘的基本方法理论。总结了地质研究中常用的统计学原理，重点介绍了贝叶斯定理和 Copula 理论，给出了常用的 Copula 函数、函数选择方法、随机变量模拟方法和相关指标。总结了机器学习基本原理，并对几类经典的机器学习算法模型进行了详细的说明。对当前较为流行的深度神经网络结构及其工作原理进行了阐述，重点介绍了几个当前最具代表性的深度学习模型，并详细阐述了迁移学习原理。给出了地质大数据挖掘所常用的验证方法和评价指标。最后，介绍了当前较为流行的数据挖掘开源工具平台，包括 Python 及其科学计算库、TensorFlow 以及 PyTorch。

（3）提出了全球及区域尺度的典型地质大数据判别与评价方法。以大地构造背景判别这一地质学领域的代表性问题为出发点：①提出了基于机器学习的玄武岩构造背景智能判别方法，利用从全球地质数据库 GEOROC 和 PetDB 中采集的玄武岩样本对传统的判别图法和智能判别方法进行了对比，证实了所提出的方法具有准确率高、鲁棒性强、适用范围更大的特点；②提出了融合贝叶斯框架与多元 Copula 理论的辉长岩大地构造背景判别方法，并结合遗传算法优化了判别方法的性能，实验结果表明，该方法不仅有较高的准确率，而且有较强的可解释性，同时也证实了组分和成因较为复杂的辉长岩本身是含有其构造背景信息的猜想。成矿与找矿模型是大数据理念和技术应用的另一个重要领域，从这一点出发：①提出了基于重采样技术和机器学习原理的成矿预测方法，综合对比了逻辑回归算法、随机森林算法和决策树算法，实现了较高精度的成矿分析；②提出了耦合 PCA 降维算法和 SVM 分类模型的金矿矿床规模预测分析方法；应用实例表明，PCA-SVM 算法的无矿数据预测准确率为 89.64%，矿点的预测准确率为 70.00%，小型矿床的预测准确率为 83.33%，矿点和中型及以上规模的预测准确率为 66.70%，具有良好的效果，可以为矿床勘探提供依据。

（4）提出了工程尺度下野外地质勘查数据智能识别技术。提出了迁移学习模式下岩石图像分类方法，建立了岩石种类识别深度学习模型，对于各类岩石的识别准确率均在 80%以上，部分结果高于 95%。研究了灰度特征、纹理特征对地质现象识别的影响，并提出了基于迁移学习工程地质中特殊地质结构的图像识别模型，该模型的识别准确率超过 80%。提出了岩石表面强度无损检测方法，通过短时傅里叶变换和深度迁移学习模型，对地质锤敲击岩石的声音信号进行定量计算，结果表明该方法的强度计算值与回弹仪的计算值的偏差在 ±3 以内，精度为 ±1.6。

（5）提出了针对工程地质勘探的智能量化评价方法。针对钻孔摄影图像处理工作主观性强、工作量大的特点：①对比研究了传统图像处理方法和深度学习模式下的目标检测方法，最终集成策略构建了 Faster R-CNN 模型和 SSD 模型，实现了钻孔摄影图像的地质界线检测，实验结果证明了所提出的方法具有很好的鲁棒性和抗干扰能力；②提出了用于钻孔摄影图像中的结构面识别的深度学习图像分割算法和深度特征提取方法，结果表明识别效果可达到像素级，交并比最高可达 87% 以上。针对平硐中数据类型多样、干扰因素复杂的特点：①考虑工程地质洞室基础地质现象复杂、人工分析工作量大的问题，提出了集成多深度算法的智能分类模型，实验表明，对特殊地质现象的识别精度达 90% 以上；②针对岩石围岩质量评价体系主观性强、精度低、成本高等问题，研发了利用对穿声波波速判断围岩完整性的算法，进而提出了一种新的多尺度岩体完整性评价指标以及相应的分析方法，可实现岩体完整性的精细化评估。

（6）提出了统计及标本尺度下地质数据参数表征与特征识别方法。提出了基于 Copula 理论的岩体裂隙多维参数不确定性表征与分析方法，工程验证表明该方法可以更准确地描述岩体裂隙参数之间的相关关系，从而模拟出与真实情况更为接近的裂隙参数。考虑到统计学的不确定性描述方法存在着推导困难、具有一定主观性、不易于推广应用等问题，提出了基于 GMM 生成式模型的地质体高维参数智能模拟与分析方法；实验表明，用该方法表征地质样本多维参数的不确定性要显著优于统计学方法。针对矿物图像纹理特征复杂、色彩分布多样以致现有算法的识别准确率不高的问题，通过耦合颜色模型与深度学习原理，提出了一种矿物识别模型，实现了对 12 种矿物的高精度识别。

（7）提出了多尺度不确定性地质建模与参数化建模方法。针对尺度较小的岩体裂隙结构：①基于所提出的统计尺度地质数据挖掘方法，提出了随机扁椭球离散裂隙网络模型，其更能反映岩体裂隙发育程度的模型；②对传统圆盘形状的三维离散裂隙网络模型进行了改进，提出了多边形裂隙形状的建模方法，并给出了详细参数计算流程；③针对三维离散裂隙网络模型的验证问题，提出了基于计算机图形学的模型图形检验算法，从定量的角度衡量三维模型与真实裂隙分布之间的相似程度，有效地提高了模型有效性检验的客观性与准确性。针对尺度较大的地质界面：①考虑到现有工程地质三维建模过程步骤烦琐、工作量繁重、模型更新困难的问题，提出了基于 NURBS 技术通过参数化曲线曲面和参数化切割实现三维地质结构的参数化建模方法,在不损失建模精度的前提下,将建模效率提升了85%;②提出了大规模断层不确定性形态智能感知方法,以及复杂断层网络的链式表示方法及建模流程,从而实现了复杂大规模断层网络的半隐式不确定性建模与分析。

(8) 研发了一系列地质数据智能分析应用程序与设备。初步研发了"地质大数据智能挖掘与分析平台"。该平台目前主要面向地质数据智能采集与分析,包含6个子系统或实用工具,具体为①针对目前水利水电地质勘查工作中数字化困难、效率低等问题,研发了水利水电工程地质数字化采集系统,包括Windows端的HydroGeo3D系统和Android端的FieldGeo系统,二者相互配合,实现了地质勘查工作的数字化与内外业工作的一体化;②研发了"石事求石"Android应用程序,通过嵌入谷歌的Inception-v3、Inception-resnet-v2深度神经网络以及迁移学习,可实现通过图像自动判断出岩石和矿物的种类,为野外地质勘查工作提供更有效的手段;③研发了智能地质锤,通过在锤头和锤柄设计集成电路、传感器和芯片,并嵌入深度学习模型,可实现通过手机对岩石的敲击声判断岩石的表面强度,以及岩石种类识别,丰富野外地质勘查的手段;④针对三维离散裂隙网络建模过程中的参数模拟问题,开发了裂隙多维参数联合模拟程序,通过嵌入传统的基于概率密度函数的模拟方法和基于智能算法的模拟方法,实现了对裂隙参数的准确表征和快速模拟;⑤针对目前岩石构造背景判别图法所存在的局限性,研发了岩石构造背景智能判别程序,其内置从全球地质数据库中筛选出的玄武岩和辉长岩样本及随机森林、支持向量机和多层感知机三种智能算法,可实现岩石样本大地构造背景的高准确率的预测及相关分析。

总的来说,本书将理论方法研究与实践应用紧密结合,提出了复杂多源多尺度地质大数据深度挖掘分析方法与关键技术,对改变传统地质数据分析方式、提高地质数据的分析效率与精度,有着积极地促进作用,在我国地质领域产生了一定的影响。

本书成果可应用于基础地质、矿产地质、水文地质、工程地质、环境地质、灾害地质等个地质学分支领域的数据分析中,为实际遇到的地质问题提供科学的解决途径和先进的手段。

由于时间和水平有限,书中难免存在不足之处和有待进一步改进完善的方面。基于作者的一些思考,在上述成果的基础上,今后的工作主要着重于以下两个方面。

(1) 进一步深入理论方法的研究,丰富非结构化地质数据的挖掘方法,重点考虑利用自然语言处理技术对文本类地质资料的智能分析,如命名实体识别、智能搜索、主题提取、关联分析等。

(2) 大多数智能算法都存在不同程度的"不可解释性",以及所谓的黑箱机制。模型的复杂度越高,这种不可解释性越明显。因此,在下一步工作中,考虑如何将算法对地质数据的分析过程解构,提升算法的可解释性,有助于对地质对象更深层次的理解。

参考文献

白云生，高云河．2018．GRASSHOPPER 参数化非线性设计．武汉：华中科技大学出版社．

毕林，赵辉，李亚龙．2018．基于 Biased-SVM 和 Poisson 曲面矿体三维自动建模方法．中国矿业大学学报，47（5）：1123-1130．

蔡婷婷．2012．环境地球化学勘查成果的表示与评价．黑龙江科技信息，35：18．

常力恒，朱月琴，张戈一，等．2018．面向矿产资源信息的空间关联性分析．岩石学报，34（2）：314-318．

陈鼎新，刘代志，曾小牛，等．2016．时空 Kriging 算法在区域地磁场插值中的应用及改进．地球物理学报，59（5）：1743-1752．

陈建平，陈勇，王全明．2008．基于 GIS 的多元信息成矿预测研究——以赤峰地区为例．地学前缘，15（4）：18-26．

陈绍裘，陈灿华．2003．激发极化法探测断裂蚀变带型金矿．中南工业大学学报，34（6）：674-677．

陈万峰，王金荣，张旗，等．2017．洋岛和洋底高原玄武岩数据挖掘：地球化学特征及其与 MORB 的对比．地质学报，91（11）：2443-2455．

程铁栋，易其文，吴义文，等．2021．改进 EWT_ MPE 模型在矿山微震信号特征提取中的应用．振动与冲击，40（9）：92-101．

第鹏飞，王金荣，张旗，等．2017．玄武岩构造环境判别图评估——全体数据研究的启示．矿物岩石地球化学通报，36（6）：891-896．

董平川．2004．利用岩心古地磁定向研究油藏水平主应力方向．岩石力学与工程学报，23（14）：2480-2483．

段福州，赵文吉，李家存，等．2011．基于三维地理信息系统的岩层产状测量方法．吉林大学学报（地球科学版），1：310-315．

方维萱，郭玉乾．2009．基于风险分析的商业性找矿预测新方法与应用．地学前缘，16（2）：209-226．

伏坤，王珣，刘勇，等．2019．基于 K 近邻改进密度峰值聚类分析法的岩体结构面产状优势分组．水利水电技术，50（11）：124-130．

郭甲腾，刘寅贺，韩英夫，等．2019．基于机器学习的钻孔数据隐式三维地质建模方法．东北大学学报（自然科学版），40（9）：1337-1342．

郭强，葛修润，车爱兰．2011．基于钻孔摄影方法的岩体中结构面连通性分析．上海交通大学学报（自然版），45（5）：733-737．

郭清宏，周永章，曹姝旻，等．2010．广绿玉玉石的矿物学研究．中山大学学报（自然科学版），49（3）：146-151．

郭松，郭广礼，李怀展，等．2020．基于主成分层次聚类模型的采空塌陷场地稳定性评价．中国地质灾害与防治学报，31（6）：116-121．

韩孝朕，郭正也，康燕，等．2015．拉曼光谱在鸡血石鉴定中的应用．光学学报，35（1）：446-453．

何慧优，方剑．2021．重力异常频谱分析方法研究及其应用．武汉大学学报（信息科学版），10：1-16．

和成忠，武睿，郭军，等．2020．云南待补镇—德泽镇一带地球化学特征及异常评价．物探与化探，44（2）：235-244．

侯景儒．1998．实用地质统计学．北京：地质出版社．

侯卫生，陈秀文，杨翘楚，等．2021．破碎带三维模型不确定性分析及其在地铁工程中的应用．中山大学学报（自然科学版），60（3）：10．

胡绍祥，王渭明，张永双．2001．地下工程岩体结构面的统计与应用研究．工程地质学报，9（3）：

263-266.

胡思颐. 1991. 当代金刚石找矿工作中的重砂法. 地质科技情报, 10 (s1): 125-134.

胡煜昭, 张桂权, 王津津, 等. 2012. 黔西南中部卡林型金矿床冲断-褶皱构造的地震勘探证据及意义. 地学前缘, 19 (4): 63-71.

黄润秋. 2004. 复杂岩体结构精细描述及其工程应用. 北京: 科学出版社.

黄小刚, 赵景波, 曹军骥, 等. 2019. 中国城市 O^3 浓度时空变化特征及驱动因素. 环境科学, 40 (3): 1120-1131.

黄友波, 谢平, 夏军. 2002. 频谱分析方法在水文时间序列代表性分析中的应用. 浙江水利水电专科学校学报, 3: 4-6.

姜作勤. 2004. 地质工作信息化若干问题的思考. 地质通报, 23 (Z2): 839-845.

科瓦列夫斯基. 2014. 基于地质统计学的地质建模. 北京: 石油工业出版社.

李德仁, 王树良, 李德毅. 2013. 空间数据挖掘理论与应用. 北京: 科学出版社.

李典庆, 唐小松, 周创兵. 2015. 基于 Copula 理论的岩土体参数不确定性表征与可靠度分析. 北京: 科学出版社.

李航, 2012. 统计学习方法. 北京: 清华大学出版社.

李昆仑, 黄厚宽, 田盛丰. 2003. 一种基于有向无环图的多类 SVM 分类器. 模式识别与人工智能, 16 (2): 164-168.

李明超, 钟登华, 王忠耀, 等. 2010. 水利水电工程地质-水工三维协同设计系统研究. 中国工程科学, 12 (1): 43-47.

李明超, 张野, 周四宝. 2018. 基于岩体三维裂隙网络模型的随机块体稳定分析. 天津大学学报 (自然科学与工程技术版), 51 (4): 331-338.

李文昌, 刘学龙. 2015. 云南普朗斑岩型铜矿田构造岩相成矿规律与控矿特征. 地学前缘, 22 (4): 53-66.

李兆亮, 潘懋, 杨洋, 等. 2015. 三维复杂断层网建模方法及应用. 北京大学学报 (自然科学版), 51 (1): 79-85.

刘承照, 韩帅, 李明超, 等. 2019. 耦合 PCA-SVM 算法的金矿矿床规模预测分析研究. 地学前缘, 26 (4): 138-145.

刘翠, 邓晋福, 许立权, 等. 2011. 大兴安岭–小兴安岭地区中生代岩浆–构造–钼成矿地质事件序列的初步框架. 地学前缘, 18 (3): 166-178.

刘福来, 许志琴, 宋彪. 2003. 苏鲁超高压变质带中非超高压花岗质片麻岩的准确识别: 来自锆石微区矿物包体及 SHRIMP U-Pb 定年的证据. 地质学报, 77 (4): 533-539+602.

刘吉权, 文亚松. 2018. 陕西宁陕县太山庙金矿地质特征及成因. 云南地质, 37 (1): 67-71.

刘建强, 任钟元. 2013. 玄武岩源区母岩的多样性和识别特征: 以海南岛玄武岩为例. 大地构造与成矿学, 37 (3): 471-488.

刘健, 陈亮, 王春萍, 等. 2015. 不同距离计算标准和有效性指标组合方案对节理优势组划分的影响研究. 岩石力学与工程学报, 34 (S1): 3151-3159.

刘善丽, 黎伟, 孙国胜, 等. 2011. 高精度磁法测量在内蒙古克力代金矿点查证中的应用. 世界地质, 30 (4): 666-670.

刘松峰, 李顺, 聂鑫, 等. 2021. 海南岛东南海域碎屑锆石年代学物源示踪及构造指示意义. 地球科学, 1-19.

刘晓民, 万峥, 刘海燕. 2014. 基于地质统计学理论的海拉尔河流域降水时空变异性研究. 南水北调与水利科技, 12 (4): 16-20+34.

刘馨蕊, 张海峰, 王雪, 等. 2011. 地质统计学在金属矿山储量估算中的应用研究. 测绘通报, 4: 62-64+76.

刘学军, 龚健雅, 周启鸣, 等. 2004. 基于 DEM 坡度坡向算法精度的分析研究. 测绘学报, 33 (3): 258-263.

刘忠明, 谭秋明. 1994. 湖北随北地区地质事件序列的确定及其意义. 湖北地质, 1: 26-31+88.

陆松年, 李怀坤, 于海峰. 2001. 地质事件、序列和事件群. 地质论评, 5: 521-526.

罗建民, 张琪, 宋秉田, 等. 2017. 物化探信息综合处理在找矿靶区定量优选中的应用. 矿物岩石地球化学通报, 36 (6): 886-890.

罗建民, 王晓伟, 宋秉田, 等. 2018. 岩浆岩定量分类方法探讨——以甘肃省西秦岭地区为例. 岩石学报, 34 (2): 326-332.

马德锡, 于爱军, 葛良胜, 等. 2008. 高密度电法在金矿勘查中的应用. 地质与勘探, 44 (3): 65-69.

马凯. 2018. 地质人数据表示与关联关键技术研究. 武汉: 中国地质大学.

牟丹, 王祝文, 黄玉龙, 等. 2015. 基于 SVM 测井数据的火山岩岩性识别——以辽河盆地东部坳陷为例. 地球物理学报, 58 (5): 1785-1793.

庞汉松, 陈从新, 夏开宗, 等. 2020. 基于监测数据的分段崩落采矿法地表危险变形区边界确定方法研究. 岩石力学与工程学报, 39 (4): 736-748.

彭涛. 2017. 探究地质工程测量技术的常见问题与对策. 科技经济导刊, 27: 89+43.

阮秋琦. 2007. 数字图像处理学. 北京: 电子工业出版社.

沈远超, 申萍, 刘铁兵, 等. 2008. EH4 在危机矿山隐伏金矿体定位预测中的应用研究. 地球物理学进展, 23 (2): 559-567.

盛骤. 2001. 概率论与数理统计 (第3版). 北京: 高等教育出版社.

宋盛渊, 王清, 陈剑平, 等. 2015. 岩体结构面的多参数优势分组方法研究. 岩土力学, 36 (7): 223-230.

宋腾蛟, 陈剑平, 张文, 等. 2015. 基于萤火虫算法的岩体结构面优势产状聚类分析. 东北大学学报 (自然科学版), 36 (2): 284-287+304.

孙卫, 史成恩, 赵惊蛰, 等. 2006. X-CT 扫描成像技术在特低渗透储层微观孔隙结构及渗流机理研究中的应用——以西峰油田庄19井区长82储层为例. 地质学报, 80 (5): 775-779.

孙中任, 魏文博. 2004. 高密度电阻率法在金矿勘查工作中的应用效果. 石油地球物理勘探, 39 (S1): 118-122.

汤中立. 2004. 中国镁铁、超镁铁岩浆矿床成矿系列的聚集与演化. 地学前缘, 11 (1): 113-119.

唐小松. 2014. 基于 Copula 理论的岩土体参数不确定性建模与可靠度分析. 武汉: 武汉大学.

万虎, 李晓晓. 2017. 浅谈普查找矿与矿床勘探方法. 西部资源, 3: 40-41.

汪云亮, 张成江, 修淑芝. 2001. 玄武岩类形成的大地构造环境的 Th/Hf-Ta/Hf 图解判别. 岩石学报, 3: 413-421.

王长安. 2018. 野外探矿技术探讨. 资源信息与工程, 33 (1): 14-15.

王刚, 李明超, 周四宝. 2015. 水利水电工程多源地质数据集成处理与分析. 水利水电科技进展, 35 (2): 73-76.

王健. 2018. 基于地质统计学模拟的地球化学异常信息提取. 北京: 中国地质大学.

王金荣, 潘振杰, 张旗, 等. 2016. 大陆板内玄武岩数据挖掘: 成分多样性及在判别图中的表现. 岩石学报, 7: 1919-1933.

王金荣, 陈万峰, 张旗, 等. 2017. N-MORB 和 E-MORB 数据挖掘——玄武岩判别图及洋中脊源区地幔性质的讨论. 岩石学报, 33 (3): 993-1005.

王恺其, 肖凡. 2019. 多点地质统计学的理论、方法、应用及发展现状. 地质科技情报, 38 (6): 256-268.

王锐军, 付开泉, 杨斌, 等. 2014. 金矿放射性γ能谱特征及其应用研究——以瓜州县老金厂金矿为例. 甘肃地质, 23 (4): 84-88.

王瑞, 李亮, 周大伟, 等. 2019. 地质统计学在稀土矿储量计算研究应用. 稀土, 40 (2): 35-41.

王述红, 朱宝强, 王鹏宇. 2020. 模拟退火聚类算法在结构面产状分组中的应用. 东北大学学报（自然科学版）, 41 (9): 114-119.

王文龙, 杨海海, 张慧玉, 等. 2002. 高密度电法在金矿找矿中的应用. 黄金地质, 8 (3): 53-56.

王学滨, 白雪元, 齐大雷. 2016. 基于事件统计的断层系统中局部断层活动规律数值分析. 地球物理学进展, 31 (5): 2340-2345.

王勇生, 杨秉飞, 王海峰, 等. 2016. 石英C轴组构影响因素探讨: 以郯庐断裂带糜棱岩为例. 岩石学报, 32 (4): 965-975.

王允, 孙毅, 刘路, 等. 2021. 一种基于时空关联的灾害溯源算法. 灾害学, 36 (3): 221-226.

王志辉, 吕庆田, 严加永. 2016. 金矿地球物理勘查方法综述. 地球物理学进展, (2): 805-813.

魏群, 张国新. 2008. 岩土工程图形计算力学的概念方法及应用. 岩石力学与工程学报, 27 (10): 2043-2051.

温世儒, 杨晓华, 郭元术. 2020. 基于频谱能量分析的地质雷达探测图像判读. 工程科学与技术, 52 (6): 11.

吴冲龙, 刘刚, 张夏林, 等. 2016. 地质科学大数据及其利用的若干问题探讨. 科学通报, 61 (16): 1797-1807.

吴冲龙, 刘刚, 周琦, 等. 2020. 地质科学大数据统合应用的基本问题. 地质科技通报, 39 (4): 1-11.

吴继敏, 魏继红, 孙少锐. 2009. 地质工程参数取值与岩体结构模拟应用. 北京: 科学出版社.

武强, 徐华. 2004. 三维地质建模与可视化方法研究. 中国科学: 地球科学, 34 (1): 54-60.

肖斌, 赵鹏大, 侯景儒. 2000. 地质统计学新进展. 地球科学进展, 3: 293-296.

肖凡, 陈建国, 侯卫生, 等. 2017. 钦-杭结合带南段庞西垌地区Ag-Au致矿地球化学异常信息识别与提取. 岩石学报, 33 (3): 779-790.

谢学锦, 任天祥, 严光生, 等. 2010. 进入21世纪中国化探发展路线图. 中国地质, 37 (2): 245-267.

徐述腾, 周永章. 2018. 基于深度学习的镜下矿石矿物的智能识别实验研究. 岩石学报, 34 (11): 3244-3252.

许冲, 徐锡伟. 2021. 逻辑回归模型在玉树地震滑坡危险性评价中的应用与检验. 工程地质学报, 20 (3): 326-333.

许乃岑, 沈加林, 张静. 2015. X射线衍射-X射线荧光光谱-电子探针等分析测试技术在玄武岩矿物鉴定中的应用. 岩矿测试, 34 (1): 75-81.

薛建平, 李成元, 刘永新, 等. 2014. 试论造山带1:5万地质填图法的应用效果——以索伦山地区的区矿调工作为例. 内蒙古煤炭经济, 11: 209-212.

杨春和, 梅涛, 王贵宾, 等. 2007. 甘肃北山芨芨采石场岩体节理特征研究. 岩石力学与工程学报, 26 (S2): 3849-3854.

杨建民, 权勃, 张文童, 等. 2020. 基于蒙特卡洛模拟的三维地质模型不确定性分析. 断块油气田, 27 (3): 309-312.

杨婧, 王金荣, 张旗, 等. 2016. 全球岛弧玄武岩数据挖掘——在玄武岩判别图上的表现及初步解释. 地质通报, 35 (12): 1937-1949.

杨少平, 孔牧, 刘华忠, 等. 2003. 我国东北部森林沼泽景观区化探扫面方法技术研究. 地质与勘探, 39 (6): 94-98.

杨少平, 弓秋丽, 文志刚, 等. 2011. 地球化学勘查新技术应用研究. 地质学报, 85 (11): 1844-1877.

杨树文.2013.工程地质地学信息遥感自动提取技术.北京：电子工业出版社.
岳亚伟.2020.数字图像处理与Python实现.北京：人民邮电出版社.
张翠芬，郝利娜，王元俭，等.2017.Landsat8 OLI图像增强与岩性识别方法.地质与勘探,53（2）：325-333.
张发明等.2007.多尺度三维地质结构几何模拟与工程应用.北京：科学出版社.
张航.2020.基于深度学习的隧道微震信号处理及岩爆智能预警研究.成都：成都理工大学.
张嘉凡，张雪娇，杨更社，等.2016.基于聚类算法的岩石CT图像分割及量化方法.西安科技大学学报,36（2）：171-175.
张俊安，刘瑞刚，杨钦，等.2007.复杂地质结构的四维地质层面自动生成算法.北京航空航天大学学报,（9）：1094-1098.
张奇.2015.岩体随机结构面尺寸概率估算及三维网络模型应用研究.长春：吉林大学.
张旗.1990.如何正确使用玄武岩判别图.岩石学报,6（2）：87-94.
张旗，周永章.2017.大数据正在引发地球科学领域一场深刻的革命——《地质科学》2017年大数据专题代序.地质科学,52（3）：1-12.
张旗，金惟俊，李承东，等.2010a.再论花岗岩按照Sr-Yb的分类：标志.岩石学报,26（4）：985-1015.
张旗，金惟俊，李承东，等.2010b.三论花岗岩按照Sr-Yb的分类：应用.岩石学报,26（12）：3431-3455.
张润，王永滨.2016.机器学习及其算法和发展研究.中国传媒大学学报（自然科学版）,23（2）：10-18+24.
张艳博，徐跃东，刘祥鑫，等.2021.基于CT的岩石三维裂隙定量表征及扩展演化细观研究.岩土力学,42（10）：13.
张紫杉，王述红，王鹏宇，等.2021.岩坡坡面裂隙网络智能识别与参数提取.岩土工程学报,12：1-9.
赵晓辰，刘池洋，王建强，等.2018.中国南北构造带北部中生代地质事件及其演化序列.地质论评,64（6）：1324-1338.
郑辑涛，何红红，张涛，等.2015.分治法重建数字地形的子网凸包合并算法.清华大学学报：自然科学版,55（8）：895-899.
钟登华，李明超.2006.水利水电工程地质三维建模与分析理论及实践.北京：中国水利水电出版社.
周翠英，陈恒，朱凤贤.2008.边坡演化的非线性时间序列多元混沌判别.地球科学（中国地质大学学报）,4（3）：393-398.
周四宝.2015.水工岩体离散裂隙网络多面体模拟及其应用.天津：天津大学.
周永章，黎培兴，王树功，等.2017.矿床大数据及智能矿床模型研究背景与进展.矿物岩石地球化学通报,36（2）：327-331+344.
周永章，陈铄，张旗，等.2018a.大数据与数学地球科学研究进展——大数据与数学地球科学专题代序.岩石学报,34（2）：255-263.
周永章，张良均，张奥多，等.2018b.地球科学大数据挖掘与机器学习,广州：中山大学出版社.
周志华.2016.机器学习.北京：清华大学出版社.
朱建平，张悦涵.2016.大数据时代对传统统计学变革的思考.统计研究,33（2）：3-9.
朱志洁，张宏伟，韩军，等.2013.基于PCA-BP神经网络的煤与瓦斯突出预测研究.中国安全科学学报,23（4）：45-50.
邹艳红，李高智，毛先成，等.2020.基于隐函数曲面的三维断层网络建模与不确定性分析.地质论评,66（5）：1349-1360.

Abdollahi S, Akhoond-Ali A M, Mirabbasi R, et al. 2019. Probabilistic event based rainfall-runoff modeling using copula functions. Water Resources Management, 33 (11): 3799-3814.

Agar S M, Li W, Goteti R, et al., 2019. Bayesian artificial intelligence for geologic prediction: fracture case study, Horn River Basin. Bulletin of Canadian Petroleum Geology, 67 (3): 141-184.

Agrawal S, Verma S P. 2007. Comment on "tectonic classification of basalts with classification trees" by pieter vermeesch (2006). Geochimica et Cosmochimica Acta, 71 (13): 3388-3390.

Agrawal S, Guevara M, Verma S P. 2004. Discriminant analysis applied to establish major-element field boundaries for tectonic varieties of basic rocks. International Geology Review, 46 (7): 575-594.

Agrawal S, Guevara M, Verma S P. 2008. Tectonic discrimination of basic and ultrabasic volcanic rocks through log-transformed ratios of immobile trace elements. International Geology Review, 50 (12): 1057-1079.

Ahrens L H. 1954. The lognormal distribution of the elements (a fundamental law of geochemistry and its subsidiary). Geochimica et Cosmochimica Acta, 5 (2): 49-73.

Aitchison J. 1982. The statistical analysis of compositional data. Journal of the Royal Statistical Society, Series B, 44 (2): 139-177.

Aitchison J. 1984. Statistical analysis of geochemical compositions. Mathematical Geology, 16: 531-564.

Aitchison J, Egozcue J J. 2005. Compositional data analysis: where are we and where should we be heading?. Mathematical Geology, 37: 829-850.

Albulescu C T, Aubin C, Goyeau D, et al. 2018. Extreme co-movements and dependencies among major international exchange rates: a copula approach. The Quarterly Review of Economics and Finance, 69: 56-69.

Anderson D L, Natland J H. 2005. A brief history of the plume hypothesis and its competitors: concept and controversy. Special Papers-Geological Society of America, 388: 119-145.

Arjovsky M, Chintala S, Bottou L. 2017. Wasserstein GAN. ArXiv Preprint, arXiv: 1701.

Arnold K J. 1941. On spherical probability distributions. Massachusetts: Massachusetts Institute of Technology.

Baecher G B. 1983. Statistical analysis of rock mass fracturing. Journal of the International Association for Mathematical Geology, 15 (2): 329-348.

Baecher G B, Lanney N A, Einstein H H. 1977. Statistical description of rock properties and sampling// Proceedings of the 18th US Symposium on Rock Mechanics (USRMS). Golden, USA: American Institute of Mining Engineers.

Bai T, Tahmasebi P. 2020. Hybrid geological modeling: Combining machine learning and multiple-point statistics. Computers & Geosciences, 142: 104519.

Barton C C. 1983. Systematic jointing in the Cardium Sandstone along the Bow River. Newhaven: Yale University.

Bejari H, Hamidi J K. 2013. Simultaneous effects of joint spacing and orientation on TBM cutting efficiency in jointed rock masses. Rock Mechanics and Rock Engineering, 46 (4): 897-907.

Bengio Y, Bastien F, Bergeron A, et al. 2011. Deep learners benefit more from out-of-distribution examples// Gordon G, Dunson D (eds). Proceedings of the fourteenth international conference on artificial intelligence and statistics. Ft. Lauderdale: USA, MA, MIT Press.

Bianco S, Buzzelli M, Mazzini D, et al. 2017. Deep learning for logo recognition. Neurocomputing, 245: 23-30.

Billi A, Fagereng A. 2019. Problems and solutions in structural geology and tectonics. Amsterdam: Elsevier.

Bingham C. 1972. Distributions on the sphere and on the Projective Plane. Connecticut: Yale University.

Bishop C M. 1994. Mixture density networks. Birmingham: Neural Computing Research Group, https://publications.aston.ac.uk/id/eprint/373/1/NCRG_94_004.

Bishop C M. 2006. Pattern recognition and machine learning. Berlin: Springer.

Blei D M, Ng A Y, Jordan M I. 2003. Latent dirichlet allocation. Journal of Machine Learning Research, 3: 993-1022.

Boadu F K, Long L T. 1994. Statistical distribution of natural fractures and the possible physical generating mechanism. Pure and Applied Geophysics, 142 (2): 273-293.

Bonnet E, Bour O, Odling N E, et al. 2001. Scaling of fracture systems in geological media. Reviews of Geophysics, 39 (3): 347-383.

Bradski G. 2000. The openCV library. Dr. Dobb's Journal: Software Tools for the Professional Programmer, 25 (11): 120-123.

Breiman L. 2001. Random forests. Machine Learning, 45 (1): 5-32.

Brenden M, Ruslan S, Joshua B. 2015. Human-level concept learning through probabilistic program induction. Science, 350 (6266): 1332-1338.

Bridges M C. 1975. Presentation of fracture data for rock mechanics//Second Australia-New Zealand Conference on Geomechanics, Australia: Institution of Engineers.

Buckley S J, Enge H D, Carlsson C, et al. 2010. Terrestrial laser scanning for use in virtual outcrop geology. The Photogrammetric Record, 25 (131): 225-239.

Bárdossy A, Li J. 2008. Geostatistical interpolation using copulas. Water Resources Research, 44 (7): 1-15.

Bézier P E. 1968. How renault uses numerical control for car body design and tooling. Society of Automative Engineers, Paper SAE 680010.

Cervera E, Trevelyan J. 2005. Evolutionary structural optimisation based on boundary representation of NURBS. Part II: 3D Algorithms. Computers & Structures, 83 (23): 1917-1929.

Chen L C, Papandreou G, Schroff F, et al. 2017a. Rethinking atrous convolution for semantic image segmentation. ArXiv Preprint ArXiv, 1706: 05587.

Chen Q, Liu G, Li X, et al. 2017b. A corner-point-grid-based voxelization method for the complex geological structure model with folds. Journal of Visualization, 20 (4): 875-888.

Chen T, Guestrin C. 2016. Xgboost: a scalable tree boosting system//Proceedings of the 22nd ACM SIGKDD international conference on knowledge discovery and data mining. New York: ACM.

Chen Z, Jin M, Deng Y, et al. 2019. Improvement of a deep learning algorithm for total electron content maps: Image completion. Journal of Geophysical Research: Space Physics, 124 (1): 790-800.

Cherpeau N, Caumon G, Lévy B. 2010. Stochastic simulations of fault networks in 3D structural modeling. Comptes Rendus Geoscience, 342 (9): 687-694.

Ching J, Phoon K K. 2012. Modeling parameters of structured clays as a multivariate normal distribution. Canadian Geotechnical Journal, 49 (5): 522-545.

Chorley R J. 2019. Spatial analysis in geomorphology. London: Routledge.

Choroś B, Ibragimov R, Permiakova E. 2010. Copula estimation//Jaworski P, Durante F, Härdle W, Rychlik T. (eds) Copula theory and its applications. Lecture Notes in Statistics, Springer, Berlin, Heidelberg, 198: 77-92.

Cox K G. 1989. The role of mantle plumes in the development of continental drainage patterns. Nature, 342 (6252): 873-877.

Cua G, Heaton T. 2007. The virtual seismologist (VS) method: a bayesian approach to earthquake early warning//Earthquake early warning systems Springer. Berlin: Heidelberg.

Dare S A S, Pearce J A, Mcdonald I, et al. 2009. Tectonic discrimination of peridotites using fO2-Cr# and Ga-Ti-Fe III systematics in chrome-spinel. Chemical Geology, 261: 199-216.

Davis J C. 1988. Statistics and data analysis in geology. Biometrics, 44 (3): 526-527.

De Dreuzy J R, Davy P, Bour O. 2001. Hydraulic properties of two-dimensional random fracture networks following a power law length distribution: 2. Permeability of networks based on lognormal distribution of apertures. Water Resources Research, 37 (8): 2065-2078.

De Dreuzy J R, Davy P, Bour O. 2002. Hydraulic properties of two-dimensional random fracture networks following power law distributions of length and aperture. Water Resources Research, 38 (12): 12-1.

Demarta S, McNeil A J. 2005. The t copula and related copulas. International Statistical Review, 73 (1): 111-129.

Dershowitz W S. 1979. A probabilistic model for the deformability of jointed rock masses. Massachusetts: Massachusetts Institute of Technology.

Dershowitz W S, Einstein H H. 1988. Characterizing rock joint geometry with joint system models. Rock Mechanics and Rock Engineering, 21 (1): 21-51.

Domenico S N. 1984. Rock lithology and porosity determination from shear and compressional wave velocity. Geophysics, 49 (8): 1188-1195.

Dong Y, Sun Z, Jia H. 2006. A cosine similarity-based negative selection algorithm for time series novelty detection. Mechanical Systems and Signal Processing, 20 (6): 1461-1472.

Drews T, Miernik G, Anders K, et al. 2018. Validation of fracture data recognition in rock masses by automated plane detection in 3D point clouds. International Journal of Rock Mechanics and Mining Sciences, 109: 19-31.

Durante F, Sempi C. 2015. Principles of copula theory. Florida: CRC Press.

D'Amico G, Petroni F. 2018. Copula based multivariate semi-Markov models with applications in high-frequency finance. European Journal of Operational Research, 267 (2): 765-777.

Edwards W, Lindman H, Savage L J. 1963. Bayesian statistical inference for psychological research. Psychological Review, 70 (3): 193-242.

Einstein H H, Baecher G B. 1983. Probabilistic and statistical methods in engineering geology. Rock Mechanics and Rock Engineering, 16 (1): 39-72.

Elburg M A, Foden J. 1999. Geochemical response to varying tectonic settings: an example from southern Sulawesi (Indonesia). Geochimica et Cosmochimica Acta, 63 (7): 1155-1172.

Elthon D. 1987. Petrology of gabbroic rocks from the Mid-Cayman Rise spreading center. Geophys Res Solid Earth, 92 (B1): 658-682.

Embrechts P, Hofert M. 2013. Statistical inference for copulas in high dimensions: a simulation study. Astin Bulletin, 43 (2): 81-95.

Esteva A, Kuprel B, Novoa R A, et al. 2017. Dermatologist-level classification of skin cancer with deep neural networks. Nature, 542 (7639): 115-118.

Farahbakhsh E, Chandra R, Olierook H K, et al. 2020. Computer vision-based framework for extracting tectonic lineaments from optical remote sensing data. International Journal of Remote Sensing, 41 (5): 1760-1787.

Favre A C, Adlouni S E, Perreault L, et al. 2004. Multivariate hydrological frequency analysis using copulas. Water Resources Research, 40: 290-294.

Fayyad U M. 1996. Advances in knowledge discovery and data mining. Menlo Park CA: AAAI/MIT Press.

Fazeres-Ferradosa T, Taveira-Pinto F, Vanem E, et al. 2018. Asymmetric copula-based distribution models for met-ocean data in offshore wind engineering applications. Wind Engineering, 42 (4): 304-334.

Fazeres-Ferradosa T, Taveira-Pinto F, Romão X, et al. 2019. Reliability assessment of offshore dynamic scour protections using copulas. Wind Engineering, 43 (5): 506-538.

Fischer A, Igel C. 2012. An introduction to restricted boltzmann machines//Pattern Recognition, Image Analysis, Computer Vision, and Applications, Berlin: Springer.

Fisher R A. 1953. Dispersion on a sphere//Proceedings of the Royal Society of London. Series A. Mathematical and Physical Sciences, 217 (1130): 295-305.

Floyd P A, Winchester J. 1975. Magma type and tectonic setting discrimination using immobile elements. Earth and Planetary Science Letters, 27 (2): 211-218.

Fryback D G. 1978. Bayes' theorem and conditional nonindependence of data in medical diagnosis. Computers & Biomedical Research, 11: 423-434.

Gaidai O, Naess A, Xu X, et al. 2019. Improving extreme wind speed prediction based on a short data sample, using a highly correlated long data sample. Journal of Wind Engineering and Industrial Aerodynamics, 188: 102-109.

Gaziev E G, Tiden E N. 1979. Probabilistic approach to the study of jointing in rock masses. Bulletin of the International Association of Engineering Geology-Bulletin de l'Association Internationale de Géologie de l' Ingénieur, 20 (1): 178-181.

Godefroy G, Caumon G, Ford M, et al. 2018. A parametric fault displacement model to introduce kinematic control into modeling faults from sparse data. Interpretation, 6 (2): B1-B13.

Goldie M. 2002. Self-potentials associated with the Yanacocha high-sulfidation gold deposit in Peru. Geophysics, 67 (3): 684-689.

Goldie M. 2007. A comparison between conventional and distributed acquisition induced polarization surveys for gold exploration in Nevada. The Leading Edge, 26 (2): 180-183.

Gomes R K, De Oliveira L P, Gonzaga Jr L, et al. 2016. An algorithm for automatic detection and orientation estimation of planar structures in LiDAR-scanned outcrops. Computers & Geosciences, 90: 170-178.

Gong M, Yang H, Zhang P. 2017. Feature learning and change feature classification based on deep learning for ternary change detection in SAR images. ISPRS Journal of Photogrammetry and Remote Sensing, 129: 212-225.

Gonçalves Í G, Kumaira S, Guadagnin F. 2017. A machine learning approach to the potential-field method for implicit modeling of geological structures. Computers & Geosciences, 103: 173-182.

Goodfellow I J, Pouget-Abadie J, Mirza M, et al. 2014. Generative adversarial net//Proceedings of the 27th International Conference on Neural Information Processing Systems. MIT, Volume 2 (NIPS 14): 2672-2680.

Han J, Kamber M, Pei J. 2012. Data mining: concepts and techniques. Burlington: Morgan Kaufmann.

Han S, Li M, Ren Q. 2019. Discriminating among tectonic settings of spinel based on multiple machine learning algorithms. Big Earth Data, 3 (1): 67-82.

Hao Z, Fei H, Hao Q, et al. 2015. China has discovered super-large big flake graphite ores. Acta Geologica Sinica (English Edition), 89 (6): 2085.

He K, Zhang X, Ren S, et al. 2016. Deep residual learning for image recognition//Proceedings of the IEEE Conference on Computer Vision and Pattern Recognition. Piscataway: IEEE, 770-778.

Hekmatnejad A, Emery X, Vallejos J A. 2018. Robust estimation of the fracture diameter distribution from the true trace length distribution in the Poisson-disc discrete fracture network model. Computers and Geotechnics, 95: 137-146.

Hill E J, Pearce M A, Stromberg J M. 2021. Improving automated geological logging of drill holes by incorporating multiscale spatial methods. Mathematical Geosciences, 53 (1): 21-53.

Hinton G E. 2009. Deep belief networks. Scholarpedia, 4 (5): 5947.

Hinton G E, Deng L, Yu D, et al. 2012. Deep neural networks for acoustic modeling in speech recognition: The shared views of four research groups. IEEE Signal Processing Magazine, 29 (6): 82-97.

Hoschke T, Sexton M. 2005. Geophysical exploration for epithermal gold deposits at Pajingo, North Queensland, Australia. Exploration Geophysics, 36 (4): 401-406.

Huang G, Liu Z, Laurens V, et al. 2017. Densely connected convolutional networks//Proceedings of the IEEE Conference on Computer Vision and Pattern Recognition. Piscataway, IEEE, 4700-4708.

Huang N, Jiang Y, Liu R, et al. 2019. Experimental and numerical studies of the hydraulic properties of three-dimensional fracture networks with spatially distributed apertures. Rock Mechanics and Rock Engineering, 52 (11): 4731-4746.

Huang Y, Chubakov V, Mantovani F, et al. 2013. A reference earth model for the heat-producing elements and associated geoneutrino flux. Geochemistry, Geophysics, Geosystems, 14 (6): 2003-2029.

Huelsenbeck J P, Ronquist F, Nielsen R, et al. 2001. Bayesian inference of phylogeny and its impact on evolutionary biology. Science, 294: 2310-2314.

International Society for Rock Mechanics and Rock Engineering. 1978. Suggested methods for the quantitative description of discontinuities in rock masses. International Journal of Rock Mechanics and Mining Sciences & Geomechanics Abstracts, 15: 319-368.

Ismail T, Ahmed K, Alamgir M, et al. 2018. Bivariate flood frequency analysis using Gumbel copula. Malaysian Journal of Civil Engineering, 30 (2): 193-201.

Ivanova V M, Sousa R, Murrihy B, et al. 2014. Mathematical algorithm development and parametric studies with the GEOFRAC three-dimensional stochastic model of natural rock fracture systems. Computers & Geosciences, 67: 100-109.

Jankovics M É, Taracsák Z, Dobosi G, et al. 2016. Clinopyroxene with diverse origins in alkaline basalts from the western Pannonian Basin: implications from trace element characteristics. Lithos, 262: 120-134.

Jégou S, Drozdzal M, Vazquez D, et al. 2017. The one hundred layers tiramisu: fully convolutional densenets for semantic segmentation//Proceedings of the IEEE Conference on Computer Vision and Pattern Recognition Workshops. Piscataway, IEEE, 11-19.

Karimzade E, Sharifzadeh M, Zarei H R, et al. 2017. Prediction of water inflow into underground excavations in fractured rocks using a 3D discrete fracture network (DFN) model. Arabian Journal of Geosciences, 10 (9): 206.

Karpatne A, Ebert-Uphoff I, Ravela S, et al. 2018. Machine learning for the geosciences: challenges and opportunities. IEEE Transactions on Knowledge & Data Engineering.

Klimczak C, Schultz R A, Parashar R, et al. 2010. Cubic law with aperture-length correlation: implications for network scale fluid flow. Hydrogeology Journal, 18 (4): 851-862.

Kole E, Koedijk K, Verbeek M. 2007. Selecting copulas for risk management. Journal of Banking & Finance, 31 (8): 2405-2423.

Kononenko I. 1993. Inductive bayesian learning in medical diagnosis. Applied Artificial Intelligence an International Journal, 7 (4): 317-337.

Krizhevsky A, Sutskever I, Hinton G E. 2012. Imagenet classification with deep convolutional neural networks. Advances in Neural Information Processing Systems, 25 (2): 1097-1105.

Kulatilake P H, Wu T H. 1986. Relation between discontinuity size and trace length//The 27th US Symposium on Rock Mechanics (USRMS). American Rock Mechanics Association, 130-133.

Kulatilake P H, Wathugala D N, Poulton M, et al. 1990. Analysis of structural homogeneity of rock masses. Engineering Geology, 29 (3): 195-211.

Kulatilake P H, Wathugala D N, Stephansson O. 1993. Joint network modelling with a validation exercise in Stripa mine, Sweden. International Journal of Rock Mechanics and Mining Sciences & Geomechanics Abstracts, 30 (5): 503-526.

Lake B M, Salakhutdinov R, Tenenbaum J B. 2015. Human-level concept learning through probabilistic program induction. Science, 350 (6266): 1332-1338.

LeCun Y, Bottou L, Bengio Y, et al. 1998. Gradient-based learning applied to document recognition. Proceedings of the IEEE, 86 (11): 2278-2324.

LeCun Y, Bengio Y, Hinton G E. 2015. Deep learning. Nature, 521 (7553): 436-444.

Lei Q, Latham J P, Tsang C F. 2017. The use of discrete fracture networks for modelling coupled geomechanical and hydrological behaviour of fractured rocks. Computers and Geotechnics, 85: 151-176.

Li C, Ripley E M. 2010. The relative effects of composition and temperature on olivine-liquid Ni partitioning: statistical deconvolution and implications for petrologic modeling. Chemical Geology, 275 (1-2): 99-104.

Li C, Arndt N T, Tang Q, et al. 2015. Trace element indiscrimination diagrams. Lithos, 232: 76-83.

Li D, Gao H, Luo W, et al. 2019a. Multidimensional feature explorer for unbalanced spatiotemporal data. Earth and Space Science, 6 (5): 716-729.

Li M, Han S, Zhou S, et al. 2018. An improved computing method for 3D mechanical connectivity rates based on a polyhedral simulation model of discrete fracture network in rock masses. Rock Mechanics and Rock Engineering, 51 (6): 1789-1800.

Li M, Lu M, Shi J. 2014. Analyzing heating equipment's operations based on measured data. Energy and Buildings, 82: 47-56.

Li N, Hao H Z, Gu Q, et al. 2017. A transfer learning method for automatic identification of sandstone microscopic images. Computers & Geosciences, 103: 111-121.

Li Y, Fang C, Wei K, et al. 2019b. Frequency domain dynamic analyses of freestanding bridge pylon under wind and waves using a copula model. Ocean Engineering, 183: 359-371.

Liang D, Hua W, Liu X, et al. 2021. Uncertainty assessment of a 3D geological model by integrating data errors, spatial variations and cognition bias. Earth Science Informatics, 14 (1): 161-178.

Lieberson S. 1964. Limitations in the application of non-parametric coefficients of correlation. American Sociological Review, 29 (5): 744-746.

Liu D, Tang D, Zhang S, et al. 2021. Method for feature analysis and intelligent recognition of infrasound signals of soil landslides. Bulletin of Engineering Geology and the Environment, 80 (2): 917-932.

Liu R, Li B, Yu L, et al. 2018. A discrete-fracture-network fault model revealing permeability and aperture evolutions of a fault after earthquakes. International Journal of Rock Mechanics and Mining Sciences, 107: 19-24.

Liu R, Zhu T, Jiang Y, et al. 2019. A predictive model correlating permeability to two-dimensional fracture network parameters. Bulletin of Engineering Geology and the Environment, 78 (3): 1589-1605.

Liu W, Anguelov D, Erhan D, et al. 2016. Ssd: single shot multibox detector//Proceedings of European Conference on Computer Vision. Berlin: Springer.

Long J, Shelhamer E, Darrell T. 2015. Fully convolutional networks for semantic segmentation//Proceedings of the IEEE Conference on Computer Vision and Pattern Recognition. Piscataway, IEEE, 3431-3440.

Luo J M, Wang X W, Song B T, et al. 2018a. Discussion on the method for quantitative classification of magmatic rocks: taking it's application in West Qinling of Gansu Province for example. Acta Petrologica Sinica, 34 (2): 326-332.

Luo X, Xu Y, Wang W, et al. 2018b. Towards enhancing stacked extreme learning machine with sparse autoencoder by correntropy. Journal of the Franklin Institute, 355 (4): 1945-1966.

Luo Z, Xiong Y, Zuo R. 2020. Recognition of geochemical anomalies using a deep variational autoencoder network. Applied Geochemistry, 122: 104710.

Ma G, Li T, Wang Y, et al. 2019. The equivalent discrete fracture networks based on the correlation index in highly fractured rock masses. Engineering Geology, 260: 105228.

Makedonska N, Hyman J D, Karra S, et al. 2016. Evaluating the effect of internal aperture variability on transport in kilometer scale discrete fracture networks. Advances in Water Resources, 94: 486-497.

Malevergne Y, Sornette D. 2003. Testing the Gaussian copula hypothesis for financial assets dependences. Quantitative Finance, 3: 231-250.

Mao Y, Zhang M, Wang G, et al. 2015. Landslide hazards mapping using uncertain Naïve Bayesian classification method. Journal of Central South University, 22 (9): 3512-3520.

McMahon B K. 1975. Statistical methods for the design of rock slopes. Australian Rock Engineering Consultants, 314-321.

Meyers J B, Cantwell N, Nguyen P, et al. 2005. Sub-audio magnetic survey experiments for high-resolution, subsurface mapping of regolith and mineralisation at the Songvang Gold Mine near Agnew, Western Australia. Exploration Geophysics, 36 (2): 125-132.

Middlemost E A K. 1985. Magmas and magmatic rocks: an introduction to igneous petrology. London: Longman.

Middlemost E A K. 1994. Naming materials in the magma/igneous rock system. Earth Science Reviews, 37 (3-4): 215-224.

Miesch A T. 1969. The constant sum problem in geochemistry//Merriam D. F. (eds) Computer Applications in the Earth Sciences. Springer, Boston, MA, 161-176.

Milad B, Ghosh S, Suliman M, et al. 2018. Upscaled DFN models to understand the effects of natural fracture properties on fluid flow in the Hunton Group tight Limestone//Unconventional Resources Technology Conference, Houston: Society of Exploration Geophysicists, American Association of Petroleum Geologists, Society of Petroleum Engineers, 1193-1208.

Monga V, Evans B L. 2006. Perceptual image hashing via feature points: performance evaluation and tradeoffs. IEEE transactions on Image Processing, 15 (11): 3452-3465.

Mullen E D. 1983. $MnO/TiO_2/P_2O_5$: A minor element discriminant for basaltic rocks of oceanic environments and its implications for petrogenesis. Earth and Planetary Science Letters, 62 (1): 53-62.

Møller A B, Iversen B V, Beucher A, et al. 2019. Prediction of soil drainage classes in Denmark by means of decision tree classification. Geoderma, 352: 314-329.

Nashwan M S, Ismail T, Ahmed K. 2018. Flood susceptibility assessment in Kelantan river basin using copula. Int J Eng Technol, 7 (2): 584-590.

Nelsen R B. 2007. An introduction to copulas. Berlin: Springer Science & Business Media.

Nelsen R B. 2013. An introduction to copulas. Technometrics, 42: 317-317.

Noroozi M, Kakaie R, Jalali S. 2015. 3D geometrical-stochastical modeling of rock mass joint networks: case study of the right bank of rudbar lorestan dam plant. Journal of Geology and Mining Research, 7 (1): 1-10.

Novaes C G, Romao I L D S, Santos B G, et al. 2017. Screening of passiflora L. mineral content using principal component analysis and Kohonen self-organizing maps. Food Chemistry, 233: 507-513.

Otsu N A. 1979. A threshold selection method from gray-level histograms. IEEE Transactions on Systems, Man and Cybernetics, 9 (1): 62-66.

Ouyang W, Zeng X, Wang X. 2016. Learning mutual visibility relationship for pedestrian detection with a deep model. International Journal of Computer Vision, 120 (1): 14-27.

Pan D, Xu Z, Lu X, et al. 2020. 3D scene and geological modeling using integrated multi-source spatial data: methodology, challenges, and suggestions. Tunnelling and Underground Space Technology, 100: 103393.

Pan S J, Yang Q. 2010. A survey on transfer learning. IEEE Transactions on Knowledge and Data Engineering, 22 (10): 1345-1359.

Patton A J. 2012. A review of copula models for economic time series. Journal of Multivariate Analysis, 110: 4-18.

Pearce J A. 1982. Trace element characteristics of lavas from destructive plate boundaries. Orogenic Andesites and Related Rocks, 528-548.

Pearce J A, Cann J. 1971. Ophiolite origin investigated by discriminant analysis using Ti, Zr and Y. Earth and Planetary Science Letters, 12 (3): 339-349.

Pearce J A, Cann J. 1973. Tectonic setting of basic volcanic rocks determined using trace element analyses. Earth and Planetary Science Letters, 19 (2): 290-300.

Pearce J A, Norry M J. 1979. Petrogenetic implications of Ti, Zr, Y, and Nb variations in volcanic rocks. Contributions to Mineralogy and Petrology, 69 (1): 33-47.

Pearce J A, Lippard S, Roberts S. 1984. Characteristics and tectonic significance of supra-subduction zone ophiolites. Geological Society, London, Special Publications, 16 (1): 77-94.

Pearce T, Gorman B, Birkett T. 1977. The relationship between major element chemistry and tectonic environment of basic and intermediate volcanic rocks. Earth and Planetary Science Letters, 36 (1): 121-132.

Pedregosa F, Varoquaux G, Gramfort A, et al. 2011. Scikit-learn: machine learning in Python. Journal of Machine Learning Research, 12: 2825-2830.

Petrelli M, Perugini D. 2016. Solving petrological problems through machine learning: the study case of tectonic discrimination using geochemical and isotopic data. Contributions to Mineralogy and Petrology, 171: 81.

Pham C C, Jeon J W. 2017. Robust object proposals re-ranking for object detection in autonomous driving using convolutional neural networks. Signal Processing: Image Communication, 53: 110-122.

Piani C, Haerter J O. 2012. Two dimensional bias correction of temperature and precipitation copulas in climate models. Geophysical Research Letters, 39 (20): 1-6.

Piegl L A, Tiller W. 1997. The NURBS Book. Berlin: Springer.

Pollard D D, Aydin A. 1988. Progress in understanding jointing over the past century. Geological Society of America Bulletin, 100 (8): 1181-1204.

Prewitt J M S, Mendelsohn M L. 1966. The analysis of cell images. Annals of the New York Academy of Sciences, 128 (3): 1035-1053.

Qureshi A S, Khan A, Zameer A, et al. 2017. Wind power prediction using deep neural network based meta regression and transfer learning. Applied Soft Computing, 58: 742-755.

Rabiner L, Juang B. 1986. An introduction to hidden Markov models. IEEE ASSP Magazine, 3 (1): 4-16.

Ren Q, Li M, Han S. 2019. Tectonic discrimination of olivine in basalt using data mining techniques based on major elements: a comparative study from multiple perspectives. Big Earth Data, 3 (1): 8-25.

Ren S, He K, Girshick R, et al. 2015. Faster R-CNN: towards real-time object detection with region proposal networks//Proceedings of Advances in Neural Information Processing Systems. New York: ACM.

Robertson A. 1970. The interpretation of geological factors for use in slope theory//Proceedings of the Symposium on Theoretical Background to Planning of Open Pit Mines. Johannesburg: City Press Online, 55-71.

Rollison H R. 2000. 岩石地球化学. 杨学明, 杨晓勇, 陈双喜译. 合肥: 中国科学技术大学出版社.

Ronneberger O, Fischer P, Brox T. 2015. U-net: convolutional networks for biomedical image segmentation//Proceedings of International Conference on Medical Image Computing and Computer-Assisted Intervention. Berlin: Springer.

Roser B P, Korsch R J. 1986. Determination of tectonic setting of sandstone-mudstone suites using SiO_2 content and K_2O/Na_2O ratio. The Journal of Geology, 94 (5): 635-650.

Rothe R, Timofte R, Van Gool L. 2015. Dex: deep expectation of apparent age from a single image//Proceedings of the IEEE international conference on computer vision workshops. Santiago, Chile.

Sadeghi B, Madani N, Carranza E J M. 2015. Combination of geostatistical simulation and fractal modeling for mineral resource classification. Journal of Geochemical Exploration, 149: 59-73.

Sang W, Yuan S, Yong X, et al. 2020. DCNNs-based denoising with a novel data generation for multidimensional geological structures learning. IEEE Geoscience and Remote Sensing Letters, 18 (10): 1861-1865.

Sang Y, Ren H L, Shi X, et al. 2021. Improvement of soil moisture simulation in eurasia by the Beijing climate center climate system model from CMIP5 to CMIP6. Advances in Atmospheric Sciences, 38 (2): 237-252.

Santalo L. 1976. Stochastic geometry and integral calculus. Reading: Addison-Wesley Publishing Company.

Sato H. 1977. Nickel content of basaltic magmas: Identification of primary magmas and a measure of the degree of olivine fractionation. Lithos, 10 (2): 113-120.

Schlische R W, Young S S, Ackermann R V, et al. 1996. Geometry and scaling relations of a population of very small rift-related normal faults. Geology, 24 (8): 683-686.

Schmidhuber J. 2015. Deep learning in neural networks: an overview. Neural Networks, 261: 85-117.

Schmidl D. 2012. Bayesian model inference in dynamic biological systems using markov chain monte carlo methods. München: Technische Universität München.

Schultz R, Gu Y J. 2013. Flexible, inversion-based Matlab implementation of the Radon transform. Computers & Geosciences, 52: 437-442.

Schultz R, Soliva R, Fossen H, et al. 2008. Dependence of displacement-length scaling relations for fractures and deformation bands on the volumetric changes across them. Journal of Structural Geology, 30 (11): 1405-1411.

Semenov M, Smagulov D. 2019. Copula models comparison for portfolio risk assessment//Global Economics and Management: Transition to Economy 4.0, Cham: Springer, 91-102.

Shanley R J, Mahtab M A. 1976. Delineation and analysis of clusters in orientation data. Journal of the International Association for Mathematical Geology, 8 (1): 9-23.

Shirazy A, Shirazi A, Ferdossi M H, et al. 2019. Geochemical and geostatistical studies for estimating gold grade in tarq prospect area by k-means clustering method. Open Journal of Geology, 9 (6): 306-326.

Simonyan K, Zisserman A. 2014. Very deep convolutional networks for large-scale image recognition. arXiv preprint arXiv: 1409.1556.

Singh N, Singh T N, Tiwary A, et al. 2010. Textural identification of basaltic rock mass using image processing and neural network. Computational Geosciences, 14 (2): 301-310.

Sklar A. 1959. Fonctions de repartition an dimensions et Leurs Marges. Publ. inst. statist. univ. paris, 8: 229-231.

Snow D T. 1970. The frequency and apertures of fractures in rock. International Journal of Rock Mechanics and Mining Sciences & Geomechanics Abstracts, 7 (1): 23-40.

Sobolev A V, Hofmann A W, Kuzmin D V, et al. 2007. The amount of recycled eruM in sources of mantle-derived melts. Science, 316 (5823): 412-417.

Stepanova A V, Stepanov V S, Larionov A N, et al. 2017. 2.5 Ga gabbro-anorthosites in the belomorian province, fennoscandian shield: petrology and tectonic setting. Petrology, 25 (6): 566-591.

Sun J, Schechter D. 2015. Optimization-based unstructured meshing algorithms for simulation of hydraulically and naturally fractured reservoirs with variable distribution of fracture aperture, spacing, length, and strike. SPE Reservoir Evaluation & Engineering, 18 (4): 463-480.

Szegedy C, Vanhoucke V, Ioffe S, et al. 2016. Rethinking the inception architecture for computer vision//Proceedings of the IEEE Conference on Computer Vision and Pattern Recognition. Piscataway: IEEE, 2818-2826.

Szegedy C, Ioffe S, Vanhoucke V, et al. 2017. Inception-v4, inception-resnet and the impact of residual connections on learning//Proceedings of 31st AAAI Conference on Artificial Intelligence. Menlo Park: AAAI. 17.

Tahir M A, Bouridane A, Kurugollu F, et al. 2003. An FPGA based coprocessor for calculating Grey level co-occurrence matrix//The 46th Midwest Symposium on Circuits and Systems. Cairo, IEEE, 868-871.

Tegen I, Lacis A A. 1996. Modeling of particle size distribution and its influence on the radiative properties of mineral dust aerosol. Journal of Geophysical Research: Atmospheres, 101 (D14): 19237-19244.

Tezuka K, Watanabe K. 2000. Fracture network modeling of Hijiori hot dry rock reservoir by deterministic and stochastic crack network simulator//Proceedings of the world geothermal congress. Tokyo: Japanese Organizing Committee for WGC, 3933-3938.

Thede S M. 2004. An introduction to genetic algorithms. Journal of Computing Sciences in Colleges, 20 (1): 115-123.

Tibiletti L. 1995. Beneficial changes in random variables via copulas: an application to insurance. Geneva Papers on Risk & Insurance Theory, 20: 191-202.

Toft P. 1996. The radon transform. Theory and Implementation. Copenhagen: Technical University of Denmark.

Tokhi M E L, Din Mahmoud Amin B E L, Arman H. 2016. Geochemical characters of the gabbroic rocks in ophiolite sequences of North Hatta Area, United Arab Emirates. Acta Physica Polonica A, 130 (1): 17-22.

Tonon F, Chen S. 2007. Closed-form and numerical solutions for the probability distribution function of fracture diameters. International Journal of Rock Mechanics and Mining Sciences, 44 (3): 332-350.

Torabi A, Berg S S. 2011. Scaling of fault attributes: a review. Marine and Petroleum Geology, 28 (8): 1444-1460.

Ueki K, Hino H, Kuwatani T. 2018. Geochemical discrimination and characteristics of magmatic tectonic settings, a machine learning-based approach. Geochemistry, Geophysics, Geosystems, 19 (4): 1327-1347.

Vassilev S V, Vassileva C G. 2009. A new approach for the combined chemical and mineral classification of the inorganic matter in coal. Chemical and Mineral Classification Systems. Fuel, 88 (2): 235-245.

Veneziano D. 1978. Probabilistic models of joints in rock. Research report. Department of Civil and Environmental Engineering, Massachusetts Institute of Technology, Cambridge, MA.

Verma S P, Agrawal S. 2011. New tectonic discrimination diagrams for basic and ultrabasic volcanic rocks through log-transformed ratios of high field strength elements and implications for petrogenetic processes. Revista Mexicana de Ciencias Geológicas, 28 (1): 24-44.

Verma S P, Guevara M, Agrawal S. 2006. Discriminating four tectonic settings: five new geochemical diagrams for basic and ultrabasic volcanic rocks based on log-ratio transformation of major-element data. Journal of Earth System Science, 115 (5): 485-528.

Verma S P, Armstrong-Altrin J S. 2013. New multi-dimensional diagrams for tectonic discrimination of siliciclastic sediments and their application to Precambrian basins. Chemical Geology, 355: 117-133.

Verma S P. 2010. Statistical evaluation of bivariate, ternary and discriminant function tectonomagmatic discrimination diagrams. Turkish Journal of Earth Sciences, 19 (2): 185-238.

Verma S P. 2015. Monte carlo comparison of conventional ternary diagrams with new log-ratio bivariate diagrams and an example of tectonic discrimination. Geochemical Journal, 49: 393-412.

Verma S P, Rivera-Gómez M A. 2013. Computer programs for the classification and nomenclature of igneous rocks. Episodes, 36 (2): 115-124.

Verma S P, Verma S K. 2013. First 15 probability-based multidimensional tectonic discrimination diagrams for intermediate magmas and their robustness against postemplacement compositional changes and petrogenetic processes. Turkish Journal of Earth Sciences, 22 (6): 931-995.

Verma S P, Torres-Alvarado I S, Sotelo-Rodríguez Z T. 2002. SINCLAS: standard igneous norm and volcanic rock classification system. Computers & Geosciences, 28: 711-715.

Verma S P, Pandarinath K, Verma S K, et al. 2013. Fifteen new discriminant-function-based multi-dimensional robust diagrams for acid rocks and their application to Precambrian rocks. Lithos, 168: 113-123.

Verma S P, Rivera-Gómez M A, Díaz-González L, et al. 2016. Log-ratio transformed major element based multi-dimensional classification for altered High-Mg igneous rocks. Geochemistry, Geophysics, Geosystems, 17 (12): 4955-4972.

Vermeesch P. 2006. Tectonic discrimination of basalts with classification trees. Geochimica Et Cosmochimica Acta, 70: 1839-1848.

Vermeesch P. 2007. Reply to comment by agrawal and verma on "tectonic classification of basalts with classification trees". Geochimica et Cosmochimica Acta, 71 (13): 3391-3392.

Victorov, A. 2015. Probabilistic model of landslide processes based on Markov chains. International Multidisciplinary Scientific GeoConference, SGEM, 2: 579.

Villaescusa E, Brown E T. 1992. Maximum likelihood estimation of joint size from trace length measurements. Rock Mechanics and Rock Engineering, 25 (2): 67-87.

Vo H X, Durlofsky L J. 2014. A new differentiable parameterization based on principal component analysis for the low-dimensional representation of complex geological models. Mathematical Geosciences, 46 (7): 775-813.

Wallace Y. 2008. 3D modelling of banded iron formation incorporating demagnetisation—a case study at the Musselwhite Mine, Ontario, Canada. Exploration Geophysics, 38 (4): 254-259.

Wang C, Chen Q. 2018. A hybrid geotechnical and geological data-based framework for multiscale regional liquefaction hazard mapping. Géotechnique, 68 (7): 614-625.

Wang J, Zheng J, Liu T, et al. 2020. A comprehensive dissimilarity method of modeling accuracy evaluation for discontinuity disc models based on the sampling window. Computers and Geotechnics, 119: 103381.

Wasantha P L P, Ranjith P G, Zhang Q B, et al. 2015. Do joint geometrical properties influence the fracturing behaviour of jointed rock? An investigation through joint orientation. Geomechanics and Geophysics for Geo-energy and Geo-resources, 1 (1): 3-14.

Weiss L E. 2013. The minor structures of deformed rocks: a photographic atlas. Berlin: Springer Science & Business Media.

Whalen J B, Currie K L, Chappell B W. 1987. A-type granites: geochemical characteristics, discrimination and petrogenesis. Contributions to Mineralogy and Petrology, 95 (4): 407-419.

Wilkinson L. 2006. Revising the Pareto chart. The American Statistician, 60 (4): 332-334.

Woolhouse M E J, Shaw D J, Matthews L, et al. 2005. Epidemiological implications of the contact network structure for cattle farms and the 20-80 rule. Biology letters, 1 (3): 350-352.

Xu C, Dowd P. 2010. A new computer code for discrete fracture network modelling. Computers & Geosciences, 36 (3): 292-301.

Xu G, Zhu X, Fu D, et al. 2017. Automatic land cover classification of geo-tagged field photos by deep learning. Environmental Modelling & Software, 91: 127-134.

Yamasaki T, Nanayama F. 2017. Enriched mid-ocean ridge basalt-type geochemistry of basalts and gabbros from the nikoro group, tokoro belt, hokkaido, Japan. Journal of Mineralogical and Petrological Sciences, 112 (6): 311-323.

Yan J. 2006. Multivariate modeling with copulas and engineering applications. London: Springer.

Yang L, Hyde D, Grujic O, et al. 2019. Assessing and visualizing uncertainty of 3D geological surfaces using level sets with stochastic motion. Computers & Geosciences, 122: 54-67.

Yao W, Sharifzadeh M, Yang Z, et al. 2019. Assessment of fracture characteristics controlling fluid flow performance in discrete fracture networks (DFN). Journal of Petroleum Science and Engineering, 178: 1104-1111.

Yao W, Mostafa S, Yang Z, et al. 2020. Role of natural fractures characteristics on the performance of hydraulic fracturing for deep energy extraction using discrete fracture network (DFN). Engineering Fracture Mechanics, 230: 106962.

Ye J. 2011. Cosine similarity measures for intuitionistic fuzzy sets and their applications. Mathematical and Computer Modelling, 53 (1-2): 91-97.

Yosinski J, Clune J, Bengio Y, et al. 2014. How transferable are features in deep neural networks? // Ghahramani Z and Welling M and Cortes C and Lawrence ND, Weinberger KQ (eds). Proceedings of Neural information processing systems. 28th Annual Conference on Neural Information Processing Systems. Montreal, USA, MA, MIT Press, 3320-3328.

Yuan Z, Lu T, Tan C L. 2017. Learning discriminated and correlated patches for multi-view object detection using sparse coding. Pattern Recognition, 69: 26-38.

Yuen K V. 2010. Bayesian methods for structural dynamics and civil engineering. Hoboken: John Wiley & Sons.

Zaini N, van der Meer F, van der Werff H. 2014. Determination of carbonate rock chemistry using laboratory-based hyperspectral imagery. Remote Sensing, 6 (5): 4149-4172.

Zanbak C. 1977. Statistical interpretation of discontinuity contour diagrams. International Journal of Rock Mechanics and Mining Sciences & Geomechanics Abstracts, 14: 114-120.

Zhan J, Chen J, Xu P, et al. 2017a. Automatic identification of rock fracture sets using finite mixture models. Mathematical Geosciences, 49 (8): 1021-1056.

Zhan J, Xu P, Chen J, et al. 2017b. Comprehensive characterization and clustering of orientation data: A case study from the Songta dam site, China. Engineering Geology, 225: 3-18.

Zhan S, Tao Q Q, Li X H. 2016. Face detection using representation learning. Neurocomputing, 187: 19-26.

Zhang L, Einstein H. 2000. Estimating the intensity of rock discontinuities. International Journal of Rock Mechanics and Mining Sciences, 37 (5): 819-837.

Zhang L, Singh V P. 2019. Copulas and their applications in water resources engineering. Cambridge: Cambridge University Press.

Zhang L, Einstein H H, Dershowitz W S. 2002. Stereological relationship between trace length and size distribution of elliptical discontinuities. Geotechnique, 52 (6): 419-433.

Zhang Q, Zhou Y Z. 2017. Big data will lead to a profound revolution in the field of geological science. Chinese

Journal of Geology, 52 (3): 1-12.

Zhang Q, Zhu H. 2018. Collaborative 3D geological modeling analysis based on multi-source data standard. Engineering Geology, 246: 233-244.

Zhang Q, Jin W J, Li C D, et al. 2010. On the classification of granitic rocks based on whole-rock Sr and Yb concentrations III: practice. Acta Petrologica Sinica, 26 (12): 3431-3455.

Zhang X, Zhao G, Eizenhöfer P R, et al. 2017c. Varying contents of sources affect tectonic-setting discrimination of sediments, a case study from permian sandstones in the eastern Tianshan, northwestern china. The Journal of Geology, 125 (3): 299-316.

Zhang Y, Kim C W, Beer M, et al. 2018. Modeling multivariate ocean data using asymmetric copulas. Coastal Engineering, 135: 91-111.

Zhang Y, Gomes A T, Beer M, et al. 2019a. Reliability analysis with consideration of asymmetrically dependent variables: discussion and application to geotechnical examples. Reliability Engineering & System Safety, 185: 261-277.

Zhang Y, Li M, Han S, et al. 2019b. Intelligent identification for rock-mineral microscopic images using ensemble machine learning algorithms. Sensors, 19 (18): 3914.

Zhang Y, Zhu S, Tan J, et al. 2020. The influence of water level fluctuation on the stability of landslide in the Three Gorges Reservoir. Arabian Journal of Geosciences, 13 (17): 1-10.

Zhao T, Montoya-Noguera S, Phoon K K, et al. 2018. Interpolating spatially varying soil property values from sparse data for facilitating characteristic value selection. Canadian Geotechnical Journal, 55 (2): 171-181.

Zhao Y, Yang T, Zhang P, et al. 2019. Method for generating a discrete fracture network from microseismic data and its application in analyzing the permeability of rock masses: a case study. Rock Mechanics and Rock Engineering, 52 (9): 3133-3155.

Zhao Z. 2007. How to use the trace element diagrams todiscrminate tectonic settings. Geotectonica et Metallogenia, 31: 92-103.

Zheng Y, Zhang Q, Yusifov A, et al., 2019. Applications of supervised deep learning for seismic interpretation and inversion. The Leading Edge, 38 (7): 526-533.

Zhou J, Tung K K. 2013. Deducing multidecadal anthropogenic global warming trends using multiple regression analysis. Journal of the Atmospheric Sciences, 70 (1): 3-8.

Zhou X, Chen J, Zhan J, et al. 2019. Identification of structural domains considering the combined effect of multiple joint characteristics. Quarterly Journal of Engineering Geology and Hydrogeology, 52 (3): 375-385.

Zhou Y Z, Li P X, Wang S G, et al. 2017. Research progress on big data and intelligent modelling of mineral deposits. Bulletin of Mineralogy, Petrology and Geochemistry, 36 (2): 327-331+344.

Zou L, Håkansson U, Cvetkovic V. 2019. Cement grout propagation in two-dimensional fracture networks: Impact of structure and hydraulic variability. International Journal of Rock Mechanics and Mining Sciences, 115: 1-10.